비파괴 검사자를 위한

# 초음파 진단공학

박익근 지음

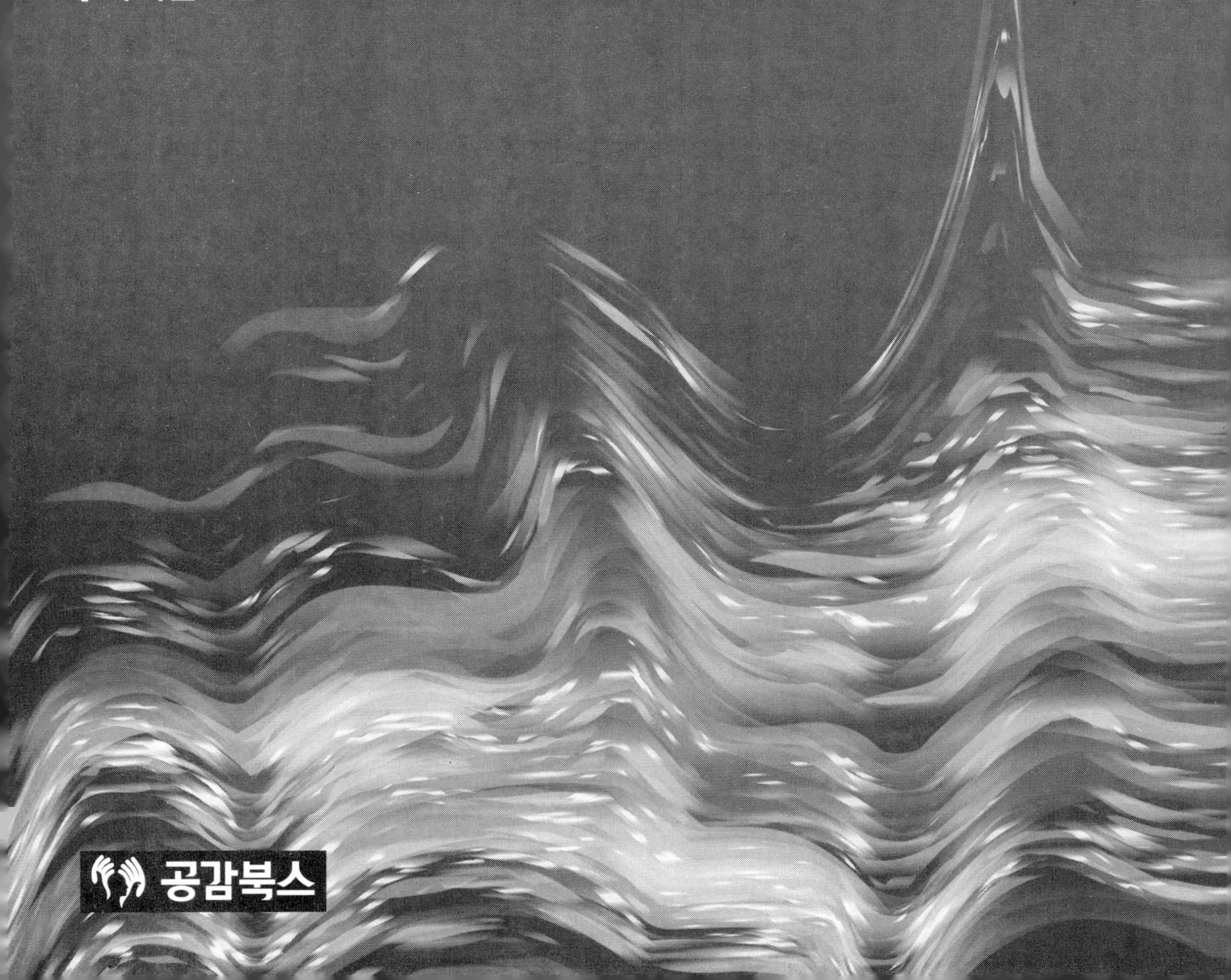

공감북스

# 머 리 말

책은 마음의 양식이요 지식의 근본이라 했다. 지식 정보화의 시대를 살아가는데 지식은 미래의 값진 삶을 지향하기 위한 원천이다. 특히 전공 교재는 특정 영역의 체계적이고 가치 있는 내용을 담고 있는 지식의 근원이요 터전이다.

비파괴검사는 소재, 기기(機器), 구조물의 품질관리(quality control ; QC)나 품질보증(quality assurance ; QA)의 한 수단으로 이용되며, 재료, 제품, 구조물 등의 종류에 거의 상관없이 검사 대상물을 손상, 분리, 파괴시키지 않고 원형 그대로 유지한 상태로 시험체의 표면이나 내부의 결함 유무와 그 상태 등을 검사하는 기법을 말한다. 쉽게 말하자면 건강검진에 비유할 수 있습니다. 병원에서 엑스레이나 CT, MRI 등의 방법으로 몸 속 병증을 찾아내는 것처럼, 구조물이나 제품 등을 파괴하지 않고 방사선이나 초음파 등을 이용해 상태나 결함을 확인하는 것이 바로 비파괴검사이다.

산업체에서 널리 활용되고 있는 비파괴검사 방법으로는 가장 간단하고 기본이 되는 육안검사(VT)에서부터 체적검사 방법인 방사선투과검사(RT)와 초음파탐상검사(UT), 표면검사 방법인 자분탐상검사(MT), 침투탐상검사(PT), 와전류탐상검사(ET) 등이 있으며, 그 이외에도 음향방출시험(AT)법, 적외선열화상검사(TT 또는 IRT)법, 누설검사(LT) 등이 있다.

본서에서는 비파괴검사자가 기본적으로 알아야할 음향에 대한 기본 지식에서부터 현재 초음파탐상검사의 적용 한계를 극복하고 마이크로/나노 수준의 정밀한 진단과 평가를 실현하기 위한 초고분해능 음향현미경 기술이나 비선형초음파법 등과 같은 새로운 초음파 진단 기술에 이르기까지 소개하고 있다.

본 교재의 내용과 범위로는 제 1장에서는 비파괴검사의 개요, 제 2장은 결함특성과 NDE, 제 3장에서는 초음파진단의 개요, 제 4장은 초음파의 기초이론, 제 5장은 초음파의 진단 장치 및 교정, 제 6장은 초음파 진단 기법 및 적용, 제 7장은 음향방출 진단 기법 및 적용 그리고 제8장은 새로운 초음파 진단 기술 등으로 구성되어 있다.

끝으로, 어려운 사정을 무릅쓰고 이 책을 출판하는데 아낌없는 협조를 하여 주신 출판사 공감북스 직원 여러분과 교정에 수고를 하여준 서울과학기술대학교 비파괴연구실의 박 태성박사, 곽 동열박사 그리고 대학원생들에게 심심한 사의를 표하는 바이다.

2016년 2월

불암산 기슭에서 저자 씀

# 차 례

## 제3장 초음파 진단의 개요 / 67



## 제4장 초음파의 기초 이론 / 79

## 제5장 초음파 진단 장치 및 교정 / 165



## 제6장 초음파 진단 기법 및 적용 / 215

## 제7장 음향방출 진단 기법 및 적용 / 277



## 제8장 새로운 초음파 진단 기술 / 299

Chapter 01

# 비파괴검사의 개요

## 1.1 비파괴검사의 정의

우리는 현재의 산업에서 뿐만 아니라 수세기 전부터 인간은 일상생활 속에서도 비파괴검사를 행하고 있음을 쉽게 알 수 있다. 한여름 무더위에 수박을 먹는 즐거움은 상상 이상으로 상쾌한 일이다. 우리가 마트에서 수박을 고를 때 수박이 흠집은 없는지 살펴본다든가 속이 비지 않고 수박이 잘 익었는지에 대한 특별한 음향에 대한 상관 지식이 없으면서도 무의식적으로 두들겨보며 그 반향을 듣고 수박의 숙성도 등 내부의 상태를 예측하는 비파괴검사를 행하여 온 것이다. 또한, 철도의 검사원이 열차의 휠 등의 부품을 해머로 두드려 보고 기차 바퀴의 이상 유무를 판별하는 것, 그릇을 두드려 보고 나오는 소리를 듣고 깨졌는지의 유무를 판별해 왔으며, 통을 두드려보며 통 안의 액체량을 알아보는 것 등과 같이 귀로 들을 수 있는 음향을 이용하여 물체의 내부 상태를 외부로부터 조사하는 것은 인간이 본능적으로 행해져 왔다. 그러나 음향에 의한 비파괴검사는 인간의 오감에 의존하기 때문에 정밀도가 그다지 높지 않지만 그 어떤 장비를 이용한 탐상 방법 보다도 신속한 장점이 있다.

우리가 일상생활 속에서 사용하고 있는 기기(機器)들은 금속, 세라믹, 플라스틱 등의 다양한 소재로 만들어져 있다. 이들 재료나 구조물의 신뢰성은 충분히 확보되어 있다고 생각하기 때문에 별 생각 없이 사용하게 된다. 제품의 신뢰성을 보증하기 위한 실험적 검증 데이터의 확보·수단으로는 재료, 기기, 구조물을 직접 파단한 후 파단면 관찰, 인장시험 등을 통해 기계적 강도를 평가하는 파괴시험(破壞試驗, *destructive testing*)과 이를 대신하는 비파괴시험(非破壞試驗, *nondestructive testing; NDT*) 등이 있다.

최근 기계·장치 산업을 중심으로 하는 기계 설비나 구조물·시설은 고도화·집약화 되어 하나의 시스템으로 제어·사용되고 있다. 따라서 이것을 구성하는 장치 및 기계류의 이상이나 고장이 생산시스템이나 설비에 미치는 영향은 종래와는 생각할 수 없을 정도로 클 수 있다. 이와 같은 생산시스템이나 설비를 안전함과 동시에 효율 좋게 유지관리하기 위해서는 대상이 되는 시스템·설비 또는 그들을 구성하는 기계·부품의 상태를 정량적으로 파악하는 것이 중요하다. 구조물의 건전성(*integrity*)을 보증하기 위한 실험적 검증 데이터의 확보수단으로 파괴시험과 비파괴시험을 이용한다.

비파괴시험(*NDT*)은 소재, 기기(機器), 구조물의 품질관리(*quality control; QC*)나 품질보증(*quality assurance; QA*)의 한 수단으로 이용되는 계측기법으로 재료, 제품, 구조물 등의 종류에 거의 상관없이 시험대상물을 손상, 분리, 파괴시키지 않고 원형 그대로 유지한 상태에서 시험체의 표면이나 내부의 결함유무와 그 상태 또는 대상물의 성질, 내부구조 등을 조사하는 시험전체를 말한다. 즉, 비파괴시험은 대상이 되는 피검사체를 파괴시키지 않고 그 건전성, 성능, 결함의 존재상태 등을 조사하기 위한 단순한 결함검출기법을 말한다.

이에 비해 비파괴검사(非破壞檢査, *nondestructive inspection; NDI*)는 비파괴시험을 한 후 그 결과와 기능 및 건전성의 판정기준(*acceptance criteria*)에 근거하여 그 시험대상물이 사용 가능한가 어떤가의 합부(合否)의 판정까지를 내릴 때를 말한다. 비파괴검사에 의해 제품에 결함이 발견되었을 때 검사자 또는 자동검사장치는 그 제품을 그대로 사용 또는 판매해도 좋은 지의 판정을 내려야 하고, 이를 위해서는 관련 규격 등에 근거한 합부판정 기준이 필요하게 된다.

지금까지 비파괴검사는 몇몇 적용분야를 제외하고는 검사기술의 수준이 높지 못하여 주로 결함의 유무 검출이 주였다. 그 이유로는 결함의 크기나 위치 등의 정확한 파악이 어렵기 때문이다. 따라서 검사의 판정은 검사대상의 제품(결함을 포함하는 제품)의 사용 여부를 판정하는 명확한 기준이 정해져 있지 않기 때문에 결함이 발견된 것은 모두 불량품으로 하고 있는 경우가 많다. 이상으로부터 보다 정확한 검사를 하기 위해서는 검사기술의 진보와 함께 검사 합부 판정기준의 확립이 매우 절실함을 알 수 있다.

비파괴평가(*nondestructive evaluation; NDE*)는 재료의 부하조건이나 환경조건을 파악하고 파괴역학적으로 재료의 수명을 예측하여 종합적으로 재료의 건전성(*integrity*)을 평가하는 비파괴계측기법이다. 이 비파괴평가는 단순한 결함검출기법으로 재료특성 평가(*materials evaluation, materials characterization*)의 상당한 부분을 점유하고 있고 재료 및 구조물의 기능, 신뢰성을 종합적으로 판단하는 기술 요소로 알루미늄 및 티타늄합금이 사용되는 항공기 부재 등에서는 검사가 용이한 구조물 형상을 요구하기도 하고 구조설계를 규정하는 역할을 담당하기도 한다. 또, 한편으로 신소재, 첨단재료 등에서는 아직 이들에 대한 비파괴평가기법이 확립되어 있지 않고, 이들 첨단재료의 품질보증을 위한 비파괴평가 기법의 확립이 신소재 개발의 중요한 과제중의 하나가 되고 있다.

그리고 최근에는 비파괴검사를 전주기적으로 적용하여 산업설비·공공시설의 안전성 극대화를 시도하고 있다. 즉 구조물 및 설비의 설계단계에서부터 비파괴검사를 고려하여 완성된 구조물 및 설비의 안전진단을 매우 편리하게 하고 있다. 최근에는 스마트구조(*smart structure*) 또는 지적구조(*intelligent structure*)라 불리는 새로운 개념의 출현, 즉 재료 또는 구조물의 설계 단계에서부터 자기진단기능, 자기수복기능을 갖게 하기도 하고 센서를 그들에 내장하여 구조 건전성 모니터링(*structural health monitoring; SHM or conditioning monitoring; CM*)이라는 광의의 비파괴평가 기법으로 각광 받고 있다. 이 *SHM* 기법은 기존의 전통적인 비파괴검사법의 특징인 국부검사(*point by point*)법에 비해 고정된 지점으로부터 대형 설비 전체를 한 번에 탐상할 수 있는 등 기존의 비파괴기법에 비해 시간적, 경제적 효율이 뛰어나다. 일반적인 비파괴검사법에 비해 온라인 실시간 평가(*on-line evaluation*), 상태 기준 보수(*condition based maintenance*), 사용 중 접합성(*fitness-for-service*)이나 잔류 수명의 결정이 가능하나 이 방법은 초기 데이터 수집에 의한 베이스라인(*baseline*)이 필요하게 된다.

## 1.2 비파괴검사의 목적

비파괴검사・진단을 하는 데는 여러 가지 목적이 있다. 따라서 비파괴검사・진단을 할 때에는 우선 그 시험을 통해 무엇을 알고자 하는가를 명백히 해야 한다. 그 후에 목적을 달성하기 위해 어떠한 시험방법과 시험조건을 이용할 것인가에 대해 결정을 해야 한다. 비파괴시험・검사의 주된 목적은 1차적으로는 결함의 검출(*flaw detection or flaw indication*)에 있지만 궁극적으로는 비파괴검사를 통해 구조물이나 설비 등 검사체의 건전성(*integrity*)을 확보하는 데에 있다. 이 외에도 비파괴시험을 적용함으로써 각 제조단계에서 제품의 불량률을 저하시키는 것이 가능하기 때문에 제조원가의 절감에도 영향을 미치는 동시에 제조기술의 개량도 가능하게 된다.

### 가. 품질보증

제조 공정의 개선으로부터 충분한 품질의 재료나 구조물의 제작이 가능하게 된 경우, 그 다음에 문제가 되는 것은 역시 그 각각의 제품의 신뢰성을 확보하는 것, 다시 말해 제품 각각의 품질보증이다. 신뢰성(*reliability*)의 정의는 제품의 종류나 사용목적에 따라 다르지만 일반 공업제품의 경우에는 규정된 사용조건하에서 기대되는 수명기간 중 "제품의 일부 또는 전부가 파손되지 않고 소기의 성능을 만족시키며 가동할 수 있는 기간 내에 실제로 가동한 시간의 비율(이용도)"을 신뢰성의 높고 낮음에 관한 기준으로 삼고 있다. 예를 들면 보통 건물에 사용되고 있는 콘크리트의 경우에는 다소 미세균열이 있어도 그 건물의 구조를 지지할 수 있는 강도가 유지되면, 구조물의 신뢰성은 확보되었다고 말 할 수 있다. 그러나 만약 콘크리트가 방수 목적인 경우에는 아주 미세한 틈도 누수의 원인이 되므로 이미 그 구조물의 신뢰성은 상실되었다고 할 수 있다. 또, 자동차용 강판의 표면 결함은 그 제품의 강도자체에는 영향을 미치지 않으나 미적인 관점에서 보면 제품 가격을 크게 저하시키는 것이 된다.

이와 같이 신뢰성이나 품질보증의 의미는 재료나 구조물의 종류, 사용목적에 크게 의존하고 있다. 그러나 일반적인 공업제품의 신뢰성에 대한 평가 변수로 (1) 제품 성능의 편차를 나타내는 통계적인 양 (2) 제품의 파손(일부 또는 전부)으로 인해 저하한 성능의 초기 성능에 대한 비율 (3) 어떤 사용조건으로 제품이 파손되지 않도록 초기의 성능을 만족하게 가동하면 기대되는 기간에 대한 실제로 가동한 기간의 비율 등을 고려할 수 있다. 여기서 제품의 열화, 다시 말해 제품의 일부 또는 전부가 파손되고 소기의 성능을 만족하지 못하는 상태가 일어나는 원인으로는 그 제품을 구성하는 재료의 문제, 그 제품 구조의 설계 문제, 그리고 그 제품 구조의 문제, 그 제품을 사용하는 방법에 대한 문제 또는 역학적 조건을 포함한 사용 환경이 상정되어 있는 것에서 큰 폭으로 변화하는 경우 등을 들 수 있다. 어느 원인의 경우에 대해서도 그 제품의 열화나 손상이 발생하는 확률은 가능한 한 낮게 잡아야 한다.

이처럼 재료의 선택으로부터 제품의 제조, 사용의 다양한 단계에서 각 단계에 상정되어 있는 결함에 대해 그 결함의 검출에 유효하고 적절한 비파괴시험법을 적용한 비파괴평가를 통해 제품의 건전성을 확인하고 신뢰성을 향상시키는 것이 가능하게 된다. 그러나 단순히 비파괴시험을 적용한다 해서 무조건 제품의 신뢰성이 향상되는 것은 아니다. 목적을 충분히 고려하고 그것에 가장 적합한 비파괴시험법을 선택하여 올바른 시험기술로 행해야한다. 그러기 위해서는 각종 비파괴시험법의 원리를 잘 이해하여 올바르게 적용할 필요가 있다.

## 나. 제조 공정의 개선

어떤 제조기술로부터 재료나 구조물의 제작이 가능하게 된 경우, 그 후에 문제가 되는 것은 그 제품의 신뢰성을 확보하는 것이다. 이것은 제품의 품질을 어느 정도 등급으로 확보하는 것, 다시 말해 그 제품에 존재하는 결함을 어느 등급 이하가 되게 하는 것을 의미한다. 이를 위해서도 비파괴평가는 큰 도움이 된다. 다시 말해, 어떤 정해진 품질의 제품을 만드는 경우나, 제품 제작을 위한 제조기술이 적절한지를 확인하기 위해 비파괴평가를 적용하는 것이 가능하다. 우선, 그 제조기술에 의해 시제품을 만들고 그것에 대해 비파괴시험을 하여 일정수준의 품질이 확보되는지 여부를 확인한다. 만약 적절치 못하면 그 발생 원인을 명확히 밝히고 지속적으로 제조기술의 개량을 꾀한다. 그리고 각각의 제조 공정의 문제점을 해결하여 최종적으로 기대되는 품질의 제품이 안정되게 얻어지는 제조기술을 확립한다. 이 경우에는 발생하는 결함의 특징을 잘 이해하고 그 결함의 검출에 적절한 비파괴시험법을 선택하고 이용하는 것이 중요하다.

비파괴검사를 하는 것은 언뜻 보기에는 불필요한 공정단계나 비용을 필요로 하고 제조 원가가 상승할 것으로 예상되나 전체 생산 비용을 고려해 보면 반드시 그렇지는 않다. 비파괴검사를 하지 않았기 때문에 제품의 사용 후에 생기는 보수에 필요한 비용이나 파괴사고가 발생된 경우의 물적 또는 인적 피해에 대한 보상비에 비하면 비파괴검사에 드는 비용은 결코 크지 않다. 또 제조단계에서 발견된 불량품의 보수는 비교적 용이하고 적은 공정과 저렴한 비용으로도 가능하다. 특히 고가의 재료나 구조물에서는 최종 제품에 이르기 전, 반제품의 단계에서 충분한 품질을 갖지 못하는 것의 제거, 즉 스크리닝(*screening*)을 할 필요가 있다. 거기에는 각 공정마다 반제품의 양부를 판정하는 것이 필요하고 이러한 의미에서도 비파괴검사의 중요성이 인식될 수 있다.

예를 들면 일정한 용접조건에 의해서 시험편을 제작한 후 이 시험편에 방사선투과검사를 하여 그 결과를 보아 가면서 용접조건을 수정해 가며, 최종적으로 소기의 품질을 만드는 최적용접조건을 결정한다. 또, 주조방안을 결정하기 위해 같은 방법으로 방사선투과검사를 이용, 결함의 발생상황으로부터 탕구 및 압탕 등의 위치를 개량해 가며 최종적으로 주조방안을 결정한다. 이상은 모두 제조기술의 개량을 목적으로 한 사용 예이다.

## 다. 제조원가의 저감

비파괴검사를 한다는 것은 검사비용을 증대시키고 나아가서 제조원가를 상승시키는 것으로 단순히 생각하기 쉬우나 미리 우수한 품질의 제품이 만들어지도록 최적 제조조건이 결정되면 그 후에는 품질에 영향을 미치는 행위가 가해질 때마다 제조공정 중에 적절한 단계를 선택하여 효과적인 비파괴검사를 실시하고 품질을 확인해 가면서 공정을 진행해 가면 최종단계에서 불량의 발생을 발견함에 의한 공정의 낭비를 배제하는 것이 가능하며 불필요한 공정에 대한 낭비를 없애면 제조원가의 절감을 꾀하는 것이 가능하다.

예를 들어 용접완료 전의 중간단계에 비파괴검사를 실시하여 그때까지의 용접에 대한 결함발생이 없음을 확인해 가면서 나머지 용접을 진행시킨다면, 용접완료 후 비파괴검사로 결함이 발견될 때 필요한 보수공정을 없앨 수 있다. 또 주조품을 기계가공해서 사용할 때 기계가공 후 가공면에 큰 슬래그개재물이나 공동 또는 터짐 등이 생겨서는 안 되는 경우가 있다. 이와 같은 경우에는 기계가공을 실시하기 전에 기계가공을 할 부분에 미리 비파괴검사를 실시하고, 기계가공 후 결함이 나타나서 불합격이 되는 경우에 소요되는 가공의 공정 수를 줄일 수가 있다.

이와 같이 비파괴검사를 실시하는 것은 근시안적으로 보면 쓸데없는 공정수가 소요되어 제조원가의 상승을 초래한다고 볼지 모르나 이 비용의 상승은 비파괴시험을 하지 않음으로 인해 생기는 사용개시후의 보수, 재수리에 소요되는 비용, 혹은 파괴사고가 일어난 경우에 지불해야하는 변상에 비하면 극히 적은 것이다.

또 제조단계에서 불량 부위가 발견되어도 보수가 비교적 용이하고 공정의 혼란을 야기시키지 않으므로 전체로 보면 적은 공정 수, 적은 비용을 유도할 수 있다.

## 라. 신소재의 개발

첨단 기술의 하나로 신소재를 들 수 있고 그 개발에 큰 기대를 걸고 있다. 우리들이 이용하고 있는 재료를 크게 분류하면 구조재료나 기능재료로 나누어진다. 구조재료는 교량, 자동차, 선박, 항공기 등에 이용되고 있는 고강도재료이고, 이에 비해 기능재료는 반도체, 각종 센서 등으로 대표되는 광학적, 전기적, 자기적, 화학적 성질이 우수한 지적재료이다.

이들 신소재 중에서 특히 구조용의 신소재는 극저온, 초고온의 상태에서 이용되고 있고, 방사선, 충격하중, 열충격 등의 가혹한 조건하에서 이용되는 경우가 많다. 여기에 이용되는 재료를 극한재료라 부른다. 이와 같이 신소재의 대부분은 극한환경에서 이용할 수 있어야 하므로 이러한 환경에 견딜 수 있는 내환경재료의 개발이 신소재 개발의 하나의 과제가 되고 있다. 예를 들면 앞으로 개발이 기대되는 우주항공 분야의 하나로 우주항공기(*space plane*) 등에서는 세라믹, 복합재료, 금속간화합물 및 경사기능재료 등의 초고온에 강하고 고강도경량인 구조용 신소재의 개발이 필요하다. 또, 심해저탐사선 등에서는 초경량, 초강력티타늄합금의 개발이 진행되고 있다. 이와 같이 신소재의 개발은 생물공학(*bio technology*), 전자공학(*electronics*)과 함께 앞으로의 과제가 되고 있어 금후의 기술 개혁에서 중요한 기반기술이라 말할 수 있다. 이와 같은 신소재로는 일부 금속재료도 포함되나 세라믹, 유리, 금속간화합물, 고분자기복합재료 등의 첨단적인 복합재료가 주 대상이 된다. 그러나 이들 재료는 취성적이고 신뢰성이 낮은 단점이 있어 앞으로의 신소재로는 인성이 높은 재료일 필요가 있다. 인성이란 앞에 기술한 바와 같이 균열이 진전하기 어렵고 파괴하기 어려운 역학적 특성을 의미한다.

따라서 재료설계의 목적은 취성을 극복하고 높은 인성을 갖는 재료를 개발하는 것이고 그러기 위해서는 최종적인 파괴에 이를 때까지의 과정을 명확히 하면서 인성향상을 위한 재료설계기법을 확립해야 한다. 이것은 대부분의 재료, 구조물에서 갑작스런 파괴가 생기는 것이 아니라 여러 종류의 미시적인 파괴가 최종적으로 파괴에 이르는 경우가 많기 때문이다. 따라서 재료의 인성을 고려하는 데에는 그 재료의 특수한 파괴과정을 이해하는 것이 중요하다. 이와 같은 미시적인 파괴기구의 해명을 위해서는 각각의 미시적인 파괴의 검출 및 특성평가가 중요하게 되고 비파괴적인 결함검출은 중요한 요소기술이 된다.

## 1.3 비파괴검사의 종류와 선택

비파괴검사는 검사대상물의 빛, 방사선, 초음파, 전기, 자기 등에 대한 응답특성이 내부조직의 이상이나 결함에 의해 변화하는 것을 원리로 하고 있다. 이러한 비파괴적 방법으로 재료·구조물의 특성을 평가하는 것은 재료를 파괴시켜야만 재료특성을 이해할 수 있는 재료시험과는 크게 다른 점이다.

비파괴검사의 종류로는 육안검사(*visual testing; VT*), 방사선투과검사(*radiographic testing; RT*), 초음파탐상검사(*ultrasonic testing; UT*), 자분탐상검사(*magnetic particle testing; MT*), 침투탐상검사(*liquid penetrant testing; PT*), 와전류탐상검사(*eddy current tecting; ET*), 스트레인측정(*strain measurement; SM*), 음향방출검사(*acoustic emission test; AE 또는 AT*), 적외선열화상검사(*infrared thermography test; IRT 또는 TT*) 등이 있다. 이 중에서 음향방출검사와 적외선열화상검사를 제외한 7종류의 비파괴검사가 현재 많이 사용되고 있으며, 검사의 목적을 달성하는 것이 가능하고 동시에 경제성, 휴대성, 조작성이 우수하여 일반적으로 이용되고 있는 검사법이라 할 수 있다. 이 외에도 실제로 사용되고 있는 비파괴검사의 종류는 매우 다양하다. 더구나 현장에서 이용되지는 않지만 연구실에서 이용 가능한 것이라든가, 일반적으로는 이용되고 있지는 않지만 매우 특수한 한정 분야에서 이용되고 있는 방법까지를 가산하면 그 수는 더욱 많아진다.

모든 비파괴검사는 물리적 현상의 원리를 이용하고 있으므로, 비파괴검사의 분류도 이러한 관점으로부터 분류하는 것이 가능하다. 즉,

① 광학, 색채학의 원리를 이용한 검사방법 : 육안검사, 침투탐상검사
② 방사선의 원리를 이용한 검사방법 : 방사선투과검사, CT 검사
③ 전자기(電磁氣)의 원리를 이용한 검사방법 : 자분탐상검사, 와류탐상검사
④ 음향의 원리를 이용한 검사방법 : 초음파탐상검사, 음향방출검사
⑤ 열의 원리를 이용한 검사방법 : 적외선열화상검사
⑥ 누설의 원리를 이용한 검사방법 : 누설검사

이상은 원리적인 면에서 분류한 것이고, 그 검사대상 부위, 예를 들면 시험체의 내부나 표면 또는 표층부에 관한 정보에 따라 분류하는 것도 가능하다. 각각에 속하는 시험법의 예를 나타내면 다음과 같이 된다.

① **표면 또는 표층부에 관한 정보를 얻기 위한 비파괴검사 :** 육안검사, 침투탐상검사, 자분탐상검사 및 와류탐상검사 등

② **내부에 관한 정보를 얻기 위한 비파괴검사 :** 방사선투과검사, 초음파탐상검사 등

이상은 시험대상부위에 따라 분류한 것이고, 가장 많이 사용되는 분류법이다. 이 중 표면에 관한 정보를 얻기 위한 비파괴검사에서는 어떠한 원인에 의해 그 결과가 얻어졌는가를 직접 육안으로 보고 확인하는 것이 가능하여 매우 확실한 정보를 얻을 수 있고, 그 정보로부터 단순히 표면에 관한 정보만이 아니라 내부와 연관된 정보도 얻는 것도 가능하다. 이에 비해 비파괴검사로부터 얻어지는 내부에 관한 정보는 표면에 관한 정보와는 달리 절단시험을 하는 것 이 외에는 육안으로 직접 확인하는 방법이 없어 고정밀도의 정량적 결과를 얻기 어렵고, 동시에 그에 따른 표면에 관한 정보도 얻기가 어렵다.

제품의 품질보증과 건전성 확보를 위해 비파괴검사 방법을 선택하는 데는 여러 가지 고려해야할 사항이 많다. 즉, 검사자는 특정 용도에 맞는 결함검출능(*detectability*)과 결함 크기(sizing) 성능을 확보할 수 있는 최적의 비파괴검사 방법을 선정할 수 있는 관련된 기본적인 지식과 감각을 가져야 한다. 또한 경제적인(*economic*) 문제 그리고 규제적인(*regulatory*) 측면도 동시에 고려해야 한다.

최적의 비파괴검사 방법을 선택하고자 할 때 기본적으로 고려해야할 사항은 다음과 같다.

① 시험체의 재료 특성과 불연속에 대해 잘 이해한다.

② 비파괴검사 방법에 영향을 주는 잠재해 있는 물리적인 프로세스를 이해한다.

③ 시험체와 비파괴 인자의 물리적 현상(*interrogating parameter*)과의 상호 작용(*interaction*)에 대해 이해한다.

④ 사용 가능한 비파괴검사 방법의 포텐셜과 한계를 이해한다.

⑤ 경제성, 환경성(*environmental*), 규제성 그리고 그 외 여러 요인들을 고려한다.

그 외에도 최근 새로운 원리에 기초한 다양한 첨단 비파괴검사법이 제안, 개발되고 있다. 이들 기법은 각각의 장단점을 가지고 있기 때문에 어느 방법을 이용할 것인가는 그 목적에 맞게 가장 적절한 비파괴검사 방법 및 그 적용방법을 이해하고 실시해야 한다.

# 1.4 비파괴검사의 적용과 범위

## 1.4.1 적용대상과 범위

주어진 부품에 비파괴검사를 할 때 100% 전수검사를 할 것인지 아니면 대표적인 몇 개의 부품만 검사할지에 대해 결정해야하는데 이는 경제적인 면과 규제 관리 측면에서 결정해야할 중요한 일이다. 결함이 있는 부품만 검사를 하는 것이 이상적이지만 결함이 존재하는지는 알 수 없으므로 검사범위를 정하는 것은 비파괴검사 프로그램의 한 부분이라 할 수 있다.

일반적으로 소재(素材)로부터 각종 기기(機器), 구조물의 검사는 여러 종류의 방법이 이용되고 있지만 주로 비파괴검사에는 결함검사, 재질검사, 계측검사, 각종 두께측정 및 스트레인측정 등의 비파괴시험이 많이 이용되고 있다. 비파괴시험을 적용하는 분야에는 검사의 수단으로 적용하는 분야, 조사의 수단으로 적용하는 분야 및 시험·연구의 수단으로 적용하는 분야 등이 있다. 이 중에서 공업적 이용가치가 높고 가장 이용되고 있는 것이 검사의 수단으로 적용하는 분야이다. 이하에 적용대상에 대해 기술한다.

### (1) 품질평가

소재 및 기기 구조물을 제작하는 경우에 하는 검사는 재료 및 용접부의 품질평가(*quality evaluation*)를 위한 것이라 생각할 수 있다. 다시 말해, 제조중에 소재나 용접부에 하는 검사는 제조된 것이 규정된 규격 혹은 사양서에 근거하여 제조되고, 규정된 품질을 만족하는가 여부를 확인하기 위한 목적으로 행해지며, 비파괴시험은 이 목적을 달성하기 위한 품질보증(*quality assurance; QA*)과 품질관리(*quality control; QC*)의 한 수단으로 사용된다.

품질보증이란 제품이 소비자가 요구하는 품질(*zero defect; ZD*)에 충분히 만족한다는 것을 보증하기 위해 생산자가 행하는 체계적인 활동을 말한다. 다시 말해, 품질보증이라는 것은 제작된 제품의 품질 및 기능에 대해 제조자가 고객에 대해 책임을 지고 보증하기 위한 계획적인 동시에 조직적인 활동으로 제조에 관계하는 개개의 기술, 설비 및 인적물자를 종합적으로 관리하는 것을 말한다.

한편, 품질관리는 소비자가 요구하는 품질의 제품 또는 서비스를 경제적으로 만들어 내기 위한 체계적 수단을 말한다. 다시 말해, 품질관리라는 것은 품질보증을 실현하기 위한 관리기술이라고 말할 수 있다. 따라서, 이 비파괴시험의 결과를 이용하는 재료 및 용접부의 평가는 품질보증을 위한 품질평가이고, 이 경우 주어진 판정기준은 품질관리를 위한 관리한계를 나타내는 것이다. 이 관리한계는 이제까지 명확하게 되어 있는 이론을 근거로 하고 거기에 경험을 고려하여, 이 정도의 품질이면 주어진 설계 조건대로 사용되어도 중대한 재해를 초래하는 파괴사고가 발생될 가능성이 없다는 판단을 근거로 결정되어야 한다.

그러나, 여기서 판단의 기초로 설정한 설계조건은 어디까지나 설계시점에서 고려된 분위기 조건, 응력조건으로 사용 개시 후에 가해지는 예측할 수 없는 여러 종류의 조건은 고려하지 않았기 때문에 평가한 시점에서는 충분한 품질을 가지고 있다해도 사용 후에 손상을 야기하는 경우가 있다. 따라서, 품질관리 한계로서의 판정기준을 설정할 때에는 설계조건 하에서 조금이라도 발생이 예측되는 손상의 원인이 되는 인자는 가능한 한 제거하여야 한다. 그러나 공업재료를 사용하는 한 한계가 있고 경제성을 고려하지 않을 수 없다. 따라서, 일단 이것을 품질관리의 관리기준으로 받이들이게 되면 반드시 지키도록 노력해야 한다.

### (2) 수명평가

사용 개시후 일정기간마다 하게 되는 검사는 다음 검사까지 안전하게 사용 가능한가의 여부를 추정・평가하는 것으로 기기나 구조물의 수명평가(壽命評價; *life evaluation*)를 위해 하여진다. 다시 말해, 정기검사, 보수검사, 사용기간중 검사시에는 사용조건을 근거로 새로 발생된 이상상태(異常狀態)를 검출하여 그 종류, 형상, 크기, 발생개소, 응력레벨, 응력방향과의 관계 등으로부터 다음의 검사 시까지 어느 정도 성장할 것인가를 예측하고 보수 또는 폐기 여부를 결정하지 않으면 안된다.

따라서, 그 평가기준은 결함의 발생원인에 따라 달라지므로 평가방법의 기준은 나타낼 수 있어도 품질평가의 경우에 얻는 판정기준을 단순히 나타내는 것은 불가능하다. 그러나 수명을 평가하기 위해서는 검출된 이상부에 대한 정보를 근거로 하여 그 성장량을 예측하지 않으면 안된다. 그러기 위해서는 예측에 필요한 기본 데이터가 되는 결함의 종류, 형상, 크기, 위치, 방향을 가능한 한 정확하게 파악할 필요가 있다. 이들 데이터를 이용하여 수명을 평가하는 방법은 현재 파괴역학적 수법에서 많이 이용되고 있다.

품질평가 및 수명평가를 위한 검사에 비파괴시험을 이용하려 할 경우에는 항상 다음의 2 가지 사항을 잊어서는 안된다.

① 비파괴시험은 파괴시험과의 비교시험으로, 이를 통해 재료의 강도를 직접 구하는 것은 불가능하므로 파괴시험에 의해 보증된 비파괴시험 결과를 가지고 있는 것이 중요하다.

② 시험결과는 반드시 정해진 시기에 항상 동일한 비파괴시험방법에 의해 얻어진 것과 비교되어져야 한다.

①에 의하면 비파괴시험은 재료, 기기, 구조물 등을 손상이나 파괴시키지 않고, 그들의 화학적 성질, 기계적 성질, 내부구조 등을 추정하기 위해 이용되는 시험법이다. 그러나, 이들의 성질을 추정하고 어떤 판단을 내리기 위해서는 우선, 동일한 조건을 갖는 시험체에 대해 비파괴시험을 하고 그 후 파괴시험을 하여 두 시험결과 간의 관계를 미리 구하여 놓지 않으면 안된다. 다시 말해, 비파괴시험이라는 것은 미리 파괴시험에 의해 얻어진 결과를 비교·추정하는 비교시험법이다. 따라서 이전의 비교시험결과를 가지고 있지 않는 경우에는 비파괴시험에 의한 평가·판정은 불가능하다. 이것이 ①에서 지적한 점으로 더욱 중요한 것은 ②에서 기술하고 있는 것과 같이 비교하는 시기를 정해놓아야 한다는 것이다. 품질을 평가하는 데에 가장 적합한 시기가 아니면 안된다. 다시 말해, 제조공정이 진행되고 있는 과정이나 그 후의 공정이 재료나 용접부의 품질에 어떠한 영향을 끼친다고 여겨지는 경우에는 결과적으로 전 공정의 시점에서 평가된 품질과는 다른 것이 되기 때문에 후 공정이 가해진 뒤를 품질평가의 시점으로 택해야 한다. 또한 공정이 가해지지 않더라도 경년변화로 재료, 용접부의 품질이 변화할 염려가 있는 경우에는 이 변화를 충분히 평가할 수 있는 시점에 시험을 행해야 한다.

### (3) 조사분야의 적용

구조상 분해가 불가능하거나 분해는 가능해도 재조립이 곤란한 내부구조 또는 내용물을 조사하고 싶을 때, 혹은 내부구조에 이상이 있는지의 여부를 조사하고 싶을 때, 방사선투과시험을 이용하면 그 목적을 달성할 수 있는 경우가 있다. 전기부품의 배선조사, 수하물의 내용물을 조사하는 것에 이용되는 것이 그 예이다.

### (4) 시험·연구분야의 적용

재료 및 용접 등에 관한 시험·연구에 있어 비파괴시험은 매우 중요한 수단이 되고 있다. 그것은 일일이 파괴시험을 하여 조사하지 않아도 재료 내부 혹은 표면에 존재하는 매우 미세한(미크로적인) 현상으로부터 육안으로 파악하는 것이 가능한 현상까지 물리현상의 변화로 유도해 내는 것이 가능하기 때문이다. 그 가능성과 정도는 현상에 따라서 시험법마다 다르기 때문에, 적절한 시험법의 선택이 시험·연구 성공의 열쇠가 된다. 따라서 기존의 비파괴시험방법에만 얽매이지 말고 새로운 시험기술의 개발을 통해 시험·연구에 가장 적합한 시험법을 찾아야 할 것이다.

### 1.4.2 대상과 검사 시기

비파괴검사의 대상은 소재, 부품 그리고 최종 제품으로 크게 나눌 수 있다. 소재나 부품에서는 재료의 스크리닝을 목적으로 하고 제품에서는 수명평가를 포함한 신뢰성 평가를 대상으로 하는 것이 많다. 비파괴시험은 적용시기에 따라 다음과 같이 크게 3가지로 구분할 수 있다. 다시 말해 제작 시에 하는 검사와 사용개시후 일정기간마다 하는 검사이다. 이와 같이 여러 종류의 목적으로 행해지는 검사는 실시되는 시기로부터 대별하는 것이 가능하다.

사용전검사(*pre-service inspection; PSI*)는 제작된 제품이 규격 또는 사양을 만족하고 있는 가를 확인하기 위한 검사이다. 원자력발전소의 경우 가동전검사(*PSI*)는 원자력발전소 건설 완료 후 상업운전 착수 전에 원자력발전소 안전성에 영향을 미치는 기기인 ASME Class 1, 2, 3, 기기에 대해 ASME Sec. XI 요건에 따라 비파괴검사를 수행하여 기기의 건전성 상태를 진단하고 향후 수행될 가동중검사 결과와 비교, 분석하는데 필요한 기초 자료를 취득하기 위한 검사를 말한다.

가동중검사(*in-service inspection; ISI*)는 다음 검사까지의 기간에 안전하게 사용 가능한가 여부를 평가하는 검사를 말한다. 원자력발전소의 경우 가동중검사는 원자력발전소의 상업운전 착수 이후 발전소 안전성 및 신뢰성을 확보하기 위해 ASME Sec. XI 요건 및 PSI 결과 등에 따라 가동중검사 대상 기기를 선정하고 향후 수행될 각 발전소의 계획예방정비 공기, 투입인력 등 발전소 제반 여건을 고려하여 전체 가동중검사 대상기기를 10년 주기의 장기 가동중검사 기간(장주기) 중에 적절하게 배분하여 장주기 1회 동안에 전체 검사 대상 기기의 검사를 완료하는 것으로 하고, 가동전 검사시 적용된 동일한 비파괴검사방법으로 매 발전소 계획예방정비 기간 중에 검사를 수행하여 PSI때 취득한 자료와 비교함으로서 각 기기의 건전성 상태를 진단하는 검사이다.

위험도에 근거한 가동중검사(*risk informed in-service inspection; RIISI*)는 과거의 PSI/ISI 결과 등의 통계자료에 근거하여 가동중검사 대상에서 제외할 수 있는 것은 과감히 제외시키고 위험도가 높고 중요한 부위는 검사요건 등을 더욱 강화함으로써 ISI에 소요되는 경제적 부담과 시간을 절약하면서 원자력발전소 경계기기의 건전성상태를 진단하는 검사이다.

## 1.4.3 적용 방법

그림 1.13은 품질보증을 대상으로 한 비파괴검사의 흐름도를 나타내고 있다.

우선,

① 재료내의 결함의 유무를 검출하고

② 그 위치를 명확하게 하고

③ 각 결함의 종류를 분류하고

④ 각각의 결함의 크기

⑤ 형상 등의 특성을 명확하게 한다. 다음에

⑥ 부하, 환경조건을 고려한 파괴양식으로 파괴의 기구를 명확하게 하고 파괴 역학적 취급으로부터 결함의 유해도를 결정한다.

⑦ 그 결과를 이용하여 최종적으로 합부의 판정, 다시 말해 재료의 스크리닝을 하고 최종 합격한 재료에 대해서는

⑧ 안전율이나 수명평가 등을 한다.

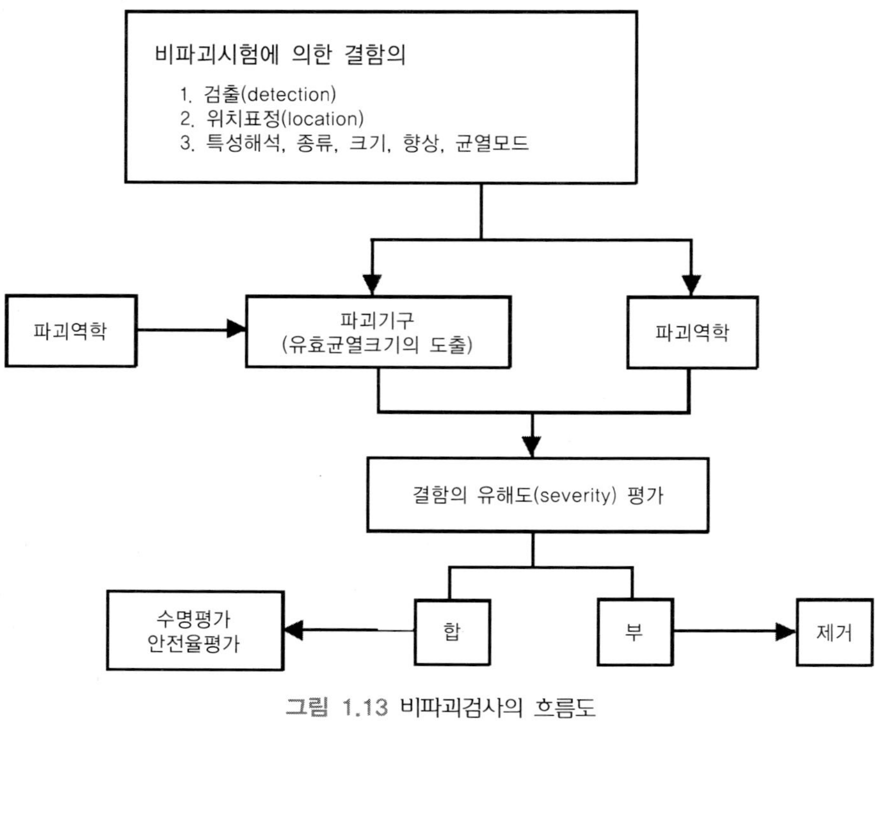


그림 1.13 비파괴검사의 흐름도

여기서, 결함을 검출하는 ①～⑤까지가 비파괴검사의 범주이고 비파괴평가로는 ⑥～⑧의 영역을 포함한다.

따라서 비파괴시험・검사는 결함검출기술인 비파괴검사기술의 정밀도 향상과 함께 ① 검출불능결함 ② 특정화 될 수 없는 결함의 존재 ③ 검출한 결함크기(성장균열)와 파괴원(초기결함)이 된 크기의 대응 ④ 파괴 모델(미시결함의 생성, 성장, 합체 프로세스)의 해명, ⑤ 시험법에 의한 값의 편차 등의 문제를 항상 고려해 나가야 한다. 한편, 최근 비파괴검사법의 정밀도 향상법으로 단일 기법의 정밀도 향상 만에 국한하지 않고 복합검사기법이 제안되어 성과를 거두고 있다. 또 제품의 검사에는 미리 검사를 하기 쉬운 형상으로 설계를 하는 등 비파괴검사를 고려한 제품설계 기법에 의한 검사 정밀도의 향상도 고려해야 한다.

## 1.5 비파괴검사의 신뢰도

비파괴검사의 신뢰도(*reliability*)는 언제, 누가, 어디서 하여도 동일한 시험체에 대해서는 동일한 검사결과가 얻어지는 것을 말한다. 다시 말해 비파괴시험·검사의 결과의 시간적 재현성이 있어야한다는 것이다. 비파괴검사는 본래 특정의 물리적 에너지를 이용하여 그것의 투과, 흡수, 산란, 반사, 누설, 침투 등에 의한 변화를 특정의 검출체를 이용하여 검출하고 이상 유무를 조사하는 방법이다.

이상부분을 검출할 수 있는가의 여부는 시험체의 재질, 조직, 형상, 표면상태, 사용하는 물리적 에너지의 성질, 검출하려고 하는 이상부분의 상태, 형상, 크기, 방향성, 그리고 검출체의 특성 등에 크게 영향을 받는다. 따라서 적절한 검사법을 이용하여 이상부분을 가능한 한 완전히 검출할 수 있어야 한다. 비파괴검사를 하여 무결함이라고 판단되는 정보가 얻어져도 반드시 결함이 없는 것으로 판단해서는 안 된다. 특히 비파괴검사에 의해 얻어진 이상부분의 종류, 형상, 크기, 방향성 등에 관한 정보는 이용하는 검사법에 따라서 각각 다르고, 검사법의 특성과 이상부분의 성질의 조합에 의해 어떤 경우에는 매우 정밀도 높게 측정할 수 있지만 또 어떤 경우에는 큰 오차를 수반하여 측정될 수도 있다. 이것은 품질평가나 수명평가를 하는 경우에 비파괴검사를 하는데 있어 매우 중요한 인식이다.

비파괴검사를 실시할 때 중요한 것은 검사를 하는 제품의 사용조건, 설계수명, 제품·부품의 성질, 용도를 충분히 파악하고 제품이 기간 중에 기능을 충분히 다할 수 있는가 어떤가를 평가할 수 있는 비파괴검사의 기법을 선택·적용하는 것이다. 비파괴검사의 신뢰도를 높이는 요인으로는 ① 비파괴검사를 하는 기술자의 기량, ② 제품·부품에 대한 검사기법의 적응성, ③ 비파괴검사 결과의 평가기준 등이다. 또 단일 검사수법에 의해서만 검사하는 것이 아니라 가능한 한 적용 가능한 비파괴검사의 기법을 중복 또는 조합하여 실시함으로서 비파괴검사의 신뢰도를 높일 수 있다.

비파괴검사는 신제품에 대해서만 아니고 제품의 내구성, 사용 환경 조건 등에 관해 정기적으로 검사함으로써 수명예측이나 보수기간의 판단을 가능하게 한다. 결국, 품질보증 수단의 하나로 정기적인 검사프로그램을 작성하고 실시·관리하여 신뢰성을 향상시킬 수 있다. 즉, 비파괴검사 결과의 신뢰성이 검사방법과 그 시행방법, 장치, 기술자의 검사기량 및 평가능력 등의 인자의 영향을 받기 때문에 이들을 포함하여 종합적으로 검토되지 않으면 안 된다.

## 1.5.1 결함검출확률(POD)

비파괴검사는 그 결과의 신뢰도가 확보되면 많은 이점을 가지고 있다. 결함검출확률(*probability of detection; POD*)이란 특정한 비파괴검사시스템(검사장비, 검사기술자, 규격)으로 검사하였을 때 결함을 놓치지 않고 검출할 수 있는 확률을 말한다.

그림 1.14는 어떤 특정한 비파괴검사시스템에 대한 결함검출확률(*POD*)을 결함크기의 함수로 나타낸 예이다. 일반적으로 인정된(*qualified*) 비파괴검사시스템으로 검사를 수행할 때 POD는 높아지고 검사 결과의 신뢰도도 높아진다. 그림에서 결함의 크기가 2 mm 이상일 때의 결함검출확률이 1이고, 결함크기가 작아짐에 따라 결함검출확률은 감소하게 되며, 일반적으로 비파괴검사시스템은 작은 결함보다는 큰 결함 검출에 용이함을 보여주고 있다.

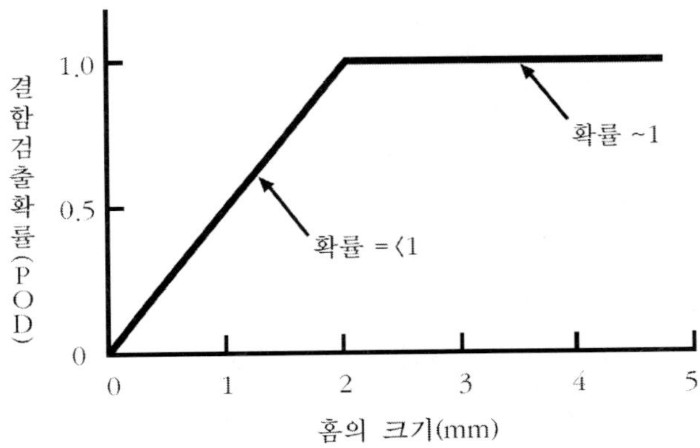


그림 1.14 특정 검사시스템에 대한 결함크기 분포와 결함검출확률

## 1.5.2 신뢰도에 영향을 미치는 인자

비파괴검사는 재료 내부에 존재하는 흠(*flaw*)이나 결함(*defect*)을 검출하기 위한 품질관리의 한 수단으로 사용되고 있다. 흠에는 균열, 기공, *blow hole*, 부식 등이 있으며, 적용 규격에서 허용 가능한 크기보다 큰 흠은 결함으로 불린다. 인정된(*qualified*) 검사시스템은 검출레벨을 넘는 모든 결함을 검출할 수 있고, 거짓지시(*false call*)란 비파괴검사시스템이 실제로는 결함이 없는 부위를 검사하였을 때 결함이 있는 것으로 지시하는 것을 말한다.

일반적으로 비파괴검사에서 신뢰도는 거짓지시가 없이 결함을 정확하게 검출하고 크기를 정량화 할 수 있는 능력을 말하며, 신뢰도에 영향을 미치는 중요한 요소들은 다음과 같다.

### (1) 검출해야할 결함의 크기

모든 검사는 허용결함(*flaw acceptance*)에 관한 기준이 규격으로 정해져 있다. 예를 들면 규정된 한계를 초과하는 크기의 흠은 허용할 수 없는 결함으로 분류된다. 허용할 수 있는(*acceptable*) 결함과 허용할 수 없는(*unacceptable or rejectable*)결함에 대한 분류는 다음에 근거한다. ① 설계개념에 근거한 파괴역학, ② 사용된 검사시스템의 성능, ③ 검사비용 그리고 ④ 요소의 위험도(*criticality*) 등이 있다. 검출한계를 낮게 설정하면 검출해야할 결함의 수가 많아진다. 결함을 더 많이 검출하는 것이 파손방지에 필수적일지 모른다. 작은 결함을 검출하는 것은 큰 결함을 검출하는 것보다 훨씬 어렵다. 판별레벨을 정하기 위한 결함의 크기 역시 결함 유형에 따라 달라진다. 재료 내에서 균열의 방향성은 정확히 알기 어렵기 때문에 결함의 크기 보다 더 낮게 설정한다.

일단 판별수준이 설정되면 이상적인 검사기법은 모든 결함을 허용할 수 있는 것과 허용할 수 없는 것으로 분류된다. 실제의 검사기법에서 이러한 분류가 얼마나 잘 맞느냐의 정도는 판별 수준에 가까운 결함검출에 대한 정밀도에 달려 있다. 실제적으로는 거의 모든 기법은 실험적 오차를 반드시 포함하기 마련이다. 이것은 어떤 결함의 경우에 실제 결함크기 보다 과대평가 또는 과소평가하게 되기 때문이다. 만약 결함크기가 판별수준에 가까우면 허용 가능한 수준(실제 결함) 바로 위의 결함들은 검사과정 중에 놓칠 수 있는 반면, 허용 가능한 수준 바로 아래의 결함은 거짓신호나 허용할 수 없는 것으로 분류될 가능성이 있다.

### (2) 비파괴검사 방법의 선택

대부분의 경우 검출된 결함의 특성과 결함검출의 신뢰성은 비파괴검사 기법의 선택에 크게 의존한다. 적절한 비파괴검사 방법의 선택은 매우 중요하며, 초음파탐상검사의 경우에 DGS선도법, 6 dB drop법, 20 dB drop법, 전파시간차(*time of flight; TOF*)법, 최대진폭법 등은 각기 특정 응용분야에의 적용과 한계를 갖는 특징이 있다. 신뢰성 있는 검사를 위해서는 적합한 비파괴검사 방법의 선택 후 검사기법, 탐촉자, 검사장비, 해석 방법들을 적절히 선택하는 과정이 필요하다. 예를 들면, 6 dB drop법은 보통 10 mm 이상의 초음파빔 폭 보다 큰 결함크기 측정에 한한다.

비파괴검사를 통해 얻어진 결과의 신뢰성은 이미 기술한 바와 같이 검사조건이 올바르지 않거나 검사방법이 부적합하면 더욱 저하된다. 따라서 결과의 신뢰성을 높이기 위해서는 검사방법 자체가 갖는 특성으로 결함을 완전히 검출할 수 없더라도 검출하고자 하는 이상부분의 성질에 적합한 검사방법 및 검사조건을 선택해야 한다.

그러기 위해서는 검출하려고 하는 이상 부분의 성질을 예측할 수 있어야 한다. 다시 말해 시험체의 재질, 가공의 종류, 가공이력 또는 사용이력을 검토하고 어떤 종류의 결함이 어느 부분에 어떠한 형상을 하고 어느 방향으로 존재할 가능성이 많은가, 또 그 성질은 어떠한가를 예측하고 그것을 검출하는 데 가장 적합한 검사방법을 선택해야한다. 그리고 검사방법이 결정되었다고 해도 검사조건에 따라서는 반드시 적절한 검사방법이 아닌 경우가 있기 때문에 검사방법이 최대의 능력을 발휘할 수 있는 조건을 선택하는 것이 중요하다.

### (3) 비파괴검사 장치

신뢰성이 높은 비파괴검사 결과를 얻기 위해서는 비파괴검사에 이용되는 장치가 충분한 성능을 가져야하며 동시에 사용 시 항상 그 성능이 보증되고 유지되어야 한다. 동일한 비파괴시험 방법을 이용하더라도 그것을 실시하는 장치의 적용범위와 적용목적에 따라 매우 다양하게 제작되어 있어, 목적에 맞는 최적의 장치를 선택하여 사용하지 않으면 결함검출이 어려운 경우가 생길 수 있다. 그러한 장치에는 방치해 놓아도 거의 성능이 유지되는 것과 항상 교정을 해가면서 사용해야할 필요가 있는 것이 있다. 장치에 의한 특성을 충분히 확인하여 필요한 경우 정기적으로 또는 사용 전에 반드시 교정하여 항상 올바른 검사결과가 얻어질 수 있도록 관리를 철저히 관리해야 한다.

장비의 형식 역시 검사의 신뢰성에 영향을 미친다. 다루기가 어려운 장비는 교정 시 오차가 발생하기 쉽고 결국 신뢰성이 낮아지는 결과를 초래하게 된다. 상대적으로 새롭고 친숙하지 않은 복잡한 장비의 사용은 신뢰성을 저하시키기 쉽다. 따라서 더 높은 신뢰성을 확보하기 위해서는 가능하면 더 친숙하고 다루기 간편한 장비를 사용하는 것이 바람직하다.

검사의 신뢰성에 영향을 미칠 수 있는 또 다른 인자로는 데이터를 관찰하고 검사결과를 기록하는 검사자의 능력이다. 가능한 한 검사자가 데이터를 기록하는 것을 지양하고 자동적으로 데이터를 기록하는 것이 좋다. 최근의 기법들은 화상출력을 제공하고 있다. 이러한 검사 프로그램을 위한 최신 기록장치들은 신뢰성을 향상시키는데 중요하다는 것이 증명되었다. 컴퓨터의 응용으로 신속한 검사결과의 제공, 비파괴검사 데이터의 자동적인 해석 그리고 신속한 검사보고서의 작성이 가능하게 되었다.

### (4) 비파괴검사기술자의 능력

신뢰성이 있는 비파괴검사 결과를 확보하는데 검사기술자의 능력은 중요한 인자이다. 기본적으로 검사기술자는 적용하고자 하는 검사기법에 자신이 있고 간단할 경우 검사를 잘 수행하게 된다. 검사기법에 대한 지식과 경험은 검사자의 능력을 결정하는데 중요한 역할을 하고 있다.

심리적인 요소 역시 검사기술자 능력에 중요한 영향을 미친다. 만약 검사자에게 사용하는 기법에 대한 믿음이 없다면 그로부터 신뢰성 있는 검사결과를 기대할 수 없다. 이러한 환경 하에서 검사기술자의 능력을 향상시키는 것은 좀 더 나은 절차서의 활용과 교육을 통해 가능하다.

비파괴검사를 하는 기술자의 사명은 무겁고 크다고 하지 않을 수 없다. 그리고 만약 검사를 잘못하여 틀린 검사결과를 얻게 되면 큰 경제적 손실을 초래할 우려가 있을 뿐만 아니라 어떤 경우에는 많은 인명피해를 초래할 수도 있다. 따라서 비파괴검사기술자는 항상 자기 자신의 기술연마를 위해 노력하고 자신에 주어진 책임과 권한의 범위 내에서 항상 올바른 검사를 해야 한다.

검사기술자에 의한 검사는 항상 동일한 검사결과가 얻어지고 재현성이 있어야 한다. 이것은 비파괴검사에 의해 일정 수준이상의 품질이라는 검사결과가 얻어진 것이라면 기기, 구조물의 종류에 관계없이 또 그 부위(部位)에 상관없이 항상 동일한 품질이라는 것을 보증하는 데에 필요한 조건이다. 따라서 검사기술자의 기량수준은 항상 일정해야 할 필요가 있다.

이와 같은 요구로부터 세계 각국에서는 검사기술자에 대한 기술자격시험제도를 실시하여 비파괴검사 기술 수준의 향상과 안정화를 꾀하고, 검사결과에 대한 신뢰성을 꾸준히 높여가고 있다. 이미 여러 번 반복하여 기술한 것처럼 비파괴검사 기술은 여러 가지 조건에 의한 영향을 쉽게 받기 쉬우며, 최고의 기술을 이용하더라도 아직까지는 완전히 결함을 검출하는 것은 불가능하다. 하물며 기술적으로 미숙한, 또는 부주의한 검사를 한 경우에는 그 결과의 신뢰성은 매우 낮아 질 수밖에 없다. 비파괴검사기술자는 이 점을 충분히 이해하고 주어진 자기의 직무를 충실히 다해야 한다. 다시 말해 검사실시에 종사하는 기술자는 인정된 비파괴검사 기술을 올바로 구사하고 가능한 한 정확하게 결함을 파악하고 정확한 판정이 가능한 검사결과를 얻는 것에 전력을 다해야 한다.

또한, 지나치게 공정을 중시하고 경제성을 지나치게 강조하는 검사는 피해야 한다. 기기나 구조물의 건전성이 확보되어 있는 것은 적용된 규격 혹은 기준에 제시된 시험기준 또는 판정기준이 필요이상으로 높은 품질을 요구할 수도 있다. 앞으로 비파괴검사의 요구는 점점 많아지고 동시에 더욱 엄격해질 것으로 예상된다.

### (5) 검사환경

흔히 비파괴검사는 고공(高空) 구조물, 수중 검사, 고온, 제한된 공간 등 어려운 작업 환경 하에서 수행되는 경우도 많다. 이러한 환경이 검사자에게 적합할 때 검사는 쉬워지고 검사의 신뢰성은 좋아진다. 부적합한 환경에서 선택하게 되는 검사절차는 그 적용에 제한을 받을 수 있고 검사, 관찰, 기록 그리고 평가에서 개인오차가 생길 수 있다.

### (6) 비파괴검사 결과의 판정

비파괴검사에 의해 얻어진 결과는 이상 기술해 온 내용을 충분히 이해하고 주의 깊은 검사를 하여도 완전히 신뢰할 수 있는 것은 아니다. 따라서 비파괴검사에 의해 얻어진 결과로부터 품질 또는 수명을 평가하는 경우에는 그 결과를 단순히 하나의 정보로 이용해야지 그 결과만으로 결정적인 결론을 내려서는 안 된다. 한 가지 종류의 비파괴검사만이 아니고 가능한 한 여러 종류의 비파괴검사를 병용, 하나의 비파괴검사가 갖는 단점을 다른 비파괴검사의 장점으로 보완하여 보다 정확한 정보를 많이 수집하여야 한다. 그리고 여기에 비파괴검사 이외의 검사를 통해 얻어진 결과도 이용하고 재료에 관한 지식, 용접에 관한 지식, 가공기술에 관한 지식 등을 종합하여 판단을 내려야만 한다. 비파괴검사 기술의 판정기술은 물리, 화학, 기계, 전기, 재료에 관한 고도의 통합기술로 보아야 한다.

비파괴검사를 하면 제품의 가격이 상승한다는 경우도 있지만 판정기술자는 비파괴검사 본래의 목적이 결코 무의미하게 품질을 높이는 것이 아니라, 제품의 안전성 및 경제성이 확보된 품질임을 증명하기 위한 것이라는 것을 충분히 인식하고 검사로부터 얻어진 결과의 본질이 어디에 있는가를 판단해야 한다. 공학적 지식에 비해 지나치게 엄격하거나 지나치게 관대하여 빠뜨리는 일이 없고, 있어도 지장이 없는 것과 있으면 안 되는 것을 구별하여 항상 안정된 판정(평가)을 하도록 유의해야 한다.

### (7) 검사기술자의 훈련과 인증

훈련 프로그램의 목적은 ① 검사자로 하여금 비파괴검사 방법이나 검사기법의 각기 다른 적용법, 장점과 한계, 데이터의 기록과 해석 등을 보다 철저히 이해하고, ② 개인의 숙련도를 향상시키고, ③ 검사자로 하여금 동기부여와 검사에 대한 도전의식을 갖게 하고, ④ 비파괴검사 기법에 대한 잘못된 개념을 바로잡게 해주는데 있다.

검사기술자의 훈련과 인증은 Level Ⅰ, Ⅱ, Ⅲ의 3단계로 수행된다. 각 레벨의 자격을 인정받은 검사기술자의 책임은 아래와 같다. Level Ⅰ 기술자는 주어진 검사 절차서에 따른 규정된 교정, 시험 그리고 평가를 수행할 수 있어야 한다.

Level Ⅱ 기술자는 codes, standards and specifications에 관련하여 장비의 설정과 교정, 결과의 평가와 해석을 할 수 있어야 한다. 그리고 검사절차서와 결과보고서를 작성할 수 있어야 한다. Level Ⅲ 기술자는 사용하고자 하는 검사방법과 기법의 결정, 코드의 해석 등에 책임을 진다. 실제 실무적인 기술에 대한 폭 넓은 배경과 통상적으로 사용되고 있는 다른 비파괴검사 방법에 대한 지식이 있어야 한다.

특정한 레벨에서의 인증(*certification*)은 5년간 유효하다. 이 기간이 만료되어 자격인정을 소지한 검사기술자는 훈련과 보충교육(*refresher*) 프로그램을 이수해야 한다. 이 보충교육 프로그램에 의해 비파괴검사기술자는 과거에 훈련을 받아왔던 그들의 지식을 더욱 향상시켜 새롭게 하고 비파괴검사 실무능력을 계속 유지할 수 있다.

## 1.6 비파괴검사기술자의 역할

비파괴검사는 재료, 용접부 및 구조물이 건전한지 어떤지를 판단하는 근거를 제공하기 위해 그것들에 결함이 있는지를 조사하고 결함이 있으면 그 위치와 크기를 측정한다. 특히 초음파탐상검사와 같은 경우에는 용접부나 구조물 등의 눈에 보이지 않는 내부 결함의 유무, 위치, 크기 등의 검출에 이용되기 때문에 그 정확성은 비파괴검사기술자의 기량과 기술에 크게 영향을 받는다.

초음파탐상검사기술자의 경우 기량·기술이 미흡하면 초음파탐상기의 조정과 탐촉자의 주사가 미숙하게 되어 결함을 놓치든가 결함 크기 측정이 부정확해진다. 즉 비파괴검사 결과가 부정확하면 용접부나 구조물의 건전성의 신뢰도가 떨어지고, 결함을 놓치게 되는 경우는 사용 중에 손상이나 파괴가 일어나 인명 사고를 수반하는 중대한 재해의 우려가 있게 된다.

한편 검사기술자의 기량·기술이 충분해도 허위 검사 보고를 한다든가 고의로 보고서를 고치는 부정 행위가 있으면 검사의 신뢰도가 손상된다. 이와 같은 경우에는 비파괴검사기술자의 자격은 취소되고 검사보고서 허위 작성에 따른 사회적 윤리적 책임을 지게 된다. 검사기술자는 비파괴검사가 얼마나 중요한지를 인식하고 사명감을 가지고 꼼꼼하게 검사를 실시해야 한다.

각종 구조물의 제조, 제작, 사용 그리고 그들 단계에서 건전성의 확인 더 나아가 안전성의 확보, 모든 프로세스에서 비파괴검사는 불가결한 수단이다. 또 검사 기술의 향상은 비파괴검사기술자의 사명의 하나인 결함의 유무 다시 말해 단순히 결함의 존재만을 아는 것이 아니고 보다 정량적인 결함 평가의 정보를 제공해줘야한다. 이것은 자격을 갖는 검사기술자가 결함 평가에 관한 정보를 보다 정확한 동시에 효율적이고 계속적이며 안정적으로 제공하는 것에 의해 결함을 보다 고정밀도로 해석하고 평가해야 한다.

비파괴검사의 선택, 이용 그리고 시험 데이터의 기록, 시험성적서의 작성으로부터 합부 판정, 검사보고서 작성에 이르기까지 비파괴검사는 그것에 종사하는 기술자의 기량에 크게 좌우되는 경우가 많다. 예를 들면 동일 규격, 동일 기준, 동일 방법에 근거한 사양서, 절차서 또는 지시서에 따라 시행하면 당연히 동일한 시험 결과 및 측정 결과가 얻어져야 한다. 그렇게 하기 위해서는 누가 몇 번을 하더라도 동일 결과, 동일 평가가 얻어져야 한다. 그렇게 하기 위해서는 검사기술자의 기량 레벨을 일정한 레벨 이상으로 해 놓을 필요가 있다. 이러한 요구에 따라 우리나라에서는 국가기술자격제도에서 기술사, 기사, 산업기사, 기능사 자격제도가 있으며, 미국에서는 ASNT level Ⅲ, Ⅱ, Ⅰ이 있다. 검사는 이러한 자격증을 가진 기술자에 의해 행해져야 한다.

다음은 ISO 9712(비파괴검사기술자의 자격인정 및 인증) 규격에서 규정하고 있는 Level Ⅰ, Ⅱ, Ⅲ 비파괴검사기술자의 역할을 소개한다.

## 1.6.1 Level Ⅰ

Level Ⅰ의 자격시험은 필기시험과 실기시험이 있고 이것에 합격하면 인증을 받을 자격이 주어진다. 그러나 이 자격시험에 합격하는 것만으로는 비파괴검사기술자의 자격은 주어지지 않는다. 자격증명서를 취득하기 위해서는 자격시험 합격증 외에 시력시험합격증, 훈련증명서, 경력증명서가 필요하다. 특히 중요시 하는 것은 비파괴검사 결과의 신뢰도에 영향을 미치는 훈련과 경험이다. 초음파탐상검사의 경우 최적의 방법과 기법은 시험대상물에 따라 각각 다르다. 검사대상물의 크기, 형상, 재질 및 검출해야할 결함의 위치, 크기, 종류에 따라 초음파탐상검사의 방법과 기법이 다르기 때문에 대상물 마다의 훈련·경험이 필요하게 된다. 즉 방해 에코와 결함에코의 판별 및 결함 평가에는 충분한 훈련과 경험이 필요하게 된다. ASME Code Sec. Ⅺ App. Ⅷ에서 요구하는 기량인증시험(*performance demonstration; PD*)이 대표적인 예이다.

국제 규격 ISO 9712에서 NDT Level Ⅰ 기술자는 지시서에 따라서 Level Ⅱ 또는 Level Ⅲ 기술자의 감독 하에서 다음 사항의 NDT 작업을 실행할 자격이 있다. 해당 기술부문에 대해서 절차서에 따라 다음 사항을 정확하게 실시할 수 있어야 한다.

① NDT 기기를 준비하는 것

② 레벨 Ⅱ, Ⅲ 기술자의 감독 하에 NDT 지시서에 기초하여 NDT 기기를 조작하는 것

③ NDT를 실시하는 것

④ 레벨 Ⅲ 기술자의 허가를 갖는 조건으로 문서화된 판정기준에 의해 NDT 결과를 분류하고, 보고하는 것

레벨 Ⅰ의 인증을 받은 기술자는 사용하는 NDT 방법 또는 NDT 기법의 선택에 대해서는 책임을 지지 않는다.

## 1.6.2 Level Ⅱ

NDT Level Ⅱ의 인증을 받은 기술자는 인가되어 있는 NDT 절차에 따라 NDT를 실시하거나, 지시할 자격이 있다. 여기에는 다음 사항을 포함한다.

① Level Ⅱ로 인증을 받은 NDT 방법의 적용한계를 결정하는 것
② NDT 코드, NDT 규격, NDT 시방서 및 NDT 절차서를 실제의 작업조건에 맞고 실행 가능한 NDT 지시서로 바꾸어 쓰는 것
③ NDT 기기의 조정과 교정을 하는 것
④ NDT를 실시하거나 감독하는 것
⑤ 적용하는 코드, 규격, NDT 시방서에 의해 NDT 결과를 해석하고, 평가하는 것 (검사결과의 해독 및 규격에 따라 정해진 방법에 기초한 등급분류 및 판정)
⑥ NDT 지시서를 작성하는 것
⑦ Level 1의 모든 직무를 실시하거나 또는 감독하는 것(Level Ⅰ의 지도)
⑧ Level Ⅱ보다 낮은 하급 기술자를 훈련하거나 또는 지도하는 것
⑨ NDT 결과를 정리해서 보고하는 것(검사성적서의 작성)

### 1.6.3 Level Ⅲ

NDT Level Ⅲ의 인증을 받은 기술자는 해당 기술부문에 대해 다음 사항을 실시할 수 있는 고도의 지식과 경험, 그리고 지도자로서의 능력을 가진 자로 인증을 받은 NDT 방법에 대한 모든 조작을 지시할 권한을 가진다. 여기에는 다음 사항을 포함한다.

① 관련 기술자의 교육계획 입안 및 실시 요령의 작성 그리고 교육의 실시와 NDT 설비와 직원에 대해 모든 책임을 지는 것
② NDT 기법 및 NDT 절차서를 수립하고 승인하는 것
③ 코드, 규격, NDT 시방서 및 NDT 절차서를 해석하는 것
④ 특정 NDT 작업에 사용해야 하는 NDT 방법, NDT 기법 및 NDT 절차서를 지정하는 것
⑤ 현행 코드, 규격 및 NDT 시방서에 의해서 NDT 결과를 해석하고, 평가하는 것 (검사결과의 평가 및 합부판정)
⑥ 인증기관으로부터 인가된 경우 자격시험을 관리하는 것
⑦ Level Ⅰ 및 Level Ⅱ의 모든 직무를 실시하거나 감독하는 것

## 익힘문제

1. 비파괴시험의 기본 원리(*basic principle*)는?

2. 파괴시험(*destructive testing*)과 비파괴시험(*nondestructive testing*)의 장·단점에 대해 비교·설명하시오

3. 비파괴시험(NDT), 비파괴검사(NDI), 비파괴평가(NDE)를 협의 개념으로 정의할 때 의미상의 차이점이 있다면 무엇인가?

4. *Structural Health Monitoring*(*SHM*)의 정의와 NDT와의 차이점?

5. 스마트구조(*smart structure*) 또는 지적구조(*intelligent structure*)란?

6. 비파괴검사의 실시 목적과 유효성에 대해 기술하시오.

7. 비파괴검사의 종류를 물리적 현상의 원리에 따라 분류하고 간략히 설명하시오.

8. 비파괴검사를 분류할 때 표층부(*surface/subsurface*)의 결함 검출에 유리한 비파괴검사는 어떠한 것이 있는가?

9. 최적의 비파괴검사 방법을 선택하고자 할 때 기본적으로 고려해야할 사항은?

10. 원자력발전소에서 가동전검사/중검사(*Pre-/In-Service Inspection; PSI/ISI*)의 정의와 적용 규격에 대해 기술하시오.

11. 원자력발전소에서 가동전검사/중검사(*Pre-/In-Service Inspection; PSI/ISI*)와 *RBISI*(*Risk based in service inspection*)를 비교 설명하시오.

12. ASME Code Sec.XI App. Ⅷ에 근거한 기량검증(*Performance Demonstration; PD*)에 대해 간략히 설명하시오

13. 비파괴검사의 신뢰도(*reliability*)란 무엇인가?

14. 결함검출확률(*probability of detection; POD*)이란 무엇인가?

15. 비파괴검사의 신뢰도 평가에서 결함검출확률(*probability of detection; POD*)에 영향을 미치는 인자에 대해 기술하시오

16. ISO 9712에서 규정하고 있는 NDT Level Ⅰ, Ⅱ, Ⅲ의 역할에 대해 설명하시오

17. 국제표준화규격(ISO)에서 비파괴검사가 분류되어 있는 전문위원회(TC)에 해당하는 것은?

18. 국제표준화규격(ISO)에서 분류하고 있는 비파괴검사의 전문위원회(TC) 아래에 초음파탐상검사(UT)에 해당하는 분과위원회(*SC, Subcommittee*)는?

19. 국제표준화규격(ISO)에서 비파괴검사기술자의 자격인정 및 인증을 규정하고 있는 규격은?

Chapter 02

# 결함특성과 NDE

## 2.1 개요

정확한 비파괴검사를 하기 위해서는 소재나 용접부 등에 발생할 수 있는 결함의 종류를 예상해야 된다. 따라서 각종재료나 용접부 등에서 발생하는 결함에 대한 지식을 가질 필요가 있다. 단, 여기서 말하는 결함 중에는 제조 단계에서의 철저한 작업관리를 충분히 하는 것에 의해 피할 수 있는 것들도 있다. 반면 그 종류, 양, 크기에 따라서는 설계조건으로 주어지는 통상의 운전조건에서 재료, 기기, 구조물 등의 건전성을 저하시키는 원인이 되는 종류도 있다. 한편 정기검사에서 발견된 결함에는 제조중의 검사에서 놓친 것도 있지만 사용 중에 발생 또는 성장한 것이 많다. 따라서 그대로 방치하면 파괴에 이르는 발생원이 될 수도 있다.

비파괴검사 분야에서 결함에 관련된 용어를 정리하여 보면, 건전부(*sound area*)는 시험체가 비파괴검사의 지시로 보아 시험체에 이상이 없다고 판단되는 부분이고, 불완전부(*imperfection*)는 비파괴검사에서 시험체의 평균적인 부분과 차이가 있다고 판단되는 부분, 불연속(*discontinuity*)은 흠 · 조직 · 형상 등의 영향에 의해 비파괴검사에서 지시가 건전부와 다르게 나타나는 부분, 흠(*flaw*)은 비파괴검사 결과로부터 판단되는 불연속부를 말하며, 결함(*defect*)은 규격 · 시방서 등에 규정되어 있는 판정기준을 넘어 불합격이 되는 흠을 말한다.

즉, 결함은 소재 및 기기 · 구조물에 존재하는 불연속부 및 불균질부를 포함한 이상부분이 규격 · 시방서 등에 규정되어 있는 판정기준을 넘어 불합격이 되는 흠을 가리키는 용어이다. 그러나 이들 결함이 환경조건(응력, 열, 분위기 등)에 따라서 유해한 인자가 되는 것과 되지 않는 것이 있다. 예를 들면 균열은 가장 유해한 결함으로 알려져 있지만 그 치수(길이×높이)나 형상, 그것에 가해진 응력의 종류와 크기에 따라서는 반드시 유해하지는 않는 경우도 있다. 그와 같은 결함이 발생되기까지의 공정에서 제조조건이나 사용조건이 잘못이 있다는 것을 생각해 보고, 품질관리 또는 품질보증상의 관점으로부터 대책을 세워야 한다. 한편, 슬래그 혼입이나 개재물을 수반하는 경우에는 균열과 동일하게 유해한 인자로 작용한다.

균열이나 슬래그 혼입, 개재물의 결함은 그 형상이나 치수는 결함에 따라 차이가 있지만 환경조건에 따라서 유해하기도 하고 무해하기도 하다. 그러므로 결함이 있다고 해서 바로 유해하다고 단정해서는 안 된다. 이와 같이 결함의 유해성 여부를 판단함에 있어 가장 중요한 인자가 되는 것은 응력의 종류와 크기 및 가해진 응력과 결함위치와의 관계이다. 따라서 응력과 스트레인의 관계인 비파괴검사를 하는 사람이라면 이들에 대한 지식을 가지고 있을 필요가 있다.

비파괴평가 분야에서 결함은 소재 및 기기·구조물에 존재하는 불연속부 및 불균질부를 포함하는 이상부분을 가르키는 용어로 환경조건(응력, 열, 분위기 등)에 의해 유해한 인자가 되는 것과 되지않는 것이 있다. 예를 들면 균열은 가장 유해한 결함으로 일반적으로 알려져 있으나 그 치수(길이×높이), 형상 및 그것에 가해지는 응력의 종류와 크기에 따라서는 결함이라고 잘라서 말할 수 없는 경우도 있다.

검출 대상이 되는 결함은 그 결함이 도입된 시점에 따라 아래와 같이 분류할 수 있다.

① 제조공정에서 주로 발생한 내부결함

② 기계가공 중 및 처리공정 중에 도입된 주로 표면결함

③ 부품, 제품의 사용중(가동중) 또는 환경에 의해 생기는 결함

여기서 ①과 ②는 재료나 구조물을 사용하기 전에 발생한다는 의미에서 초기결함(*initial defect*)이라 한다. 한편, ③은 재료나 구조물의 열화 손상을 야기시킨다.

결함은 후술하는 것과 같이 유해한 것과 그렇지 않는 것이 있기 때문에 KS 규격에서는 흠(*flaw*)이라 부르고 있으나, 이 장에서는 재료 내부에 존재하는 이상부분이라는 의미로 결함이라는 용어를 사용한다. 또, 결함 내부에 예리한 형상의 것은 균열(*crack*)이라 하고, 그다지 예리하지 않는 것은 노치(*notch*)라 부른다.

## 2.2 초기 결함

정확한 비파괴검사를 하기 위해서는 소재, 용접부 등에 발생하는 결함의 종류를 예상해야 되나 그러기 위해서는 각종재료나 용접부 등에서 발생하는 결함에 대한 지식을 가질 필요가 있다. 단, 여기서 말하는 결함은 제조시의 단계에서는 제조과정에서 작업관리를 충분히 하는 것에 의해 피할 수 있는 종류도 있다. 또, 그 종류, 양 또는 크기에 따라서는 설계조건으로 주어지는 통상의 운전조건에서 재료, 기기, 구조물 등의 건전성이 상실되는 원인이 될 우려가 있다. 한편, 정기검사에서 발견된 결함은 일부에서는 제조시의 검사에서 놓친 것도 포함되어 있는 것도 있으나 사용 중에 발생 또는 성장한 것이 많다. 따라서 그대로 방치하면 파괴에 이르는 발생원이 되는 유해한 것이다. 각종 재료 및 용접부에 발생하는 주된 결함의 종류와 발생 원인을 요약하면 다음과 같다.

### (1) 강판의 결함

강판에서 주로 잘 발생되는 결함으로는 라미네이션(*lamination*)과 비금속 개재물(*nonmetallic inclusion*) 등이 있는데 라미네이션은 압연방향으로 얇은 층이 발생하는 내부결함으로, 강괴(鋼塊; *ingot*)내에 수축공(收縮空; *shrinkage cavity*), 기공(*blowhole*), 슬래그(*slag*) 또는 내화물이 잔류하여 미압착 부분이 생기게 되고 이것이 분리되어 빈 공간이 형성된 것을 말한다. 비금속 개재물(*nonmetallic inclusion*)은 강괴 제조시 슬래그, 탈산생성물($Al_2O_3$, $MnO$, $SiO_2$, $MnS$) 등의 불순물이 들어간 것으로, 미세한 크기로 존재한다. 이들 미세한 비금속 개재물은 존재위치, 크기, 밀도 등에 따라서 용접결함의 발생 원인이 되기도 하고 기계적 성질에 영향을 미치기도 하지만, 강재의 용도에 따라 유해성의 정도가 다르기 때문에 하나의 개념으로 양부를 판단하기는 어렵다. 그리고 부풀음(*blister*), 각종균열, 강괴 제조시의 스플래쉬(*splash*)나 기공이 존재하는 경우에 발생하는 스캐브(*scrab*), 큰줄무늬의 흠(*macro-streak flaw*) 등과 같은 표면 결함이 자주 발생한다.

### (2) 주강품의 결함

주강품(鑄鋼品)에서는 금속재료를 용해하여 응고시키는 과정을 통해 재료 내부에는 산화물 등의 화합물질과 반응 혹은 대기 중에서 유입된 기체 및 슬래그 등의 물질들이 잔존하면서 이들이 2차 가공 중 혹은 사용 중에 문제를 일으키는 불연속 및 결함이 되는 것이다. 주강품에 주로 잘 발생되는 결함으로는 금속의 냉각 도중에 주형 강도의 과대 등으로부터 자유수축이 방해를 받아 주물의 응고 중 수축응력이 과대해져서 발생하는 균열(龜裂; *crack*)과 압탕, 주형(*mould*), 냉금(*chill*)등의 설계불량에 의해 수축공이 주물 본체 속에서 생긴 수축(*shrinkage*) 그리고 모래혼입(*sand inclusion*) 및 개재물, 핫 테어(*hot tear*), 콜드 샷(*cold shot*) 등이 있다.

### (3) 강용접부의 결함

강용접부의 결함은 크게 ①치수상의 결함, ②구조상의 결함, ③성질상의 결함 등 3가지로 나눌 수 있다. 치수상의 결함은 측정 기구 등을 이용하여 주로 외관검사로부터 그 유무 및 정도를 측정한다. 구조상의 결함은 대부분이 비파괴검사에 의해서만 검출할 수 있는 용접결함이다. 성질상의 결함의 검출은 파괴시험에 의해 주로 검출된다.

용접결함은 여러 관점에서 분류할 수 있다. 용접 구조물 제작시의 시차순에 의하여 용접결합을 분류하면 용접 또는 용접후 열처리시 발생하는 제조상의 결함(일차결함)과 구조물로서 사용 중에 발생하는 결함(이차결함)으로 구분할 수 있다. 이와 같은 결함들 중 대부분의 용접균열은 용접시 발생하는 일차결함으로 균열의 발생여부는 용접시공, 용접재료 및 모재의 성분 및 조성, 이음부의 형상 등의 많은 인자에 의해 결정된다.

용접결함은 용접설계의 잘못, 용접공의 기량 부족이나 부주의 또는 용접시공관리상의 문제 등에 의해 발생한다. 이러한 의미에서 용접공을 포함한 용접관리가 매우 중요한데 이것이 품질관리와 품질보증으로 이어지게 된다. 용접결함으로는 아크 스트라이크(*arc strike*), 기공(*blow hole*), 피트(*pit*), 슬래그 혼입(*slag inclusion*), 융합불량(*lack of fusion*), 용입부족(*incomplete penetration*), 언더컷(*undercut*), 오버랩(*overlap*) 및 균열(*crack*) 등이 있고 균열이 용접결함 중 가장 중대한 결함이다.

용접균열은 발생온도, 발생장소, 비드와의 상대적인 방향 등에 따라 다양하게 분류되고 있다. 용접부 균열은 그 발생온도에 따라서 고온균열과 저온균열로 나누어진다. 고온균열(高溫龜裂; *hot crack*)은 주로 용접금속 또는 열영향부(熱影響部; *heat affected zone:HAZ*)가 응고하는 과정이 높은 온도 즉 재결정 온도 이상에서 연성이 부족한 상태에 있을 때 수축력에 의해 발생하는 것이다. 상기의 온도에 따른 구분에 포함되지 않는 균열로서는 재열균열, 라멜라 테어(*lamellar tear*) 등이 있다. 용접부 저온균열(低溫龜裂; *cold crack*)은 용접부가 약 300℃ 이하가 될때 부터 생기는 것으로 용접부에 침입한 수소에 의한 것이나 저온에서 생기는 수축응력에 의한 것이 있고 용접금속 또는 열영향부의 경화와 연성저하도 그 하나의 원인이 되고 있다. 이 중 수소가 원인이 되어 용접후 장시간 경과하고 나서 발생하는 균열을 특히 지연균열(遲延龜裂)이라 부른다. 지연균열을 검출하기 위해서는 용접종료 후 적어도 24 시간 경과하고 나서 비파괴시험을 실시할 필요가 있다.

### (4) 세라믹 결함

세라믹 파괴의 기점이 되는 내부결함으로는 재료를 소성하는 경우의 기공 또는 다공역, 혼입이물질 및 이상성장 결정립 등을 고려할 수 있다. 기공상 결함은 주위에 이방성을 수반하고, 혼입이물이나 이상성장 결정립으로 생각할 수 있는데, 혼입 이물이나 이상립은 균질성이 없어지고 동시에 응력집중원이 되어 강도 및 인성을 저하시킨다.

그러면서, 주의해야할 결함은 균열상 결함이고 동일 크기의 결함에도 원호상 결함과 비교하여 응력집중이 커지고 매우 유해해 진다. 이 균열상 결함은 그 크기에 비해 균열 개구량이 작기 때문에 후술하는 방사선투과검사, 초음파탐상검사 등으로 검출이 가능한 경우도 많다. 그러면서 후술하는 파괴역학적 고찰로부터 검출해야할 결함의 크기를 구하는 것이 가능하다. 최종 불안정파괴의 기점이 되는 검출해야할 균열크기는 60-600 $\mu$m, 시간의존형의 균열진전으로부터 수명을 평가하는 것은 이들 크기에 대응하여 20-200 $\mu$m, 그리고 파괴인성 향상 등에 기여하는 것으로 재료 조직 제어에 필요한 결함으로는 1-50 $\mu$m 정도의 결함검출이 필요하다고 할 수 있다.

### (5) 섬유강화복합재료의 결함

한편, 복합재료의 비파괴검사에 요구되는 기술은 세라믹과는 크게 다르다. 예를 들면, CFRP적층재에서는 허용결함의 크기는 공공률 0.5%, 층간박리 약 1 mm 정도로 세라믹의 허용결함크기와 비교하면 큰 값이다. 그러나 종래의 비파괴검사법을 적용하는 경우에는 다음과 같은 문제가 있다.

① 불균질 이방성 재료이다.

② 비자성재료이다.

③ 기포, 공공, 박리 등의 결함에 대해 섬유나 수지의 탄성파, 방사선, 전자파 등의 투과, 반사에서 물성차가 적다.

④ 수지중의 섬유나 충진재는 결함과의 식별이 어렵다.

따라서, FRP를 대표하는 복합재료에서는 금속재료와 같은 균질등방재료와 크게 다르기 때문에 새로운 비파괴검사·평가법의 개발이 필요하다.

## 2.3 열화와 손상

금속은 일반적으로 다른 재료에 비해 소성변형(*plastic deformation*)능이 크기 때문에 연성파괴가 일어나고 파괴 시 큰 에너지를 필요로 한다. 기기, 구조물 또는 부품이 항복점 또는 내력 이상의 과대한 응력을 받으면 소성변형을 일으켜 본래의 형상으로 되돌아오지 않고 그 기능을 상실하는 경우가 있다. 그와 같을 때 그 물체는 열화(*degradation*)나 손상(*damage*) 과정을 거쳐 파손에 이르게 된다. 또, 소성변형 후에 균열이 생기고 그 균열이 더욱 발전하여 결국 2개로 분리된 경우를 파괴(*fracture*)라 한다. 그리고 이들 현상을 모두 포함하여 파손(*failure*)이라 한다.

일반적으로 재료의 파괴현상은 크게 2가지로 분류할 수 있다. 첫째, 주철과 같은 대표적인 취성재료는 탄성 상태로부터 거의 변형하지 않는 파괴를 일으키는데, 이와 같은 파괴를 취성파괴(*brittle fracture*)라 한다. 피로파괴 및 응력부식균열에 의한 파괴, 벽개파괴 등이 이에 속한다. 이에 비해 연강과 같은 연성재료는 큰 소성변형을 일으키며 파괴가 일어나는데, 이를 연성파괴(*ductile fracture*)라 한다. 그리고 피로파괴, 응력부식균열에 의한 파괴 및 벽개파괴 등은 전자에 속한다. 이 2가지 파괴의 차를 하중-스트레인곡선의 차와 파단면의 형상의 차로부터 나타내면 그림 2.1과 같다.

이와 같이 재료가 연성파괴인가 취성파괴인가는 재료의 인성에 크게 의존한다. 그러나 동일 재료에서도 사용온도에 따라서 인성이 다르고, 일반적으로 페라이트계의 강은 저온이 됨에 따라 인장강도, 항복점, 피로강도는 증대하나 연신율이 급격히 저하하여 취화한다. 한편, 오스테나이트계 스테인레스강이나 알루미늄 합금은 저온에서도 잘 취화하지 않는다. 상온에서 연성파괴하는 강도 어떤 특정 온도 이하에서는 급속히 취화하고 파단부 근방에서는 거의 소성변형하지 않고 취성파괴가 일어나게 된다. 이것을 천이온도(*transition temperature*)라 부르고 연성파괴가 취성파괴로 천이하는 온도로 정의 된다. 이와 같은 파괴를 위에 기술한 취성파괴 중에 다른 취성파괴와 구별하기 위해 저온취성(*low temperature brittleness*)이라 부르고 특히, 균열이 있으면 발생이 쉽고 이것을 저온균열(노치)취성 또는 단순히 균열취성이라 부른다. 그러나 어떻게든 천이온도 이상에서는 잘 일어나지 않는 현상이다.

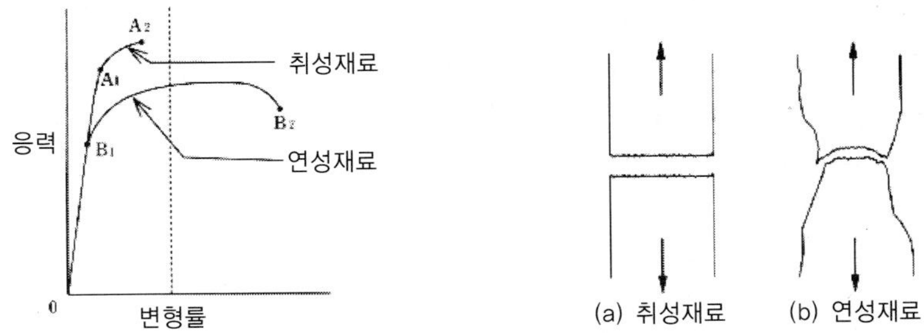


취성재료와 연성재료의 응력-변형률 선도 강의 취성파단(a)와 연성파단(b)와의 비교

그림 2.1 연성파괴와 취성파괴의 비교

천이온도는 일반적으로 노치가 있고 예리할수록 높다. 기계, 구조물의 사용온도 부근에 천이온도를 갖는 재료를 사용할 때는 특히 충격하중에 의한 취성파괴가 일어나는 경우가 많고 큰 사고를 일으킬 우려가 있다. 천이온도는 반드시 상온 이하에서만 발생한다고 할 수 없다. 같은 재료에서도 열처리 조건에 따라서 변화하고 일반적으로는 소성변형하기 쉬운 재료일수록 천이온도는 낮고 하중속도가 빠를수록 천이온도가 높아지고 동시에 재료의 결정립이 조대할수록 천이온도는 높아진다. 탄소강에서는 탄소함유량이 많을수록 천이온도는 높다.

파괴기구의 연구나 파괴(사고) 원인의 해명에는 파면을 관찰하여 파괴에 대한 많은 요한 정보를 얻을 수 있다. 과거부터 육안으로 관찰이 널리 행해지고 있고, 광학현미경(*optical microscope; OM*)은 보다 상세한 관찰을 가능케 하나 요철이 큰 파면의 관찰이나 사진촬영에는 불편하다. 이에 대해 전자현미경(*scanning electron microscope; SEM*)은 분해능이 좋기 때문에 배율을 높여 관찰할 수 있어 보다 상세한 정보를 얻을 수 있을뿐 아니라 요철이 큰 파면의 관찰이나 사진촬영이 가능하여 널리 사용되고 있다. 육안, 광학현미경, 전자현미경 등으로 파면을 관찰하고 해석하는 것을 파면관찰(*fractrography*)이라고 하나 주로 전자현미경에 의한 경우를 가르킨다.

그리고 열화(*degradation*)나 손상(*damage*) 과정에서 주로 발생하는 결함은 다음과 같다.

### (1) 피로 균열

피로 균열(*fatigue crack*)이란 1사이클로는 파괴를 일으키는 데 불충분한 응력도 수 백회 ~ 수 백만회 반복함으로서 발생하는 균열로, 접촉응력피로균열, 열피로균열(*thermal fatigue crack; TFC*), 부식피로균열 등이 있다.

### (2) 응력부식 균열

응력부식 균열(*stress corrosion cracking; SCC*)은 부식매체 중에 있는 금속재료 표면에 높은 인장응력이 정적으로 가해져 생기는 균열로 수소취성과도 관계가 있는 것으로 알려져 있다.

### (3) 케비테이션 부식

케비테이션 부식(*cavitation erosion*)이란 액체에서 발생한 기포가 찌그러져 표면에 충격을 줌으로써 생기는 침식(侵食)을 말한다.

### (4) 열응력 균열

열응력 균열(*thermal stress crack; TSC*)은 가열냉각의 1 사이클 또는 매우 작은 사이클의 열응력에 의해 발생한다.

## 2.4 결함의 유해도

재료 내에 존재하는 결함에는 결함의 종류나 형상, 또는 받고 있는 응력에 따라 직접 파괴로 이어지는 유해한 결함과 파괴로 이어지지 않는 유해도가 낮은 결함이 있다. 이것을 그림 2.2에 나타내고 있다. 이에 관한 고찰에는 단순한 결함검출기법인 비파괴시험이 아니라 재료의 건전성을 종합적으로 평가하는 비파괴평가에 의해야 하며, 비파괴평가를 위해서는 비파괴시험법의 원리를 이해하고 시험법을 숙지하는 것뿐 아니라 응력이 재료나 구조물에 어떻게 작용하고 있는지, 또는 파괴가 어떻게 진전될 것인지를 예측하고 재료 고유의 파괴과정을 이해하는 것이 필요하다. 만약, 이것이 불가능하면 결함을 검출할 수 있어도 재료의 건전성은 확보할 수 없다.

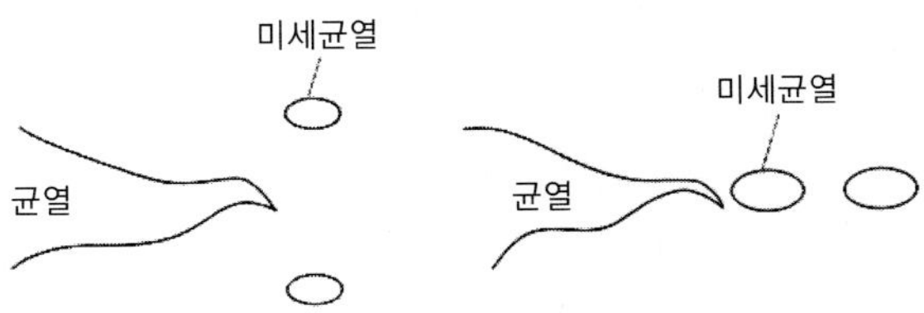


그림 2.2 유해한 결함과 그렇지 않는 결함

여기서 직접 파괴로 이어지는 결함은 재료 내를 관통하는 방향으로 진행하는 균열로, 이 현상을 균열진전이라 부른다. 균열진전개시의 저항을 나타내는 역학적 변수를 인성 또는 파괴인성(*fracture toughness*)이라 부르는데, 이는 후술하는 균열에 대한 역학인 파괴역학의 중심적인 개념이다. 이것은 균열이 없는 경우 재료의 파괴가 어려움을 나타내는 응력의 한계값으로 강도와 함께 재료의 비파괴검사에 매우 중요한 변수이다. 비파괴평가를 할 때 재료의 종합적인 건전성이나 신뢰성을 평가하는 경우에 반드시 필요한 개념이다.

실제로 재료를 사용하는 데 중요한 것은 반복 응력이 가해진 경우, 또는 부식 환경하에서의 균열진전이다. 균열진전은 균열의 기점이 되는 초기균열의 존재에서부터 그 후의 균열성장까지이다. 균열성장의 속도는 재료에 따라 다른데 인성이 높은 재료는 일반적으로 균열속도가 느리다. 취성재료에서는 이 초기결함, 균열성장, 최종 파괴에 이르는 속도가 빠르기 때문에 초기결함을 발견해야 한다. 비파괴평가를 통하여 그러한 단일 결함의 크기뿐 아니라 그 결함이 재료의 강도나 수명에 미치는 영향을 명확히 할 수 있다.

결함(*defect*)과 강도(*strength*)와의 상관관계를 정량적으로 이해하는데 매우 중요하고 비파괴검사 결과가 활용되고 있다. 또, 제조과정 중에 생기는 조직의 이상이나 결함발생을 검출하는 것으로부터 제조 공정의 개선에도 이용되고 있다. 그 외에도 구조물의 허용응력과 수명(*life time*) 등을 평가하는 것도 가능하다. 이와 같이 비파괴검사는 제조된 재료・구조물의 단순한 시험법에 그치지 않고 재료설계, 제조공정, 품질보증과 깊이 연관된 중요한 기술이다. 또한, 최근 제품의 품질에 대한 요구가 엄격해 지면서 제조자에게 제품에 대한 책임을 엄격히 부여하여 제조책임자(*products liability; PL*)법이 시행되고, 생산자가 제품의 품질을 더욱더 엄중하게 관리하고 보증할 것이 요구되고 있다. 따라서 제품의 신뢰성을 확보하기 위한 비파괴검사의 역할도 그 만큼 중요시되고 있다.

결함이 재료의 강도에 어떻게 영향을 미치는가 하는 것은 재료의 인성 및 결함을 포함하는 재료가 사용될 때의 조건 등에 따라 다르기 때문에 이를 한마디로 규정하는 것은 불가능하다. 다시 말해, 그 재료가 사용되고 있는 부분에서의 응력조건, 온도조건, 분위기 외에 결함의 형상, 크기, 방향, 위치(표면에 있는가 내부에 있는가 또는 응력집중이 존재하는가 아닌가) 등에 의해 동일 재료 내의 동일 결함이라 하더라도 건전성을 평가할 때에는 우선, 결함의 크기, 재료의 파괴인성 및 사용응력을 파괴역학적으로 고찰해 보아야 한다. 더불어 현재까지 파손되거나 파괴사고를 일으키지 않은 명확한 경우에 대한 경험을 가미하여 결함의 평가기준(*acceptance criteria*)을 설정해야 한다.

이 때 검토되는 항목은 다음과 같다.

① 소재 및 용접부에 가해지는 응력조건, 분위기 조건
② 결함의 위치 및 방향
③ 결함이 존재하는 부분의 판두께
④ 소재, 용접부의 기계적 성질
⑤ 결함이 존재하는 부분의 잔류응력 상태
⑥ 사용 중에 가해지는 여러 조건에 대한 성질

또, 여기서 추가로 검토되어야 하는 여러 조건에 대한 성질에는 다음의 것들이 있다.

① 정적강도
② 크리프(creep)강도
③ 피로강도(인장, 굽힘, 비틀림)

④ 취성파괴에 대한 저항(파괴인성)

⑤ 내식성(응력부식균열에 대한 감수성을 포함)

여기에 열거한 제인자 중 특히 주의 깊게 검토해야하는 것은 피로강도와 파괴인성이다. 이 두 가지는 이제까지 발생한 파괴형태의 대부분을 점유하는 것으로 보고되고 있기 때문이다. 물론 다른 파괴형태도 각각 중요하다. 예를 들어 부식 또는 응력부식균열(*stress corrosion crack; SCC*)이 일어나면 그 부분이 노치가 되어 피로파괴나 취성파괴를 일으키는 것으로 생각된다. 파괴발생 방지의 기본적 대책으로는, 사용재료의 재질을 적절하게 선택함으로써 어떤 파괴형태가 일어나는가를 충분히 피할 수 있으면, 우선 재질적으로 파괴발생 인자를 제거해 놓는 것이 바람직하다. 그 후에 추가로 일어나는 파괴형태에 대해 검토를 하고 파괴발생을 방지할 수 있는 제 조건을 부여해야 한다. 이미 기술한 바와 같이 재료의 강도와 결함의 관계는 매우 복잡하여 시험편으로 행해지는 각종 시험연구의 성과만으로는 해결할 수 없는 경우가 적지 않다. 만약, 파괴시험 결과를 중요한 판단의 기초로 할 경우에는 가능한 한 실체에 가까운 제조건을 부여할 수 있는 시험편으로 해야 한다.

향후 개발이 기대되는 세라믹, 금속간화합물, 복합재료 등의 첨단재료는 취성재료가 대부분이다. 이러한 취성재료는 인성이 낮은 재료로 이해할 수 있다. 그에 비하면 금속은 연성재료라 할 수 있다. 따라서 극한의 조건하에서 이와 같은 취성재료를 사용하면 재료의 표면이나 내부에 존재하는 매우 적은 작은 결함이 재료 파손을 야기할 수 있다. 예를 들면 엔진용 세라믹으로 개발이 계속되고 있는 실리콘나이트라이드($Si_3N_4$)에서는 20 ~ 30 $\mu$m의 결함(이 경우는 기공이나 개재물)의 존재에도 강도는 크게 저하된다. 이것을 금속재료의 경우와 비교해 보면, 동일한 강도를 갖는 강에서는 1 ~ 2 mm의 결함이 야기하는 강도저하에 해당한다.

이와 같이 첨단재료로서 크게 기대되는 세라믹은 작은 결함의 존재에도 그 특성이 크게 저하한다. 이것은 상온·대기중의 결과이나 고온인 동시에 특수한 환경에서는 보다 작은 결함이 파괴의 원인이 되기도 한다. 그 때문에 취성적인 첨단재료의 개발에는 이제까지의 금속재료 보다 더 작은 미소결함의 제어기술이 필요하다. 즉, 이들 재료를 유효하게 이용하기 위해서는 이들 미소결함을 검출하는 기법이 필요하다.

지금까지 결함검출의 중요성을 기술하여왔으나 반대로 작은 결함의 분포로 인성이 높은 재료가 얻어지는 경우도 있다. 그림 2.1에서와 같이 균열의 전방에 미세균열이 균열의 전방에 생기면 균열진전을 조장한다. 그러나 균열면의 상하에 생긴 것은 균열의 응력집중을 완화하고 균열을 진전하기 어렵게 하는 유효한 역할을 하게 한다. 이 작은 균열에 대표되는 미소균열을 효과적으로 도입하여 고인성재료를 얻는 원리를 마이크로크랙 인성(*microcrack toughening*)이라 하는데, 세라믹과 같은 취성재료 개발의 새로운 원리로 제안되고 있다. 이는 결함을 역으로 이용하여 파괴하기 어려운 재료를 얻는 발상으로, 이를 위해서도 미소결함 검출기술이 중요하게 된다.

## 2.5 결함에 대한 역학

비파괴검사의 목적은 기계·구조물 등의 건전성·신뢰성을 확보하는 것, 다시 말해 사용기간 중에 기능을 상실한다거나 파괴되지 않도록 하는 것이다. 따라서 비파괴검사기술자는 결함의 파괴역학적 해석(*fracture mechanics analysis; FMA*)에 대해 정확한 지식을 갖는 것이 필요하다. 이러한 의미에서 여기서는 재료의 강도와 파괴에 대한 기초적인 지식에 관해 기술하고, 연성파괴 및 저온취성, 피로파괴 등에 대해 간단히 소개한다.

### 2.5.1 허용응력

결함검출은 재료를 파괴하여 보아 파괴면을 관찰하는 파괴시험과 파괴하지 않고 비파괴적으로 검출하는 방법으로 나누어진다. 파괴시험은 일반적으로 재료시험이라 불리고 각종 시험을 통하여 재료강도에 관계하는 탄성계수, 항복응력, 인장응력, 피로한도, 그리고 충격값 등의 재료 고유의 재료특성을 얻을 수 있다. 또, 파괴면을 관찰하는 것으로부터 각종 결함을 관찰하는 것이 가능하다. 그러나 실제 제품에서는 파괴하기 전에 결함을 검출해야 한다. 여기에 비파괴검사법이 등장하는 이유이다.

그림 2.3에 평활재의 인장시험에서 응력-스트레인의 관계를 나타낸다. 이것은 강의 예로서 응력 $\sigma_{YS}$까지는 탄성변형, 그 후까지는 소성변형을 하여 $\sigma_B$의 인장응력에서 파단한다. 응력-스트레인 관계의 최초 구배는 탄성계수E로 주어진다. 이와 같은 시험에서 주어지는 E, $\sigma_{YS}$, $\sigma_B$ 등이 강도특성을 나타내는 기본적인 재료특성값이다. 이 외에 반복응력이 가해지는 피로파괴에서 피로한계 강도 $\sigma_W$, 고온에서의 크리프강도 등이 중요한 재료특성값이다.

기계 또는 구조물 등의 치수를 결정하는 경우에는 이들이 사용기간 중에 변형하거나 파괴하지 않도록 설계해야 한다. 변형하기도 하고 또는 파괴하기도 하는 원인은 응력에 있기 때문에 사용응력을 설정하는 경우는 하중의 상태나 사용재료의 강도와 그 성질을 충분히 알고 있을 필요가 있다.

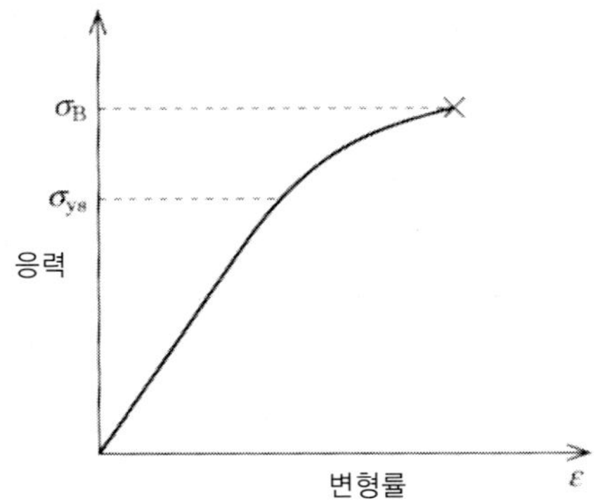


그림 2.3 평활재의 인장시험에서 응력-변형률 관계

재료는 작용하고 있는 응력이 탄성한도 이하라 해서 안전하다고 단언할 수 없다. 그것은 응력이 작용하는 패턴에 따라서 안전한 응력의 값은 변화하기 때문이다. 이것을 고려하고 하중을 받아도 지장이 없는 응력으로 허용응력($\sigma_a$)을 사용하고 있다. 여기서 허용응력(*allowable stress*)이라는 것은 기기, 구조물이 파괴되지 않도록 재료에 부하를 주어도 지장이 없는 최대응력이다. 따라서 허용응력은 위에 기술한 것과 같은 여러 종류의 원인을 고려하여 결정해야 하나, 그 주된 것은 인장강도, 항복점 또는 내력($\sigma_{0.2}$) 및 피로한도이다. 일반적으로 이것을 기준강도라 부르고 기기·구조물의 설계에 매우 중요한 수치이다. 이들 기준강도와 허용응력과의 비를 안전율(*safety factor*) $S_f$라 부르고 기기, 구조물의 강도설계 상에서 본 하나의 안전성의 기준으로 하고 있다. 안전율은 허용응력에 대한 기준강도의 비로 표시된다.

그리고 앞에 기술한 바와 같이 기준강도를 어떻게 잡는가에 따라서 그 안전율의 값이 다르다. 다시 말해 기준강도를 인장강도로 잡은 경우(이것이 일반적이다)의 안전율은 다음 식으로 주어진다.

$$S_f = \frac{\sigma_B}{\sigma_a} \tag{2.1}$$

기준강도로는 항복점 또는 내력이나 피로한도를 잡는 것이 가능하다. 예를 들면 일반 구조용 압연강재를 예로서 설명한다. 일반 구조용 압연강재의 인장강도 $\sigma_B = 402\,N/mm^2$, 그리고 항복점 $\sigma_S = 235\,N/mm^2$ 정도이다. 지금 $\sigma_B$를 기준강도로 설계하고 이 경우의 안전율을 5로 하면 허용응력은 $80\,N/mm^2$가 된다. 이 중 어느 것으로 선택하느냐가 설계에서 달라진다. 현재 일반적으로는 인장강도의 1/3 또는 항복점의 1/2인 수치가 허용응력으로 잘 사용된다.

또, 피로한도 $\sigma_W$는 인장강도 $\sigma_B$와 밀접한 관계가 있다. 탄소강 및 구조용 합금강에서는 회전(평면) 굽힘 피로한도 $\sigma_W \fallingdotseq 0.5\sigma_B$의 관계를 갖는다.

## 2.5.2 응력집중

앞 절에서 기술한 재료의 강도는 어느 재료에서도 결함이 존재하지 않는 경우이다. 그러나 결함이 존재한 경우에는 일반적으로 재료의 강도는 저하한다. 이것은 결함에 의해 하중을 받고 있는 단면적은 감소하고 결함의 존재를 고려하지 않고 구한 응력(공칭응력이라 하고 $\sigma_n$라 표시한다) 보다 큰 응력이 작용함과 동시에 결함부에서는 다음에 기술하는 응력집중이라 부르는 현상이 일어나고 결함의 단부에 공칭응력(*nominal stress*; $\sigma_n$) 보다 상당히 큰 응력이 생기기 때문이다. 이와 같은 결함은 재료의 표면에 있는 경우에도 또는 내부에 있는 경우에서도 노치(*notch*)라 불리고 있다. 일반적으로 노치라는 것은 재료의 단면적이나 형상이 급변하는 장소를 나타내는 용어로 이용되고 있다.

시험편에 노치가 존재하면 이 부분에 생기는 응력은 응력이 단면 전체에 균일하게 분포하고 있다고 계산한 값보다도 크게 된다. 이 현상을 응력집중(*stress concentration*)이라 부른다. 그림 2.4는 원 구멍을 갖는 무한 평판을 종방향으로 인장하였을 때의 원공(직경 2a) 근방의 응력분포를 나타낸다. 인장방향과 수직인 원공의 A-A'부에서 최대응력 $\sigma_{max}$가 생기고 원공 중심에서 멀어질수록 응력은 급격하게 감소해 간다.

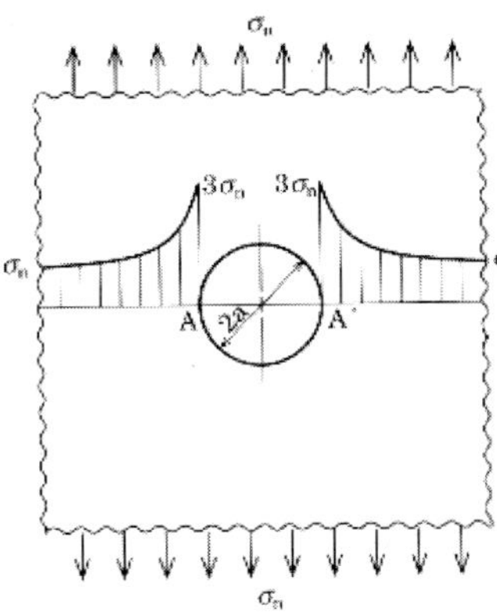


그림 2.4 원 구멍 근방의 응력분포

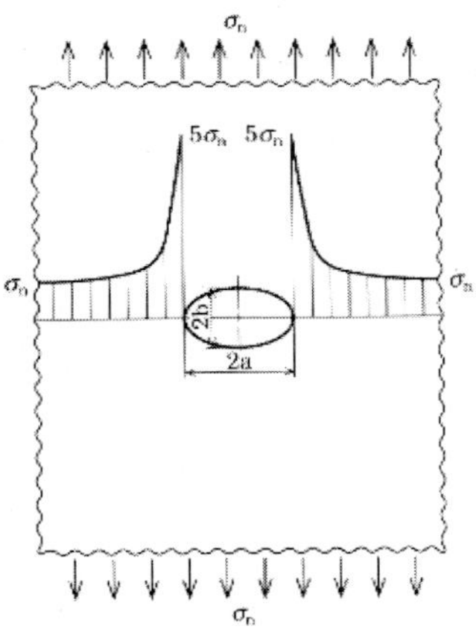


그림 2.5 타원 구멍 근방의 응력분포

이 최대응력 $\sigma_{max}$와 공칭응력 $\sigma_n$의 비를 응력집중계수 또는 형상계수라 하고 $\alpha$ ($K_t$가 사용되는 경우도 있다)로 표시한다. 다시 말해 다음과 같다.

$$\alpha = \frac{\sigma_{\max}}{\sigma_n} \tag{2.2}$$

그림 2.5에서 타원구멍을 갖는 무한평판을 가로 길이 방향으로 인장하였을 때 타원구멍 근방의 응력분포를 나타내고 있다. 이때의 응력집중계수$\alpha$ 는 다음 식으로 주어진다.

$$\alpha = 1 + \frac{2a}{b} \text{ 또는 } \alpha = 1 + 2(\frac{a}{\rho})^{1/2} \tag{2.3}$$

여기서 $2a$는 타원의 긴 직경, $2b$는 타원의 짧은 직경, $\rho$는 긴 직경 선단의 곡률반경이다. 그림 2.5에는 a=2b의 경우를 나타내었기 때문에 타원구멍의 A-A'부에서는 $\alpha$ =5가 된다. 그림 2.4에 나타낸 원 구멍의 경우에는 a=b이기 때문에 $\alpha$ =3이 된다. 이와 같이 예리한 노치가 되면 응력집중계수는 상당히 크게 되고 재료는 파괴할 위험성이 크게 된다.

## 2.5.3 균열에 대한 역학(선형파괴역학)

### (1) 결함과 강도 - 파괴역학의 필요성

위에 기술한 재료특성에는 재료 중에는 결함이 포함되어 있지 않고 동시에 균일하게 변형한다고 하는 전제가 있다. 그러나 실제의 재료에는 미시적으로는 불순물 등의 혼입에 의한 결함(결함크기는 ~$\mu$m), 거시적으로는 선박 등의 용접부에서 큰 결함(결함크기는 ~mm)을 갖고 있고 결함을 갖는 재료의 강도특성이 중요하게 된다.

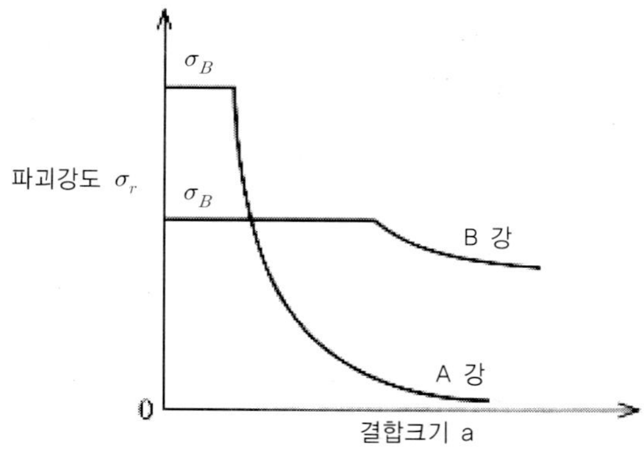


그림 2.6 결함재의 파괴강도

더욱 중요한 것은 이와 같은 경우의 강도 특성은 결함이 없는 경우의 특성에 반드시 비례하는 것은 아니다. 예를 들면, 평활재의 인장강도 $\sigma_B$가 A강이 B강의 경우 보다 높아도 그림 2.6에 나타낸 바와 같이 각각의 재료에 동일 크기의 결함이 존재하는 경우 파괴강도 $\sigma_B$는 B강이 A강보다 높아지는 것이 보통이다. 따라서 인장강도가 높은 재료를 이용하여 충분히 안전한 설계를 하였다고 생각되는 구조물에서도 어떤 원인에 의해 결함이 존재하기도 하여 쉽게 파괴에 이르는 경우도 있게 된다.

### (2) 선형파괴역학이란?

위에 기술한 결과로부터 명확하듯이 결함을 포함하는 재료의 역학특성을 취급하는 데는 별도의 역학적기법이 필요하여 왔다. 여기에 탄생한 것이 파괴역학(*fracture mechanics*)이라고 하는 역학적 어프로치이다. 노치선단 반경 $\rho$를 갖는 타원노치의 선단에는 앞에 기술한 바와 같이 큰 응력집중이 생긴다. 상당히 예리한 노치 다시 말해 균열($\rho$=0)를 갖는 물체의 균열선단의 응력분포는 그림 2.7과 같이 무한대의 응력이 된다. 요는 $\rho$가 작게 될수록 응력집중이 크게 되고 $\rho \to 0$에서는 식(2.3)으로부터 응력은 무한대가 되기 때문이다. 외력이 작아도 균열은 확대하고 성장할 가능성이 있다.

파괴역학이란 균열로 대표되는 결함을 포함하는 재료강도학으로 ①결함을 갖는 재료의 파괴응력, ②어떤 설계응력 하에서 허용되는 결함의 최대치수, ③결함이 피로, 크리프, 응력부식균열 등에 의해 시간과 함께 성장하는 경우, 결함이 최종 파괴를 일으키는 한계치수에 달할 때까지의 수명 등을 취급하는 것이 가능하다.

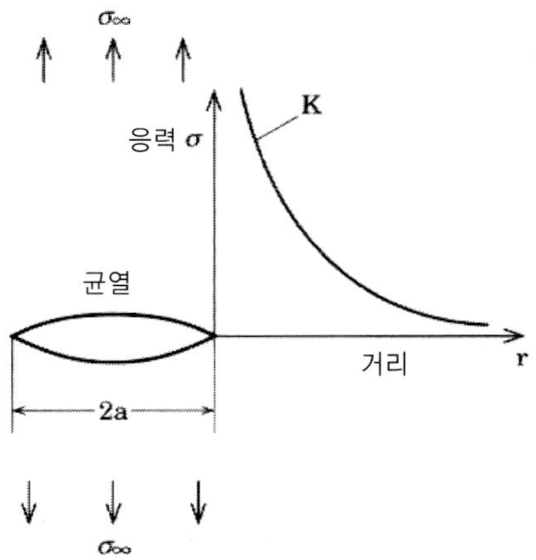


그림 2.7 균열 근방의 응력분포

선형파괴역학의 정확한 정의는 다음과 같이 내릴 수 있다. “선형파괴역학은 균열을 가진 부재나 구조물의 강도와 균열의 성장거동, 파괴에 이르는 과정을 선형탄성론을 기초로 하여 정량적으로 취급하는 학문분야이다.” 여기서 말하는 선형탄성론이란 변형율과 응력이 비례하는 것을 나타내고 Hook법칙에 기초한 응력에 관해 설명하는 이론이다.

선형파괴역학에서 대상으로 하는 결함은 균열(*crack*) 및 균열에 가까운 결함으로 한정하고 있다. 이는 파괴라는 현상이 균열의 진전이라는 형태로 나타나기 때문이다. 예를 들면 블로우홀(*blow hole*)로부터 파괴가 생긴 경우에는 블로우홀의 양 끝에 균열이 발생하여 파괴에 이르게 된다. 물론 초기에 균열이 존재하는 경우에는 이 균열이 성장하여 파괴에 이른다. 그래서 이들 문제를 해결하기 위해 종래의 항복응력, 인장응력 등과는 다르고, 균열의 상태를 나타내는 파라메타, 응력확대계수(*stress intensity factor*)가 제안되었다.

### (3) 응력확대계수

균열재에서 그림 2.7에서와 같이 응력집중이 생긴다. 그 응력 $\sigma_y$는 균열선단 근방에서는 거리r의 함수로 근사적으로 다음 식으로 주어진다.

$$\sigma_y = \frac{K}{(2\pi r)^{1/2}} \tag{2.4}$$

여기서 K는 부재나 균열의 형상, 크기에 따라서 다르고, 응력확대계수(*stress intensity factor*)라 불리고 균열선단의 응력장의 세기로 파괴하기 쉬운 정도를 나타낸다. 여기서 주의해야하는 것은 r이 큰 곳에서는 윗 식은 성립하지 않고 균열근방에서만 성립하는 것으로 이것은 파괴역학의 적용 범위를 나타내는 것이다. 일반적으로 그림 2.7에 나타낸 바와 같이 균열길이 2a를 갖는 무한판에서 부하응력이 $\sigma$일 때 응력확대계수K는

$$K = \sigma(\pi a)^{1/2} \tag{2.5}$$

로 정의된다. K의 차원은 $Kg_f/mm^{3/2}$ 이다.

식(2.5)에서 결함 특히 균열을 포함하는 재료의 역학특성을 나타내는 응력확대계수 K를 정의하고, 형상이 다른 경우에도 같은 형식의 식으로 나타내는 것이 가능하다. 식이 의미하는 것은 K가 응력과 결함 크기의 2가지 값의 함수로 부하응력 $\sigma$가 같아도 균열크기 a가 클수록 K가 크게 된다. 요는 K에 입각한 파괴응력은 앞에 기술한 것과

같이 균열재의 강도를 취급하는 학문이다. 이와 같은 파괴역학은 선형파괴역학(*linear fracture mechanics*)이라 불린다. 재료역학과 파괴역학의 공통점과 상이점은 공히 역학적파라메타로부터 구조부재의 강도를 취급하나 재료역학은 결함이 없는 재료를 대상으로 하는 것에 대해, 파괴역학은 결함을 포함한 재료를 취급한다는 것이다.

## 2.5.4 재료의 강도와 인성

### (1) 파괴인성 $K_{IC}$ 란?

결함을 포함하지 않는 재료의 항복응력을 $\sigma_{YS}$, 파괴응력을 $\sigma_B$라 하면 부하응력 $\sigma$가 $\sigma_{YS}$, $\sigma_B$에 달하면 항복과 파단이 생긴다. 같은 방법으로 결함을 포함하는 재료에서는 응력확대계수 K가 어떤 일정 임계값 $K_C$에 달하면 파괴가 생긴다. 이 관계를 간단히 나타낸 것이 그림 2.8이다.

즉, 파괴의 조건은

$$\sigma \geq \sigma_B \text{ (결함을 포함하지 않는 재료의 경우)}$$
$$K \geq K_C \text{ (결함을 포함하는 재료의 경우)} \tag{2.6}$$

이 된다. $K = \sigma(\pi a)^{1/2}$ 으로부터

$$\sigma(\pi a)^{1/2} \geq K_C \tag{2.7}$$

이 파괴의 조건이 되고 응력이 크든가 균열이 큰가에 따라 파괴의 가부가 정해진다.

재료 고유의 상수 $K_C$를 파괴인성(*fracture toughness*)이라 부른다. 이것은 물리적으로는 균열이 진전을 개시할 때의 저항의 크기로 이해된다. 즉, $K_C$가 크면 균열이 진전하지 않는 인성이 높은 재료를 의미한다. 또, 그림 2.9와 같은 인장개구형파괴(이것을 모드 I 이라 부른다) 경우의 $K_C$의 최소값을 평면변형 파괴인성 $K_{IC}$라 부르고 재료 고유의 상수가 된다.

균열에 힘이 작용할 때 균열선단부근의 변형은 결함의 방향성과 힘이 가해지는 방식의 조합에 의해 그림 2.9와 같이 3가지 경우가 기본이 되고 있다. 모드 I(인장개구형) 뿐 만 아니라, 모드 II(면내전단형), 모드 III(면외전단형)와 같이 힘을 부가하면 균열이 커지게 된다. 특히, 모드 I의 경우는 취성파괴를 일으키기 쉽기 때문에 제일 중요하다.

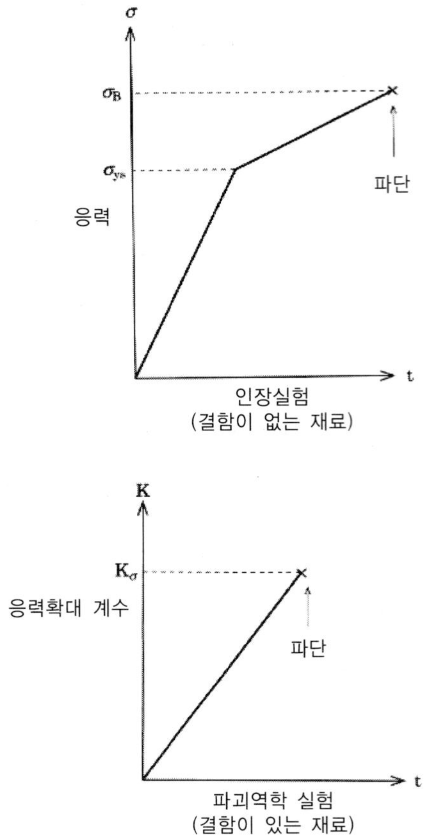


그림 2.8 강도와 파괴인성

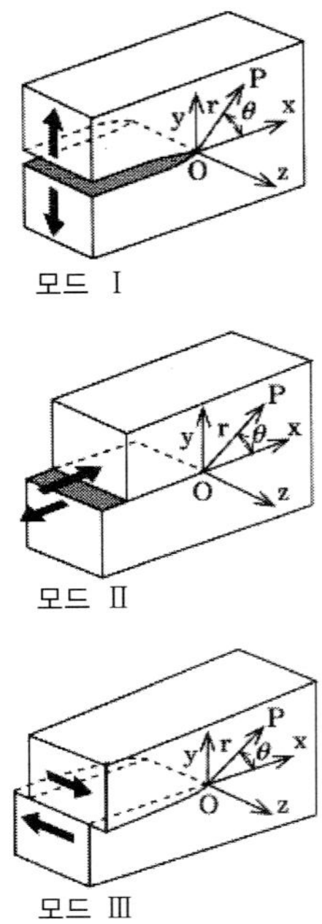


그림 2.9 균열 선단의 변형 양식

표 2.1 각종 재료의 파괴인성값

| 재료 | $K_{IC}$ (MPa · $\sqrt{m}$) |
|---|---|
| 알루미나(세라믹) | 4.0 |
| 실리콘나이트라이드 | 4.8 |
| 지르코니아 | 6.0 |
| 실리콘 카바이드 | 3.0 |
| 티탄 합금 | 50 |
| 알루미늄 합금 | 35 |
| 미르에이징 강 | 90 |
| 주철 | 20 |

### (2) 파괴인성치 $K_{IC}$와 결함치수의 크기

표 2.1에 각 재료의 파괴인성 $K_{IC}$의 값을 나타낸다. 금속에 비해 첨단재료로 개발이 기대되는 세라믹에는 $K_{IC}$의 값이 낮다. 지금, 고장력강과 실리콘나이트라이드에 동일 응력 $\sigma$=500 MPa이 가해졌을 때의 재료가 파괴하지 않고 허용되는 결함의 크기를 구하면 고장력강에서는 2 mm, 세라믹에서는 100 $\mu$m가 된다. 그 때문에 파괴의 원(*source*)이 되는 결함을 검출하는 경우 세라믹에서는 금속과 비교하여 매우 작은 결함을 검출할 필요가 있다. 이것은 신소재에서 비파괴평가의 중요성을 나타내고 있다고 할 수 있다. 파괴역학에서 파괴인성이라는 것은 재료 내에 존재하는 균열과 새로운 흠이 진전하는 저항력을 의미한다. 또, 앞에 기술한 바와 같이 재료역학에서 인장응력 $\sigma_B$와 파괴인성 $K_{IC}$의 유사점과 상이점은 결함을 포함하지 않는 재료에서는 부하응력 $\sigma$가 인장응력 $\sigma_B$에 달하면 파괴하게 되는 것에 대해 결함을 갖는 부재에서는 응력확대계수 $K$가 $K_{IC}$에 달하게 되면 파괴하게 되는 것에 해당하는 것으로 생각하면 된다.

### (3) 균열진전

이상은 취성파괴(불안정파괴)에 관해 취급하였으나 응력부식균열이나 피로파괴에서는 불안정파괴에 이르기 전에 시간의존형의 안전균열성장(*slow crack growth*)이 존재한다. 다시 말해 그림 2.10에서와 같이 $K_{ISCC}$, $\Delta K_{th}$는 피로균열성장의 개시조건이고 $K_C$와 같은 불안정파괴가 일어나는 조건과 다르고 최종 불안정파괴에 이르는 사이에 상당한 균열의 성장이 있고 균열이 존재해도 $\Delta T$ 사이의 재료수명이 보증되는 것이 된다. 여기서 $K_{ISCC}$는 응력부식균열의 하한계의 응력확대계수, $\Delta K_{th}$는 균열진전의 하한계의 $\Delta K$를 나타내고 있다. 또는 $\Delta K$는 가해진 최대와 최소의 응력확대계수의 차를 나타낸다. 이와 같은 시간의존형의 파괴에서는 앞의 $K_C$에 대응하는 한계균열 $a_c$보다 작은 결함을 검출하는 것이 가능하면 각 $K$값으로부터 부재의 잔여수명을 평가할 수 있게 된다.

세라믹의 안정균열성장속도는 금속과 같이 다음 관계식으로 표시된다.

$$da/dt \propto K^n \tag{2.8}$$

그러나 금속에서는 n=2～5값인데 대해 세라믹에서는 n=10～40이 되고 균열성장이 시작되면 가속되고 최종파괴에 이르는 것이 용이하게 된다. 그래서 예를 들면 최종

파단에 이르기까지의 파단수명을 예측하는 데는 $a_c$의 1/3 ~ 1/2크기의 균열을 검출할 필요가 있고 잔여수명예측에는 20 ~ 200 $\mu$m의 결함검출이 필요하게 된다.

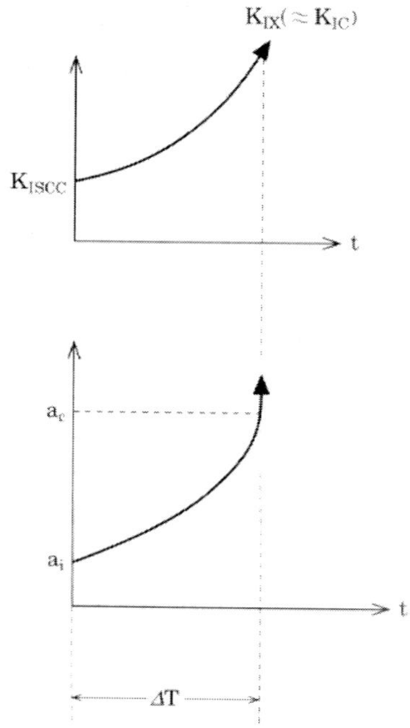


그림 2.10 시간의존형의 균열 진전

### (4) 고인화기구

파괴인성이 높은 재료를 설계, 제조하는 것이 취성을 극복하는 지름길이다. 그러면서도, 공유결합, 이온결합으로 만들어지는 세라믹은 본질적으로 변형능이 없어 인성만을 향상시키는 것은 어렵다. 그러나 소결조건을 변화시키는 것으로부터 생성하는 입계에서의 잔류응력의 효과로부터 인성이 향상하는 경우가 있다. 한편, 균열진전에 수반하는 파괴저항은 균열선단의 여러 종류의 현상으로부터 균열진전과 함께 향상하는 경우가 있다.

이와 같은 인성의 향상은 파괴에너지를 상승시키는 것이고 조직의 균일, 미세화에 더하여 균열선단의 응력집중을 완화하는 것으로부터 달성된다.

응력집중 완화기구로는

① 소성변형, 쌍정변형

② 상변태

③ 미시균열

④ 균열의 분기

⑤ 복합재료에 의한 균열의 지연

등을 생각할 수 있다. 이들에 대한 개략적인 설명은 그림 2.11과 같다. 지루코니아의 인성 향상은 상변태를 이용한 것이나 세라믹에서는 소성변형이 일어나기 어렵기 때문에 보이드와 같은 미소결함 또는 이상 계면에서 균열의 분기 등으로부터 파괴 저항이 상승한 것이라 할 수 있다.

이와 같은 결함, 특히 부하 중에 생긴 미소결함은 균열선단의 응력집중을 완화하고 인성향상에 유익한 결함이라 말 할 수 있다. 그래서 최종 파괴와 관련이 있는 유해한 결함으로 분류하여 생각할 필요가 있고 결함 다시 말해 파단으로 생각하는 것은 단락적인 것으로 생각할 수 있다. 균열선단의 미소균열이 생기는 영역은 프로세스 존(*process zone*)라 불린다. 여기서 취급되는 결함의 크기는 최종 파괴에 관련되는 것보다 더 작고 미크론 오더의 결함을 검출하는 기술은 제조기술에 결부되는 중요한 과제라 할 수 있다.

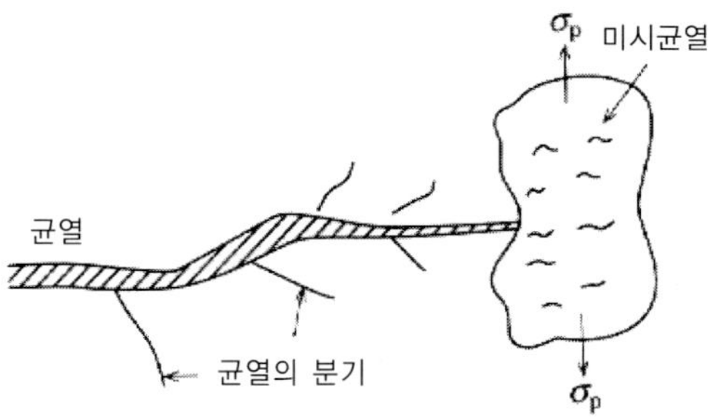


그림 2.11 균열 선단에서의 고인화기구

## 2.5.5 강도의 통계적 취급

세라믹과 같은 취성재료에서는 그 강도의 편차는 외이블계수(*Weibull modulus*) m을 이용하여 나타내진다. 응력과 그 응력 $\sigma$ 이하에서 파괴할 확률 P는

$$P = 1 - \exp\ [-(\sigma/\sigma_0)^m] \tag{2.9}$$

로 주어지고 와이블계수 m이 클수록 편차가 작은 재료라 할 수 있다. 또, m은 형상모수, $\sigma_0$는 척도모수라 불린다. 당연, 부품의 체적이 크면 강도는 저하한다. 이것을 그림 2.12에 나타낸다.

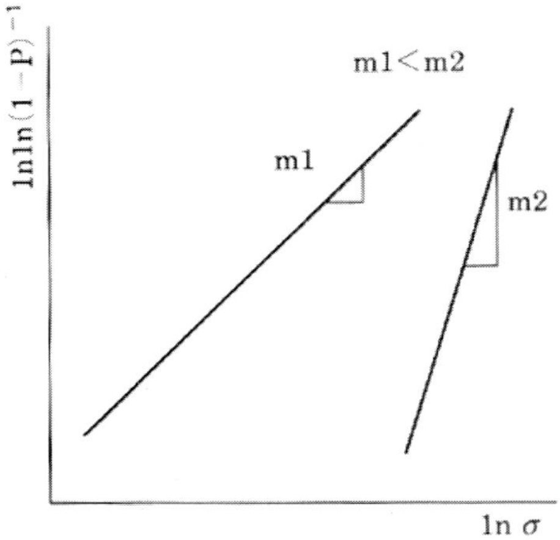


그림 2.12 와이블계수에 의한 강도 차의 평가

## 익힘문제

1. 흠(*flaw*)과 결함(*defect*)의 차이점과 결함의 유해성에 대해 기술하시오.

2. 비파괴검사에서 장비의 교정(*calibration*)이나 모의 실험에 사용되는 인공결함의 종류와 제작방법, 활용 분야에 대해 기술하시오.

   1) 노치(*notch*)

   2) 원형평면결함(*flat bottom hole; FBH*)

   3) 횡드릴구멍(*side drilled hole; SDH*)

   4) 슬릿(*slit*)

2. ASME 규격에서 규정하는 등가결함(*equivalent defect*)에 대해 기술하시오.

3. 아래의 재료에서 주로 발생할 수 있는 결함의 종류와 최적한 비파괴검사의 적용 예에 대해 기술하시오.

   1) 강판(*steel plate*)

   2) 주강품(*castings*)

   3) 단강품(*forging*)

   4) 강용접부

4. 용접부에 발생하는 균열을 고온 균열(*hot crack*)과 저온 균열(*cold crack*)로 나누어 설명하고, 저온 균열 중 Toe 균열, 루트(*root*) 균열, 응력부식균열에 대해 기술하시오.

5. 용접이음의 피로강도를 향상시키기 위해서는 기본적으로 어떻게 하면 좋은가? 필요한 조치와 대책을 설명하시오.

6. 용접부의 잔류응력의 발생 원인과 경감시키는 방법에 대해 기술하시오.

7. 용접 구조물의 용접에 의한 변형의 경감과 방지에 효과가 있는 시공법에 대해 기술하시오.

8. 용접후열처리(*post weld heat treatment; PWHT*)의 목적에 대해 기술하시오.

9. 용접 열영향부(*heat affected zone; HAZ*)의 저온균열의 발생원인과 방지책을 기술하시오.

10. 저합금강과 오스테나이트 스텐레스강(*Austenitic stainless steel*)을 이종 용접하여 장시간 사용하였을 때 발생될 수 있는 결함에 대하여 기술하시오.

11. 세라믹 결함의 종류와 최적한 비파괴적 결함 검출 기법의 종류에 대해 기술하시오.

12. 섬유강화 복합재료에서 발생하는 결함의 특성과 최적한 비파괴적 결함 검출 기법의 종류에 대해 기술하시오.

13. 보수검사에서 볼 수 있는 열화(*degradation*)나 손상(*damage*) 과정에서 주로 발생하는 결함 중 피로균열(*fatigue crack*), 열피로균열(*thermal fatigue crack; TFC*), 응력부식균열(*stress corrosion crack; SCC*), 케비테이션부식(*cavitation erosion*)에 대해 기술하시오.

14. 파괴(*fracture*), 파손(*failure*), 고장 메커니즘(*failure mechanism*)과 NDE와의 상관성에 대해 기술하시오.

15. 연성파괴(*ductile fracture*)와 취성파괴(*brittle fracture*)의 차이점을 말하라.

16. 천이온도(*transition temperature*)란 무엇인가?

17. 파면관찰(*fractrography*)이란 무엇이며, 어떤 방법이 있는가?

18. 재료특성 평가(Materials Characterization, Evaluation)와 NDE와의 상관성에 대해 기술하시오.

19. *Early Flaw(Crack) Detection*의 필요성과 잠닉손상(*hidden damage*)의 비파괴적인 검출 기법에 대해 기술하시오.

20. *Degradation Diagnostics and Prognostics*의 개념과 비파괴적인 검출 기법에 대해 기술하시오.

Chapter 03

# 초음파 진단의 개요

## 3.1 초음파의 정의

초음파학(超音波學, *ultrasonics*)은 인간의 가청 진동수 범위 보다 높은 주파수(20 kHz)로 전파하는 음향을 연구하는 학문이다. 초음파(*ultrasonic wave*)란 귀로 들을 수 있는 음파(주파수 20 Hz ~ 20 kHz)보다 높은 주파수 성분을 갖는 음파를 말한다. 초음파는 전자파와 비교하면 속도가 늦기 때문에 수 MHz 정도의 높은 주파수를 사용함으로써 비교적 파장이 짧고 파의 직선성도 좋아지고 분해능도 좋은 파를 만들 수 있다.

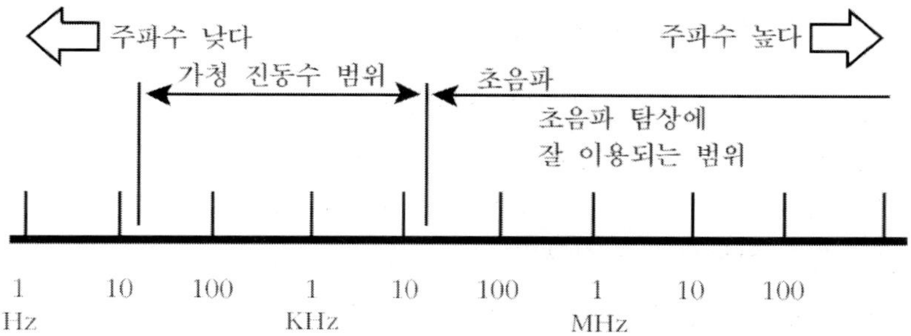


그림 3.1 초음파의 주파수

## 3.2 초음파 진단의 역사

인간은 수 세기 전부터 본능적으로 음향을 이용한 비파괴검사를 하여 왔다. 우리가 마트에서 수박을 고를 때 수박이 잘 익었는지 무의식적으로 두들겨본다든가 만약 오늘도 당신이 기차역에 가면 정비사가 긴 망치를 가지고 기차의 바퀴를 치는 걸 여전히 볼 수 있다. 열차의 휠 등의 부품을 해머로 두드려 보고 기차 바퀴의 이상 유무를 판별하는 등 귀로 들을 수 있는 음향을 이용하여 물체의 내부 상태를 외부로부터 조사하고 있는 것이다. 이 방법이 가지고 있는 문제는 검사자가 들을 수 있어야 하는 충분히 큰 결함에만 민감하여 검사자에 크게 의존하므로 감도 및 정확도에 문제가 있다. 따라서 작은 결함을 검출하기 위해서는 주파수가 높은 초음파를 이용할 필요가 있다.

초음파는 1883년 갈튼(*Galton*)에 의해 처음 발견되었으며, 1차 세계대전과 2차 세계대전 동안에 급속도로 발전하였다. 초음파를 처음으로 본격적으로 실용화한 것은 해군이다. 적의 비행기의 위치를 알아내는 데에는 전파를 이용한 레이더를 사용하는 것과 같이 적의 잠수함의 위치를 알아내는 데에 초음파를 이용한 잠수함 탐지기가 사용되었다. 이들은 모두 메아리의 원리(반사법)이고, 초음파탐상검사도 주로 동일한 원리를 이용하고 있다.

음파에 대한 공학적 이해는 이미 기원전 240년에 물에서 음파를 관찰한 그리스의 철학자 Chrysippus에 의해 소리가 파동의 형태를 갖는다고 추측했다. 그러나 16세기 후반과 17세기 초가 되어서야 Galileo Galilei(음향학의 아버지라 불린다)와 Marin Mersenne이 소리를 지배하는 첫 번째 법칙을 정립하였다. 1686년 Isaac Newton경은 처음으로 소리에 대한 수학적 이론을 전개하고, 소리를 입자들 사이로 전파해 가는 일련의 압력 펄스(*pressure pulse*)로 해석하였다. 그 이후 Newton의 이론으로 회절과 같은 파동 현상이 설명되고 이어 Euler, Lagrange, d'Alembert에 의해 Newton 이론은 확장되어 파동방정식(*wave equation*)을 정립하게 된다.

파동방정식은 다른 공학 이론들과 마찬가지로 19세기 후반과 20세기에 빠른 속도로 발전을 하게 된다. 19세기 말에 초음파학 분야에서 가장 저명한 과학자중 한명인 Lord Rayleigh(*John William Strutt, 1842-1919*)는 현재도 초음파 NDE 방법에서 많이 사용되고 있는 Rayleigh 표면파를 발견하였다. Rayleigh는 Lamb파라 불리는 판에서의 유도초음파를 발견한 Lamb과 함께 일을 하였다. 파동의 전파에 관한 거의 모든 형태의 솔루션은 19세기 말에 해결되었다. 그 이후 컴퓨터는 다양한 형태의 결함으로부터 반사, 다층 구조를 수반하는 경우를 포함하는 복잡한 문제들을 풀 수 있도록 해주었다.

펄스-에코(*pulse-echo*)법에 의한 비파괴검사 방법으로 받아들여지게 된 것은 1880년 Curie 형제가 초음파 에너지를 전기적 에너지로 변환시키는 압전효과(*piezoelectric effect*)가 있는 압전 물질(*piezoelectric material*)인 수정(*crystals*)을 발견하여 초음파를 쉽게 발생하고 검출할 수 있게 되면서 부터이다. 그 후 1881년에 Lippmann은 동일 압전 재료인 수정으로 전기적 에너지를 초음파 에너지로 변환하는 역압전효과(*inverse piezoelectric effect*)를 발견하면서 실질적으로 비파괴검사 분야에 적용이 활발하게 된다. 이러한 발견 이후 실용적인 초음파에 대한 시도 중 하나는 바다에서 빙산을 탐지하는 것을 성공하게 되고 참몰해 있는 Titanic호의 탐지에 활용하게 된다. 이 적용에 대한 성공은 세계 1차 대전 동안 잠수함 탐지를 포함한 다른 수중 응용 분야에 각광을 받는 군사 기술로 자리 매김을 하게 된다. 전쟁이 끝난 후 초음파 응용은 급속도로 발전하게 되는데 1930년 즈음 Sokolov는 재료 검사에 초음파를 이용하는 것을 제시했다. 비슷한 시기에 Mulhauser는 송신기와 수신기를 분리하여 이용하는 Pitch-Catch 방식의 초음파 결함 탐지 장비의 특허를 출원하게 된다.

그 후 1940년대 초 Firestone과 Simmons는 초음파탐상검사의 혁신을 일으키게 되는데 그들은 그 당시까지 사용해왔던 신호대잡음비(*Signal-to-noise ratios*)가 매우 낮고 해석이 어려웠던 연속파(*continuous wave*) 대신에 펄스 초음파의 개념을 도입하게 된다. Firestone는 송신과 수신이 동시에 가능한 펄스-에코(*pulse-echo*)가 가능한 단일 탐촉자(*single-transducer*) 방식을 도입하게 되고 이 방법은 "초음파 반사경(*supersonic reflectoscope*)"을 이용하는 "에코 반사(*echo-reflection*)"라 불리고 오늘날 펄스-에코 초음파검사 방법의 기본이 되었다.

최근에는 장치 산업과 전자 기술의 급속한 발전에 힘입어 초음파 검사 장치 또한 소형, 경량화 되었으며 특히, 소형 컴퓨터의 발전과 더불어, 신호처리가 신속해지고 간단해져 초음파탐상검사의 최대의 난점인 기록성도 향상되어 가고 있으며 아울러 장치의 자동화와 이미지화도 급속히 개발되어 위상배열초음파(*phased array ultrasonic technology*)나 음향현미경(*scanning acoustic microscopy; SAM*) 등과 같은 첨단 초음파 기술의 출현에 이르게 되었다.

## 3.3 초음파 진단의 기본 원리

초음파탐상검사(*ultrasonic testing; UT*)는 초음파가 가지고 있는 물리적 성질을 이용하여 시험체 중에 존재하는 결함을 검출하고, 검출한 결함의 성질과 상태를 조사하는 비파괴검사이다. 초음파에 의한 비파괴평가 기술은 원자력 발전설비, 석유화학 플랜트 등 거대설비 · 기기의 건전성(*integrity*) 및 신뢰성 확보와 잔존수명 예측 기술로 그 적용범위가 확대되어 가고 있다. 초음파비파괴검사 기술은 파괴시험이나 다른 비파괴검사 기술에 비해 간편한 측정, 높은 측정 정밀도, 검사결과 도출의 신속성, 검사비용의 절감 등 많은 장점을 가지고 있다. 초음파탐상검사는 철강 재료나 그 용접부의 비파괴검사 방법으로 압력용기나 건축 철골 등의 구조물에 주로 적용되고 있다. 철강재료 이외에 신소재로 주목받고 있는 세라믹이나 섬유강화 플라스틱(*fiber reinforced plastics; FRP*)등 첨단재료의 초음파에 의한 재료평가(*materials evaluation*)등에 적용될 때는 초음파 비파괴평가(*ultrasonic nondestructive evaluation; UNDE*)라는 용어가 많이 사용되고 있다.

재료 내부에 초음파펄스를 입사시킬 때 반사파(이하 에코라고 한다)의 거동을 수신기의 브라운관상에 도식적으로 나타내면 그림 3.2와 같다. 재료 내부에 흠(*flaw*) 등의 반사원이 없으면, 송신펄스의 저면 반사파(*backwall echo*)는 표면 · 저면에서 반사를 반복하기 때문에 여러 개의 저면에코만 관찰된다. 재료 내부의 음속 $C$가 일정하다고 가정하면, 저면에코의 시간간격 $\Delta t$는 빔진행거리 $2L$을 전파하는데 필요한 시간이고, $C = 2L/\Delta t$의 관계가 있다. 시험체의 판두께 $L$을 모르는 경우, 시험체의 음속(*velocity*)을 알고 있으면 $\Delta t$를 측정함으로써 $L$을 구할 수 있다. 반대로 시험체 두께 $L$을 알고 있을 때는 $\Delta t$를 측정함으로써 음속 $C$를 구할 수 있다. 그림 3.3은 펄스-반사에 의한 초음파의 송신과 수신 방식을 나타내고 있다.

초음파가 물체 내부를 전파할 때, 전파과정에서 에너지가 손실되기 때문에 수신강도는 저하한다. 이론적으로는 $2L$의 전파에 대한 초음파의 크기 저하는 단위 길이로 나타내고, 감쇠계수(*attenuation coefficient*)를 측정할 수 있다. 음속이나 감쇠는 재료의 기본 물성치로써 재료의 종류, 상태에 의존하기 때문에 이러한 측정값의 변화로 조직이나 기계적 성질 등을 평가할 수 있다.

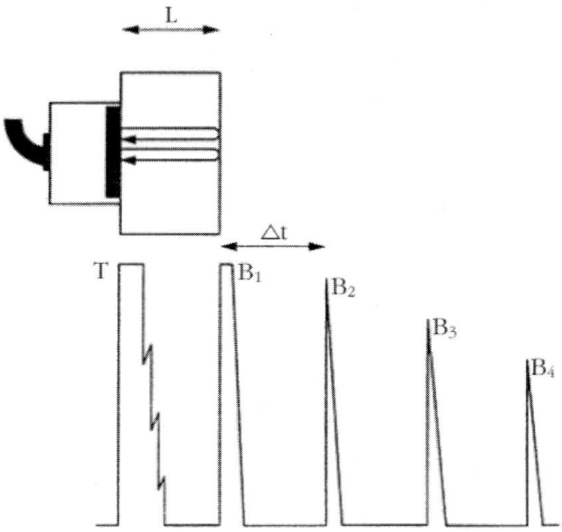


그림 3.2 펄스반사법의 원리

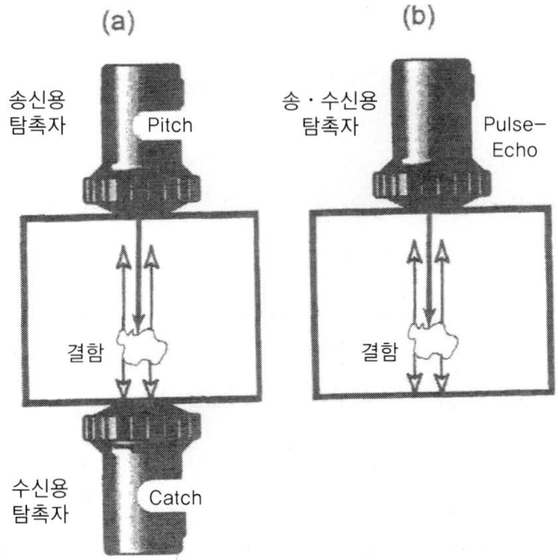


그림 3.3 초음파 송 · 수신 방식((a) pitch-catch, (b) pulse-echo)

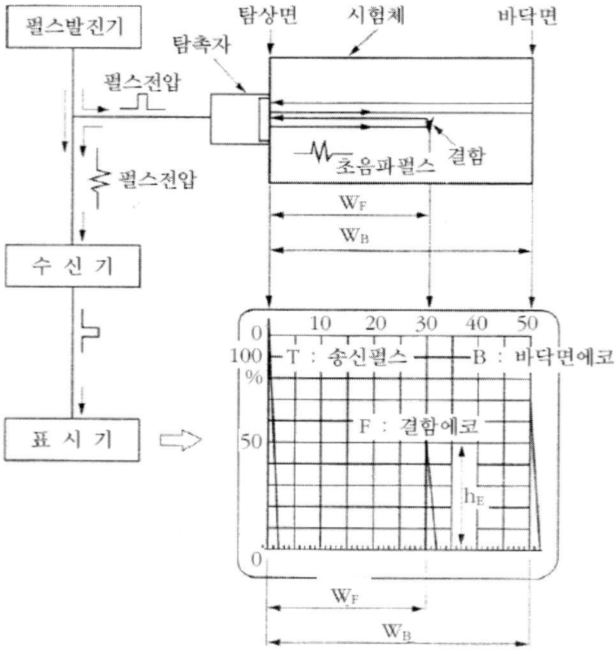


그림 3.4 초음파탐상의 기본 원리

초음파탐상검사의 원리는 그림 3.4와 같이 탐촉자로부터 보통 1 ~ 10 MHz의 초음파펄스를 시험체에 입사시켰을 때 내부에 결함이 있으면 그곳에서 반사되어 되돌아오는 초음파(에코)가 탐촉자에 수신되는 원리를 이용하여 주로 내부결함의 위치 및 크기 등을 비파괴적으로 조사하는 결함검출기법이다. 결함의 위치는 송신된 초음파가 수신될 때까지의 시간으로부터 측정되고, 결함의 크기는 수신되는 초음파의 에코높이 또는 결함에코가 나타나는 범위로부터 측정한다.

초음파는 결함에서도 반사되기 때문에 시험체에 결함이 있으면 건전재에서는 나타나지 않는 결함에코가 그림 3.4와 같이 송신에코와 저면에코 사이에서 관찰된다. 재료내부의 음속이 일정하면 ① 결함에코의 위치측정에서 결함의 깊이, ② 결함에코의 수신신호 크기에서 결함의 크기를 평가할 수 있다.

## 3.4 초음파 진단의 적용과 특징

초음파탐상검사는 방사선투과검사(*radiographic testing; RT*)와 함께 체적검사(*volumetric examination*)방법으로 내부결함을 찾아내는 것을 목적으로 사용하고 있다. 이 두 검사방법은 서로 결함을 검출하는 원리가 다르기 때문에 검출하는 능력에도 차이가 있다. 용접부의 초음파탐상검사에서 미세 균열, 용입부족, 융합불량 등의 결함은 방사선투과검사에서보다 잘 검출된다. 그러나 초음파탐상검사는 방사선투과검사에 비해 결함의 종류를 구별하기 어렵고, 검사 기술자의 기술 능력에 따라 검출결과가 달라질 수 있으며, 결함의 내용을 기록하여 보존하는 것이 뒤떨어지는 단점이 있다. 그러나 초음파 검사기술은 파괴시험이나 다른 비파괴평가 기술에 비해 간편한 측정, 높은 측정정도, 검사결과 도출의 신속성, 검사비용의 절감 등 많은 장점을 가지고 있다.

초음파탐상검사는 일반적으로 금속재료의 가공품 즉 판재, 단조품, 주조품, 용접부 등의 결함 검사에 많이 사용한다. 특히 압력용기의 용접부, 건축 구조물의 용접부의 결함 검사에 활용도가 높다. 철강재료 이외에 신소재로 주목받고 있는 세라믹이나 FRP등 첨단재료의 재료평가에도 널리 활용되고 있다. 또한 원자력 발전설비, 석유화학 플랜트 등 거대설비·기기의 건전성(*integrity*) 및 신뢰성 확보와 잔존수명 예측기술로 그 적용범위가 확대되어 가고 있다. 금속의 결정조직이 미세하면 초음파의 전파성이 좋기 때문에 지름이 수 $m$ 되는 큰 단강품의 내부에 있는 작은 결함까지 검출할 수 있다. 그러나 결정조직이 거칠면 결정입계에서 초음파가 산란되어 전파하는 초음파의 감쇠가 커져 큰 결함이라도 검출하기 어려울 때가 있다.

표 3.1 초음파탐상검사의 장·단점

| 장 점 | 단 점 |
|---|---|
| • 전파 능력이 우수<br>• 균열 등 미세한 결함에 대해서도 감도가 높음<br>• 내부 결함의 위치, 크기(결함 높이) 등을 정확히 측정<br>• 검사결과를 신속히 알 수 있음<br>• 복잡한 기하학적 형상을 가는 검사체도 적용이 용이<br>• 거의 모든 재료에 적용이 가능하고 재료의 특성 평가가 가능<br>• 검사자 또는 주변 사람에 대한 장애가 없음<br>• 이동성이 좋음 | • 수동 검사를 할 때 검사자는 검사 경험이 요구<br>• 검사절차를 이해하는데 검사자의 폭넓은 지식이 필요<br>• 초음파의 전달효율을 높이기 위해 접촉매질이 필요<br>• 표준시험편 또는 대비시험편이 필요<br>• 재료의 내부조직에 따른 영향이 큼<br>• 결함의 검출 능력은 결함과 초음파 빔의 방향에 따른 영향이 큼<br>• 기본적으로 국부검사(*point by point*)<br>• 객관적인 기록을 얻는 것이 어려움<br>• 결함의 종류 판별이 어려움<br>• 주강품과 같이 결정립이 조대한 재료나 음향이방성이 있는 재료에는 적용이 곤란 |

각 비파괴검사법이 그러하듯 초음파탐상검사도 분명 장·단점이 있는 만큼 단점을 잘 보완할 수 있는 기술적 검토가 항상 중요하다. 복합재료나 IC 패키지 등 마이크로/나노 구조물의 건전성을 보증하기 위해 제조나 용접 등의 가공 시나 사용 중에 응력 등으로부터 발생하는 결함의 위치나 크기, 결함의 종류를 정밀하게 측정하고자 하는 경우 문제점과 한계가 반드시 존재하게 된다. 비파괴적으로 결함을 검출하고, 위치, 크기를 측정하는 방법으로는 초음파탐상검사 뿐만이 아니고 방사선투과검사나 자분탐상검사 등이 있으나 어느 방법도 만능일 수는 없고 그 검출성에는 한계가 있게 된다. 초음파탐상검사를 선택하게 되는 경우 초음파는 확산해가며 직진한다는 것, 시험체의 결정립의 크기 등에 의해 산란 감쇠하는 것, 펄스파를 사용한다는 것 그리고 주파수나 파장에 영향을 크게 받는 등 초음파가 가지고 있는 기본적인 문제가 있고 또 아직까지 수동 탐상으로 인해 진단의 신뢰도가 낮다는 것이다.

초음파탐상에서는 아주 작은 결함을 검출할 수 있다. 즉, 탐상 조건이 좋으면 파장의 1/2 정도 크기의 결함을 검출할 수 있는데, 주파수가 5 MHz의 초음파를 사용할 경우 철강 재료에서 1 mm 정도 크기의 결함은 확실히 검출할 수 있다. 그러나 결함의 형상과 배향은 결함의 검출능력에 뚜렷한 영향을 미친다. 다시 말해 초음파의 빔이 균열과 같은 띠형 결함에 수직으로 부딪히면 탐촉자로 되돌아오는 반사파는 크지만 기공과 같은 구형 결함에서는 반사파가 여러 방향으로 산란되기 때문에 탐촉자로 되돌아오는 반사파는 매우 작다. 따라서 초음파탐상검사를 할 때는 결함면에 초음파가 가능한 한 수직으로 전파하도록 탐상방법을 선택하는 것이 좋다.

## 익힘문제

1. 초음파의 정의와 특이성에 대한 설명 중 틀린 것은?

2. 초음파탐상검사에 활용되고 있는 초음파의 정보는 어떤 것이 있는가?

3. 비파괴검사에 활용되는 초음파의 기본적인 성질에 대해 기술하시오.

4. 펄스반사식 초음파탐상검사의 원리에 대해 기술하시오.

5. 다른 비파괴검사에 비해 초음파탐상검사는 어떠한 특징을 가지고 있는가?

6. 초음파탐상검사의 장·단점과 적용한계에 대해 기술하시오.

7. 초음파탐상검사에서 초음파가 기본적으로 가지고 있는 문제점은 어떠한 것이 있는가?

8. 초음파탐상검사의 신뢰도에 영향을 미치는 인자를 열거하고, 신뢰도를 향상시키기 위한 대책을 기술하시오.

9. 방사선투과검사(RT)와 초음파탐상검사(UT)는 체적검사법으로 용접부의 내부 결함탐상에 주로 이용되는 비파괴검사법이다. 결함검출과 관련하여 두 방법의 특징을 비교 설명하시오.

Chapter 04

# 초음파의 기초 이론

## 4.1 초음파의 성질

초음파는 재료 내부를 전파하면서 재료 내부 조직의 영향을 받기 때문에 방사선과 같이 재료 내부의 성질과 상태를 비파괴적으로 평가할 수 있다. 초음파는 기본적으로 좋은 물리적 성질을 가지고 있어 이를 공학적으로 잘 활용하면 의료진찰, 공업재료 탐상・물성평가, 어군 탐지기 등의 검사・탐상, 탄성 표면파 소자를 중심으로 하는 전자・통신부품 및 초음파 에너지를 이용한 초음파 가공・세정 등에 초음파가 널리 사용되고 있다. 최근 비파괴 진단 장비에서는 GHz 범위의 주파수도 발생시킬 수 있다. 그러나 일반적으로 재료의 초음파탐상검사에는 0.5 MHz에서 20 MHz 정도의 주파수 범위가 주로 사용되고 있다. 금속의 초음파탐상검사의 경우는 2 MHz에서 20 MHz 정도의 주파수 범위가 흔히 사용되고 있다. 주파수는 결함을 검출하고 평가하는 데 있어 매우 중요한 인자이다.

초음파는 다음과 같은 물리적 성질을 갖기 때문에 비파괴검사에 활용되고 있다.

① 파장이 짧다. 초음파탐상에 사용하는 초음파의 파장은 수 mm이다. 따라서 지향성이 예리하며 빛과 비슷하여 직진성을 갖는다.

② 탄성적으로 기체・액체・고체의 성질이 음향적으로 현저히 다르기 때문에 초음파는 액체와 고체의 경계면에서 반사, 굴절, 회절하는 성질이 있다. 따라서, 결함과 같은 불연속부에서 잘 반사하고 결함검출이 가능하게 한다.

③ 고체 내에서 잘 전파한다. 물질 내에서 초음파의 전파속도는 초음파가 전달되는 물질의 종류와 초음파의 종류에 의해 결정된다.

④ 원거리에서 초음파빔은 확산에 의해 약해진다.

⑤ 재료에 따라서 결정 입계면에서 초음파가 산란에 의해 약해진다.

⑥ 고체 내에서는 종파 및 횡파의 2종류의 초음파가 존재하며 이들은 서로 모드변환을 일으킨다.

초음파는 기본적으로 기계적인 진동의 한 형태로 취급할 수 있다. 한 매질 내에서 초음파의 운동이 어떻게 일어나는지 알기 위해서는 우선 매질 내 두 지점 간에 에너지가 전달되는 메커니즘(기본원리)을 이해할 필요가 있다. 이는 그림 4.1(a)와 같이 스프링 한 개에 추를 매단 후 그 추가 진동하는 모습을 관찰함으로써 이 메커니즘(*mechanism*)을 이해할 수 있다.

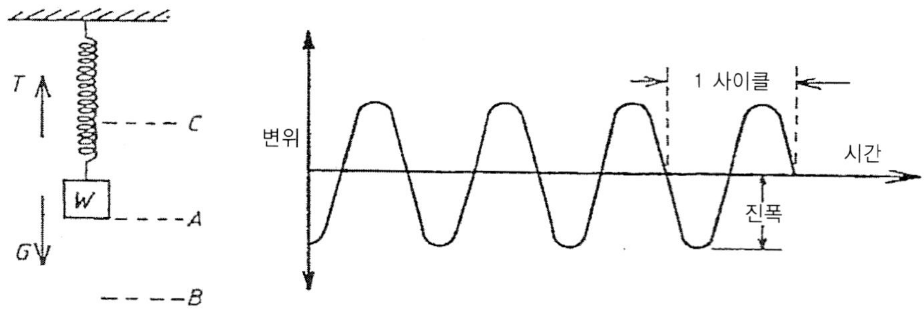


(a) (b)

그림 4.1 (a) 스프링에 메단 추 (b) 시간 t의 함수로 A점에서 W의 변위를 그린 곡선

스프링에 작용하는 W가 정지해 있는 동안 W에는 중력 G와 스프링에 작용하는 장력 T 두 개의 힘이 작용한다. 여기서 W가 평형점 A에서 B점으로 이동하게 되면 장력 T가 증가하게 된다. 다시 B점에서 W를 자유롭게 놓게 되면 장력 T가 증가하여 W는 A점을 향해 가속이 붙은 채 이동하게 된다. 이 때 A점에서 다시 중력 G와 장력 T가 같아지는 평형상태를 이룬 후 W가 C점을 향해 움직이면서 장력 T는 감소하면서 상대적으로 중력 G가 증가하여 결국 W는 운동에너지가 소진되어가면서 속도가 느려지다 C점에서 멈추게 된다. 그리고 C점에서 중력 G가 장력 T보다 커지면서 W는 다시 A점을 향해 운동에너지를 가지며 이동하게 되고 다시 A점을 지나가며 앞서 설명한 전체 운동이 다시 반복된다. 이와 같이 W가 A에서 B로, B에서 A로, A에서 C로, C에서 A로 왔다 갔다 하며 이동하는 것을 사이클(*cycle*)이라 하고, 1 초당 사이클 수를 진동의 주파수(*frequency*)라 정의한다. 그리고 한 사이클 동안에 걸리는 시간을 진동의 주기(*period*) T라고 하며, 이 때 $T=\frac{1}{f}$의 관계를 갖는다. W가 A점에서 B점, 또는 A점에서 C점까지의 최대 변위를 진동의 진폭(*amplitude*)이라 정의한다. 그림 4.1 (b)에 이러한 개념을 잘 나타내고 있다.

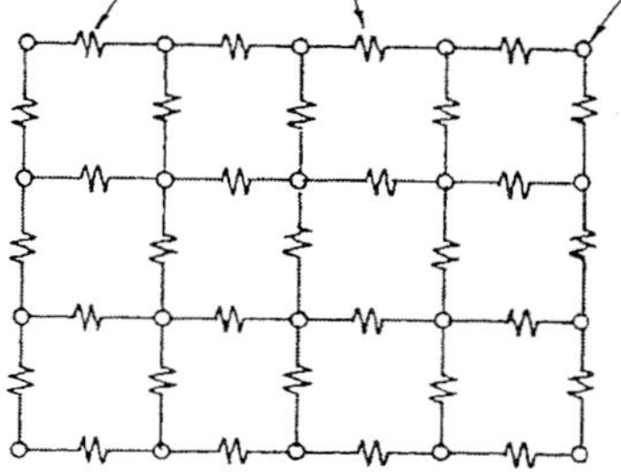


그림 4.2 탄성체 모형

모든 물질은 원자(또는 분자)로 구성되어 있으며, 이 원자들은 원자간의 힘(*interatomic force*)을 가지며 서로 결합되어 있다. 이러한 원자간 힘은 탄성적 특성(*elastic*)을 갖는다. 즉, 원자들은 마치 스프링으로 결합되어 있는 모델로 생각할 수 있고, 그림 4.2는 이러한 재료를 스프링으로 단순화한 모델의 예를 보여주고 있다. 물질 중 한 원자가 응력을 받아 원래 위치에서 움직이게 되면, 그 원자는 그림 4.1(a)에서 추 W와 같은 진동을 한다고 생각할 수 있다. 원자 간에는 결합이 되어 있기 때문에 이러한 원자의 진동은 인접한 원자들을 진동하게 하는 요인이 된다. 인접 원자들이 진동하기 시작하면 그 진동 역시 그들과 인접한 원자에 전달되어 간다. 원자들 간의 결합이 강할 때는 모든 원자들의 진동은 동시에 일어나고 똑같은 상태로 머무르게 되는데, 즉, 같은 위상(*phase*)을 가지게 된다. 그러나 물질의 원자들은 탄성력으로 결합되어 있기 때문에 진동이 인접 원자에 전달되는 데는 얼마간의 시간이 필요하게 되어 처음 여기된(*excited*) 원자들보다는 일정한 위상 지연(*lag in phase*)을 가지고 전달되게 된다.

기계적 파동이 매질로 전파해 갈 때, 어떤 시간 '$t$'에서 평형 점으로부터 매질에서의 입자 변위는 다음 식으로 주어진다.

$$a = a_0 \sin 2\pi f t \tag{4.1}$$

여기서

$a$ = 시간 't'에서 입자 변위

$a_0$ = 진동 입자의 진폭(*amplitude*)

$f$ = 진동 입자의 주파수(*frequency*)

그림 4.3은 식 4.1을 도식적으로 표시한 것이다.

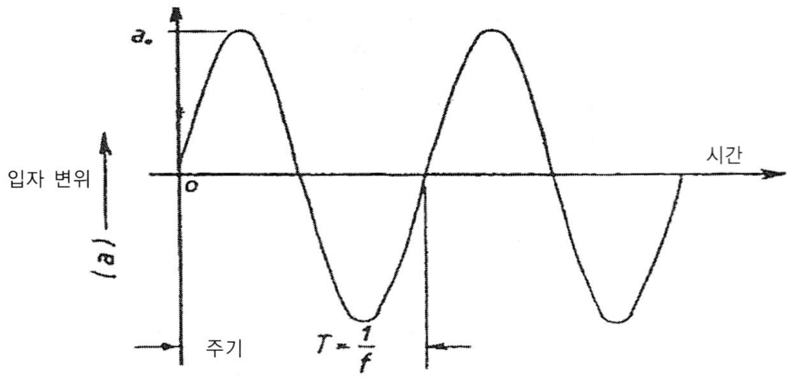


그림 4.3 시간에 따른 입자 변위의 변화를 나타내는 식 4.1의 도식적 표시

식 4.2는 매질을 통해 전파해 갈 때의 기계적 파동의 운동방정식이다. 이 식은 특정 시간 '$t$'에서 처음 여기된 입자로부터 다양한 거리에서의 입자의 상태(위상)를 나타낸다.

$$a = a_0 \sin 2\pi f \left(t - \frac{x}{v}\right) \tag{4.2}$$

여기서, $a$= 파의 변위

$a_0$= 파의 진폭

$v$= 파의 전파 속도

$f$= 파의 주파수

그림 4.4는 식 4.2를 그래프로 표시한 것이다. 주기 T, 파의 속도 '$v$'와 파장 '$\lambda$'와의 관계는 다음과 같다.

$$\lambda = vT, \text{ 또는 } v = \frac{\lambda}{T} \tag{4.3}$$

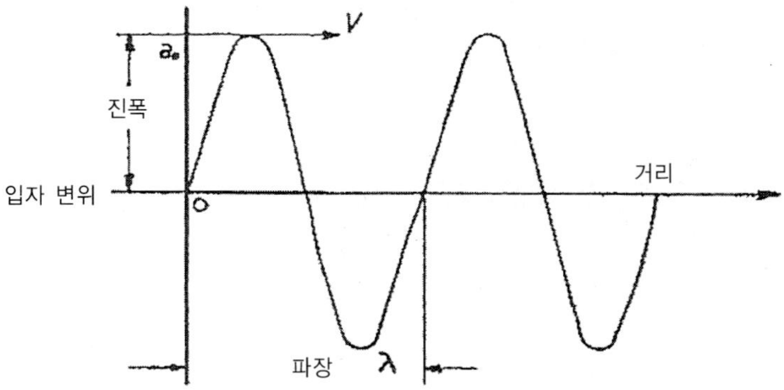


그림 4.4 식 4.2의 도식적 표시

그러나 주기 '$T$'는 주파수 '$f$'와 다음과 같은 관계를 갖는다.

$$f = \frac{1}{T} \tag{4.4}$$

식 4.3과 식 4.4의 관계로 모든 파동의 기본 방정식은 다음과 같다.

$$v = \lambda f \tag{4.5}$$

식 4.5에서 '$f$' 는 Hz, '$\lambda$'는 mm이면 '$v$'는 mm/s가 되고, 또 '$f$'가 MHz, '$\lambda$'는 mm이면 '$v$'는 km/s로 나타내진다.

진동이 일어나는 시간 주기 $T$ 동안, 파는 매질 내의 일정 거리를 전파하게 되는데 이 거리를 파의 파장(*wavelength*)이라 정의하며 그리스 문자 $\lambda$로 나타낸다. 매질 내에 거리 '$\lambda$' 만큼 떨어져 있는 원자들은 파가 전파해갈 때 동일한 운동 상태(즉, 동일 위상)에 있는 것으로 생각할 수 있다. '$\lambda$' 와 '$f$'와 '$v$'간의 상관관계는 식 4.5와 같다. 이 식에 의하면 특정 매질에서 파장은 주파수에 반비례하는 관계를 갖는다. 따라서 주파수가 높아질수록 파장은 짧아지고, 주파수가 낮아질수록 파장은 길어진다. 실제 검사 환경에서 $\lambda/2$ 또는 $\lambda/3$ 정도의 결함은 검출이 가능한 것으로 알려져 있다. 따라서 파장이 짧을수록, 검출할 수 있는 결함의 크기는 더 작아진다. 즉 초음파의 파장이 짧거나 주파수가 높을수록 결함 검출의 민감도(*flaw sensitivity*)는 더 좋아지게 된다. 매질 내로 음파가 전파해 갈 때 파의 주파수는 원자들의 진동 주파수와 같다. 주파수(*frequency*)를 1초 당 사이클 횟수라 정의할 때, 보통 문자 '$f$'로 표시한다. 1 초당 사이클 횟수를 국제적인 전문 용어로는 물리학자 H. Hertz의 이름을 따서 헤르쯔라 부르고 줄여서 Hz라 한다.

1 Hz = 초당 1 사이클, 1 kHz = 1,000 Hz

1 MHz = $10^6$ Hz, 1 GHz = $10^9$ Hz

표 4.1 보조단위의 종류

| 기호 | 읽는 방법 | 배수 | 기호 | 읽는 방법 | 배수 |
|---|---|---|---|---|---|
| p | 피코 | $10^{-12}$ | | 단위 | 1 |
| n | 나노 | $10^{-9}$ | da | 데카 | 10 |
| $\mu$ | 마이크로 | $10^{-6}$ | h | 헥토 | $10^2$ |
| m | 밀리 | $10^{-3}$ | k | 킬로 | $10^3$ |
| c | 센티 | $10^{-2}$ | M | 메가 | $10^6$ |
| d | 데시 | $10^{-1}$ | G | 기가 | $10^9$ |
| | | | T | 테라 | $10^{12}$ |

## 4.2 초음파 모드의 종류와 특징

초음파에는 여러 가지의 파동모드가 있는데, 재료나 모드 및 전파 매체의 조건에 따라 이들이 혼재하고 계면에서는 모드 변환이 일어난다. 초음파 계측에서는 이러한 여러 가지 모드의 특징을 이용하여 측정하기 때문에 X선 등에 비해 전파의 해석이 복잡해지는 요인이 된다. 일반적으로 고체 내에서 관찰되는 초음파의 모드는 종파(*longitudinal wave*), 횡파(*shear wave*), 표면파(*Rayleigh wave*) 그리고 판파(*Lamb wave*) 등으로 분류된다. 이들 네 가지 파의 주된 차이점은 다음과 같다. 그림 4.5는 초음파의 진동 모드를 도식적으로 나타내고 있다.

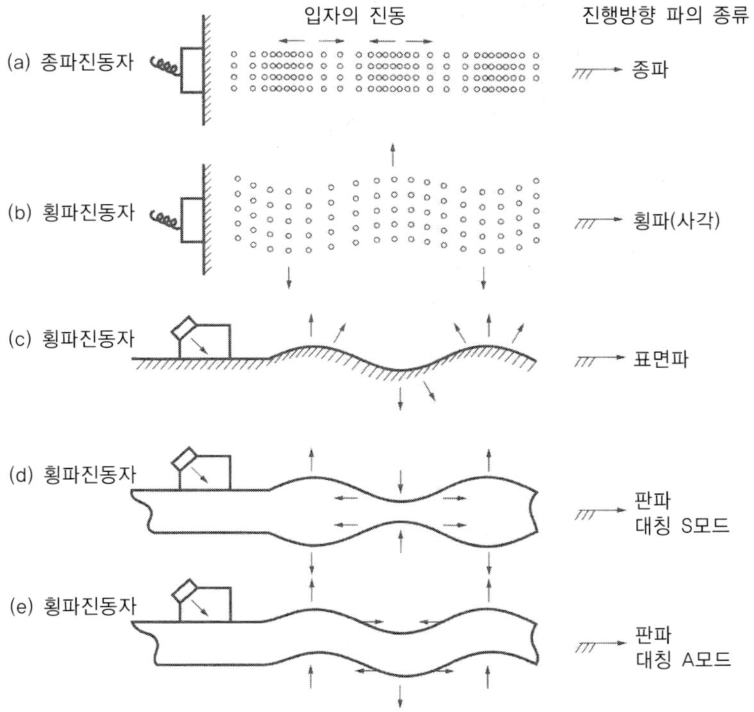


그림 4.5 초음파 모드의 종류

### 4.2.1 종파

종파(*longitudinal wave, L-wave*)는 파의 전파 방향으로 밀(*compression*)한 부분과 소(*rarefaction*)한 부분으로 구성되기 때문에 일명 압축파(*compressive wave*)라고도 불린다. 이 파는 그림 4.6과 같이 매질 내의 입자의 진동이 파의 전파 방향과 일치하는 파를 말한다.

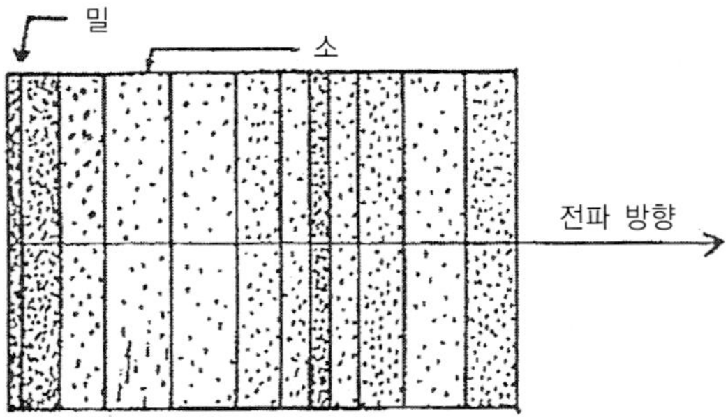


그림 4.6 파의 전파 방향으로 밀(*compression*)한 부분과 소(*rarefaction*)한 부분으로 구성된 종파

종파에 대한, 골과 마루를 형성하며 진행해 가는 파의 전파거리와 입자의 변위에 대한 곡선은 그림 4.7과 같다.

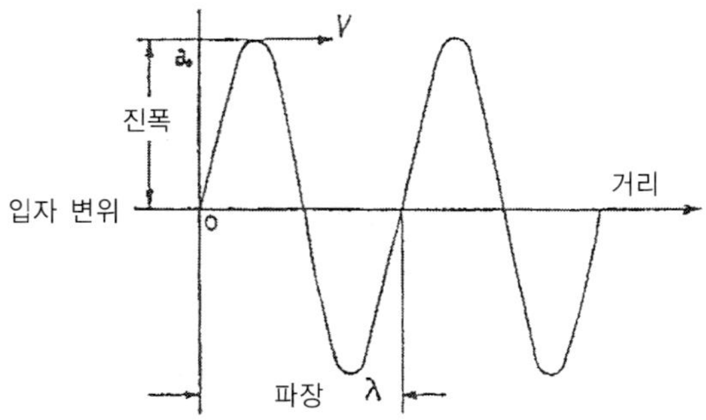


그림 4.7 파의 전파거리와 입자의 변위에 대한 곡선

종파는 초음파탐상검사의 수직탐상에 주로 이용되는 진동 형태로 발생과 검출이 쉽기 때문에 가장 널리 사용되고 있다. 이 파는 다른 형태의 파로 변환되기도 한다. 그리고 종파는 고체, 액체, 기체에서 전파할 수 있으며, 강의 경우 음속이 5900 $m/s$로 가장 빠르다.

## 4.2.2 횡파(Transverse wave)

횡파(*transverse wave, shear wave; S-wave*)는 그림 4.8과 같이 매질 내 입자의 진동이 파의 전파 방향과 수직한 관계를 가지며 진행하기 때문에 횡파 또는 전단파라 불린다. 물질 내 횡파의 전파는 우리가 로프를 흔들 때의 운동으로 가장 잘 설명할 수 있다. 로프의 각 입자는 상하로만 움직이는 반면 파는 여기 지점에서부터 로프를 따라 이동하게 된다.

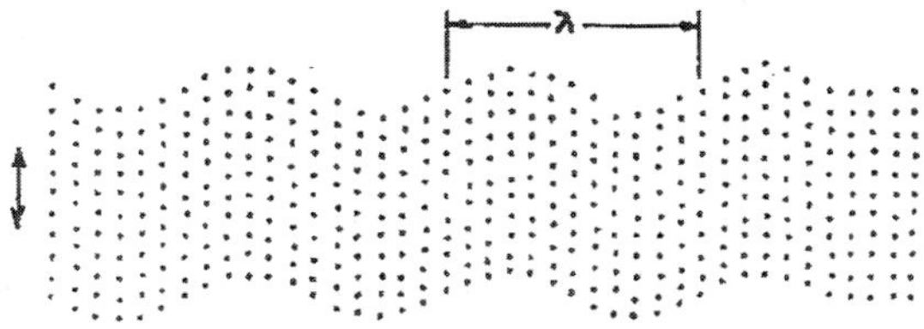


그림 4.8 횡파의 도식적 표현

물질 내로 횡파가 전파하기 위해서 매질 내의 각 입자들은 한 입자에서 인접한 다른 입자로 움직여 이동할 수 있을 정도로 강하게 결합되어 있어야 하고, 또한 종파 속도의 약 50%로 매질 내로 전파해가는 초음파 에너지를 발생시킬 수 있어야 한다. 실제 적용의 경우 횡파는 고체에서만 전파될 수 있다. 액체와 기체에서는 분자 또는 원자들 사이의 거리 즉 평균자유경로(*mean free path*)가 너무 커서 분자 간 또는 원자 간 당기는 힘이 약해 파가 급격히 감쇠되어버리기 때문이다. 일반적으로 강 용접부의 초음파 사각탐상에서는 SV파(*vertically shear wave*)라 불리는 횡파가 주로 이용되고 있다. SV파는 탐상면에 대해 초음파의 진행방향이 수직으로 진동하는 횡파를 말하고, SH파(*horizontally shear wave*)는 초음파가 탐상면과 수평방향으로 진동하는 횡파를 말한다. SH파는 횡파 진동자를 탐촉자의 축방향으로 이용, 진동자로 부터 발생한 횡파를 점성이 높은 접촉매질을 통하여 시험체에 전파시킨다. 그림 4.9는 종파와 횡파 모드를 비교한 것이다.

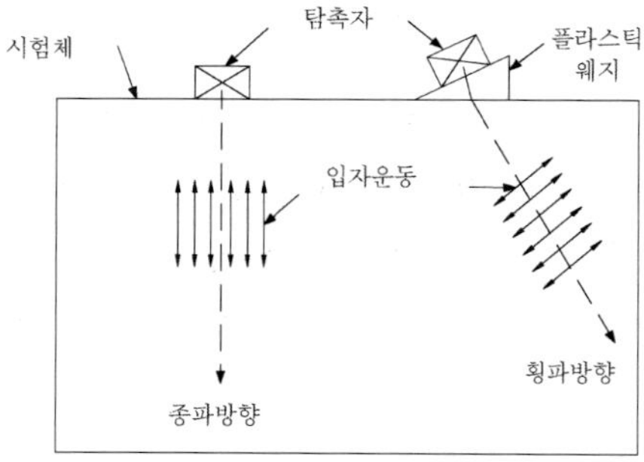


그림 4.9 종파와 횡파 모드의 비교

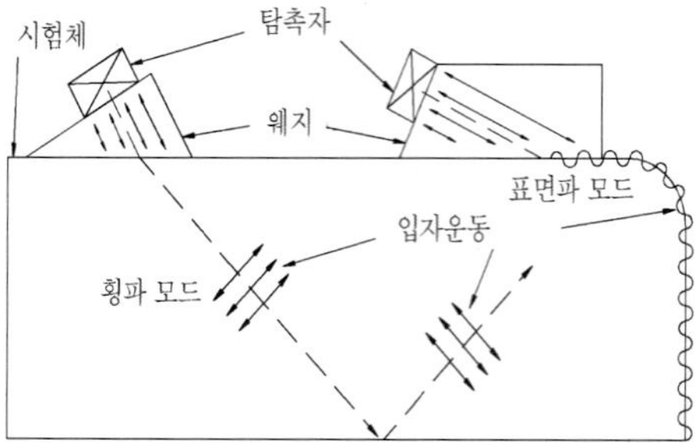


그림 4.10 모드변환

SH파는 SV파와 같은 반사면에서 모드변환이 없고 탐상도형이 간단하여 판정이 용이하며, 굴절각을 90도에 가깝도록 하면 표면 SH파(*surface SH wave*)가 되어 높은 효율로 탐상면을 따라 전파하는 것이 가능하다. 지금까지 주로 이용되고 있는 SV파 사각탐상은 고체표면에 거의 수직으로 전파하는 파로, 수직방향의 특성평가에 적합하다. SV파는 고체 계면에서 반사시 그림 4.10과 같이 횡파→종파→횡파로 모드변환(*mode conversion*)을 일으키고 다중에코의 멀티모드파가 되기 때문에 시험체가 얇은 경우는 파의 판정이 곤란하게 된다.

이에 비해 SH파는 고체표면층 직하로 전파하기 쉬운 진동면을 갖고 횡파→종파로의 모드변환을 하지 않기 때문에 순수모드로 취급 가능하다. 횡파는 동일한 재질에 대해서 종파속도의 약 1/2정도이기 때문에 동일한 주파수에서 종파에 비해 짧은 파장을 갖게 된다.

### 4.2.3 표면파(Surface wave)

표면파(*Surface wave*)는 *Load Rayleigh*에 의해 처음으로 설명되었기 때문에 표면파를 레일리파(*Rayleigh wave*)라고도 불린다. 이 파는 강한 탄성력을 갖는 고체 면과 다른 한쪽 면은 탄성력이 거의 없는 기체 분자와의 경계를 이루는 표면을 따라 전파해 간다. 따라서 표면파는 액체가 매우 얇은 층으로 고체 표면에 있는 경우는 몰라도 액체 속에 잠겨 있는 고체의 경우에는 실제로 존재할 수 없다. 표면파의 속도는 횡파 속도의 약 90% 정도이며, 시험체 표면으로부터 약 1 파장 정도 깊이의 범위로 전파한다. 이 깊이에서 파의 에너지는 표면 에너지의 약 4% 정도이며, 깊이가 더 커지면 진동의 진폭은 급속히 감소하여 거의 무시할 정도가 된다.

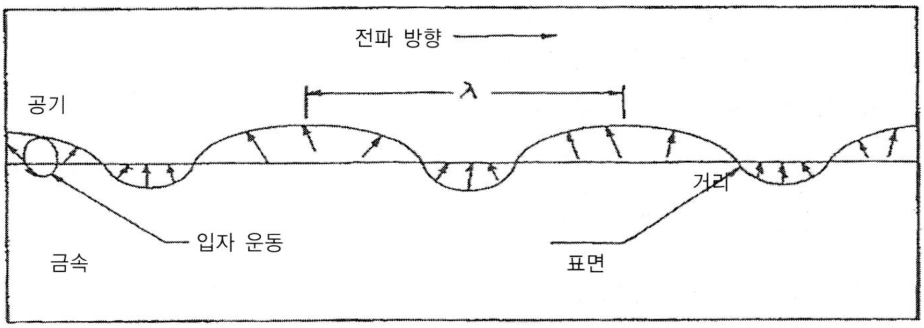


**그림 4.11** 금속-공기 계면에서 금속 표면으로 전파하는 표면파의 도식적 표현. 작은 화살표는 입자 변위의 방향을 나타낸다.

표면파는 그림 4.11과 같이 입자의 진동은 대체로 타원 궤도를 그리게 된다. 타원형의 장축은 파가 진행해 가는 표면에 수직을 이루고, 단축은 전파 방향에 수평을 이룬다. 표면파는 검사체의 모서리 주위로도 전파할 수 있어 상당히 복잡한 형상을 갖는 검사체에도 적용이 가능하다. 물론 표면이나 표면 근처에 존재하는 균열 또는 결함도 잘 검출할 수 있다. 표면파는 시험체 표면으로부터 1파장 정도 깊이의 범위에서 전파한다. 높은 주파수는 음압이 표면근방에 집중하기 때문에 표면에 개구한 결함의 검출에 적합하고, 낮은 주파수는 표면 아래 수 mm 정도까지 전파하므로 표면직하의 결함 검출에 유리하다. 그러나 기본적으로 표면파는 탐상면상의 장해물이나 요철에 의한 표면상태의 영향을 받기 쉬운데, 이로 인한 감쇠가 크고 방해에코가 쉽게 나타날 수 있기 때문에 필릿 용접부 등의 결함탐상에는 적절하지 않다.

표면파의 한 종류인 크리핑파(*creeping wave*)는 재료의 표면 방향으로 전파하는 종파를 사용하는 탐상법으로 크리핑파의 송·수신은 비교적 용이하나 횡파에 의한 반사파도 동시에 전파하기 때문에 탐상도형이 복잡해져 결함에코의 해석이 어렵고, 결함에서 에너지의 일부가 연속적으로 횡파(SV파)로 모드변환하여 전파하기 때문에 감쇠가 현저해지는 단점이 있다. 크리핑파는 시험체에 종파 임계각으로 입사한 경우에 발생하고 시험체내부를 직진하는 종파로 시험체표면의 영향을 받지 않으므로 표면직하(*subsurface*)의 탐상에 유리하다. 거리에 따라 감쇠가 심하기 때문에 탐상 범위는 일반적으로 짧다. Head wave 또는 Lateral wave라고도 한다.

경계면이 물인 경우에는 이 파는 표면에서 발생하여 수중에 누설되므로 길게 지속되지 못한다. 이것을 누설탄성표면파(*leaky surface acoustic wave; LSAW*)라 부른다. 누설탄성표면파는 물을 접하고 있는 면에 종파를 경사로 입사시켰을 때 표면층으로 전파하는 탄성파이다. 이 파는 전파하면서 종파로 모드 변환(*mode conversion*)되고 물속에서 누설된다. 파가 전파하는 깊이는 표면 아래 약 1 파장 정도이다. 누설탄성표면파는 초음파현미경에 활용되어 표면층 미소영역에서의 탐상이나 조직관찰, 응력측정 등에 응용이 시도되고 있다.

### 4.2.4 램파 또는 판파(Lamb or Plate wave)

박판의 비파괴검사에 주로 적용되는 판파(*plate wave*)는 유도초음파(*guided ultrasonic wave; GUW*)의 한 종류로 램파(*Lamb wave*)라고도 한다. 표면파가 3 파장 또는 그 보다 더 얇은 두께를 갖는 시험체로 전파하게 되면 판파(*plate wave*)라고 하는 전혀 다른 종류의 파가 발생한다. 이 파는 물질의 전두께 범위에 걸쳐 마치 얇은 판이 진동하는 것 같이 된다.

이 파는 1916년 *Horace Lamb*에 의해 처음으로 설명되었기 때문에 램파(*Lamb wave*)라고도 불린다. 종파, 횡파 또는 표면파와는 달리 이 파의 속도는 물질의 종류뿐 아니라 물질의 두께와 파의 주파수 및 종류에 따라 달라진다. 이 파는 몇 파장 정도의 두께를 갖는 금속 내에 존재하는데, 재질의 전 두께를 통하여 진행하는 복합된 진동형태로 구성되기 때문에 박판의 결함검출에 사용된다. 판파의 진동양식의 특성은 밀도, 금속의 탄성특성과 구조, 금속시편의 두께 및 주파수에 영향을 받는다.

판파는 그림 4.12와 그림 4.13에서와 같이 대칭모드(S-Mode)와 비대칭모드(A-Mode)의 2종류가 있다. 판파 또는 램파는 매우 복잡한 입자의 운동을 갖는다. 램파는 (a) 대칭파(*symmetrical*) 또는 압축파(*dilatational*), 그리고 (b) 비대칭파(*asymmetrical*) 또는 굽힘파(*bending*) 두 가지 기본 형태로 나눌 수 있다. 이러한 구분은 파의 입자가 시험편의 중심축에 대칭 또는 비대칭으로 운동하는지에 의한다. 대칭형 램파(압축파)의 경우는 판의 중심축을 따라 수직으로 입자 변위가 일어나며 각 표면에서는 타원형의 입자 변위가 일어난다.

이 모드는 연질 고무 호스에 호스 지름보다 더 큰 강철 공을 밀어 넣어 움직이게 하면 판 자체가 연속적으로 점차 두꺼워지거나 얇아지는 모양을 가지는 것과 유사하다. 비대칭형 램파(굽힘파)의 경우에는 판 중심축의 전단 입자 변위와 각 표면에서의 타원형의 입자 변위가 일어난다. 타원의 장축에 대한 단축의 비는 파가 전파하는 물질의 함수가 된다. 램파의 비대칭 모드는 양탄자가 치솟아 올랐다 내렸다하며 잔물결이 전파해 나가는 것처럼 가시화 될 수 있다.

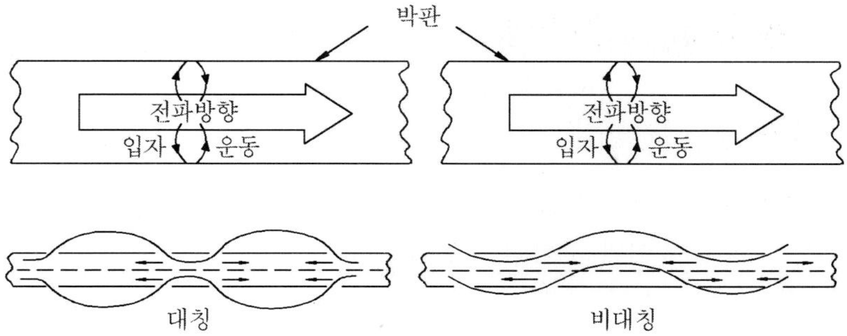


그림 4.12 대칭과 비대칭 판파

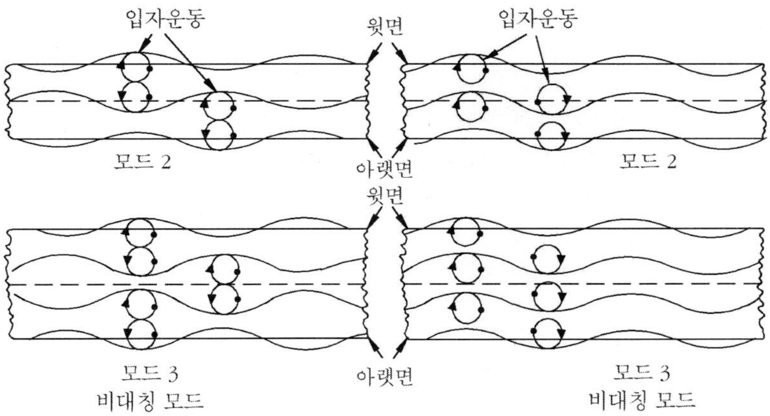


그림 4.13 판파 모드

판파는 구조물의 기하학적인 구조를 따라 전파하기 때문에 기존의 종파나 횡파를 사용한 국부검사(*point by point*)법에 비해 탐촉자의 이동 없이 고정된 지점에서 대형 설비 전체를 한 번에 탐상할 수 있어 광범위하고 또한 장거리 비파괴탐상을 효율적으로 수행할 수 있어 시간적, 경제적 효율이 뛰어나다. 판파는 위와 같은 장점을 가지고 있음에도 불구하고 아직 해결되어야할 어려움으로 유도초음파가 전파해가는 모드가 무한히 많이 존재함으로 인해 다양한 모드의 선택을 통한 측정 민감도를 향상시킬 수 있는 장점도 있지만, 여러 개의 모드가 동시에 수신될 때 신호해석과 모드확인(*mode identification*)이 어렵다는 단점이 있다.

# 4.3 초음파의 전파 특성

## 4.3.1 파의 정의와 성질

초음파학에서는 파의 거동을 이해하는 것이 매우 중요하다. 이 장에서는 파동의 다른 현상들, 그리고 용어와 수학적 표현들에 대해 설명한다. 파동은 "매질의 전달 없이 진행하는 중립 혹은 평형 상태로 부터의 물질에 대한 방해"라고 할 수 있다. 예를 들어, 물웅덩이에 떨어진 돌멩이는 파동을 만들고 물의 표면을 따라 진행하는 파동과 관련된 물 입자는 잠시 동안 횡 방향(상하방향)으로 이동 한다. 수면위에 떠있는 나뭇잎이 위와 아래로만 움직이고 파동을 따라 진행하지 않듯이, 물결 파의 에너지(*energy*)와 모멘텀(*momentum*) 만이 표면을 따라 전파해가고 물 입자들은 파동을 따라 진행하지 않고 중립점에서 진동한다. 입자 움직임(상하방향)과 에너지 전파(표면에 따른 방향) 사이의 다른 점에 대해 처음에는 혼란스러울 수 있다. 우리가 유체를 관찰할 때 그 현상이 항상 뚜렷하지 않기 때문이다. 하지만 고체 내부를 진행하는 파동의 경우는 이해하기가 쉽다. 에너지는 전달되지만, 분명히 고체 입자들은 물질을 통해 진행(전달)되지는 않는다.

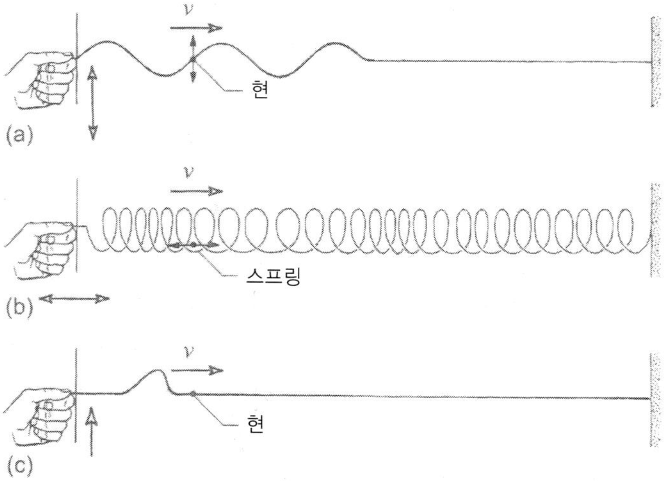


그림 4.14 용수철을 진행하는 파동의 예: (a) 횡파, (b) 종파, (c) 단일 횡파 펄스

파동은 어떠한 형상을 가지는가? 물결 파로부터 이해를 했을지 모르나 마루와 골(파면, *wave fronts*)은 곧은 직선(2차원 파동)이나 평면(3차원 파동)이 아니라, 파원(*wave source*)로부터 방사형으로 멀어지는 방향으로 전파해 가면서 곡선의 형상을

갖게 된다. 그렇지만 편의상 우리는 보통 파면은 곧은 직선이나 평면으로 진행한다고 가정한다. 이러한 평면파(*plane wave*) 근사화는 이번 장에서 많이 활용될 것이다.

초음파는 두 가지 타입 또는 모드(*mode*)의 평면파로 (a) 횡파(*transverse wave, shear wave, S−wave*) (b) 종파(*longitudinal wave, L−wave*)로 구분 된다. 횡파 모드에서는 입자들은 파 진행방향에 수직방향으로 움직인다. 횡파 입자의 움직임은 전단 응력과 관련 되어 있기 때문에, 횡파 모드는 종종 전단파(*shear wave*)로 불린다. 물, 공기와 같이 낮은 점도를 가진 액체들은 전단 응력이 작용하지 않기 때문에 전단파를 관찰 할 수 없다.

종파 모드에서는 입자들은 파가 진행방향과 평행하게 움직인다. 종파는 압축파(*pressure wave*) 또는 P파(*P−wave*)라 부르는데 입자들은 주기를 가지고 소한 부분과 밀한 부분(고체에서는 장력)의 응력이 파의 진행 방향으로 나타나기 때문이다. 그림 4.14(a)와 4.14(b)는 각각 횡파와 종파에 대한 주기적인 입자 변위를 도식화한 그림이다.

파는 $x$방향으로 전파해 가고 그 때 파의 진폭$y$는 $x$와 시간 $t$에 대한 함수로 나타내진다.

$$y = f(x,t) \tag{4.6}$$

이상적으로, 펄스 모양은 파동이 얼마나 멀리 진행하든지에 관계없이 일정하게 유지된다. 만약 펄스가 속도 $v$, 시간 $t$로 진행하면, 펄스 이동 거리는 다음과 같다.

$$x' = vt \tag{4.7}$$

펄스가 얼마나 멀리 진행하든지에 관계없이 어느 지점에서나 펄스의 진폭이 유지되기 위해서는 $f$ 값은 현재 위치 $x$에서 펄스 진행거리 $x' = vt$ 를 빼고 계산해야 한다.

$$\begin{aligned} y &= f(x,t) = f(x - x') \\ &= f(x - vt) \end{aligned} \tag{4.8}$$

$v$는 펄스가 이동하는 속도를 나타내고 이를 주로 위상 속도(*phase velocity*)라 부른다. 실제로 입자가 움직이는 속도를 입자 속도(*particle velocity*) $v_{particle}$라 한다.

대부분 초음파는 조화파(*harmonic wave, sinusodial wave*)로 표현할 수 있고 어떤 펄스든지 조화파의 합으로 나타낼 수 있다. 그림 4.15는 이동하고 있는 단일 주기 조화파의 진행을 보여주고 있다. 파의 진행 경로를 묘사하기 위해 사이클에서의 어떤

한 점, 예를 들면 피크 변위는 위상 속도(*phase velocity*) $v$로 이동하는 것에 따른다. 조화파는 다음과 같은 특징이 있다.

$\tau \equiv$ 주기(*period*), $\lambda \equiv$ 파장(*wavelength*)

공간과 시간 주기에 대한 개념들을 결합하면 파동의 속도는 다음과 같다.

$$v = \frac{\lambda}{\tau}\left(\frac{m}{cycles} / \frac{s}{cycles}\right) = \frac{\lambda}{\tau}\left(\frac{m}{s}\right) \tag{4.9}$$

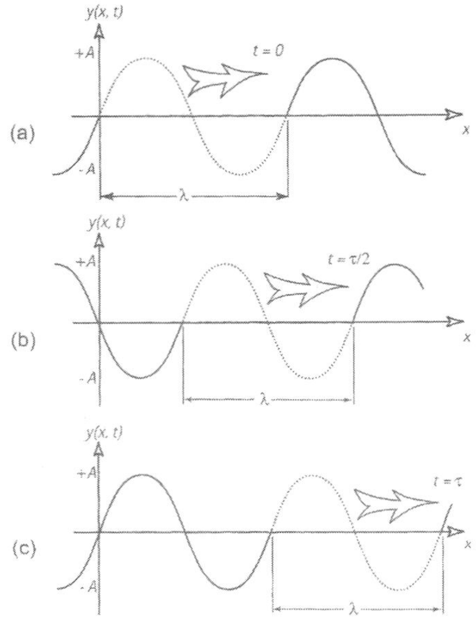


그림 3.15 한 파장 간격을 통과하여 진행하는 1 사이클의 진행

주기와 파장으로부터 몇 가지 유용한 변수들은 나타낼 수 있다.

$f \equiv$ 선형 시간 주파수 $\equiv 1/\tau\left(\frac{cycles}{s}\right)$;

$\chi \equiv$ 선형 공간 주파수 $\equiv 1/\lambda\left(\frac{cycles}{m}\right)^{*}$;

$\omega \equiv$ 각 시간 주파수 $\equiv 2\pi f\left(\frac{radians}{s}\right)$;

$k \equiv$ 각 공간 주파수 $\equiv 2\pi\chi\left(\frac{radians}{m}\right)$.

* 공간주파수(*spatial frequency*) $\chi$는 고속도로 위로 차량이 달리는 패싱 존(*passing zone*) 구간의 점선과 같이 가시화 할 수 있다. 미터 당 얼마나 많은 점선과 점선이 없는 부분이 주기적으로 발생하는가? 측정결과는 $\chi$=0.2 cycles/m 이다.

파의 속도는 $v=\omega/k(m/s)$로 나타낼 수 있다.

$x$방향에서 속도 $v$와 진폭 $A$로 진행하는 조화파(*harmonic wave*)는 다음과 같이 주어진다.

$$y(x,t)=A\sin[k(x-vt)] \tag{4.10}$$

또는 더 일반적인 형태로 나타내면

$$y(x,t)=A\sin[kx-\omega t] \tag{4.11}$$

변수$(kx-\omega t)$는 파동 함수의 위상(*phase*)으로 불리며,

$$v=\frac{dx}{dt}=\frac{\omega}{k} \text{ : 위상속도}$$

초음파와 관련된 문헌에서, 입자 변위를 나타내기 위해 $y$대신 $u$가 일반적으로 사용된다. 일관성 있는 표기를 위해 지금부터 우리는 $u$로 표기하도록 한다.

1차원에서 3차원까지 이론을 확장하기 위해서, 입자 변위 스칼라 $u$를 벡터량으로 나타낸다.

$$\vec{u}=u_x\hat{x}+u_y\hat{y}+u_z\hat{z} \tag{4.12}$$

그리고 위치 스칼라 $x$는 위치 벡터(*position vector*)로 변환된다.

$$\vec{r}=x\hat{x}+y\hat{y}+z\hat{z},\ (\vec{x},\vec{y},\vec{z}, \text{ 는 단위방향벡터 값이다.}) \tag{4.13}$$

또한 3차원에서 공간주파수를 벡터량 $\vec{k}$로 확장한다.

$$\vec{k}=k_x\hat{x}+k_y\hat{y}+k_z\hat{z} \tag{4.14}$$

따라서 공간주파수와 위치의 곱 $kx$는 3차원에서 벡터 내적(*dot product*)으로 나타난다.

$$\vec{k} \cdot \vec{r} = k_x x + k_y y + k_z z \tag{4.15}$$

정확한 공간주파수(*spatial frequency*) $\vec{k}$ 를 일반적으로 파동 벡터(*wave vector*)라 하고, $\vec{k}$는 항상 위상속도의 방향을 지칭한다. 즉, 파면에 수직한 방향을 갖는다(3차원 파동에 대한 일정한 위상의 파면). $k_x, k_y, k_z$는 각각 $\hat{x}, \hat{y}, \hat{z}$ 방향에 대한 공간주파수(*spatial frequency*)라 하며 보통 파수(*wave number*)로 불린다.

## 4.3.2 파동방정식

보통 우리는 어떤 것에 대한 유도과정 보다는 결과를 강조하는데, 이번 절에서는 반대의 관점에서 생각해 보기로 한다. 중요한 것은 유도과정 그 자체라고도 할 수 있다.

우리는 많은 상호보완적인 방법들로 파동을 묘사할 수 있다. 파가 한 입자로부터 근접한 다른 입자로 운동량을 전달할 때, 매질을 통하여 파도 모양의 움직임으로 묘사되는 것을 이미 알았다. 또 입자들의 변위 $u$, 파장 $\lambda$, 주기 $\tau$, 위상속도 $v$ 등으로 입자들은 파도 모양으로 묘사됨을 기술하였다.

파동을 묘사하는 또 다른 방법은 재료에 힘이 가해졌을 때 재료의 특성에 따른 응답을 물리적 현상으로 기술하는 것이다. *Richard Feynman*은 파동 전파에 대한 물리적 현상을 상세하게 묘사하였다.

음파의 물리학적 현상은 물리학은 다음 세 가지의 특징을 갖는다.

Ⅰ. 기체(액체 혹은 고체)는 움직이고 밀도가 변화한다.

Ⅱ. 밀도의 변화는 압력의 변화와 상응한다.

Ⅲ. 압력의 불균형은 기체(액체 혹은 고체)의 운동을 발생시킨다.

*Feynman*이 묘사한 패턴은 주기적이다 – Ⅲ 단계의 마지막은 Ⅰ단계의 시작이다. 외력에 의해 가해진 압력(힘) 불균형은 이런 주기적인 패턴(*cyclic pattern*)을 만들게 된다. 이 절에서는 파동이 발생하여 움직이도록 가해진 힘(*applied forces*)에 의한 응답이 재료의 성질(*material properties*)과의 상관성을 있음을 보여주고 이러한 파의 거동을 예측할 수 있는 파동방정식(*wave equation*)을 기술한다.

### 가. 1차원 파동

파의 운동을 지배하는 방정식을 설명하는 가장 간단한 방법은 (a) 방정식에 대한 완전한 해를 아는 것과 (b) 어떤 방적식이 해를 만족시키는지 찾는 것이다. 비록 이 초기 접근법은 재료 인자를 직접적으로 포함하지는 않지만, 손쉽게 파동방정식을 전개할 수 있다. 파동방정식의 형태를 얻은 다음, 특정 진동의 모드, 즉 종방향(*longitudinal*)과 횡방향(*transverse*) 모드와 관련이 있는 재료의 성질(*material properties*)들을 고려한 Newton의 제 2법칙으로부터 파동방정식을 유도하게 된다.

전파해 가는 조화파에 의한 파동 함수는

$$u(x,t) = u_0 \cos(wt - kx) \tag{4.16}$$

또는

$$u(x,t) = u_0 e^{j(wt - kx)} \tag{4.17}$$

이다.

거리와 시간의 함수로 2차 편미분을 지수 함수로 나타내면 다음과 같다.

$$\frac{\partial^2 u}{\partial x^2} = -k^2 u_0 e^{j(wt - kx)} \quad \text{or} \quad \frac{1}{-k^2}\frac{\partial^2 u}{\partial x^2} = u(x,t) \tag{4.18}$$

$$\frac{\partial^2 u}{\partial t^2} = -w^2 u_0 e^{j(wt - kx)} \quad \text{or} \quad \frac{1}{-w^2}\frac{\partial^2 u}{\partial t^2} = u(x,t) \tag{4.19}$$

이 두 미분방적식을 정리하면 다음과 같이 된다

$$\frac{\partial^2 u}{\partial x^2} = \frac{k^2}{w^2}\frac{\partial^2 u}{\partial t^2} = \frac{1}{v^2}\frac{\partial^2 u}{\partial t^2} = k^2 u(x,t) \tag{4.20}$$

$$\frac{\partial^2 u}{\partial x^2} - \frac{1}{v^2}\frac{\partial^2 u}{\partial t^2} = 0$$

식 (4.20)는 1차원 (x)에 대한 선형 파동방정식(*linear wave equation*)이고, $v = w/k$는 위상속도(*phase velocity*), $k$는 각공간주파수(*angular spatial frequency, wave number*)이다. 위의 방정식은 다음의 함수로 주어진 조화파에 의해서도 역시 만족한다는 것을 증명하는 것은 독자에게 맡기도록 한다.

$$u(x,t) = A\cos(kx + wt)$$

만약 $w$앞의 부호가 음이면, 이는 파가 음의 $x$ 방향으로 이동한다는 것을 의미한다. 이 절에서 재료는 항상 일정한 밀도(균질한, *homogeneous*)와 모든 축을 따라 동일한 탄성계수(*elastic constants*)를 갖는다고(등방성, *isotropic*) 가정한다.

### (1) 종(*Longitudinal*) 모드(1차원)

*Feynman*에 따르면, 압력은 물체에 변위나 변형을 야기한다. 이 변형과 관련된 것은 응력(*stress*) $\sigma$이다. 그래서 초음파(*ultrasonic wave*)를 보통 응력파(*stress wave*)라 부르기도 한다. 대부분의 초음파 응용에서 우리는 선형 탄성 응력(*linear stress wave*)에 관심을 가지게 된다.*

* : 비선형(*nonlinear, seconde-order*) 탄성 계수에 관련한 미세한 영향에 대해서는 초음파 비파괴평가에서 매우 중요한 토픽이고, 8.6절에서 자세히 소개한다.

초음파가 그림 4.16과 같이 가늘과 긴 얇은 막대를 축 방향으로 전파한다고 가정해 보자. 또한 주기적인 입자의 변위(압축과 소밀)가 전파의 방향과 같다(종파)고 가정해 보자. 확대한 막대 요소에서 실선은 기계적 평형상태(*no wave*)를 나타낸다. 점선은 시간 $t_0$에서 초음파의 전달로 인한 변위(*displacement*)를 나타낸다. 또한, 그림은 변형된 요소에 가해지고 있는 힘(응력)을 나타낸다.

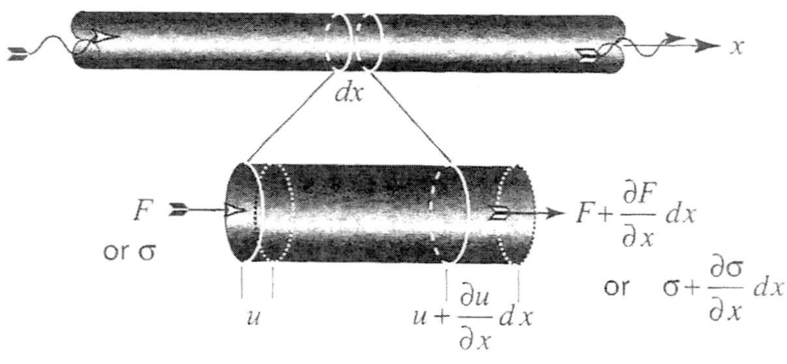


그림 4.16 길고 얇은 막대에서 종파(압축파)의 전파

입자의 움직임은 체적($A\,dx = V$)에 작용하는 힘(응력)의 불균형에 의해 야기된다.

$$\left(\sigma + \frac{\partial \sigma}{\partial x} dx\right) - \sigma = \frac{\partial \sigma}{\partial x} dx \ \ \text{(net stress)} \tag{4.21}$$

$$F_{imbalance} = \left(\frac{\partial \sigma}{\partial x} dx\right) A \tag{4.22}$$

Newton 제 2법칙 $F = m(\partial v_{particle}/\partial t)$에 따라 힘의 불균형으로 입자는 운동하게 된다. 운동에 대한 Newton의 제 2법칙에서 힘의 불균형을 고려하면 다음과 같은 식을 얻을 수 있다.

$$\left(\frac{\partial \sigma}{\partial x}dx\right)A = m\frac{\partial v_{particle}}{\partial t} \tag{4.23}$$

$$= \rho(dx\,A)\frac{\partial}{\partial t}\frac{\partial u_x}{\partial t}$$

$$\frac{\partial \sigma}{\partial x} = \rho\frac{\partial^2 u_x}{\partial t^2}\ (u_x:\ x\text{방향의 변위})$$

여기서 $\rho$는 물질의 밀도이다. 응력이 작용하지 않는 표면을 가진 길고 얇은 막대를 이용해 문제를 고안했기 때문에 푸아송 비의 고려하지 않았다.

그래서

$$\sigma = E\varepsilon, \tag{4.24}$$

여기서,

$$\varepsilon = \frac{\Delta l(\text{길이의 변화})}{l_0(\text{본래의 길이})} = \frac{\left(u_x + \frac{\partial u_x}{\partial x}dx\right) - u_x}{dx} = \frac{\partial u_x}{\partial x}(\text{단축 스트레인})$$

$E-$ 영률(*Young's Modulus*, 단축 응력 – 변형률 경우의 탄성계수)

이 응력-변형률 관계를 식 (4.23)에 대입하면 다음과 같이 된다.

$$\frac{\partial \sigma}{\partial x} = E\frac{\partial \varepsilon}{\partial x} = E\frac{\partial}{\partial x}\frac{\partial u_x}{\partial x} = \rho\frac{\partial^2 u_x}{\partial t^2} \tag{4.25}$$

$$\frac{\partial^2 u_x}{\partial x^2} = \frac{\rho}{E}\frac{\partial^2 u_x}{\partial t^2}$$

위의 방정식은 식 [4.20]의 파동방정식에서 $1/v^2$대신에 $\rho/E$ 항으로 바뀐 것을 제외하면 같다는 점을 유념해야 한다. 그래서 균질하고 등방성인 매질에서 1차원 종파의 위상속도(*phase velocity*)(식 [4.25]과 식 [4.20] 비교)는 다음과 같이 된다.

$$v_l = \sqrt{\frac{E(\text{탄성계수})}{\rho(\text{밀도})}} \tag{4.26}$$

즉, 초음파가 매질 속을 전파하는 위상 속도는 일반적으로 초음파가 전파하는 매질의 탄성계수(*elastic constants*)와 밀도(*density*)에 의해 결정됨을 알 수 있다.

기체와 액체의 경우 종파의 위상속도 $v_l$은 다음 식으로 표시된다.

$$v_l = \sqrt{\frac{K(\text{체적탄성계수})}{\rho(\text{밀도})}} \tag{4.27}$$

여기서 $K$는 체적탄성계수, $\rho$는 밀도이다.

공기 중(20℃, 1기압)에서의 종파의 위상속도를 계산하면 다음과 같다.

$$v_l = \sqrt{\frac{K}{\rho}} = \sqrt{\frac{101,325kg/ms^2 \times 1.401}{1.293kg/m^3/(1+20/273)}} = 343\ m/s$$

여기서, $P = 760\ mmHg = 1.03323\ kgf/\text{cm}^2 = 10,332.3\ kg/m^2$ ,

$= 10,332.3 \times 9.8065\ N/m^2 = 101,325\ N/m^2$

$= 101.325\ Pa = 101,325kgf/ms^2$

물에서의 종파의 위상속도는

$$v_l = \sqrt{\frac{K}{\rho}} = \sqrt{\frac{2.2 \times 10^9\ kg/ms^2}{1,000\ kg/m^3}} = 1,483\ m/s$$

비열비 $k = 1.401$, $\rho = 1.293/(1+20/273)\ kg/m^3$이다. 물의 경우는 $K = 2.2 \times 10^9\ N/m^2 = 2.2 \times 10^9\ kg/ms^2$, $\rho = 1,000\ kg/m^3$이다.

### (2) 횡(*Transverse*) 모드(1차원)

횡파(*transverse wave*)는 선형(*linear*), 탄성(*elastic*), 전단응력(*shear stress*)이 일어날 수 있는 시간에 따라 변하는 힘을 가함에 의해 가진된다. 결국 모든 입자의 진동은 파의 진행 방향에 대해 수직(*perpendicular*)이다. 직관적으로 횡파 $\nu_t$의 위상속도는 탄성 전단 계수(*elastic shear modulus*) $\mu$와 관련이 있다는 것을 예상할 수 있다.

그림 4.17은 $x$방향으로 전파하는 전단파를 나타내고 있다. 확대한 막대 요소의 면에 작용하는 힘은 오직 ±y방향으로만 작용하는 반면에, 운동량(에너지)과 위상 속도의 전달은 $x$방향으로 작용한다.* 이 요소에서 힘은 단순한 전단(*simple shear*)(단순 전단은 순수 전단(*pure shear*)과 일정 영역에서 강체 회전(*rigid rotation*)의 합이다: 입자들은 변형하고 회전한다)에 해당한다.

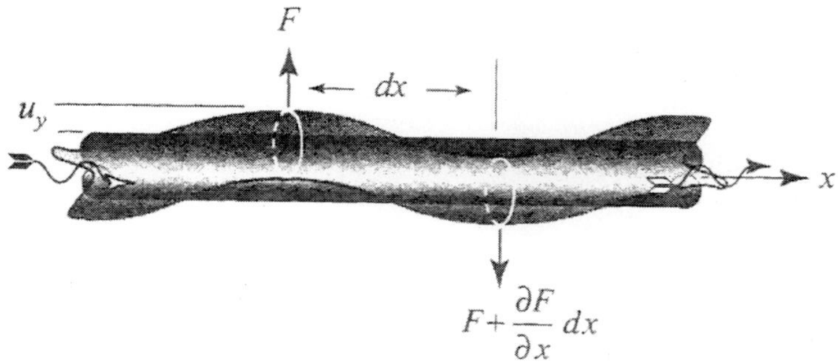


그림 4.17 길고 얇은 막대에서 횡파(전단파)의 전파

전단 응력(힘)에서 불균형은

$$\left(\sigma_{shear}+\frac{\partial \sigma_{shear}}{\partial x}dx\right)-\sigma_{shear}=\frac{\partial \sigma_{shear}}{\partial x}dx\,(\text{net shear stress}) \tag{4.28}$$

$$F_{imbalance}=\left(\frac{\partial \sigma_{shear}}{\partial x}dx\right)A \tag{4.29}$$

y방향의 변위 $u_y$를 발생시킨다.

운동에 대한 Newton의 제 2법칙을 적용하면

$$\left(\frac{\partial \sigma_{shear}}{\partial x}dx\right)A=m\frac{\partial v_{particle}}{\partial t}=\rho(dx\,A)\frac{\partial(\partial u_y/\partial t)}{\partial t^2} \tag{4.30}$$

$$\frac{\partial \sigma_{shear}}{\partial x}=\rho\frac{\partial^2 u_y}{\partial t^2}$$

선형적으로 탄성 재료에서 전단 응력과 전단 변형률 사이의 관계는

$\sigma_{shear}=\mu\gamma_{shear}$이다.

여기서,

$$\gamma_{shear} = \frac{\partial u_y}{\partial x}\ (\text{전단 변형률}) \tag{4.31}$$

$\mu =$ 전단 탄성계수(등방성, 균질 재료)

이 응력-변형률 관계를 식 (4.30)에 대입하면 다음과 같다.

$$\frac{\partial \sigma_{shear}}{\partial x} = \mu \frac{\partial(\partial u_y/\partial x)}{\partial x} = \rho \frac{\partial^2 u_y}{\partial t^2} \tag{4.32}$$

$$\frac{\partial^2 u_y}{\partial x^2} = \frac{\rho}{\mu}\frac{\partial^2 u_y}{\partial t^2}$$

식 4.32 파동방정식은 식 4.20에서 $1/v^2$항 대신에 $\rho/\mu$으로 변경된 것을 제외하고는 같다. 그러므로 균질하고 등방성인 매질에서 1차원 횡파의 위상속도(식 4.32와 식 4.20의 비교)는

$$\nu_t = \sqrt{\frac{\mu}{\rho}} \tag{4.33}$$

이다. 물과 같이 전단 계수를 무시할 수 있는 물질에서 전단 속도는 거의 0이다.

## 나. 3차원 파동(벌크파)

이제 계면을 없는 재료(벌크 소재에서 전파하는 벌크 파)의 1차원으로부터 3차원 파동의 전파에 대한 문제로 까지 확장시켜 보기로 하자. 다시 한번, 평면 파면과 등방성이고 균질한 물체를 가정한다. 벌크파(*bulk wave*)와 1차원 파 사이의 주된 차이점은 벌크파의 경우, 물질이 한 방향(예- x축)으로 압축될 때 물체는 푸아송(*Poisson's effect*) 효과로 인해 다른 방향(y, z방향)으로도 팽창한다. 푸아송 비(*Poisson's ratio*) $\nu$는 적용된 변형률(*applied strain*)로 인해 유발된 변형률(*induced strain*)과의 비를 말한다.

$$v = -\frac{\varepsilon_y}{\varepsilon_x} = -\frac{\varepsilon_z}{\varepsilon_x} \tag{4.34}$$

결과적으로 1차원 종파 속도 $v_l = \sqrt{E/\rho}$는 벌크 재료에서 일어나는 체적 변화를 포함하기 위해서는 아래와 같이 푸아송 비를 고려해야한다. 이 벌크 종파는 체적 요소들의 체적을 변화시키기 때문에 종종 팽창파(*dilatational wave*)라고도 불린다.

$$v_l = \sqrt{\frac{E}{\rho}\left(\frac{1-\nu}{(1+\nu)(1-2\nu)}\right)} \tag{4.35}$$

이와 대조적으로, 벌크 재료에서 전단 변형은 새로운 탄성 효과를 야기하지 않아서 체적이 변하지 않는다. 따라서 벌크 재료와 길고 얇은 막대에서 전파하는 전단파 속도 사이에 차이가 없게 된다.

$$v_t = \sqrt{\frac{\mu}{\rho}} = \sqrt{\frac{E}{\rho} \times \frac{1}{2(1+\nu)}} \tag{4.36}$$

벌크재에서의 종파 속도(*dilatational wave*)는 길고 얇은 막대에서 보다 항상 빠르다. 이상적인 재료에서의 푸아송 비는 0.5이고 실제 측정값은 약 0.3이다. 횡파는 종파속도의 약 절반 정도이다.

고체 중에서는 종파와 횡파가 존재하고, 푸와송비($\nu$)를 고려한 종파속도는 식 (4.35)으로, 횡파 속도 $v_t = \sqrt{\frac{E}{2\rho(1+\nu)}} = \sqrt{\frac{K}{\rho}}$의 식으로 표시된다. 여기서, $E$ : 종탄성계수 또는 영률(*Young's modulus*), $\nu$ : 푸아송비(*Poisson's ratio*, 강에서는 약 0.28, 알루미늄은 약 0.34), K : 체적탄성계수(*bulk modulus*, 기체의 경우는 압력×비열비, $k$), $\mu$ : 횡(전단)탄성계수(*shear modulus*) 또는 강성률이다.

연강의 경우는 $E$ = 21,400 $kgf/mm^3$, $\nu$=0,28, $\rho$ = 7,700 $kg/m^3$으로 계산하면 종파속도 $v_l$은 5,902 $m/s$가 된다. 또, $G$ = 8,200 $kgf/mm^3$ = 8,200×9.80665×$10^6$ $kg/ms^2$로 하면, 횡파의 음속 $v_t$는 3,232 $m/s$가 된다.

한편, 표면파의 음속 $v_R$은 Bergmann의 근사식으로부터 다음과 같이 표시된다.

$$v_R = \frac{0.87+1.12\nu}{1+\nu}\sqrt{\frac{K}{\rho}} \cong 0.9v_t \tag{4.37}$$

램파(*Lamb wave*)의 전파 속도는 물질의 밀도 뿐 아니라 파의 주파수와 모드에 의해서도 영향을 받는다. 표 4.1은 다양한 재료에서의 종파 및 횡파의 속도를 나타내고 있다.

표 4.2 물질의 밀도, 음속 그리고 음향 임피던스

| Material | Density g/cm$^3$ | Velocity of Sound: $v_l$ (longitudinal) km/s or mm/$\mu$s | Velocity of Sound: $v_t$ (transverse) km/s or mm/$\mu$s | Acoustic Impedance $Z = \rho v_l$ $10^6$ kg/m$^2$s |
|---|---|---|---|---|
| **A. Metals** | | | | |
| Aluminium | 2.7 | 6.32 | 3.13 | 17 |
| Al 2117 T4 | 2.8 | 6.5 | 3.1 | 18.2 |
| Berylium | 1.78 | 12.9 | 8.9 | 22.9 |
| Bismuth | 9.8 | 2.18 | 1.10 | 21 |
| Brass (Naval) | 8.42 | 4.43 | 2.1 | 1.95 |
| Brass (58) | 8.4 | 4.40 | 2.20 | 37 |
| Bronze | 8.86 | 5.53 | 2.2 | 2 |
| Cadmium | 8.6 | 2.78 | 1.50 | 24 |
| Cast iron | 6.9–7.3 | 3.5–5.8 | 2.2–3.2 | 25–42 |
| Constantan | 8.8 | 5.24 | 2.64 | 46 |
| Copper | 8.9 | 4.70 | 2.26 | 42 |
| German silver | 8.4 | 4.76 | 2.16 | 40 |
| Gold | 19.3 | 3.24 | 1.20 | 63 |
| Inconel | 8.25 | 5.72 | 3 | 2.79 |
| Indium | 7.3 | 2.22 | – | 16.2 |
| Stellite | 11–15 | 6.8–7.3 | 4.0–4.7 | 77–102 |
| Iron (steel) | 7.7 | 5.90 | 3.23 | 45 |
| Steel Stainless | 7.89 | 5.79 | 3.1 | 45.7 |
| Lead | 11.4 | 2.16 | 0.70 | 25 |
| Magnesium | 1.7 | 5.77 | 3.05 | 10 |
| Manganin | 8.4 | 4.66 | 2.35 | 39 |
| Mercury | 13.6 | 1.45 | – | 20 |
| Monel | 8.83 | 62 | 2.7 | 1.96 |
| Nickel | 8.8 | 5.63 | 2.96 | 50 |
| Platinum | 21.4 | 3.96 | 1.67 | 85 |
| Silver | 10.5 | 3.60 | 1.59 | 38 |
| Tin | 7.3 | 3.32 | 1.67 | 24 |
| Tungsten | 19.1 | 5.46 | 2.62 | 104 |
| Zinc | 7.1 | 4.17 | 2.41 | 30 |
| **B. Nonmetals** | | | | |
| Aluminium oxide | 3.6–3.95 | 9–11 | 5.5–6. | 32–43 |
| Brick | 3.6 | 3.65 | 2.6 | 15.3 |
| Concrete | 2.6 | 3.1 | – | 8.1 |

*(continued)*

| Material | | Velocity of Sound | | |
|---|---|---|---|---|
| Material | Density g/cm$^3$ | $v_l$ (longitudinal) km/s or mm/$\mu$s | $v_t$ (transverse) km/s or mm/$\mu$s | Acoustic Impedance $Z = \rho v_l$ $10^6$ kg/m$^2$s |
| Delrin | 1.42 | 2.52 | – | 3.58 |
| Epoxy resin | 1.1–1.25 | 2.4–2.9 | 1.1 | 2.7–3.6 |
| Glass, flint | 3.6 | 4.26 | 2.56 | 15 |
| Glass, crown | 2.5 | 5.66 | 3.42 | 14 |
| Glass, pyrex | 2.24 | 5.64 | 3.3 | 12.6 |
| Human tissue | – | 1.47 | – | |
| Ice | 0.9 | 3.98 | 1.99 | 3.6 |
| Paraffin wax | 0.83 | 2.2 | – | 1.8 |
| Acrylic resin (Perspex) | 1.18 | 2.73 | 1.43 | 3.2 |
| Polyamide (nylon, perlon) | 1.1–1.2 | 2.2–2.6 | 1.1–1.2 | 2.4–3.1 |
| Polystyrene | 1.06 | 2.35 | 1.15 | 2.5 |
| Porcelain | 2.4 | 5.6–6.2 | 3.5–3.7 | 13 |
| Quartz glass (silica) | 2.6 | 5.57 | 3.52 | 14.5 |
| Rubber, soft | 0.9 | 1.48 | – | 1.4 |
| Rubber, vulcanized | 1.2 | 2.3 | – | 2.8 |
| Polytetrafluoroethylene (Teflon) | 2.2 | 1.35 | 0.55 | 3.0 |
| Scotch tape | 1.16 | 1.9 | – | 2.2 |
| Silicon rubber | 1.18 | 1.05 | – | 1.77 |
| **C. Liquids** | | | | |
| Diesel oil | 0.80 | 1.25 | – | 1.0 |
| Glycerine | 1.26 | 1.92 | – | 2.5 |
| Methylene iodide | 3.23 | 0.98 | – | 3.2 |
| Motor car oil (SAE 20 a. 30) | 0.87 | 1.74 | – | 1.5 |
| Nitrogen | 0.8 | 0.86 | – | 0.69 |
| Olive oil | – | 1.43 | – | – |
| Turpentine | 0.87 | 1.25 | – | 1.24 |
| Water (at 20°C) | 1.0 | 1.483 | – | 1.5 |

*Source*: From Ref. 50.

## 다. 탄성계수와 음속과의 관계

등방성 재료에 대한 파의 속도는 보통 측정된 공학 변수(*engineering parameters*) $\rho$, $E$, $\nu$ 등으로 나타낼 수 있다. 비파괴적으로 음속을 측정하게 되면 재료가 가지고 있는 고유한 물성값을 알 수 있다. 종파속도 $v_l$가 재료의 물성과 어떤 관계를 가지고 있는지를 알아보기 위해 식 4.35을 유도해 보기로 한다. 큰 입방체 중을 전파하는 종파를 생각한다. 스트레인을 $\varepsilon$, 응력을 $\sigma$라 한다. 그림 4.18과 같이 종파가 전파하는 방향을 1이라 하고 그것에 직교하는 2개의 방향을 2, 3이라 한다. $\sigma = E\varepsilon$, $\varepsilon = \dfrac{\sigma}{E}$ 이므로

$$\varepsilon_1 = \frac{\sigma_1}{E} - \frac{\sigma_2}{E}\nu - \frac{\sigma_3}{E}\nu \tag{4.38}$$

$$\varepsilon_2 = \frac{\sigma_2}{E} - \frac{\sigma_1}{E}\nu - \frac{\sigma_3}{E}\nu \tag{4.39}$$

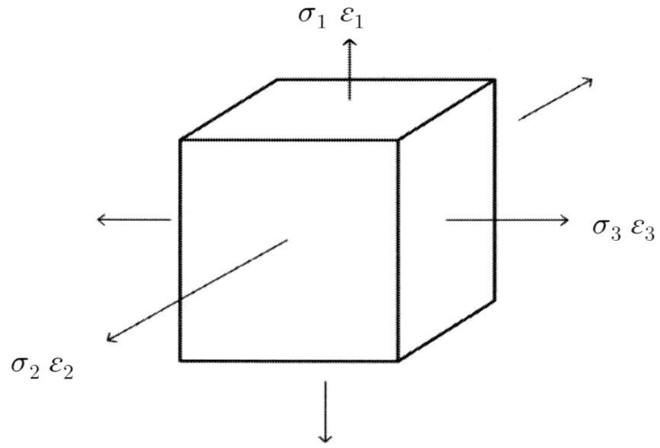


그림 4.18 응력과 스트레인

$\sigma_3 = \sigma_2$라 생각할 수 있으므로

$$\varepsilon_1 = \frac{\sigma_1}{E} - \frac{2\sigma_2}{E}\nu \tag{4.40}$$

$$\varepsilon_2 = \frac{\sigma_2}{E}(1-\nu) - \frac{\sigma_1}{E}\nu \tag{4.41}$$

종파는 시험체 중을 전파하는 경우에 횡방향으로는 작용하지 않는다고 생각할 수 있으므로 $\varepsilon_2 = 0$이라 하면

$$\sigma_2 = \sigma_1 \frac{\nu}{1-\nu} \tag{4.42}$$

$$\varepsilon_1 = \frac{\sigma_1}{E} - \frac{2\nu}{E}\sigma_1 \frac{\nu}{1-\nu} = \frac{\sigma_1}{E}\left[1 - \frac{2\nu^2}{1-\nu}\right]$$

$$= \frac{\sigma_1}{E}\left[\frac{1-\nu-2\nu^2}{1-\nu}\right] \tag{4.43}$$

다시 윗 식을 정리하면

$$\varepsilon_1 = \frac{\sigma_1}{E}\left[\frac{(1+\nu)(1-2\nu)}{1-\nu}\right] = \frac{\sigma}{E\dfrac{1-\nu}{(1+\nu)(1-2\nu)}} \tag{4.44}$$

따라서 $E\dfrac{(1-\nu)}{(1+\nu)(1-2\nu)}$는 횡방향으로 진동하지 않을 때의 영률이다. 그래서 종파 음속 $v_l$은 식 4.35와 같이 주어지게 된다.

종탄성계수 $E$, 횡탄성계수 $\mu$ 및 푸아송비 $\nu$ 사이에는 다음의 관계가 있다.

$$\mu = \frac{E}{[2(1+\nu)]} \tag{4.45}$$

이 관계를 이용하여 푸아송비 $\nu$와 음속비 $(v_l/v_t)$와의 관계를 구할 수 있다. 식 (4.35)와 식 (4.36)의 비를 취하고 식 (4.45)를 대입하고 정리하면

$$\frac{v_l}{v_t} = \sqrt{\frac{2(1-\nu)}{1-2\nu}} \tag{4.46}$$

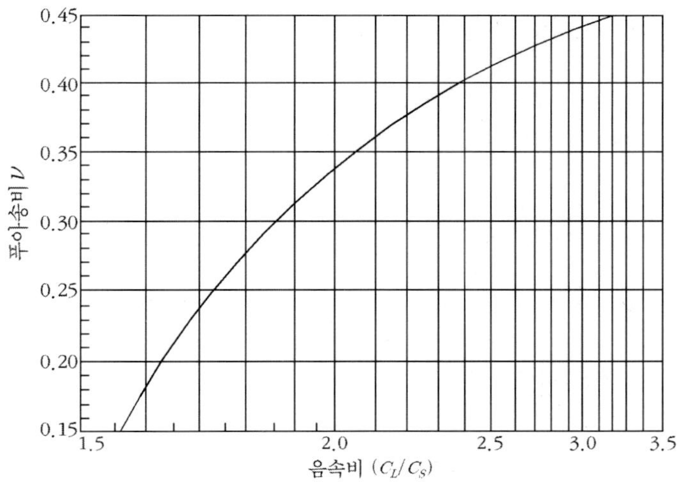


그림 4.19 푸아송비 $\nu$와 음속비 $v_l/v_t$의 관계

또 $\nu$를 음속비 $v_l/v_t$의 함수로 표시하면

$$\nu = \frac{1}{2}\left[1 - \frac{1}{(v_l/v_t)^2 - 1}\right] \tag{4.47}$$

이 식을 사용하여 푸아송비 $\nu$와 음속비 $v_l/v_t$의 관계를 계산한 결과를 그림 4.19에 나타낸다. 식 (4.35)과 식 (4.46) 및 식 (4.47)로부터 종탄성계수 $E$를 음속과 밀도 $\rho$로 나타내면

$$E=\rho v_t^2\frac{3v_l^2-4v_t^2}{v_l^2-v_t^2}=\rho v_t^2\left[3-\frac{v_t^2}{v_l^2-v_t^2}\right] \tag{4.48}$$

$v_l$과 $v_t$를 정밀한 초음파두께측정기로 측정하고 밀도 $\rho$를 별도로 측정하면, 이 식으로 종탄성계수 $E$를 구할 수 있다. 이 식에서 $\rho$ = 7,700 $kg/m^3$, $v_l$ = 5,900 $m/s$, $v_t$ = 3,230 $m/s$라 하면, $E$ = 20,600×$10^6$ $kg/ms^2$ 이다. 이것을 $kgf/\text{mm}^2$으로 환산하면

$$\begin{aligned}E&=\frac{20,600\times10^6\ kg/ms^2}{[(9.80665\times10^6\ kg/ms^2)/(1\ kgf/\text{mm}^2)]}\\&=21,067\ kgf/\text{mm}^2\fallingdotseq21,000\ kgf/\text{mm}^2\end{aligned}$$

그리고 수학적으로 응력-변형률 관계를 Lame 상수(*Lame constants*) $\lambda^*$와 $\mu$를 사용하여 표현하면 탄성 파동 방정식을 더욱 쉽게 활용할 수 있다.

$$\lambda=\frac{\nu E}{(1+\nu)(1-2\nu)} \tag{4.49}$$

$$\mu=\frac{1}{2}\frac{E}{1+\nu} \tag{4.50}$$

따라서 종파와 횡파 속도를 다음과 같이 나타낼 수 있다.

$$v_l=\sqrt{\frac{\lambda+2\mu}{\rho}} \tag{4.51}$$

$$\nu_t=\sqrt{\frac{\mu}{\rho}} \tag{4.52}$$

# 4.4 음향 임피던스와 음압

## 4.4.1 음향 임피던스

초음파가 어떤 제1매질을 통하여 제2매질로 투과되어 갈 때, 입사된 초음파 에너지의 일부는 제1매질과 제2매질의 경계에서 반사하게 되고 나머지는 제2매질로 투과된다. 이 반사되는 양을 결정하는 특성은 두 매질의 음향 임피던스에 의존하게 된다. 이다. 음향 임피던스(*acoustic impedance*)는 초음파가 물질 내를 전파해 갈 때 음향적으로 받는 저항으로 정의할 수 있고, 문자 Z로 표시한다.

어떤 매질 내에서 음향적인 움직임이 있을 경우 물리적이고 전기적, 기계적 또는 화학적인 포텐셜(*potenial*)은 구동력(*driving force*)의 역할을 하고, 저항(*resistance*) 또는 임피던스(*impedance*)는 유한한 속도를 가지고 움직이는 것을 제한하는 역할을 한다. 포텐셜(*구동력*), 입자 속도, 그리고 임피던스와의 관계는 다음과 같이 정의된다.

$$\text{임피던스}(impedence) = \frac{\text{구동포텐셜}(driving\ potential)}{\text{입자속도}(particle\ velocity)}$$

예를 들어, 전기회로의 임피던스 Z는 다음과 같이 정의된다.

$$Z = \frac{V(\text{전압포텐셜})}{I(\text{전자의 평균속도})}$$

음향파의 경우에는

$$Z = \frac{p}{v_{particle}} \tag{4.53}$$

구동 포텐셜 $p$는 매질 내 입자에 작용하는 순간적 음압(*acoustic pressure*)이고, $v_{particle}$은 입자가 순간적으로 진동하는 속도이며, Z는 매질 내 입자의 이동에 저항하려 하는 임피던스(*impedance*)를 말한다. 음압(*acoustic pressure*)의 개념을 이해하기 위해서는 입자의 움직임이 없거나 기계적 평형 상태를 이루고 있는 매질 내에 $dx$만큼 떨어진 거리를 갖는 두개의 평행한 평면 Ⅰ, Ⅱ를 고려한다.(그림 4.19 실선 참고) 평면파인 종파(압력파)가 평면 Ⅰ과 Ⅱ에 수직한 방향으로 진행하여 입사한다. 시간 $t_0$에서 평면 Ⅰ은 거리 $u$로 표시된다. 파를 발생하게 하는 압력은 $x$방향으로 계속

변하게 되고 평면 Ⅱ에서는 거리로 표현된다. 평면 1과 2의 변위 차로 인해 변형률($\varepsilon$)이 발생한다.

$$\varepsilon = \frac{\Delta l}{l_0} = \frac{\left[\left(u + \frac{\partial u}{\partial x}dx\right) - u\right]}{dx} \tag{4.54}$$

그러므로

$$\varepsilon = \frac{\partial u}{\partial x} \tag{4.55}$$

1차원 선형 탄성체에 대한 훅크의 법칙(*Hooke's law*)으로부터 변형률은 탄성계수와 응력의 관계로부터 다음과 같이 표현할 수 있다.

$$\sigma = E\varepsilon = E\frac{\partial u}{\partial x} \tag{4.56}$$

여기서 응력(단위 면적당 작용하는 힘)은 진행하는 탄성파를 움직이는 음압에 상당한다.

$$p = E\frac{\partial u}{\partial x} \tag{4.57}$$

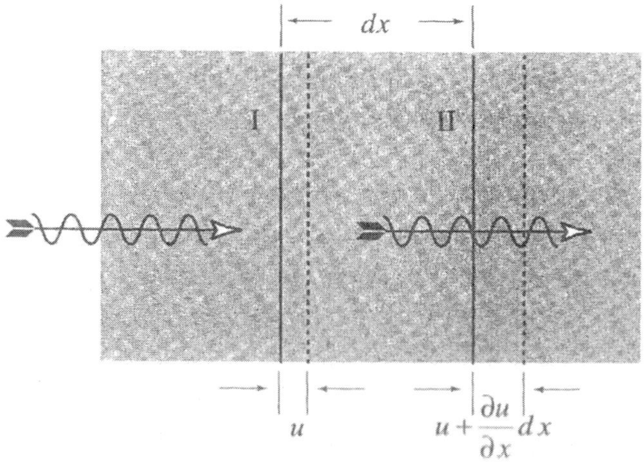


그림 4.19 균질하고, 등방성인 매질 내에서 두 평행한 평면에서의 압력 종파

식 4.26으로부터 균질한 등방성 매질에 대한 종파의 위상 속도(*phase velocity*) $v=\sqrt{E/\rho}$ 또는 $E=\rho v^2$이다. 이를 대입하여 식을 정리하면 다음과 같다.

$$p=\rho v^2\frac{\partial u}{\partial x}\quad \text{(음압)} \tag{4.58}$$

위 식을 식 4.53에 대입하면 종파의 경우 다음과 같은 식을 얻을 수 있다.

$$Z=\frac{p}{v_{particle}}=\frac{\rho v^2\frac{\partial u}{\partial x}}{\frac{\partial u}{\partial t}}=\rho v^2\frac{\partial t}{\partial x}=\frac{\rho v^2}{v}=\rho v \tag{4.59}$$

위의 식으로 알 수 있듯이 음향 임피던스는 재료의 밀도와 탄성 특성에 의해서 결정되고 파의 모드와 주파수와는 상관이 없다. 높은 임피던스를 가지는 재료는 종종 초음파적(*ultrasonically*)으로 하드(*hard*)하다고 불리고, 낮은 임피던스를 갖는 재료는 초음파적으로 소프트(*soft*)다고 한다. 예를 들어, 밀도값이 비교 가능한 유리($\rho_{glass}=2.5g/cm^3$)와 테프론(teflon) ($\rho_{teflon}=2.2g/cm^3$)의 음향 임피던스의 차를 생각해보자. 횡파 속도들은 $v_{glass}=5.6km/s$와 $v_{teflon}=1.35km/s$이다.

따라서

$$Z_{glass}=\left(2.5\frac{g}{cm^3}\right)\left(5.66\frac{kn}{s}\right)=14.15\times10^6\frac{kg}{m^2s}$$

$$Z_{teflon}=\left(2.2\frac{g}{cm^3}\right)\left(1.35\frac{km}{s}\right)=2.97\times10^6\frac{kg}{m^2s}$$

좀 더 정확한 음향 임피던스의 일반화된 형식은 흡수와 이방성 재료의 영향들을 포함시켜야 한다. 따라서 이 때의 음향 임피던스는 복소수가 되고 다음과 같이 표현된다.

$$Z=R+iX \tag{4.60}$$

R은 실제 저항 성분이고, X는 흡수와 관련된 리엑턴스 성분(*reactive component*)으로서, $i=\sqrt{-1}$로 표현된다. 경계면에서 두 재료사이의 음향 임피던스의 차는 경계면에서 입사파에 대한 반사 및 투과량을 좌우한다.

음향 임피던스의 값은 만약 두 물질의 음향 임피던스가 완전히 똑같다면 반사되는 양은 없을 것이고, 두 물질의 음향 임피던스가 아주 많이 차이 난다면(예를 들어, 제1매질 금속에서 제2매질 공기 중으로 초음파가 진행 할 때), 실질적으로 완전한 반사가 일어나게 된다. 이러한 특성은, 어떤 검사체내에 존재하는 불연속을 검출 할 때 검사체를 이루는 제1매질과 불연속을 이루는 제2매질의 음압차에 의한 초음파 반사량을 이용하여 검사하는 펄스반사법에 의한 초음파탐상검사의 기본 원리가 된다.

### 4.4.2 음압과 음향에너지

음압(*acoustic pressure*)은 일반적으로 초음파가 물질 내를 진행할 때 물질에 반복적으로 가해지는 응력의 크기를 나타내는데 쓰이는 용어이다. 음압 $p$, 음향 임피던스 $Z$와 입자 진동의 진폭 '$a$'는 다음의 관계로 구해진다.

$$p = Z \cdot a \tag{4.61}$$

여기서, $a$는 입자 진동의 진폭을 말한다. 초음파 에너지가 다른 층(*layer*)으로 전파하는데 걸리는 시간이 매우 짧기 때문에 각 층에서 진동의 위상은 매우 짧고 작지만 인접한 층의 위상과 다르다.

진동하면서 음을 발생시키는 원형 진동자(*circular disc*)를 생각해 보자. 만약 전파되는 물질이 수많은 얇은 층으로 분할되어 있다고 생각하면 음파는 매 층이 진행해 가는 방향으로 가장 가깝게 있는 층을 밀게 될 것이다. 다음에는 그 다음 층으로 이동하고 변위가 계속되어 마지막 층에 까지 도달하고 그 과정이 계속되어 수신기에 최종 수신하게 된다. 이는 물질 내에서의 입자 자체가 아니라 음원에서 수신기까지 이동하는 진동 또는 음향에너지(*acoustic energy*)이다. 입자 자체는 보통 mm의 매우 미소한 변위 진폭을 갖는 평균 위치 정도로만 진동하게 된다.

## 4.5 계면에서의 반사와 굴절

우리의 일상적인 생활 속에서 파가 계면에서 상호작용(*interaction*)하는 현상을 흔히 볼 수 있다. 거울로 우리의 얼굴을 볼 때나, 물웅덩이 또는 창문에 부분적으로 반사되는 이미지를 보는 것, 연필을 물속에 일부분만 잠겼을 때 구부러지게 보이는 것 모두는 계면과 상호작용에 의한 빛의 파동 현상을 보여주는 좋은 예이다. 우리가 멀리 떨어져 있는 벽으로부터 되돌아오는 에코(*echo*)를 들을 수 있다든가, 옆방에서 소곤대는 얘기를 엿듣는다든가 나팔을 불어 음악을 만들 수 있는 것과 같이 음파 역시 계면에서 이와 똑 같은 상호작용을 한다.

계면에서 전파하는 초음파의 변화와 거동을 아는 것이 초음파를 이용한 재료평가의 기본 개념이다. 기공, 균열, 개재물, 코팅 등은 모재와 다른 탄성 특성을 가지고 있기 때문에 식별이 가능하다. 우리는 음향 임피던스가 다른 두 재료로 기공이나 균열 등을 포함하고 있는 모재를 생각할 수 있다. 파가 계면을 만날 때는 다음과 같은 현상이 발생한다.

Ⅰ. 반사 와/또는 투과

Ⅱ. 계면을 따라 전파하는 파

Ⅲ. 전파 방향의 변화(굴절)

Ⅳ. 파형의 변화(모드 변환)

위의 현상들은 빛의 파동으로 설명할 수 있다. 대부분의 사람들은 빛이 거울에 부딪칠 때 파가 부분적으로 또는 전체적으로 반사되고 투과되는 개념을 이해한다. 또한 일부만 물속에 잠긴 물체로부터 빛의 굴절 현상을 이해하는 것은 대부분의 사람들에게 매우 친숙하다. 그러나 모드 변환(*mode conversion*)에 대한 개념은 대부분의 사람들에게는 친숙하지 않을 것이다. 모드 변환(*mode conversion*)이란 입사된 하나의 파가 하나 또는 여러 개의 파로 변환되는 것을 의미한다.

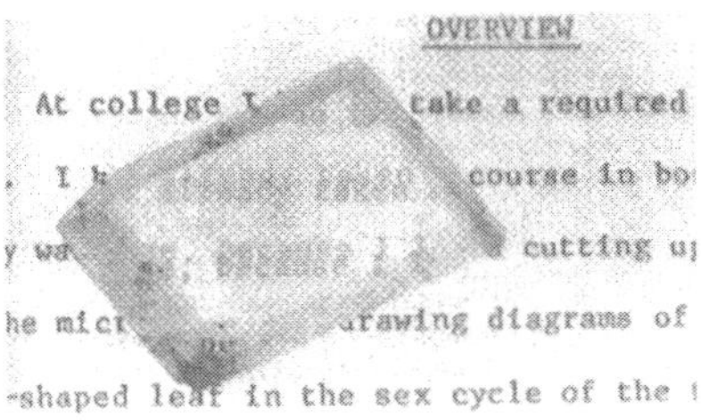


그림 4.20 공기/수정의 경계면에서의 입사파의 모드 변환(복굴절)

그림 4.20은 공기와 수정사이의 경계에서 나타나는 빛의 파동 현상을 보여주고 있다. 공기 중을 전파하는 빛은 공기와/수정 사이의 경계면에서 2개의 파로 굴절하게 되고 이 결과로 인해 2개의 이미지가 나타나게 된다. 이는 2개의 파가 서로 다른 각도를 가지고 굴절하기 때문에 서로 다른 속도를 가지고 전파하며 이는 서로 다른 모드로 볼 수 있다. 굴절된 파가 서로 다른 두 개의 파로 변화되는 것을 복굴절(*birefringence*)이라 한다. 음향에서는 복굴절(*birefringence*)과 세 개의 모드가 생기는(*trirefringence*) 현상은 잘 알려져 있다.

구체적으로 어떻게 파동이 계면에서 상호작용 하면서 변하는지 예측하는 것은 전형적인 경계 값 문제이다: 경계 조건(계면에서 물리적 인자들은 반드시 연속성을 가져야 함)은 파의 진행을 지배하는 파동방정식을 적용하여 증명되어진다. 초음파가 전파할 때의 경계 조건들은 다음과 같다.

Ⅰ. 입자속도의 연속성(*continuity*)

Ⅱ. 음압의 연속성

Ⅲ. 파의 위상의 연속성(스넬의 법칙, *Snell's law*)

양쪽 계면에서의 입자 속도는 동일해야 한다; 그렇지 않다면 두 재료는 접촉하고 있지 않다고 봐야 할 것이다. 음압의 연속성은 응력의 연속성과 직접 관련이 있는 결과로 본다. 경계 조건 1과 2는 상호 의존적이다. 하나의 조건이 다른 없이는 존재 할 수 없다. 스넬의 법칙을 만족하기 위해서는 계면의 모든 점에서 계면을 통과한 파의 위상는 입사파의 위상과 동일해야 한다. 다시 말하면, 파동 벡터 $\vec{k}$의 접선 성분은 계면에서 연속적이어야 한다.

그렇다면 경계면에서 파동의 거동을 어떻게 예측할 수 있을까? 이 현상을 더욱 확실하게 이해하기 위해서 먼저 가장 단순하게 균질한 등방성 재료에서의 수직 입사(*normal incidence*)에 대해 살펴보고 그 다음에 좀 더 복잡한 경우인 사각 입사(*oblique incidence*)에 대해 살펴보자.

### 4.5.1 수직 입사

수직 입사(*normal incidence*)에서 평면파는 그림 4.21과 같이 재료 1에서 2의 계면에 90° 로 입사한다. 경사 입사와 달리 투과되거나 반사된 파는 굴절되지 않는다. 이 파는 오직 하나의 파동으로 투과되고 반사됨을 의미한다.

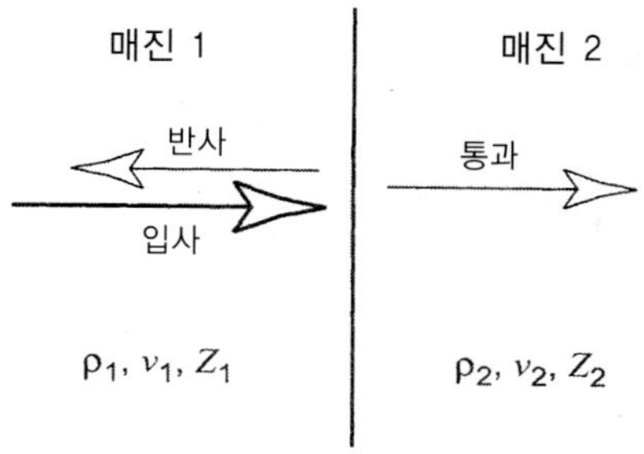


**그림 4.21** 계면에서 수직 입사파의 반사와 통과

그렇다면 입사파(*incident wave*)는 얼마 정도 반사되고 투과될까? 이 문제는 그림 4.21에 설명되어 있다. 아래첨자 1, 2는 재료 1, 2의 물성치를 각각 나타낸다. **첫 번째 경계 조건은 입자 속도의 연속성이다**; 이는 매질 1에서의 경계와 매질 2에서의 경계에서의 입자 속도의 합은 동일함을 의미한다.

$$\vec{v}_{particle_i} + \vec{v}_{particle_r} = \vec{v}_{particle_t} \tag{4.62}$$

$\vec{v}_{particle} = \vec{V}e^{j(\omega t - \vec{k}\cdot\vec{r})} = \partial\vec{u}/\partial t$, $\vec{V}$는 진폭 계수이고, 아래첨자 i, r과 t는 입사, 반사, 그리고 투과되는 파를 의미한다. 각 파의 입자속도는 $x$ 방향($\vec{k}\cdot\vec{r} = k_x x$)에 대한 위상(*phase*)의 전파로 국한된다. 따라서

$$V_i e^{j(\omega_1 t - k_1 x)} + V_r e^{j(\omega_1 t - k_1 x)} = V_t e^{j(\omega_2 t - k_2 x)} \tag{4.63}$$

음압은 $p = Pe^{j(\omega t - \vec{k}\cdot\vec{r})}$에 따라 변한다. **두 번째 경계 조건인** 음압(*stress*)의 연속성(*continuity*)을 고려하면 다음과 같이 쓸 수 있다.

$$P_i e^{j(\omega_1 t - k_1 x)} + P_r e^{j(\omega_1 t - k_1 x)} = P_t e^{j(\omega_2 t - k_2 x)} \tag{4.64}$$

경계를 $x = 0$로 놓고 파가 $x$ 방향으로 전파하기 때문에, $\vec{k}\cdot\vec{r} = k_x x = 0$이다. 경계면에서 주파수가 연속성을 가짐을 가정한다. $\omega_1 = \omega_2$ 경계면에서 식 4.63과 4.64는 다음과 같이 쓸 수 있다.

$$V_i + V_r = V_t \tag{4.65}$$

그리고

$$P_i + P_r = P_t \tag{4.66}$$

이제 "압력파가 얼마만큼 반사되고 투과되는지?"를 답할 수 있으며, 반사계수(*reflection coefficient*)는 다음과 같이 정의한다.

$$r = \frac{P_r}{P_i} \tag{4.67}$$

또한, 투과계수(*transmission coefficient*)은 다음과 같다.

$$t = \frac{P_t}{P_i} \tag{4.68}$$

이 식을 통해 반사되거나 투과된 파의 음압을 계산할 수 있다. 하지만 음압을 실제로 측정하는 것은 어렵기 때문에 이 식은 유용하지 못하다. 처음에 제안된 내용을 다시 생각해보면, 입사파에 대한 반사와 투과는 음향 임피던스 $Z_1$과 $Z_2$의 차이에 의해 결정된다. $Z=\rho v$에서 위상 속도와 밀도는 이미 계산되어 표로 제시되어 있다. 식 4.63으로부터 재료 1과 2에서의 음향 임피던스는 다음과 같이 표현할 수 있다.

$$Z_1 = \frac{p_i}{v_{particle_i}} = \frac{P_i}{V_i}$$

$$Z_1 = \frac{p_r}{v_{particle_r}} = \frac{P_r}{V_r}$$

그리고

$$Z_2 = \frac{p_t}{v_{particle_t}} \quad \text{or} \quad Z_2 = \frac{p_i + p_r}{v_{particle_i} + v_{particle_r}} = \frac{P_i + P_r}{V_i + V_r} \tag{4.69}$$

위의 식들로부터 반사와 투과 계수는 음압 임피던스의 항으로 다시 표현할 수 있다.

$$r = \frac{Z_2 - Z_1}{Z_2 + Z_1} \tag{4.70}$$

그리고

$$t = \frac{2Z_2}{Z_2 + Z_1} \tag{4.71}$$

이 진폭 비는 등방성이면서 균질한 매질에 수직 입사하는 음파에 대한 음향 프레넬 방정식(*acoustic Fresnel equations*)이라 한다.

서로 다른 2개의 매질로 계면이 되어 있는 경우 음의 반사 및 투과에 대해 살펴보자.

**예제** 그림 4.21에 기술된 반사와 통과 두가지의 일반적인 경우에 대해 살펴보자. 이 두 경우는 입사파가 강과 물의 계면에 90도의 입사하는 경우를 나타내고 있다. 그림 4.22(a)는 물에서 강으로, 그림 4.22(b)는 강에서 물로 입사하는 경우이다.

1. 단순화를 위해 $P_i|_{steel} = P_i|_{water} = 1$ 이라 가정하면, 표 4.1로부터 물과 강의 음향 임피던스는 $Z_{H_2O} = 1.5 \times 10^6 Ns/m^3$이고, $Z_{steel} = 45 \times 10^6 Ns/m^3$ 이다.

2. 식 4.62 와 4.63으로부터 반사율과 투과율을 계산할 수 있다.

   ※ 물/강 계면

$$r_{H_2O/steel} = \frac{Z_2 - Z_1}{Z_2 + Z_1} = \left(\frac{45 \times 10^6 - 1.5 \times 10^6}{45 \times 10^6 + 1.5 \times 10^6}\right) = 0.935$$

$$t_{H_2O/steel} = \frac{2Z_2}{Z_2 + Z_1} = \frac{2(45 \times 10^6)}{45 \times 10^6 + 1.5 \times 10^6} = 1.935$$

   ※ 강/물 계면

$$r_{steel/H_2O} = \frac{Z_2 - Z_1}{Z_2 + Z_1} = \left(\frac{1.5 \times 10^6 - 45 \times 10^6}{1.5 \times 10^6 + 45 \times 10^6}\right) = -0.935$$

$$t_{steel/H_2O} = \frac{2Z_2}{Z_2 + Z_1} = \frac{2(1.5 \times 10^6)}{1.5 \times 10^6 + 45 \times 10^6} = 0.0645$$

3. $P_i|_{steel} = P_i|_{water} = 1$ 고려하면, 계면에서 반사되고 투과된 음압은 다음과 같다.

   ※ 물/강 계면

$$P_{r|H_2O} = r_{H_2O/steel} P_i|_{H_2O} = (0.935)(1) = 0.935$$

$$P_t|_{steel} = t_{H_2O/steel} P_i|_{H_2O} = (1.935)(1) = 1.935$$

   ※ 강/물 계면

$$P_r|_{steel} = r_{steel/H_2O} P_i|_{steel} = (-0.935)(1) = -0.935$$

$$P_t|_{H_2O} = t_{steel/H_2O} P_i|_{steel} = (0.0645)(1) = 0.0645$$

$P_r|_{steel}$는 음수이고, $P_t|_{steel}$는 원래의 입사파의 음압보다 크다. 이 결과는 에너지보존법칙에 어긋나지 않는다. 이러한 결과들을 이해하기 위해, $p_i + p_r = p_t$에서 요구되는 경계조건과 일반적 상식을 고려하면서 그림 4.22에 나타난 두 개의 그래프를 주의 깊게 살펴보자.

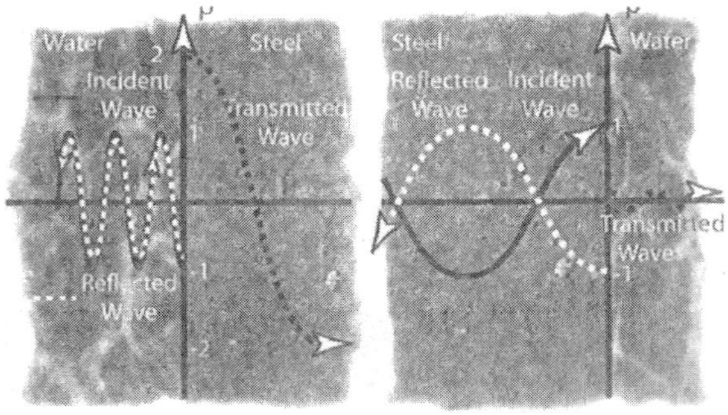


(a) (b)

그림 4.22 (a) 강과 물의 계면에서 반사되고 투과된 파의 진폭,
(b) 물과 강의 계면서 반사되고 투과된 파의 진폭

**예제** 어떤 파가 계면에 부딪친다고 생각해보자. 파의 음압이 어떻게 될 거라 예상하는가? 이해를 돕기 위해 다음의 극단적인 예를 보면 유용할 것이다.

Case Ⅰ (그림 4.22a) 종파(*longitudinal plane wave*)가 낮은 음향임피던스 $Z$를 갖는 매질에서 아주 큰 음향임피던스를 갖는 시험체로 입사하는 경우를 생각해보자. 예를 들어, 물과 강의 경우를 살펴보자. 만약 계면에서 두 재료가 같이 접촉하고 있다면 물에서 $\Delta x$만큼 이동하는데 필요한 압력과 강에서 동일한 거리만큼 이동하는데 필요한 압력을 생각해 보자. 강에서 이동하는데 요구되는 초과 음압(*excess pressure*)만큼은 반사파로 나타난다고 할 수 있다. 만약 이 내용들이 명확히 이해되지 않는다면, 계면에서 투과파, 반사파, 입사파가 모두 동시에 존재한다는 것을 생각하라.

Case Ⅱ (그림 4.22b) 종파(*longitudinal plane wave*)가 초음파적으로 매우 강한(*hard*) 매질에서 극도로 연한(*soft*) 매질로 전파한다고 가정해보자. 예를 들어 강과 물의 경우를 살펴보자. Case 1에서 두 물질은 접촉한 상태여야 한다. 제1매질인 강에 투과된 파가 제2매질인 물속으로 전파해 갈 수 있는 음압은 강에서 동등한 변위를 발생시키기 위해 요구되는 음압에 비해 매우 작기 때문에, 반사파의 음압은 입사파의 초과 음압(*excess pressure*)을 상쇄하기 위해서 180° 만큼 위상이 달라져야 한다.

투과 음압이 입사 음압보다 클 수 있다고 생각하는가? 에너지보존의 법칙 관점에서 이 문제를 살펴보자. 파가 전파하는 수직한 방향으로 단위 면적 당 전파하는 초음파에 의한 기계적 에너지의 투과를 초음파의 강도(*acoustic intensity*) 혹은 파의 에너지 강도(*energy intensity*, 단위면적과 단위시간당 에너지)라 한다. 음향 강도(acoustic intensity)는 흔히 문자 I로 표시한다. 초음파 강도 I는 음압 $p$, 음향 임피던스 Z, 입자 진동의 진폭 $a$와 다음의 관계를 갖는다.

$$I=\frac{1}{2}\upsilon\rho v_{paricle}^2=\frac{1}{2}Zv_{particle}^2=\frac{1}{2}\frac{p^2}{Z} \tag{4.72}$$

즉, $I\propto p^2/Z$ 이다. 그러므로 주어진 음향 에너지(*acoustic energy*)에서 음압은 음향적으로 높은 음향 임피던스를 갖는 매질에서 훨씬 클 수 있다.

에너지 보존적 관점에서 파의 음향강도는 다음과 같이 표현할 수 있다.

$$I_i=I_r+I_t \tag{4.73}$$

다시 말해, 반사파와 투과파의 강도의 합은 입사파의 강도와 동일하다. 반면, 에너지 강도 식과 음압 방정식의 연속성($p_i+p_r=p_t$)과는 대조를 보이고 있다.

실험적으로는, 강도의 비가 음압의 비보다 더 중요하다. 강도의 비는 반사율(*reflectance*)이라 하고 다음과 같이 정의한다.

$$R=\frac{I_r}{I_i} \tag{4.74}$$

그리고 투과율(*transmittance*)은 다음과 같이 정의한다.

$$T=\frac{I_t}{I_i} \tag{4.75}$$

결과적으로 에너지보존의 법칙에 의해 $R+T=1$ 가 된다. $I\propto p^2$, $R\propto r^2$, 그리고 $T\propto t^2$ 이기 때문에 입사파와 반사파는 같은 재료에서 진행한다고 하면 $Z_i=Z_r=Z_1$ 이며, 이 때 다음과 같이 표현된다.

$$R=r^2\frac{Z_r}{Z_i}=\left(\frac{Z_2-Z_1}{Z_2-Z_1}\right)^2 \tag{4.76}$$

$$T = t^2\frac{Z_t}{Z_i} = \frac{4Z_2Z_1}{(Z_1+Z_2)} \tag{4.77}$$

r, t, R 그리고 T에 대한 이러한 방정식은 계면에 90° 의 각도로 평면 종파가 입사한다고 가정함으로서 유도된 것임을 상기하라.

그림 4.23은 국부수침법에 의한 강판의 탐상 예이다. 이 때 탐상기의 화면상에 나타나는 표면에코 S 와 저면에코 B의 에코높이를 비교하면 다음과 같다. 표면에코 S는 수중을 전파하여온 초음파가 물과 강판과의 경계면에서 반사한 비율(반사계수 $r_{1\to2}$)에 대응한다. 한편 저면에코 B는 물과 강판과의 경계면을 투과한 초음파(투과계수 $t_{1\to2}$)가 강판의 저면 다시 말해 강판과 공기와의 경계면에서 반사(100% → 음압반사율 = 1)하고, 다시 물과 강판과의 경계면을 투과한 초음파(투과계수 $t_{2\to1}$)의 비율 (음압왕복투과계수 $T_{1\to2}$)에 대응한다.

그림 4.23와 같이 수중을 전파하여 온 초음파가 물과 강재와의 경계면에 입사하는 경우의 반사계수$r_{1\to2}$ 및 투과계수$t_{1\to2}$은 식 4.68, 식 4.69로부터

$$r_{1\to2} = \frac{Z_2 - Z_1}{Z_1 + Z_2} = \frac{(45.5\times10^6) - (1.5\times10^6)}{(1.5\times10^6) + (45.5\times10^6)} \fallingdotseq 0.94 \to 94\%$$

$$T_{1\to2} = \frac{4Z_1Z_2}{(Z_1+Z_2)^2} = 1 - r_{1\to2}^2 \fallingdotseq 0.12 \to 12\%$$

이 되고, 이것이 각각 표면에코와 저면에코의 크기에 대응한다. 여기서는 초음파의 확산에 의한 감쇠(확산감쇠)는 고려하지 않는다.

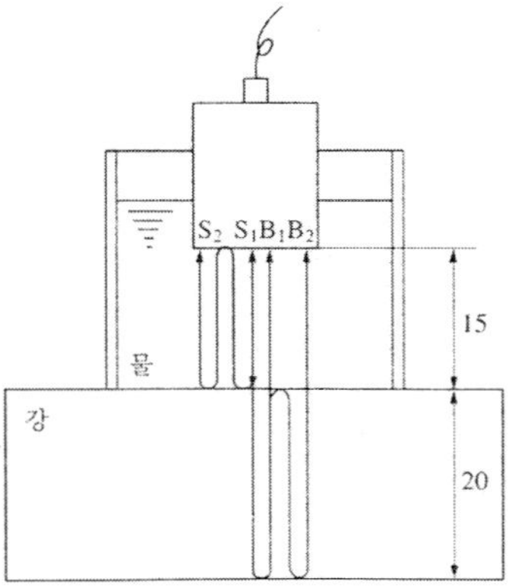


(a) 초음파의 전달방법

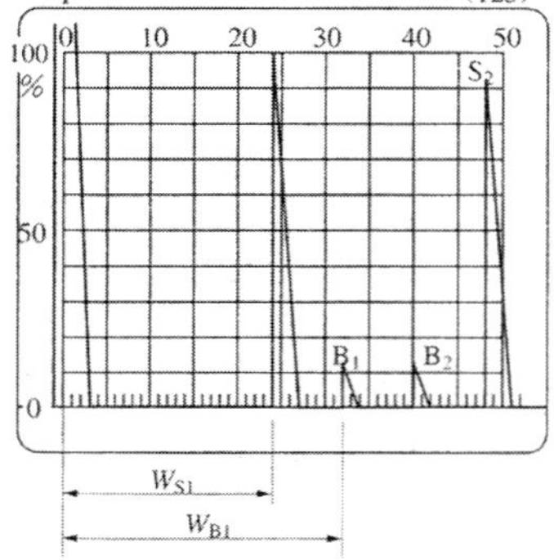


(b) 탐상도형

그림 4.23 수침탐상법에서 초음파의 전달방법과 탐상도형

초음파가 물로부터 강에 초음파가 입사하는 경우는 입사파의 음압에 대해 반사파는 93.5%, 투과파는 193.5%가 되고, 강으로부터 물에 초음파가 입사하는 경우는 입사파의 음압에 대해 반사파는 −93.5%, 투과파는 6.5%가 된다. 음압반사율의 부호가 +의 경우는 입사파에 대해 위상(phase)이 같음을 나타내며, −의 경우는 입사파에 대한 위상이 반전되는 것을 나타낸다. 물과 강의 경계면에서 입사, 반사, 투과의 경우 음압의 값과 위상의 변화를 그림 4.22에 나타내고 있다. 위상이 반전되는 것은 초음파가 초음파적으로 연한 매질에 입사할 때 반사파에서 생기는 것으로 초음파탐상에서는 위상의 변화는 그다지 중요하지 않기 때문에 일반적으로 부호를 생략한다.

그림 4.23에서 $r_{1\rightarrow2}$= 94%는 표면에코 $S_1$에 상당하며, 저면에코 $B_1$은 물로 부터 경계면을 투과한 초음파 $t_{1\rightarrow2}$가 강판의 저면에서 100% 반사하고 (음압반사율 = 1), 다시 경계면을 투과하는 $t_{2\rightarrow1}$이 된다.

화면상에 나타나는 에코높이는 초음파의 수신음압에 비례하기 때문에 저면에코높이 $h_B$와 표면에코높이 $h_S$의 비는 다음과 같이 된다.

$$\frac{h_B}{h_S} = \frac{T_{1\rightarrow2}}{r_{1\rightarrow2}} \fallingdotseq 0.13$$

제 1회째 표면에코 $S_1$의 에코높이 $h_{S1}$을 화면상에 100%가 되도록 탐상기의 감도를 조정하면 제1회째의 저면에코 $B_1$의 에코높이 $h_{B1}$은 약 13%가 된다. 이 예에서도 알 수 있듯이 초음파는 이물질의 경계면에서 잘 반사한다. 보통 초음파탐상검사의 대상이 되는 결함내부는 기체 또는 비금속개재물로 되어 있기 때문에 결함표면에서 초음파는 잘 반사하고 결함의 검출이 가능하게 된다.

### 4.5.2 경사 입사(Oblique Incidence)

경사입사는 수직 입사의 경우에서 나타나는 문제보다 더 복잡하다. 파동이 경계면에 경사로 입사할 때는 다음사항을 고려해야 한다.

Ⅰ. 반사 와/또는 투과

Ⅱ. 파의 전파 방향의 변화(굴절)

Ⅲ. 다른 형태 파동으로의 변환(모드 변환, *mode conversion*)

앞의 장에서 산란(투과 또는 반사)된 파에 반사와 투과 진폭 계수는 음향 *Fresnel* 방정식에 의해 결정된다. 하지만 경사 입사된 파(波)는 다중 굴절이 되고 다중 굴절된 파는 각각의 *Fresnel* 방정식에 따라 다중으로 산란된다. 스넬의 법칙(*Snell's law*)으로 알려진 유용한 삼각법의 관계를 통해 산란된 파의 전파방향을 설명할 수 있다. 이해를 돕기 위해 이번 장에서는 등방성의 균일한 물질에서의 순수 전단파 또는 순수 종파에 초점을 맞추어 설명하기로 한다.

스넬의 법칙에 대해 설명하기 전에, 경계면에서 발생되는 횡파(전단파)의 두가지 유형을 구별해보도록 하자. 횡파의 입자 변위가 전파 방향의 수직하다할 지라도 변위는 그림 4.24와 같이 계면에 평행(*parallel*)하거나 경사(*oblique*)일 수 있다. 만약 변위가 계면에 평행하다면(*shear horizontal, SH*), 반사파와 투과파 또한 SH파이다; 이때 모드 변환(*mode conversion*)은 발생하지 않는다. 만약 변위가 계면에 경사(*shear vertical, SV*)이면 계면에 수직하게 작용하는 어떤 변위 성분은 종파 모드를 발생시킬 수 있다. 스넬의 법칙은 SV파와 SH파를 구분하지 않는다(두 파동 모두 같은 속도로 진행한다).

결과적으로, 스넬의 법칙을 이용하면 입사하는 SH파의 반사 또는 투과되는 종파의 방향을 예측할 수 있다. 하지만, 프레넬 방정식으로 계산된 종파의 진폭은 0으로 나타날 것이다. 요약하면, SH파의 반사파와 투과파는 오직 SH모드로만 산란되는 반면에, SV파의 경우 SH파가 아닌 SV모드와 종파모드로 산란된다.

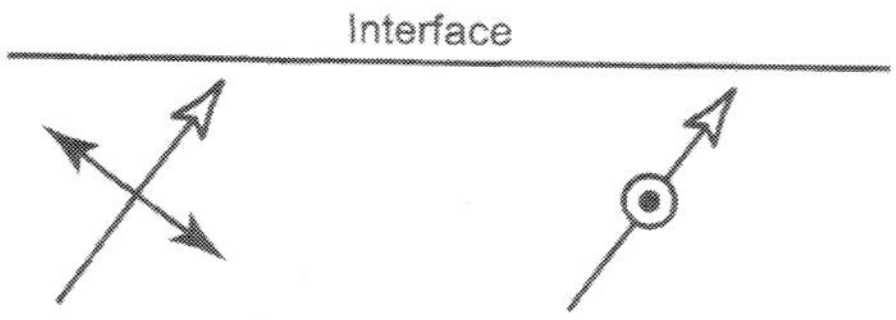


그림 4.24 계면과 관련된 전단파의 입자 변위 (a) 수직 전단(SV), (b) 수평 전단(SH)

## 가. 스넬의 법칙

스넬의 법칙(*Snell's law or continuity-of-phase law*)은 투과되고 반사된 파의 전파 방향을 결정하는데 사용된다. 부분적으로, 스넬의 법칙의 유용성은 단순한 적용성에 있다. 스넬의 법칙은 다음과 같이 주어진다.

$$\frac{\sin\theta_i}{v_i} = \frac{\sin\theta_{rs}}{v_{rs}} = \frac{\sin\theta_{rl}}{v_{rl}} = \frac{\sin\theta_{ts}}{v_{ts}} = \frac{\sin\theta_{tl}}{v_{tl}}$$

또는

$$\frac{k_i}{\omega}sin\theta_i = \frac{k_{rs}}{\omega}sin_{rs} = \frac{k_{rl}}{\omega}sin_{rl} = \frac{k_{ts}}{\omega}sin_{ts} = \frac{k_{rl}}{\omega}sin_{tl} \tag{4.78}$$

위의 식에서 $v = \omega/k$이고 $s$와 $l$은 횡파와 종파 모드를 나타낸다; $v_{rs}$는 반사 횡파의 속도를 나타낸다. 아래첨자 $i$로 표현되는 입사파는 횡파 또는 종파 모드 모두에서 존재하는 것을 주목하라. 식 4.78은 모드 변환에 의해 다중 반사와 투과가 가능함을 나타낸다. 또한 초음파의 입사각 $\theta$는 표면에 법선으로부터의 각을 의미한다. 그러므로 수직 입사파에 대해 $\theta = 0°$ 이다.

**예제** 종파가 플라스틱에서 인코넬의 반무한 영역으로 30° 각도로 입사한다고 가정하자. 플라스틱에서 속도는 2.7 km/s(종파)와 1.1 km/ms(횡파)이다. 인코넬의 경우 5.7 km/ms(종파)와 3.0 km/s(횡파) 이다. 파의 네 가지 유형은 다음의 상호 작용으로 부터 발생한다: 횡파, 굴절 종파, 굴절 횡파, 굴절 종파. 스넬의 법칙에 따르면:

$$\theta_{rs} = \sin^{-1}\left(\frac{1.1}{2.7}sin30°\right) = 12°$$

$$\theta_{rl} = \sin^{-1}\left(\frac{2.7}{2.7}sin30°\right) = 30°$$

$$\theta_{ts} = \sin^{-1}\left(\frac{3.0}{2.7}sin30°\right) = 34°$$

$$\theta_{tl} = \sin^{-1}\left(\frac{5.7}{2.7}sin30°\right) = \sin^{-1}1.06$$

반사 종파는 입사파와 동일한 각도를 가진다는 것을 주목하라. 다시 말해 “입사각과 반사각은 같다”. - 하지만 오직 같은 모드일 때만 적용된다는 것을 명심해야 한다. 또한 인코넬로 입사하는 종파에 대한 굴절각 $\theta_{tl}$이 너무 크다는 것에 주목하라. 따라서, 이 경우 플라스틱에서 입사하는 종파의 경우는 인코넬로 오직 순수한 모드 변환된 전단파로 전파해간다.

단 주의하라 ! 스넬의 법칙은 존재하지 않는 모드에 대한 각도를 예측할 수 있다. 하지만, 프레넬 방정식에 의하면 이들 모드에 대해 진폭값은 0이 될 것이다.

## 나. 임계각

위의 예시에서, 스넬의 법칙을 통해 90° 이상으로 투과된 파의 각 $\theta_{tl}$를 계산하였다. 이 결과는 단순히 30° 로 입사하는 종파에 대해서는 특정 모드(이 경우 종파로 투과된)가 존재하지 않고, 에너지가 다른 모드로 변환되는 것을 말한다.

이러한 현상을 더 자세히 설명하기 위해 0 ~ 90° 의 입사각으로 투과하는 종파의 경우에 대해 생각해 보자. 수직 입사에서 논의 되었듯이 $\theta_{il} = 0°$ (수직입사)에서는 굴절이 없고 오직 하나의 투과파(종파 모드) 만이 존재 한다.

투과된 종파(플라스틱 웨지에서 인코넬로 투과하는)에 스넬의 법칙을 적용하면 다음과 같다.

$$\frac{\sin\theta_{tl}}{\sin\theta_{il}} = \frac{5.7\frac{km}{s}}{2.7\frac{km}{s}} = 2.1$$

이는 입사각보다 투과된 종파의 각도가 더 클 때($\theta_{tl} > \theta_{il}$) 투과된 종파가 굴절한다는 것을 의미한다. - 투과파의 각도는 입사각에 의존. 그러므로, 투과파는 입사각이 90° 가 되기 전까지 90° 까지 굴절될 것이다. 투과파의 굴절각이 90° 가 되면, 이 파는 시험체의 표면을 따라 전파한다. 따라서 제1임계각(*first critical angle*) 이상에서는 투과된 종파가 더 이상 더 전파하지 못하고 이 각도는 다음과 같다.

$$\theta_{critical} = \theta_{il} = \sin^{-1}\left((\sin 90°)\frac{2.7}{5.7}\right) = 28.3° \qquad \text{(제1임계각)}$$

예제에서, 모드 변환되어 투과된 횡파 또한 입사하는 종파의 각도와 관련하고 있다. 그러므로 횡파의 임계각은 $\theta_{critical} = 64.2°$ 이 된다. 제2임계각 이상에서는 더 이상 파가 물질내로 전파하지 않고 이 때 입사파는 내부 전반사(*totally internally reflected*)되었다고 말한다 - 모든 에너지는 반사 모드로 변환된다.

만약 매질 내에서 투과파의 속도가 입사파의 속도보다 빠르면, 임계각이 될 것이다. 유사하게, 모드 변환된 반사파의 속도가 입사파의 속도보다 빠르다면, 이 경우 또한 임계각이 된다. 표 4.3에서는 입사된 파의 모드와 파의 속도 관계에 따른 임계각의 수에 대해 나타내었다.

표 4.3 평판 계면에서 입사 횡파 또는 종파에서 가능한 임계각

| Incident Shear Wave | | Incident Longitudinal Wave | |
|---|---|---|---|
| $v_s^1 > v_l^2 > v_s^2$ | 1 critical angle | $v_l^1 > v_l^2 > v_s^2$ | No critical angles |
| $v_l^2 > v_s^1 > v_s^2$ | 2 critical angles | $v_l^2 > v_l^1 > v_s^2$ | 1 critical angle |
| $v_l^2 > v_s^2 > v_s^1$ | 3 critical angles | $v_l^2 > v_s^2 > v_l^1$ | 2 critical angles |

*Source:* BA Auld. Acoustic Fields and Waves in Solids. Vol. II. New York: John Wiley and Sons, 1973, p 7.

**예제** 유리 수조에 담긴 물과 손목시계를 이용하여 임계각을 확인할 수 있다. (방수시계인지 확인할 것!) 먼저 수조에 물을 채운다. 다이얼을 볼 수 있게 수평방향으로 잡고 시계를 물속에 담근다. 수직방향(시계 바로 위) $\theta_i = 0^\circ$ 에서 관찰하면, 시계면이 뚜렷하게 보인다. 시계를 기울여보자. 어떤 각도에서는 시계 표면은 안보이고 수조의 옆면 어느 각도에서는 보이게 된다. 임계각과 임계각 이상에서, 입사하는 빛의 파동은 시계의 크리스탈 부분이 거울처럼 작용하여 빛이 전반사 하게 된다. 만약 시계에 조그만 크라운이 있다면, 임계각에서 시계 크리스탈 부분은 완벽한 거울처럼 되어 투명하게 보일 것이다.

## 다. 프레넬 방정식

스넬의 법칙은 오직 산란된 파의 방향을 결정할 뿐 진폭은 결정하지는 않는다. 앞서 기술한 바와 같이 프레넬(*Fresnel*) 방정식은 산란된 파의 진폭을 구하는데 이용된다. 경사 입사에 대한 프레넬 방정식은 수직입사의 경우처럼, 경계값 문제의 풀이를 통해 구할 수 있다. 경사입사의 경우 프레넬 방정식은 상대적으로 복잡하여, 여기에 제시하지는 않았다. 대신, 다음의 세 가지 경우에서 선택된 재료에 대한 방정식의 그래픽적인 결과를 나타내었다. 다른 형태의 입사파와 경계에 대한 결과는 상당히 유사하기 때문에, 오직 Case I 만 자세하게 나타내었다.

### Case I : 고체/자유 경계면

초음파에서 자유 경계면(*free boundary*)은 자유 경계층 매질이 진공이거나 적어도 희박한 물질에서는 음파가 진행하기 어렵다는 것을 의미한다. 그림 4.25와 4.26은 각각 입사하는 종파와 횡파(SV)가 고체에서 공기 중으로 입사할 때 산란된 파의 결과를 나타내고 있다. 반사 계수(압력비)는 각도의 함수로 나타내었다. 입사파의 음압(2사분면)은 1로 나타내었다.

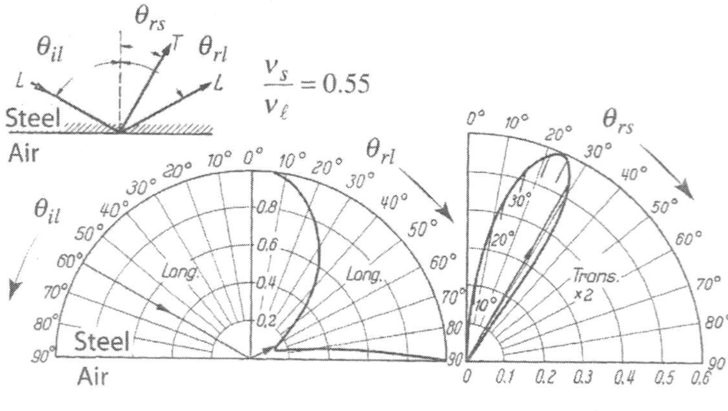

그림 4.25 강/공기 경계층에 영향을 미치는 입사 종파에 대한 *Fresnel* 계수의 그림(아래 첨자 $r, t, s$ 그리고 $l$ 은 각각 반사, 투과, 횡파, 종파를 의미한다)

인접한 사분면은 동일한 입사파에 대한 반사파의 압력 진폭을 나타내고 있다. 따라서 입사파와 동일한 각도로 반사한다. 따로 분리되어 나타낸 그림은 모드 변환되어 반사된 음파의 음압을 나타내고 있다. 각각의 그래프는 주어진 입사각에 대한 반사 진폭을 나타내고 있다. 스넬의 법칙은 입사파와 산란파 사이의 각도 관계를 결정하는데 사용된다.

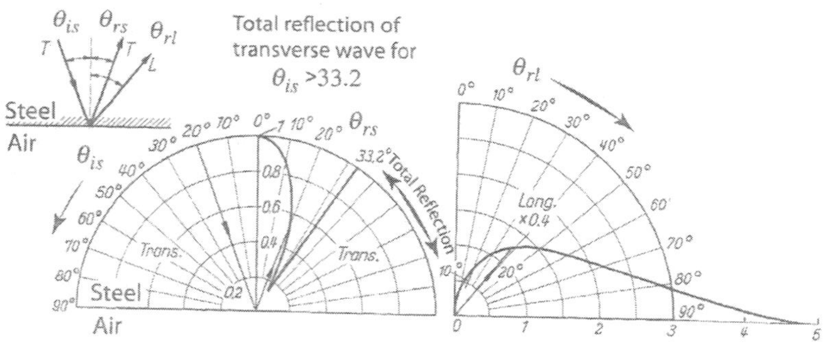

그림 4.26 강/공기 경계층에 영향을 미치는 입사 종파에 대한 *Fresnel* 계수의 그림

횡파가 입사하는 경우(그림 4.28), $\theta_{rl} \cong 50^\circ$ 와 $\theta_{rl} \cong 90^\circ$ 사이 각도에서 모드 변환되어 전파하는 종파로 인해 $\theta_{rs} \cong 25^\circ$ 와 $\theta_{rs} \cong 33^\circ$ 사이의 각도에서는 낮은 진폭을 가지는 횡파가 반사된다. 반사된 종파가 임계각에 도달하는 $\theta_{is} = 33.2^\circ$ $(\theta_{rl} = 90^\circ)$ 이상에서는 입사 횡파는 모두 횡파로만 반사를 하고 더 이상 반사 종파가 발생하지 않는다.

### Case Ⅱ: 액체/고체-고체/액체 계면

물속에서 고체(액체/고체) 로 입사하여 진행하는 파의 경우는 초음파 비파괴 평가에서 매우 중요하다. 초음파로 검사하는 시험편은 주로 물과 같은 액체에 담구어 검사를 많이 하게 된다. 이러한 액체는 초음파가 트랜스듀서에서 시험편(가진) 또는 시험편에서 트랜스듀서(수신)로 전파될 수 있도록 해준다. 액체/고체 계면에서 발생한 산란파의 결과를 그림 4.27에 나타내었다.

물의 점도가 너무 낮아서 횡파(전단파)가 발생하지 않는 것을 상기하자.

따라서 액체 내로 입사하고 반사되는 파는 모두 동일한 입사각과 반사각을 같은 종파모드 이다. 이러한 입사파와 반사파를 그림 4.27의 위쪽 두 사분면에 나타내었다. 그 아래 사분면에는 투과된 종파의 결과를 나타내었고 따로 떨어져 있는 그래프에는 투과되어 모드변환된 횡파를 나타내었다.

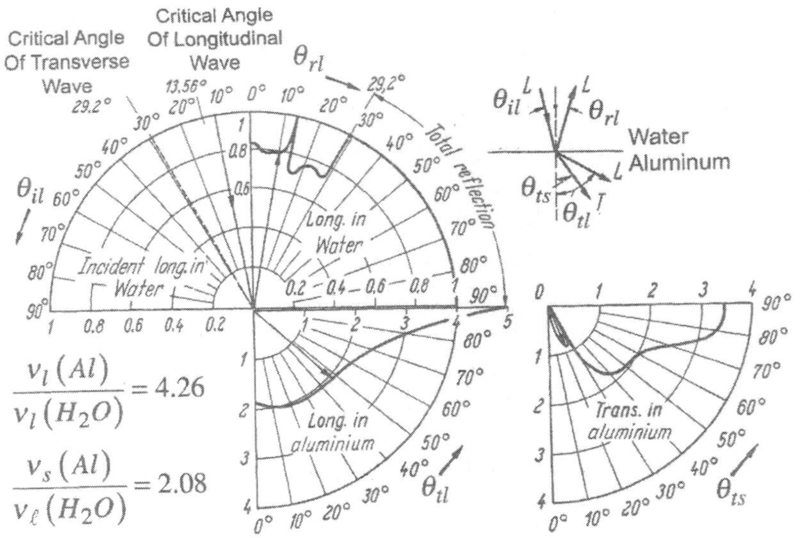


그림 4.27 물/알루미늄 경계로 입사하는 종파에 대한 프레넬 계수

물에서의 종파의 속도보다 알루미늄에서 종파와 횡파의 속도가 더 빠르기 때문에, 두 개의 임계각이 발생할 것이다. 수직입사로부터 시작해서 제1임계각은 투과된 종파가 90° 에 도달할 때 발생한다. 입사하는 종파에 해당하는 각도는 $\theta_{il} = 13.56°$ 이다. 투과된 횡파의 진행 방향이 90° 일 때, 제2임계각은 $\theta_{il} = 29.2°$ 이다. 제2임계각 이상에서는 전반사가 발생하고 이는 $\theta_{rl} = 29.2 \sim 90°$ 에서 반사된 종파의 압력 진폭으로 나타난다.

실제는, 두 임계각 사이의 각도가 수침법 초음파에서 중요하다. 이 각도에서 오직 하나의 파만이 두 번째 매질로 진행한다. 입사각이 두 임계각(현재 예시에 대해서는 13.56° $> \theta_{il} >$ 29.2°) 사이일 때 오직 하나의 파만이 두 번째 매질로 전파한다. 이렇게 단일파를 사용함으로서 해석 결과의 어려움을 감소시킬 수 있다.

지금까지 모드, 관련 굴절각 그리고 물속에서 전파하는 입사 종파로부터 고체 내에 생성될 수 있는 압력 진폭 등과 같은 "액체에서 고체"로의 경계 문제를 해석하였다. 이와 반대로, 만약 초음파가 고체 내에서 발생한다면 고체/액체 계면에서 입사파에 대한 반사와 굴절 특성은 어떻게 되겠는가? 알루미늄 내에서 물(고체/액체) 로 전파하는 종파에 대한 응답을 그림 4.28에 그래프로 나타나있고, 그림 4.29는 횡파 입사파에 대한 그림을 나타내고 있다. 음속이 빠른 매질에서 음속이 느린 매질로의 전파하는 경우 어떠한 임계각도 생성하지 않는다는 것을 상기하라.

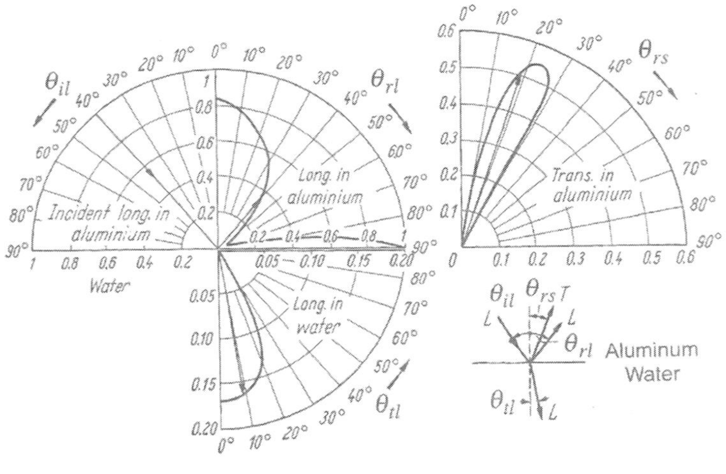


그림 4.28 알루미늄/물 경계층로 입사하는 종파에 대한 프레넬 계수

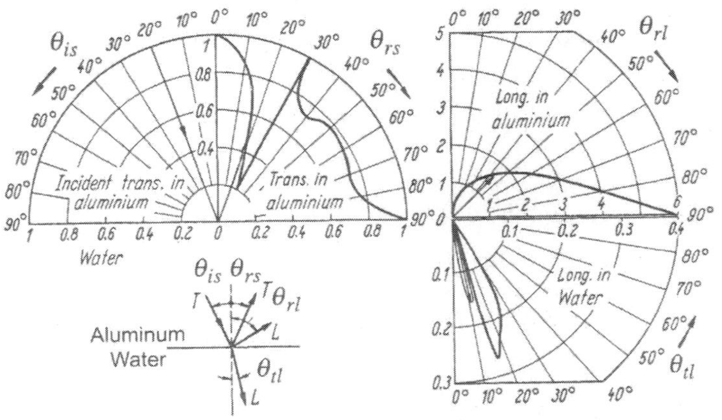


그림 4.29 알루미늄/물 경계로 입사하는 횡파에 대한 프레넬 계수

### Case Ⅲ: 고체/얇은 액체층/고체 계면

두 개의 고체 사이에 있는 얇은 액체층은 보통 검사되는 재료의 내부 혹은 외부로 초음파를 전파시키기 위한 가장 일반적인 구성이다. 시험편내부로 초음파를 입사하기 위한 일반적인 구성은 (초음파)생성하는 트랜스듀서/액체 접촉 매질/시험편 이다. 그림 4.30은 아크릴 웻지에서 접촉매질을 지나 강으로 입사하는 초음파의반사와 투과음압을 나타내고 있다. 횡파는 대부분의 액체에서 진행하지 않기 때문에, 웻지에서의 입사파는 종파모드이다. 오직 두 임계각 사이의 입사각만을 설명한다.

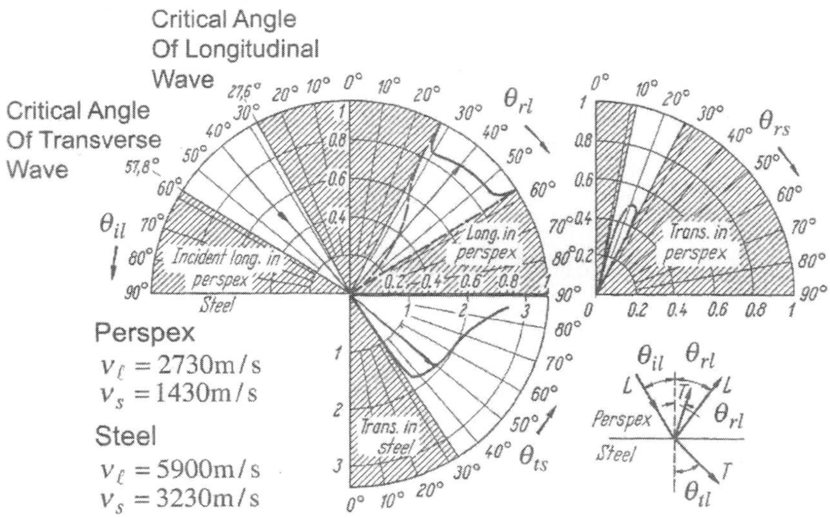


그림 4.30 액체층의 두께가 파장 보다 얇은 아크릴 수지/액체/강으로 입사하는 종파에 대한 프레넬 계수

## 라. 에코의 전파

일반적인 초음파 비파괴평가의 적용에서, 트랜스듀서로부터 나온 에너지는 시험편으로 전달되고, 그 에너지는 다시 시험편에서 트랜스듀서로 되돌아간다. – 이것을 에코(*echo*)라 한다. 이 과정에서 초음파 경로내의 경계면에서 얼마나 시험체내로 전파하는지 그리고 어느 정도의 파가 트랜스듀서로 되돌아오는지를 결정하기 위해서 프레넬 방정식을 적절하게 적용한다.

Lutsch와 Kuhn는 재료 내에서 에코는 단일 진폭 입사파 그리고 면상 반사원이라고 가정하였다. 그림 4.31은 물/알루미늄 경계면에서 수신된 에너지(에코)를 나타내고 있다. 종파는 물속에서 생성되고 수신된다. 그림 4.31a는 알루미늄에서 전파하는 종파의 응답을 나타내며, 그림 4.31b는 알루미늄에서 전파하는 모드 변환된 횡파에 대한 에코 응답을 나타낸다. 종파의 임계각 $0^\circ < \theta_{il} < 13.56^\circ$ 까지 에서는, 종파가 입사파의 30% 정도까지의 에너지를 가진다.(그림 4.30a). 두 임계각 사이의 각도 $13.56^\circ < \theta_{il} < 29.2^\circ$ 에서는 대략 입사파의 50%까지 도달한다(그림 4.31b).

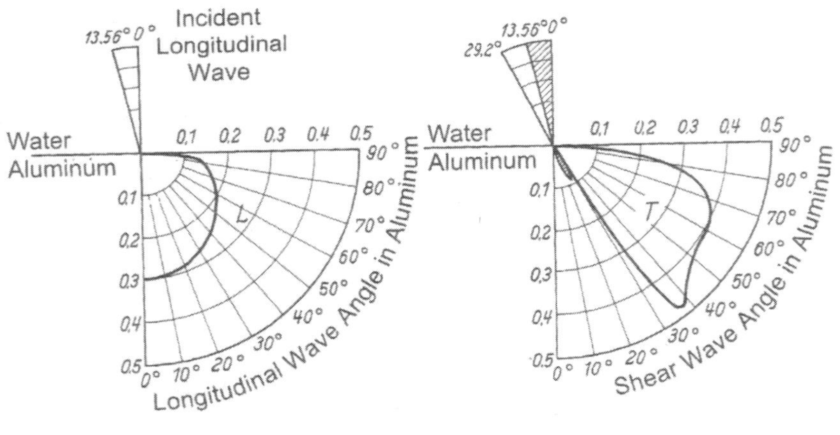


(a) (b)

그림 3.31 물, 알루미늄 경계면에서의 에코 : 투과된 (a) 종파와 (b) 모드 변환된 횡파.

## 4.6 초음파의 발생과 수신

기계적인 신호(초음파펄스)와 전기신호로 상호 변환하는 방법에는 여러 방법이 있고 전자력(電磁力)을 이용하는 방법, 압전소자를 이용하는 방법이 실용화되고 있다. 압전소자는 압전현상, 역압전현상을 일으키는 물질이다. 압전효과란 그림 4.31과 같이 어떤 종류의 물질에 힘이 가해지면 힘의 크기에 비례한 전압이 생기는 현상을 말한다. 역압전현상은 그 반대의 현상 다시 말해 전압을 가하면 가해진 전압에 비례한 변형이 생기는 현상이다. 이들 현상을 압전 효과(*piezoelectric effect*)라 부른다.

한 형태의 에너지를 다른 형태의 에너지로 바꾸는 장치를 변환기 또는 진동자(*transducer*)라 한다. 초음파 진동자는 압전 효과(*piezoelectric effect*)라 알려져 있는 현상을 이용하여 전기 에너지를 초음파 에너지로 그리고 다시 그 반대로 변환하는 기능을 가지고 있다. 이와 같은 성질을 가지고 있는 물질을 압전 재료(*piezoelectric material*)라 한다.

압전 효과는 1880년에 퀴리(*Curie*) 형제가 처음으로 발견하였으며, 그림 4.32a와 같이 압전 재료에 압력이 가해져서 기계적인 수축과 팽창이 일어나게 되면 전압이 발생하는 현상을 말한다. 역압전 효과(*inverse piezoelectric effect*)는 1881년 *Lippman*에 의해 맨 처음 예측되고 그 후 같은 해에 퀴리 형제에 의해 실험적으로 검증된 현상으로 그림 4.32b와 같이 압전 재료에 전압이 걸릴 때 마다 기계적인 변형 즉 진동이 발생한다는 것을 말한다. 압전 효과(*piezoelectric effect*)는 결함 검출에, 역압전 효과는 초음파의 발생 시에 이용된다.

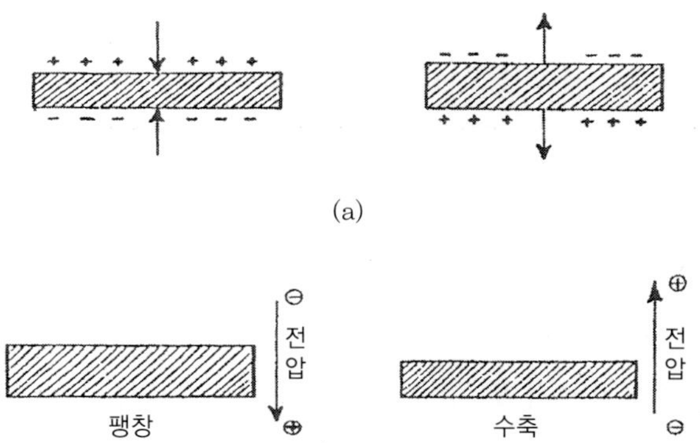


(a) (b)

그림 4.32 (a) 압전 효과 및 (b) 역압전 효과

판형의 압전소자 양면에 전극이 붙어있는 것을 진동자라 부른다. 진동자의 양극에 송신부로부터 송신되어 온 펄스전압을 가하면 진동자는 그 두께에 대응한 신축의 진동(공진)을 개시한다. 이 진동은 수회 반복한 후 감쇠하여 정지한다. 진동자를 시험체에 접촉시키면 시험체의 접촉면은 진동자의 신축에 의해 파가 보내져 들어간다. 이것이 초음파의 송신이다.

표 4.4 압전소자의 종류와 특징

| 진동자 재질 | 장 .점 | 단 점 | 용도 |
|---|---|---|---|
| 수정<br>(Quartz) | ① 전기, 화학, 기계, 열적 안정성이 우수함<br>② 수명성 길고 내 마모성이 우수함<br>③ 불용성, Currie Point가 높아 고온에서의 용이함<br>④ 변환효율이 낮다<br>⑤ X-cut 및 Y-cut의 2종류 | ① 음파의 송신 효율이 가장 나쁘다. | 기준<br>탐촉자 |
| 황산리튬<br>(Lithum Sulfate) | ① 수신효율은 가장 우수함<br>② 음향임피던스가 낮아 수침용으로 적당 (물과의 음향임피던스차가 적어져 통과율이 커진다) | ① 깨지기 쉽다.<br>② 물에 잘 놀아 물에서 사용할 때 방수처리가 필요하다. | 고감도가<br>요구되는<br>탐촉자 |
| 티탄산바륨<br>(Barium Titanate $BaTiO_3$) | ① 가장 좋은 송신효율로 고감도가 요구될 때 많이 사용<br>② 불용성, 화학적으로 안정, 좋은 송신효율 | ① 내마모성이 낮아 수명이 짧다. | |
| 니오비움산 리튬<br>(Lithium Niobate) | ① 가장 높은 큐리점(1210℃) - 고온사용에 이용 | ① 분해능이 떨어진다. | 고주파수<br>탐촉자 |
| 니오비움산납<br>(Lead ethaniobate $PbNb_2O_6$) | ① 고요의 내부댐핑이 높아 댐핑재를 부착하지 않고 고분해능형 탐촉자에 사용 | ① 깨지기 쉬워 고주파수용으로 쓸 수 없다. | 고분해능<br>탐촉자 |

진동자가 접촉해 있는 면에 종파가 전파해 오면 면이 진동하기 때문에 진동자에 힘이 가해진다. 그리고 진동자 면에는 가해진 힘에 비례한 전압이 생긴다. 이 전압이 수신신호로 수신부에 송신된다. 이것이 초음파의 수신이다.

이상과 같이 탐촉자에서 가장 중요한 역할을 담당하고 있는 진동자에는 표 4.4와 같은 여러 종류의 압전소자가 목적에 따라 선택 적용되고 있다.

표 4.5 탐촉자의 종류(KS B 0535)

| 구 분 | 용 도 | 형 식 | |
|---|---|---|---|
| 수직용 | 직접접촉용 | 표준<br>(1진동자) | 보호막 부착<br>보호막 없음<br>지연재 부착 |
| | | 2진동자<br>(분할형) | 지연재 부착<br>지연재 없음 |
| | 국부수침용 | 막부착<br>막없음 | |
| | 수침용 | — | |
| | 그 외 | 타이머 탐촉자<br>집속탐촉자 | |
| 사각용 | 직접접촉용 | 고정각<br>가변각<br>2진동자 분한 | |
| | 국부수침용 | — | |
| | 그 외 | 타이어탐촉자<br>집속탐촉자 | 고정각<br>가변각 |

압전 특성을 갖는 많은 재질 중에서 비파괴검사를 목적으로 사용되는 것으로는 지르콘티탄산 납(PZT, *lead zirconate titanate*), 티탄산 바륨($BaTiO_3$, *barium titanate*), 니오비옴산 납($PbNb_2O_6$, *lead metaniobate*), 황산 리튬($LiSO_4$, $H_2O$, *Lithium sulfate*) 등이 사용된다. 수정은 가장 오래된 압전 재질로써 투명하고 단단하다. 화학적으로도 단지 몇 가지를 제외하고는 부식에 대한 안정성을 갖는다. 수정은 또한 기계적, 전기적으로 안정하며, 불용성이며 큐리점(*Curie point*)이 높기(약 576℃) 때문에 고온에서 사용이 용이하다. 수정을 이용할 때의 단점은 불필요한 진동 양식을 발생하기가 쉬우므로 모드변환(*mode conversion*)가 일어나기 쉽다. 또한 일반적인 결정체 중에서 가장 음향에너지 송신 효율이 나쁘다.

표 4.6 탐촉자의 표시방법(KS B 0535)

| 표시 순위 | 내 용 | 종 별 · 기 호 |
|---|---|---|
| 1 | 주파수대역폭 | 보통 : N(※1), 광대역 : B(※2) |
| 2 | 공칭주파수 | 수치는 그대로(단위 : MHz) |
| 3 | 진동자재료 | 수정 : Q, 지르콘 · 티탄산납계자기 : Z<br>압전자기일반 : C, 압전소자일반 : M |
| 4 | 진동자의 공칭치수 | 원형 : 지름(단위 : mm)<br>각형 : 높이×폭(단위 : mm)<br>2진동자는 각각의 진동자치수이다. |
| 5 | 형 식 | 수직 : N, 사각: A, 종파사각 : LA, 표면파 : S<br>가변각 : VA, 수침(국부수침포함) : I, 타이어 : W<br>2진동자 : D를 더함 , 두께측정용 : T를 더함 |
| 6 | 굴 절 각 | 저탄소강중에서의 굴절각을 나타내고, 단위는 [°]<br>알루미늄용은 굴절각 뒤에 AL을 붙임. |
| 7 | 공칭집속범위 | 집속형이 경우에는 F를 붙이고, 범위는 mm단위 |

㈜ (※ 1) N은 생략가능.
(※ 2) 고분해능탐촉자를 의미
표시 예 (예 1) 5 Q 20 N:
보통 주파수대역을 가지고, 5 MHz, 수정진동자의 지름 20 mm의 직접접촉용 수직탐촉자
(예 2) B 5 Z 14 I F15-25
광대역주파수폭을 가지고, 5 MHz, 지르콘·티탄산납계자기의 지름이 14 mm, 집속범위가 15 ~ 25 mm의 집속수침용수직탐촉자

황산 리튬의 송신 효율은 티탄산 바륨과 수정의 중간이지만 수신 효율은 가장 좋다. 전기적 임피던스가 수정과 같기 때문에 수정용으로 설계된 장치에 그대로 사용이 가능하다. 또한 음향임피던스가 낮아 수침탐촉자용으로 적당하다. 그러나 황산 리튬은 물에 쉽게 녹기 때문에 물에서 사용할 때에는 방수가 잘 되지 않으면 안된다. 수정이나 티탄산 바륨에 비해 아주 좁은 펄스를 낼 수 있어 좋은 분해능을 낼 수 있다. 다른 압전체에 비해 기계적 저항성이 낮으며 130℃에서 결정수가 이탈되기 때문에 고온에서의 사용은 불가능하다.

니오비옴산 납은 다른 압전 자기에 비해 특별한 장점을 가지고 있다. 짧은 펄스를 만들기 위해 결정(진동자)의 뒤쪽에 댐핑재를 부착하는 것이 일반적이다. 이 경우 결정을 댐핑할 뿐만 아니라 결정 뒤쪽으로의 방사된 파를 흡수해야 한다. 그러나 높은 음향임피던스를 갖는 결정의 경우에는 요구되는 특성이 서로 상충되기 때문에 실제로는 간단한 것이 아니다. 그러나 니오비옴산 납은 고유의 내부 댐핑이 높기 때문에

추가의 댐핑재를 붙이지 않고 사용이 가능하고 이는 또한 감도에도 좋은 영향을 주게 된다.

초음파탐상을 할 때, 가장 중요한 인자 중 하나는 탐촉자의 선정이다. 탐촉자에는 여러 형식의 탐촉자가 시판되고 있고 그 목적에 따라서 적절한 형식의 탐촉자를 사용한다. 표 4.5는 탐촉자의 종류, 표 4.6은 KS B 0535에 따른 탐촉자의 표시방법을 나타낸다.

## 4.7 초음파 빔의 음장 특성

### 4.7.1 원형진동자의 중심축상의 음압

탐촉자의 진동자에 전압이 가해지면 진동자는 진동한다. 이 때 진동자에 접해 있는 매질도 진동하고 초음파가 되어 매질속에 빔으로 전달되어 간다. 초음파의 전파양식은 진동자의 크기, 진동자의 진동주파수에 따라 진동자의 전파 매질 속에서 독특한 음의 크기 분포가 형성되는데 이것이 음장이다. 진동자가 만드는 음장의 한 예를 그림 4.33에 나타낸다. 흰부분은 음압이 높고, 검은 부분은 음압이 낮은 부분이다. 진동자에서 가까운 곳에서는 가는 모양으로 되고 음압의 변화가 심하고 복잡하지만 원거리에서는 음압의 변화가 비교적 단순하다는 것을 알 수 있다. 원형진동자의 음축상(중심축상)의 음압은 다음 식으로 주어진다.

$$P_x \fallingdotseq 2P_0 \sin[\frac{ka}{2}(\sqrt{(1+(\frac{x}{a})^2}-\frac{x}{a})] \tag{4.79}$$

여기서, $P_x$ : 진동자 전면 중심축상에서의 평균음압

$k = 2\pi/\lambda$

$a$ = 진동자의 반경

식 4.79에서 $x \geq a$, 즉 충분한 원거리라 가정하면 다음과 같이 표현된다.

$$\begin{aligned} P_x &= 2P_0 \sin[\frac{ka}{2}\frac{x}{a}(1+\frac{1}{2}(\frac{a}{x})^2-1)] \\ &= P_0\frac{\pi D^2}{4\ \lambda x} = P_0\frac{A}{\lambda x} \end{aligned} \tag{4.80}$$

$D$ : 진동자의 지름　　$A$ : 진동자의 단면적　　$\lambda$ : 파장

원형진동자의 중심축상의 음압은 거리 $x$가 증가함에 따라 점점 작아지는 것을 알 수 있다. $x_0$보다 가까운 범위를 근거리음장(*Fresnel zone 또는 near field*)이라 하는데, 중심축상의 음압 $P_x$의 최후의 산의 위치까지의 거리를 나타내고 있으며, 다음 식으로 주어진다.

$$x_0 = \frac{D^2}{4\lambda} = \frac{D^2 \cdot f}{4C} \tag{4.81}$$

$D$ : 원형진동자의 지름 $\lambda$ : 파장

$f$ : 주파수 $C$ : 음속

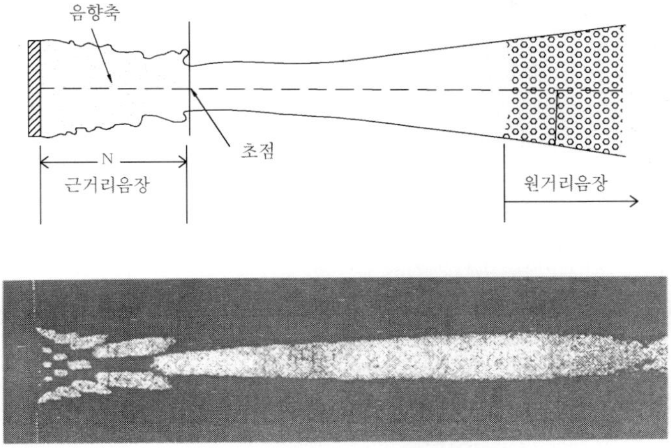


**그림 4.33** 진동자가 만드는 초음파 빔의 음장

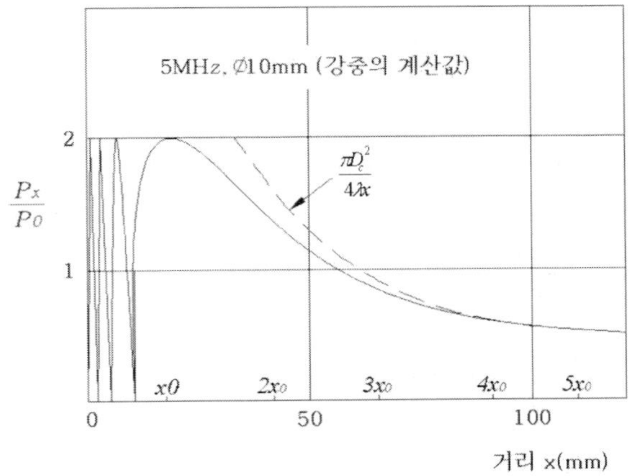


**그림 4.34** 음축상에서 음압의 거리에 의한 변화

식 4.80으로부터 근거리음장한계거리 $x_0$는 진동자 지름의 제곱에 비례하고 파장에 반비례하여 변화하는 것을 알 수 있다. $x_0$보다 먼 거리에서는 중심축상에서의 거리에 의한 음압 $P_x$는 근사적으로 식 4.80으로 나타낼 수 있으며 이 범위를 원거리음장(*Fraunhofer zone* 또는 *far field*)이라 한다. 원거리음장에서 $P_x$는 진동자의 면적 $A$에 비례하고, 거리 $x$에 반비례하고 있다. 중심축상의 음압이 거리에 반비례하여 작아지는 것은 초음파가 확산해가며 전파해가기 때문이다.

표 4.7 근거리음장한계거리 $x_0$

| 파동양식 | 종파 | | | | | |
|---|---|---|---|---|---|---|
| 주파수($MHz$) | 1 | 2 | 2.25 | | 4 | 5 |
| 진동자 지름(mm) | 30 | 20 | 18 | 28 | 20 | 20 |
| 알루미늄 | 36 | 32 | 29 | 70 | 64 | 80 |
| 강 | 38 | 34 | 31 | 75 | 68 | 85 |
| 물 | 152 | 135 | 123 | 298 | 270 | 338 |
| 기름 | 162 | 144 | 131 | 317 | 288 | 360 |

## 4.7.2 지향성

### 가. 원형진동자의 지향성

진동자는 일정방향으로 초음파를 강하게 방사하는 성질이 있다. 이것을 지향성(*beam spread, angle of directivity*)이라 한다. 충분한 원거리에서는 중심축(음축) 상에서 제일 강하고 음축으로부터 멀어질수록 급격히 약해진다. 그 정도는 진동자가 클수록, 주파수가 높을수록 현저해진다.

음축상의 음압을 1로 하고 주목하고자하는 방향의 음압을 나타내는 함수를 지향계수라 부른다. 원형진동자의 지향계수 $D_C$는 다음 식으로 표시될 수 있다.

$$D_C = \frac{2\ J_1(m)}{m} \tag{4.82}$$

$J_1(m)$ : Bessel 함수(Bessel function)

$m$ : $(ka)\sin\phi$

$k$ : $2\pi/\lambda$

$a$ : 진동자의 반지름, (진동자의 지름 $D/2$)

$\phi$ : 주목하는 방향의 음축으로 부터의 각도

$D_C$와 $m$의 관계를 식 4.82로 계산한 결과를 그림 4.35에 나타낸다. $m = 3.83$에서 $D_C = 0$이 되고, $m = 3.83$에 대응하는 각도 $\phi$를 지향각이라 부른다. 그 각도를 $\phi_0$라 하면

$$\phi_0 = \sin^{-1}\frac{3.83}{ka} = \sin^{-1}3.83\frac{\lambda}{\pi D}$$
$$= \sin^{-1}[1.22\frac{\lambda}{D}]\ (rad) \fallingdotseq 70\ \frac{\lambda}{D}(\text{degree}) \qquad (4.83)$$

이 된다.

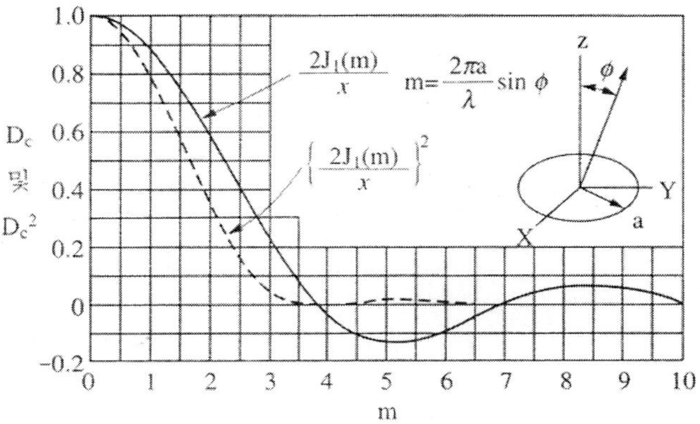


그림 4.35 원형진동자의 지향계수

그림 4.36은 원형진동자의 지향성 계산결과이다. 원형그래프의 원주방향은 진동자의 중심축방향을 0도로 할 때의 경사각 $\phi$를, 원형그래프의 반지름방향은 진동자의 중심축상의 음압을 1로 할 때의 음압비를 나타낸다. 진동자의 중심축방향의 음압이 가장 강하고, 경사각 $\phi$가 커지게 되면 음압은 점점 약해지다가 0이 된다. 이 때의 각도 $\phi_0$을 지향각(*angle of directivity*)이라고 한다. 실제로는 진동자에서 송신된 초음파 에너지는 진동자의 중심축 방향을 포함한 지향각까지의 범위에 집중된다. 지향각 $\phi_0$(도)은 식 4.83에서 알 수 있듯이 진동자의 지름에 반비례하고 파장에 비례한다는 것을 알 수 있다. 지향각이 크면 지향성은 둔하다고 하고, 지향각이 작으면 지향성은 예리하다고 한다.

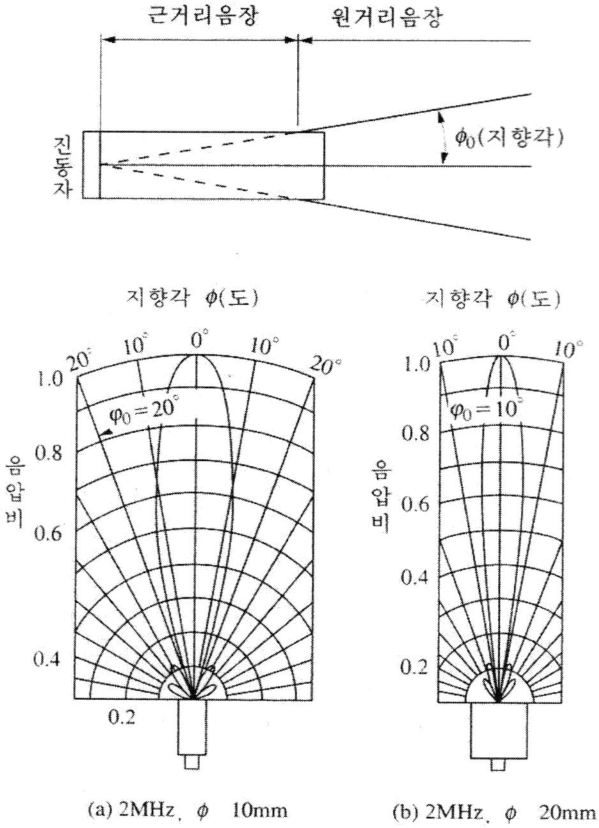


그림 4.36 원형진동자의 지향성의 계산결과

그림 4.36은 주파수가 같아도 진동자의 지름이 2배가 되어서 지향각이 절반이 되어서 지향성이 2배 예리해지는 예를 나타낸다. 같은 탐촉자를 이용하더라도 매질과 음속이 다르기 때문에 파장도 다르고, 지향각도 다르다.

표 4.8 지향각 $\phi_0$

단위: (도)

| 파동 양식 | 종파 | | | | | |
|---|---|---|---|---|---|---|
| 주파수(MHz) | 1 | 2 | 2.25 | | 4 | 5 |
| 진동자 지름(mm) | 30 | 20 | 18 | 28 | 20 | 20 |
| 알루미늄 | 14.7 | 11.0 | 10.9 | 7.0 | 5.5 | 4.4 |
| 강 | 13.8 | 10.4 | 10.2 | 6.6 | 5.2 | 4.2 |
| 아크릴 수지 | 6.3 | 4.8 | 4.8 | 3.1 | 2.4 | 2.0 |
| 물 | 3.5 | 2.6 | 2.6 | 1.7 | 1.3 | 1.1 |

## 나. 직사각형진동자의 지향성

사각탐촉자에는 직사각형의 진동자를 주로 사용한다. 직사각형진동자의 한쪽 변의 길이를 $2a$라 하고 그 $2a$의 변에 의한 지향성만을 고려하는 것으로 한다. $2a$ 변의 지향계수 $D_R$은 다음 식과 같다.

$$D_R = \frac{\sin(ka\sin\phi)}{ka\sin\phi} \tag{4.84}$$

여기서 $m = ka\sin\phi$라 하면 다음과 같다.

$$D_R = \frac{\sin(m)}{m} \tag{4.85}$$

식 4.85의 계산 결과는 그림 4.37과 같다.

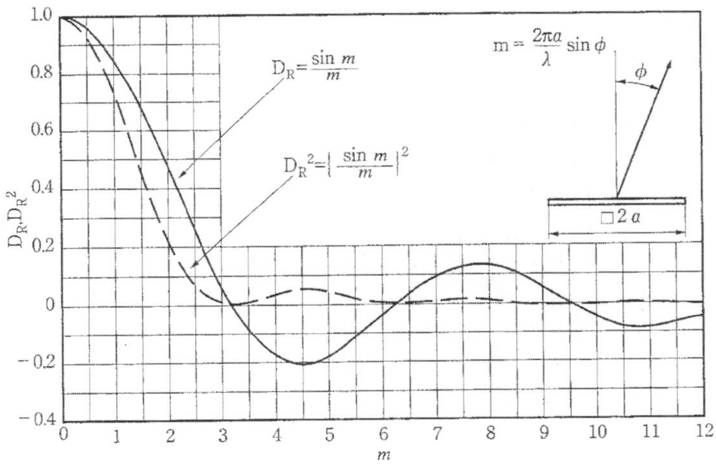


그림 4.37 직사각형진동자의 지향 계수

$m = \pi$에서 $D_R = 0$이 되고 이것에 대응하는 각도 $\phi$을 지향각 $\phi_0$이라 하면

$$\phi_0 = \sin^{-1}\frac{\pi}{ka} = \sin^{-1}\frac{\lambda}{2a} \tag{4.86}$$

$$\fallingdotseq 57\frac{\lambda}{2a}(\text{도}) \tag{4.87}$$

이 되고, 원형진동자의 경우보다 더 예리하게 된다.

### 4.7.3 점 집속탐촉자의 음장

점집속탐촉자에는 음향렌즈 식과 구면진동자 식이 있다. 음향렌즈 식은 제작은 용이하지만 음향렌즈 내의 반사파를 피할 길이 없고 초점거리가 짧을 때에 구면 수차가 있게 된다. 구면진동자 식은 음향렌즈 내의 반사나 구면 수차는 없기 때문에 이상적이다.

음향렌즈식이 가장 잘 이용되는 곳이 수침법의 경우이다. 음향렌즈에 의한 초음파의 집속은 그림 4.38과 같이 평오목렌즈에 의해 집속되고 렌즈의 곡률반지름 $r$과 초점거리 $f_{OP}$와의 관계는 진동자로부터 초음파는 평면파로 생각해도 좋기 때문에 기하광학에서와 같이 취급하고 다음 식으로 주어진다.

$$f_{OP} = \frac{r}{1 - C_2/C_1} \tag{4.88}$$

여기서 $C_1$은 음향렌즈에서의 음속, $C_2$는 물에서의 음속이다.

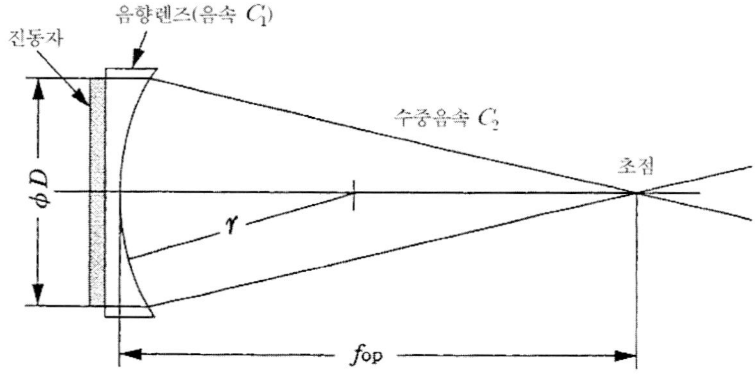


그림 4.38 음향렌즈에 의한 초음파의 집속

## 4.8 감쇠

지금까지는 초음파가 평면파라고 생각하여 초음파가 전파할 때 진폭에 대한 감쇠(에너지의 감소)가 없다고 생각하였다. 하지만, 전파하는 파의 진폭은 아래의 메커니즘들에 의해 거리에 따라 감소한다.

흡수(*Absorption*) : 열 형태로의 에너지에 대한 기본적인 손실

산란(*Scattering*) : 매질의 표면 혹은 내부의 불연속에서 파의 굴절, 반사, 회절.

빔 퍼짐(*Beam spreading*)(발산 혹은 기하학적 감쇠)
: 비평면 파면에 대한 기하학적 확산

분산(*Dispersion*) : 다른 파동 모드에 의한 속도의 차이

대부분의 초음파검사에 대한 가장 큰 문제점은 낮은 신호 대 잡음 비(*Signal-to-noise ratios*)이다. 감쇠에 대한 메커니즘(*mechanism*)을 이해하고 있는 전문가들은 초음파를 적용함에 있어 신호 대 잡음비를 최대화 할 수 있다. 또한 검출 가능한 결함의 최소 크기와 재료를 투과할 수 있는 신호의 최대치와 같은 감쇠의 한계를 결정할 수 있다.

표 4.9 주파수에 대한 함수로서의 손실 메커니즘에 대한 대략적인 척도

| 저주파수(긴 파장) | 고주파수(짧은 파장) |
|---|---|
| 큰 빔 퍼짐 손실<br>(큰 빔 확산) | 큰 산란 손실<br>($\lambda$ ≅ 혹은 〈 입자 크기) |
| 적은 산란 손실<br>($\lambda$ ≫ 입자 크기) | 적은 빔 퍼짐 손실<br>(매우 평행한 빔) |

고정된 구경과 산란하는 입자 크기를 가정하라.

표 4.9는 세 가지의 상충되는 감쇠 메커니즘(흡수, 산란, 빔 퍼짐)에 대한 주파수 의존도를 비교한다. 특정한 응용에 대해 주파수를 선택할 경우 공학 문제들에 대한 기본 요구사항의 하나인 감쇠에 대한 메커니즘도 적절히 잘 고려해야 한다.

이 장에서는 흡수, 산란, 빔 퍼짐에 대한 물리적, 수학적 특징들과 분산에 대해 간단하게 설명한다.

### 4.8.1 감쇠에 대한 물리적 특징

물리적으로, 모든 이동하는 파들은 결국 사라진다는 것을 알 수 있다. 이 진동하는 에너지는 어디로 갈까? 움직이는 물체와 마찬가지로, 운동에너지는 결국 열에너지로 변환이 되고, 따라서 지속적인 운동을 할 수 없게 된다. 진동하는 스프링에서 운동에너지와 위치에너지가 서로 번갈아 가며 생기는 것과 같이 초음파의 운동량의 전달을 만들어내는 에너지에 의해 존재하는 많은 메커니즘들이 초음파에너지를 열에너지로 변환한다. 일반적으로 이러한 에너지 변환 과정을 흡수(*absorption*)라고 부른다.

주기적으로 이동하는 파에 의해 재료의 입자들이 평형 점으로부터 이동되게 된다. 흡수는 이러한 진동하는 입자들에 힘을 가하여 감쇠 또는 제동과 같은 역할을 하게 된다. 고주파는 짧은 파장을 가지고($v = f\lambda$)있어, 파가 물체를 통과하여 전파할 때, 단위 길이 당 더 많은 변위를 야기한다. 그러므로 고주파수의 진동이 저주파수의 진동보다 더 많은 감쇠가 나타나게 된다.

실험(experiment) : 음향시스템에, 약간의 베이스를 더하여(저주파수 진동) 음악을 재생하여 보아라. 옆방에 가서 벽을 통해 들려오는 음악을 들어보자. 음악소리에 무슨 변화가 생겼는가?

산란(*scattering*)은 파도가 부두에 부딪히는 것처럼, 진행하는 파가 구조적으로 또는 물질 내 성분의 변화에 부딪칠 때에 나타나는 현상이다. 불균질(*inhomogeneity*)이란 금속이나 세라믹에서 기공, 혼입, 상변화와 같은 재료 내에서의 구조적 변화, 목재에서의 결정 구조, 그리고 복합재료에서 한 구성 물질에서 다른 물질로의 변화의 정도를 나타낸다. 파가 이러한 재료 내의 불균질 영역에 부딪치게 되면 입사각, 밀도, 탄성 특성의 변화에 의해 반사, 굴절, 모드변환이 발생할 것이다. 다양한 재료에서의 비균질성은 그 재료의 형상 또는 재료내의 간격 등에 따라 다르다. 결론적으로 파가 산란되고, 이로 인해 원래의 파의 에너지의 일부가 재료 내에서 다른 방향으로 보내지게 된다.

순수한 산란에서는, 운동에너지는 열로 변환되지 않고 원래의 파와 다른 방향으로 방향을 바꾸게 된다. 이 변환된 파는 잠재적으로 원래 빔으로부터의 신호를 차폐하는 불규칙 잡음과 같이 나타난다(그림 4.39).

산란되는 파의 에너지 량은 초음파의 파장과 산란입자의 크기에 의존한다.

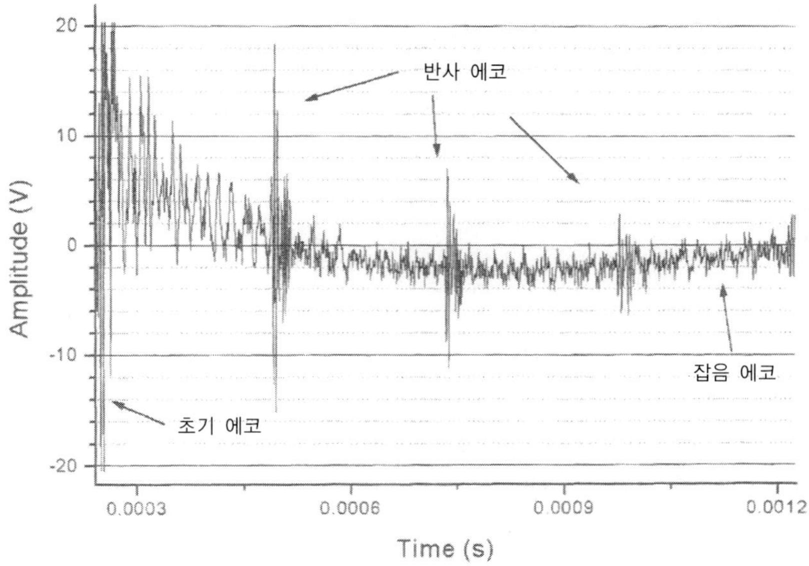


그림 4.39 거친 입자 재료에 대한 초음파 응답. 산란된 파는 다중 표면과 저면에코가 혼합된 형태의 잡음(*noise, grass*)처럼 나타난다.

고찰(consider) : 협곡의 벽(큰 입자)에서 산란된 소리가 숲(작은 입자)에서 산란된 소리와 어떻게 다른가? 공기 중에서 사람의 목소리로부터 나온 가청 주파수의 파장은 대략 0.6 – 1.5m이다.

그림 4.40은 입자크기(*particle size*)와 파장(*wavelength*)의 함수로 산란하는 파동을 세 영역으로 나타내었다. 이 그래프에서는 원래 파의 반대 방향으로 후방 산란(*backscattered*)하는 에너지만을 나타내었다 여기서 입자의 직경은 $a$, 파장은 $\lambda$ , 공간 주파수(*spatial frequency, wave number*)는 $k$이다.

**영역 3** $2\pi a \gg \lambda \ (ka \gg 1)$ :

이 영역에서는 입자가 파장보다 훨씬 더 크기 때문에, 산란된 파의 양과 변환된 파의 방향은 4.5절에서 논의된 기하학적 조건들에 의해 지배된다.

**영역 2** $2\pi a \cong \lambda \ (ka \cong 1)$ :

이 영역은 기하학적 산란과 *Rayleigh* 산란의 중간 영역이다. $\lambda$ 와 비슷한 a의 값에서, 계면파는 입자 경계의 표면을 따라 전파할 수 있다. 이 영역은 산란된 파의 진동의 크기(공진)에 의해 특정지어진다. 최대 산란 에너지는 $2\pi a = \lambda$ 일 때 발생한다.

**영역 1** $2\pi a \ll \lambda \ (ka \ll 1)$ :

이 영역에서 산란파의 진폭은 입사파의 파장과 결정 입자의 크기에 크게 의존하다. 이 영역에서 산란은 거의 전 방향으로 일어나고 이것을 Rayleigh 산란(*Rayleigh scattering*)이라고 불린다. 초음파를 이용한 입자 크기의 측정은 일반적으로 이 영역에서 수행된다.

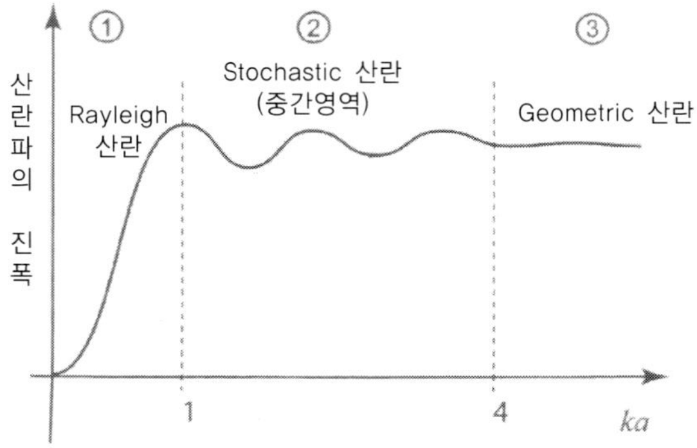


그림 4.40 입자 크기와 파장에 따른 파의 산란

흡수와 산란은 모두 감쇠를 야기하여 실제적으로 초음파검사를 수행함에 있어 한계를 가져오게 된다. 하지만 이 두 가지 메커니즘은 기본적으로 다르다(표 4.9). Krautkramer 등은 이 차이를 명확하게 구분하여 설명하였다.

순수한 흡수는 결함과 저면으로 인해 투과된 에너지와 에코를 약하게 만든다. 이 영향을 줄이기 위해, 송신부의 전압을 증가시키거나 수신부의 신호를 증폭 시킨다. 또는 낮은 주파수를 사용하여 흡수를 작게 할 수 있다. 하지만 더 어려운 것은 산란(*scattering*)이다. 펄스 에코 방식에서, 산란은 결함과 저면으로부터 에코의 높이를 감소시킬 뿐만 아니라, 실제 에코를 잃을 수도 있게 하는, 잡음(*grass*)이라 불리는 수많은 에코들을 만들어낸다. 이 산란 잡음(*grass*)은 자동차 운전자가 자신의 헤드라이트로 인해 앞이 잘 보이지 않는 안개 효과와 비교될 수 있다. 송신기의 전압을 올리거나 증폭을 시키면 동시에 잡음도 증가하기 때문에 이러한 문제점을 해결할 수 없다. 한 가지 해결 방안은 저주파수를 사용하는 것이다.

표 4.10 초음파 진폭이 감쇠되는 메커니즘: 물리적, 수학적 표현

| 진폭 감소 메커니즘 | 물리적 표현 | 수학적 표현 | 비고 |
|---|---|---|---|
| 흡수 | 에너지 보존<br>(운동에너지에서 열에너지) | $e^{-\alpha x}$ | 운동에너지는 열로 변환되고 따라서, 파를 전파하는데 이용될 수 없다. |
| 산란 | 다른 파로 에너지 변환<br>(기하학적) | $e^{-\alpha x}$ | 운동에너지는 원래의 파에서 다른 방향으로 이동하여 산란되는 파로 변환된다. |
| 빔 퍼짐 | 에너지는 다른 부분에 걸쳐 재분배되지만 단일파(*single wave*) 부분은 유지한다. | $\frac{1}{r^2}$(구면파)<br>$\frac{1}{r}$(원통파) | 돌이 물에 떨어뜨린다. 연속적으로 상승 또는 하강하는 동심원이 생기고 더 큰 원에서도 동일한 에너지가 분포한다. 결론적으로 파가 방사형으로 전파될 때 물의 변위 진폭은 약해져 간다. |

## 4.8.2 감쇠에 대한 수학적 특성

### 가. 흡수와 산란

수학적으로, 초음파의 흡수나 산란에 의한 감쇠는 지수함수적인 감소로 표현될 수 있다. 음향 평면파가 재료 안에서 전파한다고 가정하자. 감쇠(산란 혹은 흡수)는 단순히 거리 $\Delta x$에 따른 음향에너지($I - I_o$)나 압력($P - P_0$)의 감소이다. 수학적인 관계는 각각

$$I = I_0 e^{-\alpha_I \Delta x} \tag{4.89}$$

와

$$P = P_0 e^{-\alpha \Delta x} \tag{4.90}$$

이다.

$I_0$는 초기에 측정된 음향 강도, $I$는 초기 측정 점으로부터 $\Delta x$ 거리만큼 떨어진 위치에서 측정된 음향강도, $\alpha_I$는 음향 강도에 대한 감쇠계수, $P_0$는 초기에 측정된 음압의 크기, $P$는 초기의 측정 점으로부터 거리 $\Delta x$ 만큼 떨어진 위치에서 측정된 음압 크기, $\alpha$ = 음압에 대한 감쇠 계수이다. 따라서, $I \propto P^2$를 이용하면, $\alpha_I = 2\alpha$.이다. $\alpha_I$, $\alpha$는 모두 특정 기준 신호에 의존하여 사용한다.

거리 $\triangle x$에 떨어진 위치에서의 음압의 감쇠는

$$\alpha \triangle x(Np/m)(m) = -\ln e^{-\alpha \triangle x} = \ln \frac{P_0}{P}(Np) \tag{4.91}$$

이다. 여기서 $N_P$는 음압이나 전기장과 같이 가변하는 영역에서의 감쇠를 나타내는 단위인 네퍼(neper)의 약어를 나타낸다. 감쇠 $\alpha \triangle x$의 음의 부호를 없애기 위해 $P/P_0$로 사용함을 주의하라.

감쇠계수를 표현하는 또 하나의 방법은 데시벨(*dB*)로 감쇠를 측정하는 것이다. 데시벨(*10 bels*)은 에너지나 힘의 비에 대한 대수적 스케일(*logarithmic scale*)인 10을 사용하는 것을 기반으로 한다.

$$\frac{I}{I_0} = 10^{dB/10} \quad \text{or} \quad dB = 10\log \frac{P^2}{P_0^2} = 20\log \frac{P}{P_0} \tag{4.92}$$

따라서 -20dB는 강도가 원래 강도의 $10^{-2}$(0.01)배가 된다. 엔지니어들은 보통 -3dB 차이가 1/2 강도와 같다고 기억하는데, 이는 $10^{-0.3} = 1/2$로부터 나온 것이다. (계산기로 확인해 보아라.).

감쇠는 단위 미터 당 데시벨로 정의될 수 있다.

$$\alpha_{dB/m} \triangle x = 10\log_{10}\left(\frac{I_0}{I}\right) = 10\log_{10}\left(\frac{P_0^2}{P^2}\right) = 20\log_{10}\left(\frac{P_0}{P}\right) \tag{4.93}$$

식 4.90으로부터 유도된 감쇠계수 $\alpha$를 식 4.93에 정의된 $\alpha_{dB/m}$와 관련하여 고려하면 다음과 같은 식을 얻을 수 있다.

$$\begin{aligned} \alpha_{dB/m} \triangle x &= 20\log\left(\frac{P_0}{P}\right) = 20\log\left(e^{\alpha \triangle x}\right) \\ &= 20\alpha \triangle x \log(e) \\ &\cong 8.686\alpha \triangle x \\ \alpha_{dB/m} &= 8.686\alpha \end{aligned} \tag{4.94}$$

## 나. 기하학적 감쇠

모든 초음파원은 어느정도 유한하기 때문에 실제적인 평면파는 존재하지 않는다. 이런 이유로 파가 전파할 때, 파는 집속되거나 확산되고 이에 따라 파의 진폭은 기하학적으로 감쇠(*geometrically attenuate*)하거나 증폭된다. 예를 들면, 물 안으로 떨어진 조약돌은 원형으로 발산하는 파를 만들어 낸다. 파가 표면을 따라 전파할 때, 파의 변위는 진원으로부터 거리가 증가할수록 감소한다. 물의 표면에서 흡수 손실(타당할 정도의 가정)이 매우 작고 산란이 없다고 가정하면, 첫 번째 발생하는 동심원에서의 에너지는 이후에 생기는 각 동심원에서의 에너지와 동일하다. 하지만 동심원의 직경이 커질수록 에너지가 넓은 영역에 걸쳐 분포하게 되어 변위는 감소한다. 집속된 진원이나 수신기를 가지고, 정반대의 현상도 발생될 수 있다. 예를 들어 나팔형의 구형 보청기가 다가오는 파를 집속시킴으로서 변위를 증가시킨다.

### 4.8.3 분산에 의한 감쇠

많은 초음파 기법에서, 같은 진원으로부터 발생될 파에서 조차 동시에 한 가지 이상의 모드가 전파한다. 이 모드들은 각기 다른 전파 속도를 가지고 있지 때문에 파의 도달시간이 모두 다르게 된다. 따라서 총 파동의 에너지는 도달거리의 증가에 따른 전 시간에 걸쳐 에너지가 분포하게 된다. 분산(*dispersion*)이라 알려진 이 현상은 분명하게 파의 진폭을 감소시킨다. 분산은 유도초음파(*guided mode*)의 핵심적인 내용이며 레이저 초음파 기법에서도 이러한 개념이 활용된다. 여기서 초음파는 광범위한 주파수 범위를 포함한다.

## 4.9 결함에 의한 반사

### 4.9.1 원형평면결함으로부터의 에코높이

그림 4.41은 표준시험편 STB-G와 같이 탐상면에 평행한, 즉 초음파 빔에 수직한 원형평면결함(*flat bottom hole: FBH*)이 거리 $x$에 위치한다고 가정한다. 지름 $D$의 원형진동자로부터 발생한 음압 $P_0$의 초음파가 결함 위치에 도달했을 때의 초음파의 수신음압 $P_x$는 다음과 같다.

$$P_x = P_0 \frac{\pi D^2}{4\lambda x} = P_0 \frac{A}{\lambda x}(x > 1.6x_0) \tag{4.95}$$

$A$ : 원형진동자의면적

위의 관계로부터

$$P_F = P_x \frac{\pi D_F^2}{4\lambda x} = P_0 \frac{A_F}{\lambda x}(x > 1.6x_0) \tag{4.96}$$

$P_F$ : 결함으로부터 반사파가 진동자에 입사하였을 때의 음압(수신음압)

$P_x$ : 결함에서의 입사파의 음압(빔 중심축상의 거리 $x$점의 음압)

$D_F$ : 결함의 지름

$x$ : 진동자로부터 결함까지의 거리(빔 진행거리로 생각하여도 좋다)

$A_F$ : 결함의 면적

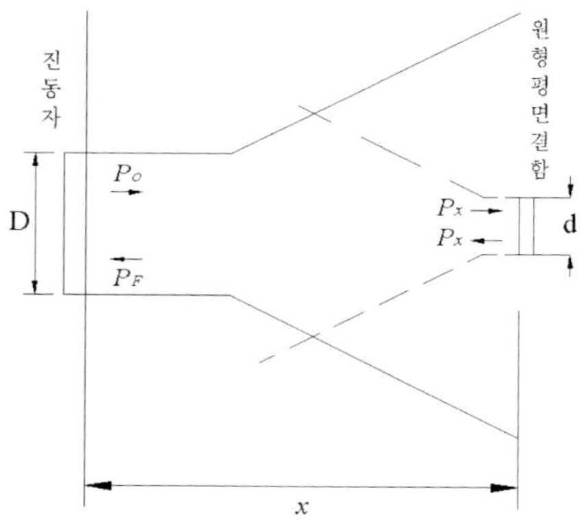


그림 4.41 원형 평면 결함에 의한 초음파의 반사

결함에코높이는 결함의 면적에 비례하고 거리의 제곱에 비례한다.

$$P_F = P_x \frac{\pi D_F^2}{4\lambda\pi} = P_0 \frac{\pi D^2}{4\lambda\pi} \times \frac{\pi D_F^2}{4\lambda x} = P_0 \frac{A \cdot A_F}{\lambda^2 \cdot x^2} \tag{4.97}$$

따라서 화면에 측정되는 에코높이 $h_F$(%)는 수신음압에 비례하기 때문에 비례상수를 $K$라 하면 다음과 같이 나타낼 수 있다.

$$h_F = K \cdot P_F = K \cdot P_0 \cdot \frac{\pi^2 D^2 D_F^2}{16\lambda^2 x^2} \tag{4.98}$$

탐상면으로부터의 깊이 $x_s$의 위치에서 지름 $D_s$의 원형평면결함을 가공한 대비시험편을 이용하여 그 에코높이 $h_s$(%)가 되도록 감도조정을 하였다고 하면 윗 식으로부터 다음 식이 성립한다.

$$h_S = K \cdot P_0 \cdot \frac{\pi^2 D^2 D_s^2}{16\lambda^2 x_s^2} \tag{4.99}$$

동일한 탐상감도로 탐상하여 빔거리 $x$의 위치에 $h_F$(%)의 결함에코가 검출되었다면 식 4.98이 성립하고, 두 식의 비를 취하면 결함의 지름 $D_F$는 다음과 같이 된다.

$$D_F = \sqrt{\frac{h_F}{h_S}} \cdot \frac{x}{x_S} \cdot D_S \tag{4.100}$$

검출된 결함에코가 빔 중심축에 수직인 원형평면결함이라고 가정하였을 때 그 지름은 식 4.100으로부터 간단히 구할 수 있다. 이것을 시험편방식에 의한 감도조정의 원리라 부른다.

## 4.9.2 저면에 의한 에코높이

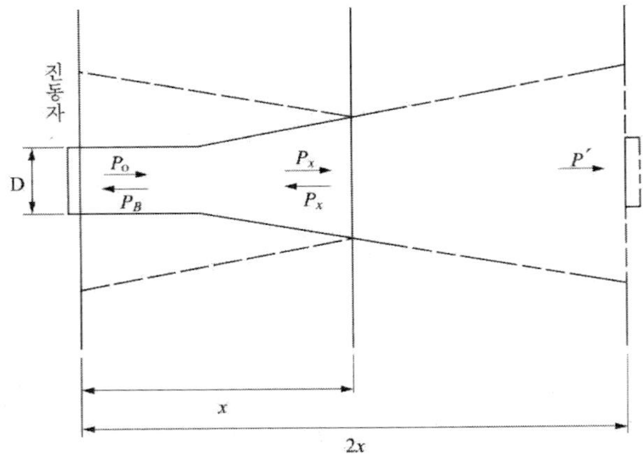


그림 4.42 큰 평면에 의한 초음파의 반사

수직탐상의 경우 탐상감도 조정에 저면에코를 이용하는 경우가 있다. 그림 4.42는 두께 $T$ 시험체의 저면에서 초음파의 반사 형태를 나타낸 것으로 진동자에서 발생한 초음파는 거리 $T$의 위치에 있는 저면에서 전반사하여 진동자에 되돌아온다. 이 때 수신된 초음파의 음압 $P_B$는 점선으로 나타낸 것과 같이 시험체 두께의 2배 즉 거리 $2T$의 위치에 있는 면에 입사할 때의 음압 $P_{2T}$와 같다고 생각할 수 있다. 따라서 $2T \gg 4x_0$에서 수신음압 $P_B$는 식 4.97의 $x$에 $2T$을 대입하여 다음과 같이 표시된다.

$$P_B = P_{2T} \fallingdotseq \frac{\pi D^2}{8\lambda T} = P_0 \cdot \frac{A}{2\lambda T} = P_0 \cdot \frac{\pi x_0}{2\pi} \tag{4.101}$$

저면에코높이는 어느 정도이상의 두꺼운 시험체에서는 두께에 반비례하게 된다. 또한, 브라운관 상에 나타나는 저면에코높이를 $h_B(\%)$로 하면 다음과 같이 표시할 수 있다.

$$h_B = K \cdot P_B \fallingdotseq K \cdot P_0 \cdot \frac{\pi D^2}{8\lambda T} \tag{4.102}$$

저면에코를 이용하여 탐상기의 감도를 조정한 후 탐상했을 때 높이 $h_B(\%)$의 결함에코가 검출되었다고 하면, 식 4.98로 표시되고 식 4.102와의 비를 구하여 결함의 지름 $D_F$에 대해 정리하면 다음과 같이 된다.

$$D_F = \sqrt{\frac{h_F}{h_B} \times \frac{2\lambda x^2}{\pi T}} \tag{4.103}$$

윗 식에서 우변의 각각의 값은 측정 또는 계산 가능하고 결함을 빔 중심축에 수직한 원형평면결함이라고 가정했을 때의 지름 $D_F$가 구해진다. 이것은 저면에코방식에 의한 감도조정의 원리라고도 불린다. 여기서 결함크기로 부터 결함크기의 추정이 가능한 것은 결함에코 높이가 동일한 거리에 있는 저면에코보다 작은 경우에 한한다. 저면에코높이와 동일하게 되는 원형평면결함의 최소지름을 $D_{cr}$이라 하면 식 4.103에서 $\frac{h_F}{h_B}$, $T = x$로 치환함으로써 다음과 같이 나타낼 수 있다.

$$D_{cr} = \sqrt{\frac{2\lambda x}{\pi}} \tag{4.104}$$

따라서 식 4.101, 식 4.103에 의해 에코높이로부터 결함크기의 추정이 가능한 것은 식 4.104에 표시된 한계치수 $D_{cr}$보다 작은 결함에 한한다. 이것을 초과하는 결함에는 에코높이가 일정하게 되고 탐촉자를 이동시켰을 때의 에코높이의 변화로부터 결함의 크기(다시 말해 결함지시길이)를 측정할 수 있다.

### 4.9.3 특수한 경로에 의한 에코

#### 가. 지연 에코

초음파 빔의 퍼짐에 비해 폭이 좁은 시험체 즉 환봉이나 사각봉 등이나 시험체 표면의 주변부에 탐촉자를 닿게 하면 초음파 빔이 측면에 닿게 되어 모드 변환을 일으켜 지연 에코(*delayed echo*)라 부르는 에코가 나타난다. 수직탐촉자를 사용하여 가늘고 긴 재료를 그 단면에서 탐상하면 그림 4.43에 나타내듯이 초음파 빔의 대부분은 직진하여 반사측의 단면(저면)에서 반사하여 탐촉자에 되돌아온다. 초음파 빔의 퍼짐에 의해 종파 초음파의 일부가 측면에 기울어져 입사하면 반사시에 다른 일부의 초음파가 모드 변환(종파→횡파)을 일으킨다.

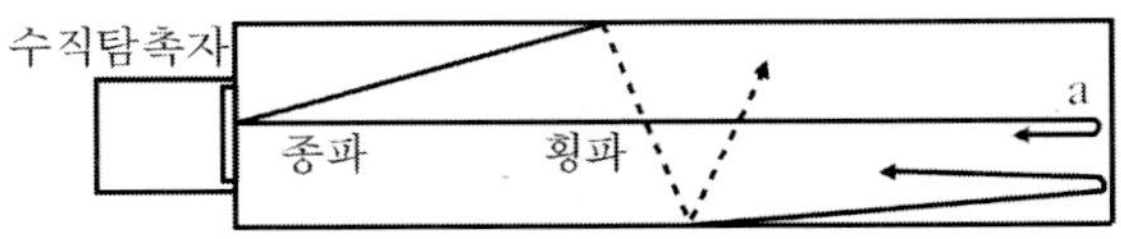


그림 4.43 지연 에코의 경로

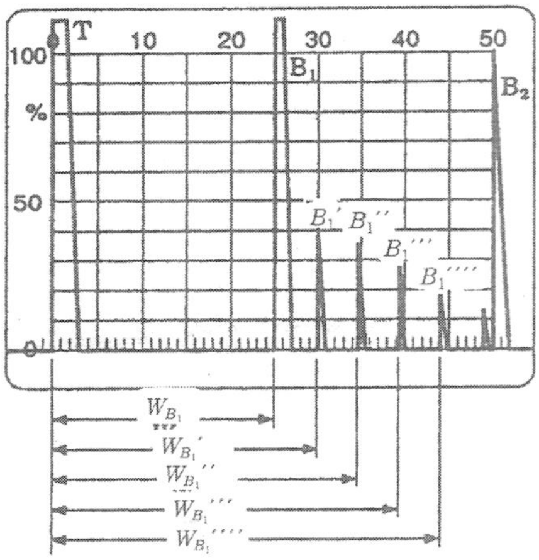

그림 4.44 탐상 도면

이 횡파의 초음파가 반대쪽 측면에 기울어져 입사하거나 또한 반사시에 횡파 초음파의 일부가 모드 변환(횡파→종파)을 일으키는 것처럼 측면에 기울어져 입사할 때마다 모드 변환을 일으키면서 탐촉자로 되돌아온다. 탐촉자에서 수신되는 초음파는 모두 화면에 에코로서 나타나지만, 직접 저면에서 반사된 초음파와 비교하여 모드 변환을 일으킨 초음파는 전파 거리가 길고, 게다가 속도가 늦은 횡파로 되어 있기 때문에 저면 에코 B보다 지연되어 수신된다. 이 에코를 지연 에코라 한다.

저면 에코와 지연 에코의 빔 진행거리의 차를 $\Delta W_n$로 하면 $\Delta W_n$은 식 4.105로 나타낼 수 있다.

$$\Delta W_n = \frac{nd}{2}\sqrt{(\frac{C_L}{C_S})^2 - 1} \tag{4.105}$$

여기에서 $d$는 시험체의 폭, $C_L$은 시험체 중의 종파 음속, $C_S$는 시험체 중의 횡파 음속, n은 시험체 중의 폭을 횡단한 회수로 저면 에코에서 세어 $n$번째에 나타나는 에코이다.

시험체가 강인 경우에는 종파 음속 5,900 $m/s$, 횡파 음속 3,230 $m/s$로 계산하면 식 4.106처럼 된다.

$$\Delta W_n = 0.76nd \tag{4.106}$$

이들은 반드시 저면 에코보다 나중에 발생하기 때문에 결함 에코로 오인하지 않는 것이 중요하다.

## 나. 원주면 에코

둥근 봉을 지름 방향으로 수직 탐상을 하면 탐촉자의 접촉 부분의 폭이 매우 좁아져, 그 결과 접촉 부분을 투과하는 초음파 빔의 폭도 좁아지며 지름이 작은 진동자를 편성한 수직탐촉자와 같아져 초음파 빔의 지향각이 커지며, 그림 4.45에 나타내듯이 저면 에코 후에 일종의 지연 에코($N_3$, $N_3'$, $N$, $N_5'$)가 나타난다. 이들 에코는 다음에 나타내는 이유에 의해 발생한다.

둥근 봉의 측면에 수직탐촉자를 닿게 하였을 때 탐촉자가 접촉하는 부분의 폭이 매우 좁아지기 때문에 초음파는 시험체의 내부에는 치수가 매우 작은 진동자를 사용한 것과 같은 전달 방식을 하여 지향각이 커진다. 크게 퍼져 내부에 전달된 초음파는 둥근 봉의 내부를 반사하면서 돌며, 그 일부가 그림 4.45에 나타내는 경로를 따라 탐촉자에 되돌아오며, 저면 에코의 뒤에 에코가 나타난다.

그림 1.45(a)는 초음파가 종파 그대로 둥근 봉에 내접하는 정삼각형의 변을 경로로 한 경우이다. 저면 에코의 빔 진행거리 $W_{B_1}$(지름 $D$와 같다.)에 대하여 이 에코 $N_3$의 빔 진행거리는 1.30$D$가 된다. (b) 그림은 탐촉자의 접촉부가 정점(頂點)에서 둥근 봉에 내접하는 이등변 삼각형의 변을 경로로 했을 때이다. 종파가 진행된 초음파가 1회째의 반사로 모드 변환하여 삼각형의 저변을 횡파로서 진행하며, 2회째의 반사에서 다시 모드 변환하여 종파로서 되돌아온 경우이다.

이 에코 $N_3'$의 빔 진행거리는 강철의 경우 1.68$D$가 된다. 또한 (c) 그림에 나타내듯이 종파가 성형(星型) 오각형에 반사하는 경우도 있다. 이들을 원주면 에코라 한다. 원주면 에코의 경우도 지연 에코와 마찬가지로 저면 에코보다 나중에 나타나므로 결함 에코로 오인하지 않도록 할 필요가 있다.

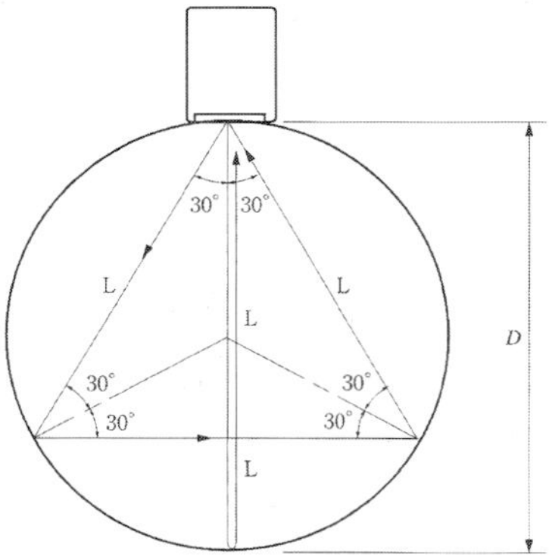


(a) 원주면 에코 $N_3$ 빔 진행거리=1.30$D$

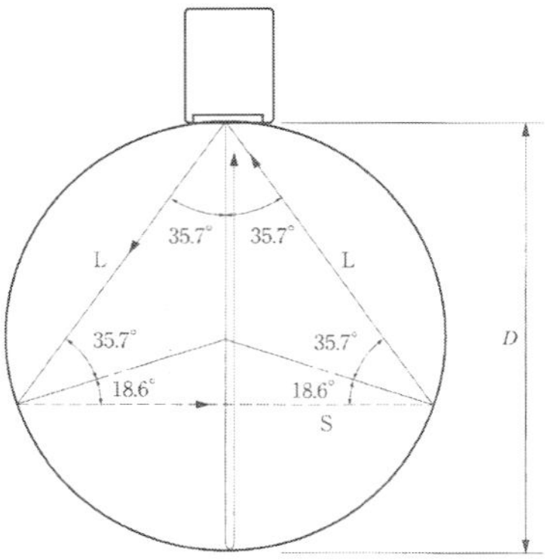


(b) 원주면 에코 $N_3$의 빔 진행거리 1.68$D$

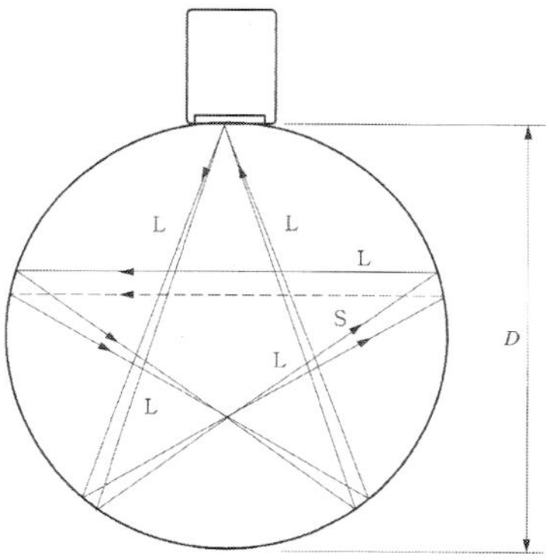


(c) 원주면 에코 $N_5$의 빔 진행거리=2.38$D$

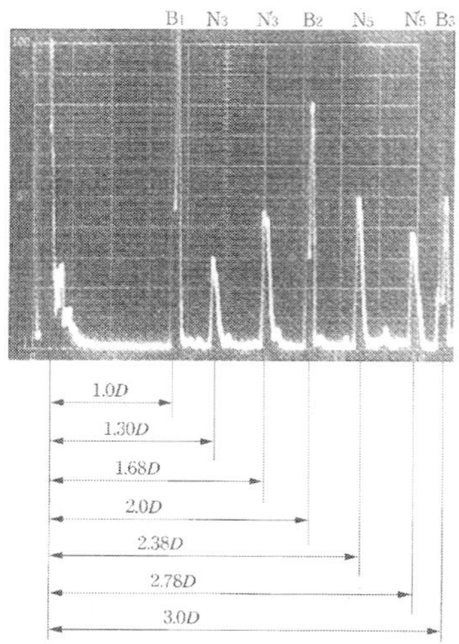


(d) 원주면 에코(강철의 경우) $N_5$의 빔 진행거리=2.78$D$

**그림 4.45** 원주면 에코(강철의 경우)

## 4.10 에코높이에 영향을 미치는 인자

초음파탐상검사에서 에코높이에 영향을 미치는 인자에는 다음과 같은 것이 있다. ① 결함의 크기, ② 결함의 형상, ③ 결함의 기울기, ④ 전달 손실(표면 거칠기), ⑤ 확산 손실(음장), ⑥ 초음파의 감쇠(산란, 점성), ⑦ 주파수 등

실제의 탐상에서는 이들 인자가 복잡하게 영향 받아 에코높이를 변동시킨다. 초음파탐상검사를 계획하는 경우에 이들 영향을 미리 파악한 후에 탐상하고자 하는 재료, 검출해야 할 결함, 그 밖의 표면의 거칠기 등에 따라 탐상 조건의 설정을 하지 않으면 안된다. 또한 탐상 결과를 해석하는 경우에도 이들 점에 대하여 감안하지 않으면 안된다. 여기에서는 전항에서 기술하지 않았던 결함의 크기, 결함의 형상, 결함의 기울기, 주파수에 대하여 기술한다.

### 4.10.1 결함의 크기

실제 시험체에서 결함 에코의 높이에 큰 영향을 미치는 것은 결함의 크기, 형상 및 그 기울기이다. 결함의 면에 대하여 초음파가 수직으로 입사되는 것이라면 결함의 면적이 큰 것이 초음파 빔을 보다 많이 반사시키기 때문에 에코높이는 높아진다. 탐상거리가 근거리 음장 한계 거리($x_0$)의 1.6배 정도까지는 거의 진동자의 치수와 같이 초음파 빔이 퍼지며 그것보다 먼 곳은 점차로 확산하여 거리 증가에 따라 초음파 빔의 강도는 약해져 간다. 이 $1.6x_0$근방까지는 결함의 크기가 진동자의 크기(사각 탐상의 경우에는 외관 진동자 사이즈) 정도까지는 결함의 면적에 비례하여 에코높이는 높아지지만, 그것 이상에서는 포화되어 최대 에코높이를 나타내어 일정해진다.

결함의 크기가 작은 경우에는 탐촉자마다 DGS 선도를 사용하여 결함의 크기를 원형 평면 결함으로 치환하여 추정할 수 있다. 또한 결함의 크기가 근거리 음장에서 진동자의 크기 이상, 혹은 원거리 음장도 빔의 퍼짐 이상의 결함이 있으면 마치 수직 탐상의 저면 에코와 마찬가지의 높은 에코높이를 얻을 수 있다.

일반적으로 에코높이는 결함의 크기의 지표로서 사용할 수 있다. 강판의 수직 탐상과 같이 결함이 평면적이고 결함의 면에 대하여 수직으로 초음파 빔이 입사되는 경우 이와 같은 현상은 현저해진다.

### 4.10.2 결함의 형상

결함의 크기와 함께 결함의 형상이 에코높이에 미치는 영향은 크다. 강판이나 단강품의 철강 제품이나 강용접부에서 초음파탐상검사로 검출을 목적으로 하는 결함에는 평면상의 균열, 비금속개재물, 블로우홀, 슬래그혼입, 융합불량 등 결함의 형상은 여러 가지가 있다. 초음파 빔이 이들 결함에 닿아 반사하는 경우 빔에 수직 방향으로 퍼져 있는 면상의 결함에서는 큰 에코높이가 얻어지며 기공과 같은 구상(球狀)의 결함에서는 작은 에코높이 밖에 얻을 수 없다.

이것은 초음파가 닿은 반사원이 초음파의 발신 원으로 생각한 경우, 원래의 진동자의 부분에 얼마만큼 강한 초음파 빔을 도달시킬 수 있을지를 생각하면 알기 쉽다.

구상(球狀)의 결함과 같이 넓은 범위에 광각도로 반사하면 진동자로 되돌아오는 초음파는 작아지며, 작은 에코높이가 되며, 반대로 결함 형상이 오목 모양이 되어 원래의 진동자에 집속하는 것 같은 상태로 반사하면 에코높이는 높아진다.

### 4.10.3 결함의 기울기

평면상의 결함으로 생각한다면 결함이 기울어짐에 따라 초음파의 반사 지향성은 기울며 원래의 진동자로 되돌아오는 초음파 빔은 매우 작아지며 에코높이는 낮아진다.

초음파 지향각 $\phi_0 = 70\lambda/D = 70C/(fD)$에서 나타나듯이 진동자의 크기가 작고 주파수가 낮을수록 넓어진다. 따라서 기울어진 평면상의 결함이 예상되는 경우에는 낮은 주파수나 진동자 크기가 작은 탐촉자를 사용하는 편이 검출하기 쉽다.

## 익힘문제

1. 초음파의 진동양식 중에서 SV파와 SH파의 발생방법과 전파 특징에 대해 비교·설명하시오.

2. 표층부의 결함 검출에 활용되고 있는 표면파(*Rayleigh wave*), 크리핑파(*creeping wave*) 및 표면 SH파의 발생방법과 전파 특징에 대해 기술하시오.

3. 유도초음파(*ultrasonic guided wave*) 또는 램파(*Lamb wave*)의 발생 방법과 전파 특징에 대해 기술하시오.

4. 누설탄성표면파(*leaky surface acoustic wave; LSAW*)의 발생 방법과 특징에 대해 기술하시오.

5. 초음파의 모드변환(*mode conversion*)에 대해 기술하시오.

6. 초음파 파장과 결함검출의 한계치수에 대해 기술하시오.

7. 횡파가 종파보다 미세 결함검출에 유리한 이유를 기술하시오.

8. 1 MHz 탐촉자로 강(steel; 음속 5,900 m/s)에 초음파가 전파할 때 파장은 얼마인가?

9. 2.25 MHz, 지름 10 mm인 탐촉자를 강재 표면에 대고 초음파탐상을 하였을 때, 오실로스코프 상에서 첫 번째 저면신호와 두 번째 저면 신호와의 전파시간차(*time of flight: TOF*)가 20 $\mu$s였다면 피검체의 두께는 몇 mm인가?

10. 압전효과(*piezoelectric effect*)란 무엇인가?

11. 압전효과와 초음파의 발생과 수신 방법을 설명하시오.

12. 초음파 탐촉자의 감도(*sensitivity*)와 분해능(*resolution*)에 대하여 펄스폭(*pulse width*)과 Q-값 및 대역폭(*band width*)의 상관관계에 대해 기술하시오.

13. 진동자의 재료로 사용되고 있는 압전재료의 종류를 5가지 이상 들고 특징, 용도, 기호에 대해 기술하시오.

14. 수침법으로 주파수 5 MHz 탐촉자로 수직탐상을 하였다. 이 때 강재 표면에서 음압반사율은 몇 %인가? 재료의 정수는 다음과 같다.

| | 탄소강 | 물 |
|---|---|---|
| 음속 | 5,900 m/sec | 1,486 m/sec |
| 밀도 | 7.9 g/cm$^3$ | 1.0 g/cm$^3$ |

15. 한쪽에 동을 클래드(clad)한 강판을 강을 탐상면으로 하여 주파수 5 MHz의 탐촉자로 수직탐상하였다. 접합경계면에서 경계면에코가 나타났을 때 경계면에서 음압반사율은 몇 %인가? 단 재료의 정수는 다음과 같다.

| | 강 | 동 |
|---|---|---|
| 음속 | 5,900 m/sec | 4,700 m/sec |
| 밀도 | 7.9 g/cm$^3$ | 8.9 g/cm$^3$ |

16. 수침법에서 초음파가 14° 의 각도로 강재에 전달되었다면 강재 내에서 횡파의 굴절각은 몇 도가 되겠는가? (단, Vs = 3,200 m/s, Vw = 1,500 m/s)

17. 초음파가 물에서 강으로 진행할 때와 강에서 물로 진행할 때의 음압반사율 및 투과율을 구하고 음압반사율이 음수(−)인 경우에 대한 물리적 의미를 설명하시오. (단, 물의 음향임피던스 = $1.5\times10^6$ kg/m$^2$sec, 철의 음향임피던스 = $45\times10^6$ kg/m$^2$sec)

18. 제1임계각과 제2임계각의 관계로부터 사각탐촉자에서 횡파만 발생시키기 위한 아크릴 쐐기의 각도(입사각)과 횡파 굴절각의 범위를 계산하라. 단, 재료는 강이다. (단, $V_l$ = 5,900 m/s, $V_s$ = 3,200 m/s, $V_{acr}$ = 2,700 m/s)

19. 수침법에서 초음파가 14° 의 각도로 강재에 입사되었다면 강재 내에서 횡파의 굴절각은 몇 도가 되겠는가? (단, $V_s$ = 3,200 m/s, $V_w$ = 1,500 m/s)

20. 국부수침법에 의해 강재를 사각탐상할 때 강재 중에 횡파 굴절각 45° 로 전파시키기 위해서는 입사각을 얼마로 하면 되는가? (단, $V_s$ = 3,200 m/s, $V_w$ = 1,500 m/s)

21. 5 MHz, 지름 10 mm인 초음파탐촉자가 음속 5,920 m/sec인 철강내로 초음파를 발생시켰다. 근거리 음장한계거리 $x_0$와 빔분산각 $\phi_0$는 얼마인가?

22. 2 MHz, 지름 20 mm인 초음파탐촉자로 18-8스테인레스강을 탐상하는 경우의 근거리음장한계거리와 지향각은 얼마인가? 단, 18-8스테인레스강의 종파속도는 5,790 m/s, 횡파속도는 3,100 m/s이다.

23. 초음파의 감쇠의 원인과 감쇠계수의 정의에 대해 기술하시오.

24. 두께 50 mm의 강판을 5C20N 탐촉자로 수직탐상하였을 때 건전부에서 $B_1 = 75\%$, $B_2 = 15\%$의 저면 에코가 얻어졌다. 확산손실을 0.4 dB, 탐상면에서의 반사손실을 1.9 dB, 저면에서의 반사손실을 0.2 dB이라 하면 이 강판의 초음파 감쇠계수는 몇 dB/mm인가?

25. 표면거칠기 100S로 가공한 두께 200 mm의 단강품을 2C20N 탐촉자로 탐상하였을 때 건전부에서 $B_1/B_2$의 값이 12.0 dB였다. 이 단강품의 감쇠계수는 몇 dB/mm인가? (단, 저면에서의 반사손실과 탐상면에서의 반사손실은 무시한다)

26. 두께 500 mm, 표면거칠기 25S로 가공한 단강품을 2Z28N으로 탐상한 결과 건전부에서 $B_1/B_2$값이 10 dB/mm였다. 이 단강품의 감쇠계수는 몇 dB/mm인가? (단, 이 조건에서는 반사손실의 영향은 매우 적기 때문에 무시하기로 한다.)

27. 2 MHz, 지름 20 mm의 탐촉자를 사용하여, 두께 100 mm의 저면에코를 측정하였더니 $B_1$ 및 $B_2$의 크기가 각각 $H_{B1}$=25 dB, $H_{B2}$=16 dB였다. 감쇠계수를 구하라. 단, 반사손실은 무시한다.

28. 저면에코방식에 의한 감도조정의 원리를 이용하여 에코높이로부터 결함치수를 추정하는 한계치수 $D_{cr} = \sqrt{\dfrac{2\lambda x}{\pi}}$ 는 무엇을 의미하는가?

29. 결함에코높이에 영향을 미치는 인자는 무엇이 있는가?

Chapter 05

# 초음파 진단 장치 및 교정

## 5.1 초음파 진단 장치

초음파탐상장치는 초음파탐상기, 탐촉자, 탐촉자케이블 등으로 구성된다. 탐상을 할 때에는 탐상장치 이외에 표준시험편(*standard test block; STB*) 또는 대비시험편(*reference block; RB*), 접촉매질(*couplant*), 자(*scale*), 기록용지, 탐촉자 주사용 치구(治具) 등이 필요하다. 철강 제품이나 강판 용접부에서 자동탐상이 사용되는 경우에는 탐촉자 주사기능, 기록장치, 마킹장치, 비드추종장치 등이 있다.

초음파 탐상기

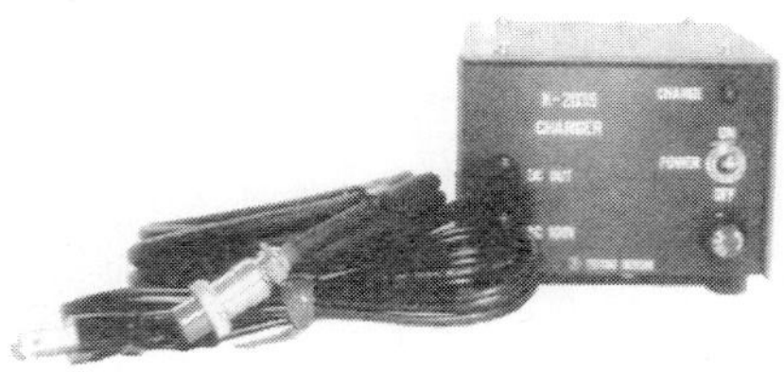

충전기

수직 탐촉자

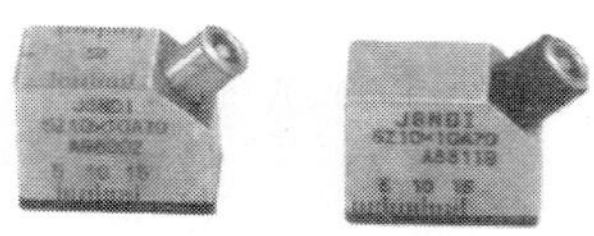

사각 탐촉자

그림 5.1 탐상장치

### 5.1.1 아날로그 탐상기

일반적인 펄스반사식 초음파탐상기(*Ultrasonic flaw detector*)는 그림 5.2와 같이 송신부, 수신부, 화면(*display*), 시간축부 및 전원부로 구성된다. 송신부는 고전압(500 $V$ 이상)의 전기펄스를 생성하고 그 전기펄스를 탐촉자 중의 진동자에 인가하여 초음파를 발생시키는 기능을 가지고 있다. 수신부는 반사하여 되돌아온 에코를 수신하고 그 음압을 전압으로 바꿈과 동시에 증폭하는 기능을 갖는 부분이다. 화면의 세로축은 반사원에서 되돌아 온 초음파에 의한 음압을 나타내고 있으며 가로축은 초음파가 송신되어 반사원에서 되돌아올 때까지의 시간으로 거리에 정비례하므로 가로축은 반사원까지의 거리를 나타내며 전 가로축 폭을 "측정범위"라고 부르고 있다. 그림 5.4는 펄스에코 초음파탐상기의 각종 조정 노브를 나타내고 있다.

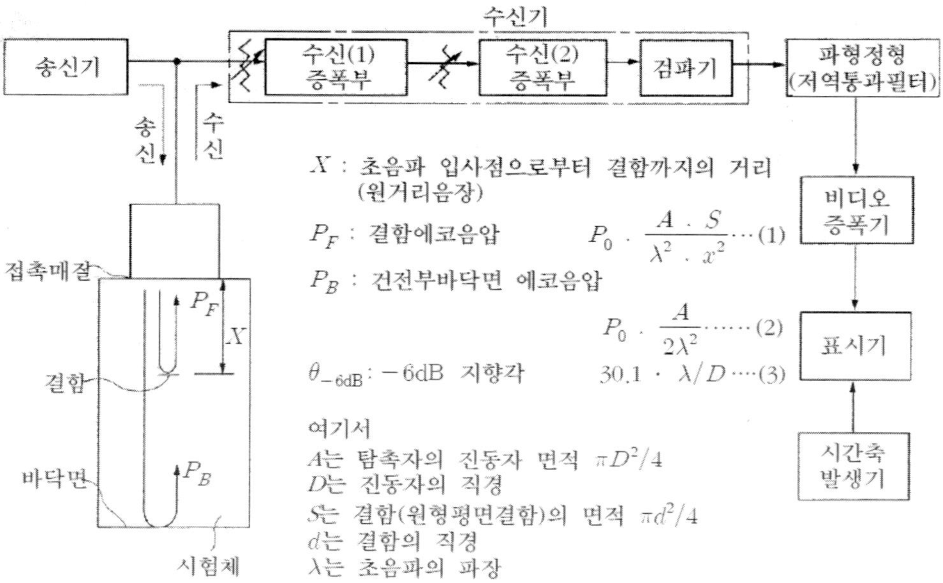


그림 5.2 초음파탐상기의 구성

## 가. 세로축 관계 노브

### (1) 송신조정

사용하는 탐촉자에 대해 최적의 송신상태를 얻기 위해 조작하는 노브이다. 펄스전압을 변화시키면 이 조작으로부터 탐촉자로부터 송신된 초음파펄스의 전압 및 진동횟수가 변화한다. 진동횟수가 많으면 송신펄스의 폭과 에코의 폭이 넓어지게 되고 분해능이 떨어진다. 수신부의 증폭능력이 부족하다고 판단될 때는 펄스전압을 높게 하는 것이 좋다. 그러나 일단 탐상감도를 설정한 후에 조작하면 결함에 대한 평가가 달라지기 때문에 송신조정은 반드시 탐상감도를 설정하기 전에 행해야 한다.

### (2) 게인(*Gain*)조정

탐상감도를 조정할 때 이용된다. 보통 데시벨($dB$) 단위로 눈금이 매겨져 있는데, 데시벨은 식 (5.1)로 정의되고 에코높이의 비를 나타내는데 이용된다.

$$H(dB) = 20\log_{10}(h_2/h_1) \tag{5.1}$$

$H\ (dB)$ : $h_2$의 $h_1$에 대한 비의 값을 $dB$단위로 표시한 값

$h_1$ (%) : 에코높이(예를 들면 기준에코높이)

$h_2$ (%) : 에코높이(예를 들면 결함에코높이)

### (3) 리젝션(*Rejection*)

노이즈를 제거하기 위한 노브로 대부분의 리젝션을 이용하면 에코가 마치 기선밑으로 침몰하는 변화를 일으킨다. 그 결과 표시되는 에코높이는 수신된 초음파펄스의 음압에 비례하지 않을 수도 있기 때문에 "증폭직선성"이 상실될 우려가 있다.

## 나. 가로축 관계 노브

화면에 나타난 에코위치를 직접, 결함까지의 거리(빔진행거리)로 읽기 위해 우선 화면의 가로축을 거리의 눈금에 대응시킬 필요가 있다. 이 대응을 취하기 위한 조정(측정범위의 조정)을 할 때에 조작하는 노브이다.

### (1) 측정범위 조정 노브

이 노브에는 화면상에 관찰 가능한 범위를 크게 변화시킬 수 있는 거친 조정노브와 연속적으로 변화시킬 수 있는 미세조정 노브가 있다. 이들 노브를 조작하면 화면에 나타나는 에코의 간격을 임의로 변화시킬 수 있다.

### (2) 펄스위치 조정 노브

이 노브를 조작하면 화면에 나타나는 에코의 간격을 변화시키지 않고 임의의 위치로 이동시킬 수 있다. 말하자면, 영점위치조정과 같은 역할을 한다.

### (3) 음속 조정 노브

화면상에 나타나는 에코의 간격을 변화시킬 때 사용한다.

## 다. 그 외 조정노브

### (1) 펄스반복주파수(PRF) 절환

이 노브를 조작하여 펄스반복주파수(*pulse repetition frequency; PRF*)를 높이면 소인횟수(掃引回數)가 많아지기 때문에 표시화면이 밝아지고, 자동탐상의 속도를 높일 수 있다. 그러나 펄스반복주파수를 너무 높이면 수직탐상의 경우 잔향에코가 나타나기 쉬운데, 특히 지름이 작고, 긴 봉, 또는 검사 두께가 아주 큰 재료를 수직탐상할 경우에 나타나기 쉽다.

### (2) 게이트의 기점 및 폭 조정

게이트가 작동되면 일반적으로 기선(基線)의 일부분이 높아지거나 낮아진다. 이렇게 변화한 범위를 탐상게이트라 하는데, 이 범위에 먼저 설정된 문턱값(*threshold*) 이상의 에코가 나타나면 부자가 울리기도 하고 ON-OFF 신호를 외부에 출력시킨다. 또한, 그 에코높이에 비례한 크기의 신호를 잡아내는 것도 가능하다.

### (3) 거리진폭보상(DAC)회로

동일 반사원이라도 반사원의 위치에 따라 표시되는 에코높이가 다르다. 다시 말해 탐촉자로부터 가까운 거리에 위치한 결함과 동일한 크기의 결함이 먼 거리에 위치한 경우, 먼 거리에 위치한 결함으로부터의 에코높이는 작게 된다. 이는 거리가 증가함에 따라 초음파가 확산에 의해 약해지고 재질에 따른 감쇠를 일으키기 때문이다. 동일 크기의 결함에 대해서 거리에 관계없이 동일한 에코높이를 갖도록 전기적으로 보상하는 것을 거리진폭보상(*distance amplitude compensation; DAC*)회로라 한다.

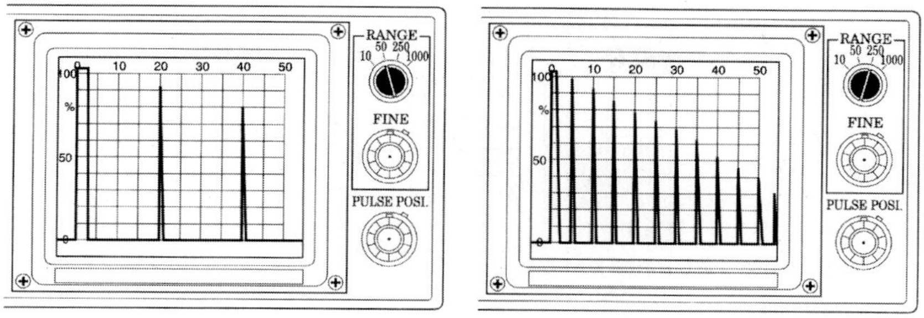


(a) 에코와 에코 간격이 신축한다.

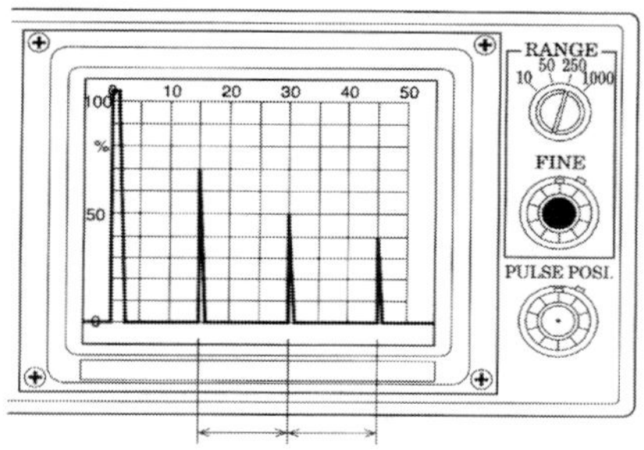


(b) 에코와 에코 간격이 신축한다.

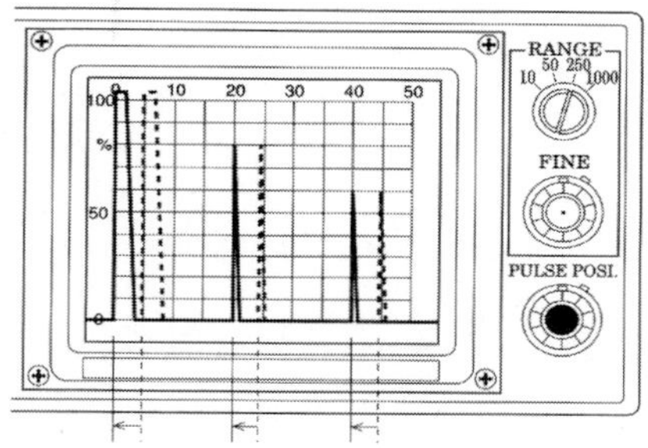


(c) 에코와 에코 간격이 신축한다.

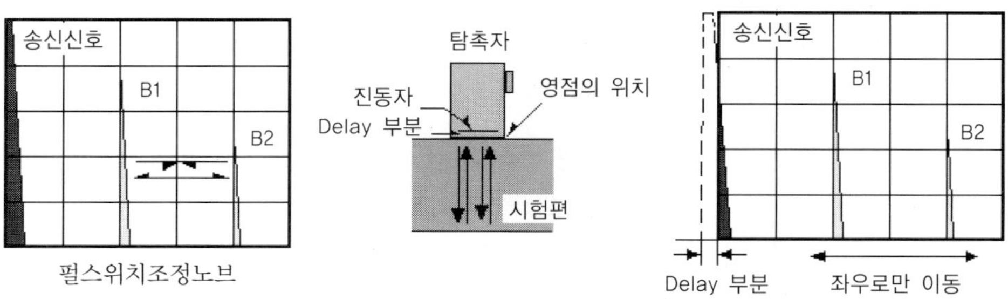


그림 5.3 측정범위조정노브의 동작

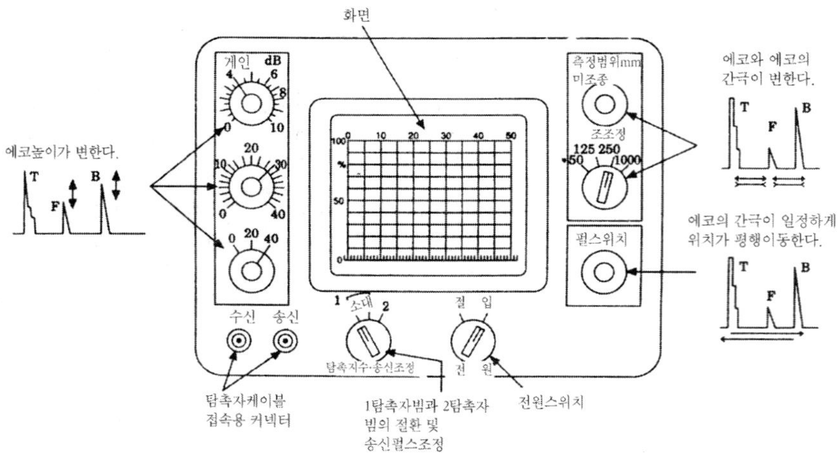


그림 5.4 펄스 에코 초음파탐상기의 조정 노브

## 5.1.2 디지털 초음파탐상기

디지털탐상기는 수신신호를 아날로그로부터 디지털로 변환하고 수치로 저장하기도 하고 신호처리 하는 것이 가능하다. 따라서 탐상데이터로부터 곧바로 음속값이나 측정범위 정보, 에코높이구분선 정보 등 많은 데이터를 저장하는 것이 가능하여 편리하다. 그러면서도 탐상데이터의 샘플링을 짧게 하지 않으면 최대값이 바뀌게 되기도 하고 탐상의 주사속도를 빠르게 할 수 없는 등의 문제가 있다. 최근에는 처리 속도가 빠른 PC가 출현하여 이러한 문제를 해결하고 있다.

그림 5.5는 디지털탐상기의 외관 예이다. 디지털탐상기에는 아날로그탐상기의 소인부에 해당하는 부분이 없고 대신 샘플링 신호 및 변환 신호를 만드는 시간축부가 있다. 수신부에는 수신된 신호를 샘플링 처리하고 저장한다. 샘플링 간격이 짧을수록 실제의 탐상지시에 가깝게 된다.

표시부는 액정 등의 반도체소자가 사용된다. 디지털탐상기에는 아날로그탐상기에는 없는 편리한 기능이 있고, 탐상기의 조도의 저장, 빔진행거리의 수치표시, 사각탐상에서 반사원의 깊이나 반사원-탐촉자거리의 표시가 가능하고 탐상지시의 저장도 가능하다. 그러나 사각탐촉자를 사용하여 탐상하는 경우 디지털탐상기도 아날로그탐상기와 동일하게 표준시험편을 이용하여 입사점, 굴절각의 측정을 해야 한다.

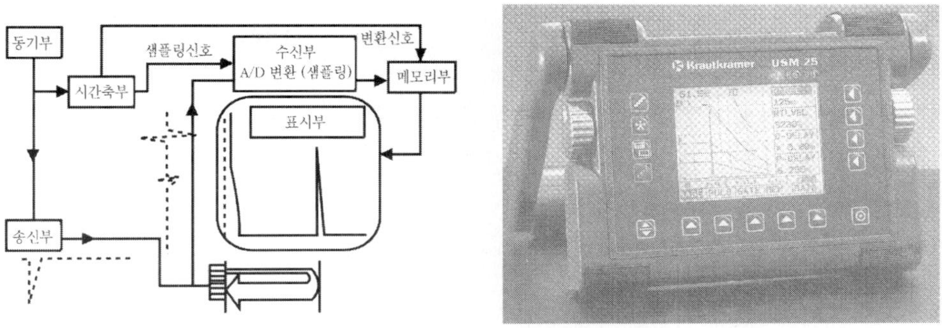


그림 5.5 디지털 초음파 탐상기의 구성 예

## 5.1.3 초음파 두께측정기

초음파탐상기와 동일한 원리로 강판이나 강판의 부식부의 두께를 측정하는 장치로 초음파두께측정기가 있다. 수직탐상으로 빔진행거리를 읽으면 반사원까지의 거리를 측정하는 것이 가능하다. 이 빔진행거리를 재료의 두께로 전기적으로 계측이 가능하도록 한 것이다. 그림 5.6은 디지털초음파두께측정기의 외관 예이다.

그림 5.6 디지털 두께측정기의 예

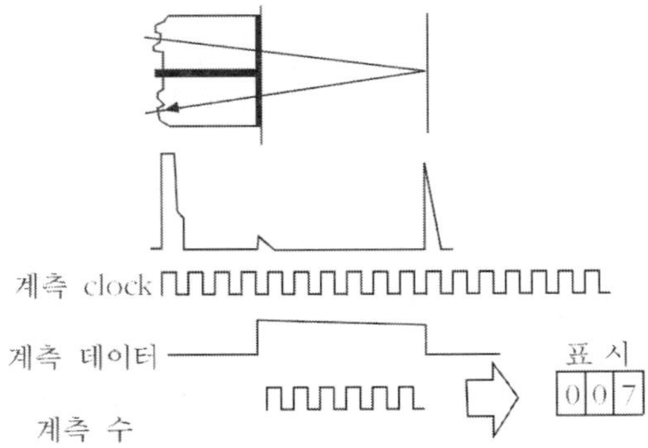


그림 5.7 두께측정기의 구성 예

## 5.2 초음파 탐촉자

탐촉자는 탐상기 본체의 송신부로부터 송신되어 오는 전기신호를 초음파 펄스로 변환하고 또 초음파펄스를 수신하면 전기신호로 변환하여 탐상기 본체에 보내는 역할을 한다.

### 5.2.1 초음파탐촉자의 구성

초음파탐촉자의 기본구성은 다음과 같다.

- 압전탐촉자: 진동자
- 충진재(*backing material*)
- 탐상장치의 에너지를 탐촉자에 연결해 주는 탐상 케이블과 압전 진동자 사이의 전기임피던스를 맞춰주기 위한 회로
- 케이스

#### 가. 압전탐촉자

초음파탐촉자에 주어지는 전압펄스의 여기시간은 $10^{-6}$초 미만이며 짧은 전압펄스는 일련의 주파수대역(*frequency band*)으로 구성되어 있어 이들 주파수 중에서 탐촉자의 공진주파수에서 최대의 진동이 일어나게 한다. 즉, 진동자두께의 함수이다.

$$f_r = \frac{v}{2t} \tag{5.2}$$

단, $f_r$ : 탐촉자의 공진주파수, $t$ : 탐촉자의 두께, $v$ : 종파속도

특정주파수의 탐촉자를 제작할 때에는 이 식을 이용하여 진동자의 두께를 결정하게 된다.

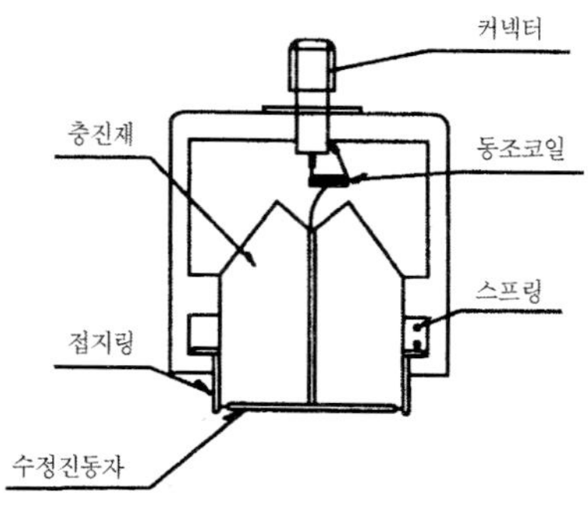


그림 5.8 초음파 탐촉자

## 나. 충진재

충진재(*backing material*)는 탐촉자의 중요한 두 가지 특성인 분해능과 감도에 영향을 미치게 된다. 탐촉자의 분해능은 서로 근접해 있는 두 개의 결함을 분리하여 에코로 나타내는 능력을 말하며 탐촉자의 감도는 어느 정도의 작은 결함을 탐상할 수 있는가의 능력을 말한다.

탐촉자의 분해능을 높이기 위해서는 탐촉자의 진동이 가능한 한 빨리 흡음(*damping*) 되어야 한다. 그러나 탐촉자의 감도를 높이려면 흡음이 낮아야 되므로 이들 두 성질은 서로 상치되게 된다. 그러므로 탐상의 목적에 따라 이들 두 성질을 적당히 조합하여 흡음의 정도를 설정하여 충진재 재질을 결정한다. 흡음재의 음향임피던스가 탐촉자의 재질과 거의 동일할 때 탐촉자진동의 흡음이 가장 이상적으로 된다. 탐촉자와 충진재의 음향임피던스를 맞춰주면 초음파가 탐촉자로부터 쉽게 충진재로 들어가게 된다. 충진재는 효과적으로 초음파를 감쇠시키는 재질이므로 초음파가 충진재에서 다시 반사되어 탐촉자로 되돌아가 허위지시가 나타나는 것을 방지하게 된다. 감도와 분해능을 동시에 좋게 하려면 탐촉자의 진동자와 흡음재의 음향임피던스의 차이를 수정일 때에는 5:1의 비율로 진동자가 유화리튬일 때는 1.1대 1의 비율로 제작한다.

펄스에코탐상에서는 흡음의 정도가 문제가 되므로 흡음재로서 섬유플라스틱(*fibrous plastic*)이나 금속분말에 여러 종류의 플라스틱물질을 혼합하여 충진재로 사용하기도 하며 흡음재 내에서의 초음파의 감쇠를 크게 하기 위하여 금속분말의 입자의 크기를 조절하던가, 금속분말과 플라스틱의 비율을 조절하던가 하여 음향임피던스를 조정하는 방법 등을 사용한다.

현재 많은 종류의 탐촉자가 시판되고 있는데, 주파수 및 진동자크기가 다른 것, 최근에는 광대역형 탐촉자라고 부르는 것과 집속형 탐촉자 등 선정폭이 넓어졌다. 예전에는 고온에서의 초음파 측정은 어려웠지만 지금은 300 ~ 400℃ 까지도 충분히 측정이 가능하게 되었다.

측정대상물에 따라서 실험에 어느 탐촉자를 사용하는 것이 좋은가를 결정하는 것은 어려운 문제이다. 따라서 정밀한 탐상을 하기 위해서는 시행착오법(*try and error*)에 의지하는 경우가 많다. 일반적으로 주파수가 높은 것을 사용하면 분해능과 더불어 지향성도 향상되고 결함위치나 깊이의 측정정도도 향상되어 근접한 결함의 분리나 표면 근방의 결함도 쉽게 검출할 수 있다.

## 5.2.2 수직탐촉자

일반적으로 "수직탐촉자(*normal probe*)"는 직접접촉용, 표준용(1진동자) - 보호막부착, 보호막 없음, 지연재부착-등으로 분류되고 그 구조는 그림 5.9와 같다.

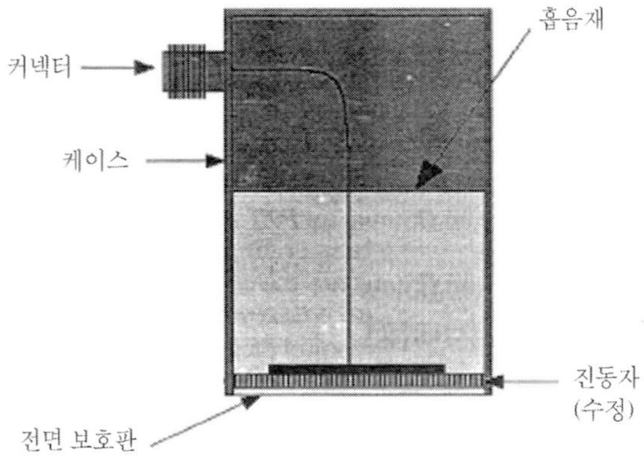


그림 5.9 탐촉자의 구성 요소

보호막부착 수직탐촉자는 보호막의 영향에 의해 감도여유치나 분해능이 다소 떨어지지만 주강표면 등과 같이 탐상면이 거친 것에 적용할 경우, 연질의 보호막이 거친 탐상면과 잘 접촉하기 때문에 보호막이 없는 경우보다 안정된 탐상을 할 수 있다. 탐상면이 매끈하게 다듬질되어 있는 경우에는 보호막이 없는 수직탐촉자를 이용하여 감도여유치나 분해능을 양호한 상태로 탐상하는 것이 좋다.

탐상면이 거친 탐상에서 진동자를 보호하고 탐상의 안정성을 꾀하기 위해 아크릴 지연재를 부착시킨 수직탐촉자가 있다. 이 형식의 수직탐촉자는 그림 5.10과 같이 지연재 내에서 다중반사가 나타나기 때문에 지연재의 길이에 따라 탐상이 가능한 범위가 제한을 받으나 탐상면 거칠기의 변화에 의한 영향이 적고 안정된 탐상이 가능하다.

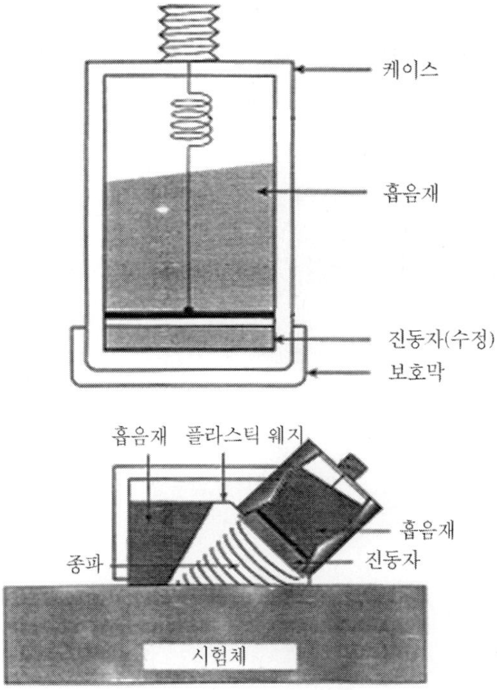


그림 5.10 수직 및 사각탐촉자

집속수직탐촉자는 그림 5.11과 같이 구면진동자 또는 음향렌즈를 이용하여 시험체 내부의 일정거리에 초점을 설정하면 초점 근방에서는 초음파빔이 가늘게 교축되기때문에 미소결함으로부터 높은 에코를 얻을 수 있고 방위분해능도(*angular resolution*) 높아 작은 결함의 검출이나 결함위치・크기의 정밀측정에 적합하다. 또한 임상에코가 나타나는 재료의 탐상에 이용하면 S/N비가 대폭 개선된다. 적용시에는 미리 에코높이의 거리특성 및 지향특성을 측정하여 놓고 목적에 맞는 집속범위 및 빔폭을 갖는 탐촉자를 선택한다. 집속형탐촉자(*focused probe*)는 초음파빔을 집속함으로서 지향성을 최대한 향상시킬 수 있다.

일반적으로 두께방향으로 진동하는 압전소자를 진동자에 이용하여 종파를 송・수신하지만, 폭방향으로 진동하는 특수한 압전소자를 진동자로 이용하면 횡파수직탐촉자가 되고 횡파를 송・수신하게 된다. 횡파수직탐촉자는 음향이방성의 측정에 이용되나, 기름이나 글리세린으로는 횡파를 전달하지 못하므로 횡파 전파용의 접촉매질이 필요하게 된다.

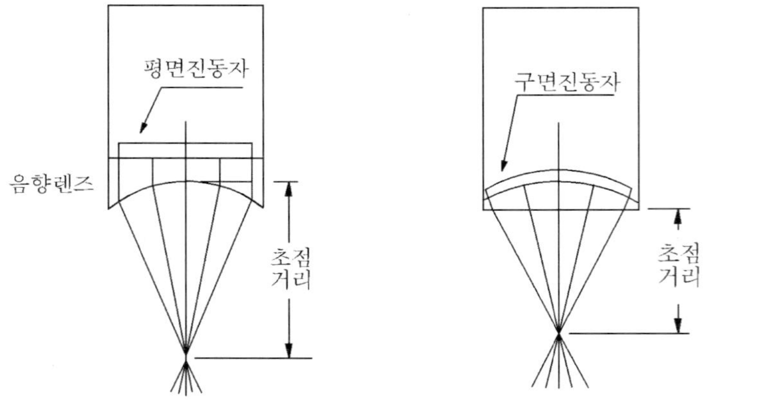


(a) 음향렌즈에 따른 접속(수침법)　　(b) 구면진동자에 따른 접속(직접접촉법)

**그림 5.11** 집속형탐촉자

## 5.2.3 사각탐촉자

탐상면에 경사로 초음파를 전파시키는 탐촉자를 총칭하여 사각탐촉자라 부른다. 사각탐촉자에는 그림 5.12와 같이 초음파를 탐상면에 경사로 입사시키기 위해 쐐기가 필요하게 된다. 일반적으로 사각탐촉자(*angle probe*)는 직접접촉용, 표준형(1진동자, 고정각)으로 쐐기 내부는 진동자로부터 송신된 종파가 전파하지만 시험체와 경계면에서의 모드변환을 이용하여 시험체내부에서는 횡파를 굴절 전파시킨다. 이 경우 입사각이 종파의 임계각 이상이 되도록 설정되어 있기 때문에 종파는 시험체에 전파하지 않는다. 일반적으로 강 내부에서 횡파의 굴절각이 45°, 60° 및 70°가 되도록 제작된 탐촉자가 시판되고 있다. 이 각도를 공칭굴절각이라 부르고 실제의 굴절각은 반드시 45°, 60°, 70°가 되지 않기 때문에 실제 사용하는 경우에는 실측할 필요가 있다.

SH파 사각탐촉자는 그림 5.13과 같이 폭방향으로 진동하는 진동자를 이용하여 진동방향이 탐상면과 평행하게 되도록 하면 탐상면에서 모드변환이 없는 횡파의 사각탐촉자가 된다. 이 횡파는 SH파라 부르고 이 탐촉자를 일반적인 횡파(SV파) 사각탐촉자와 구별하여 SH파 사각탐촉자라 한다.

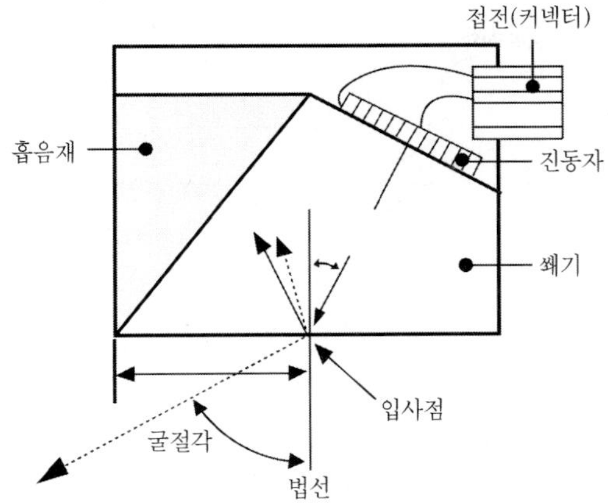


그림 5.12 사각탐촉자의 구조

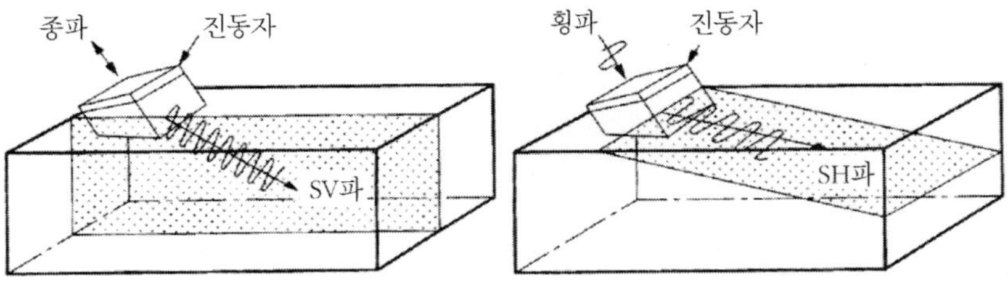


그림 5.13 SV파와 SH파의 발생 원리

종파사각탐촉자는 입사각이 종파의 임계각보다 작고, 시험체에 종파가 굴절 전파하도록 제작된 탐촉자이다. 오스테나이트계 스테인리스 강용접부등에서는 조대결정립에 의한 임상에코가 크고 횡파에 의한 탐상은 곤란하여 종파사각탐촉자(굴절각 45° - 60°)가 사용된다. 사용시에는 다음 사항에 유의할 필요가 있다. i) 횡파도 동시에 전파하기 때문에 일반 강재 등 초음파의 감쇠가 작은 재료에 적용하면 횡파에 의한 에코도 화면 상에 나타나기 때문에 탐상이 어려워진다. ii) 이면에서 반사되면 거의 횡파로 모드변환하기 때문에 직사법에 한정된다.

가변각 사각탐촉자는 그림 5.14와 같이 입사각이 변화 가능한 구조로 되어 있고 설정하는 각도에 따라 일반형, 종파사각 및 표면파탐촉자로 사용이 가능하며, 일반적으로 형상·치수가 다소 크다.

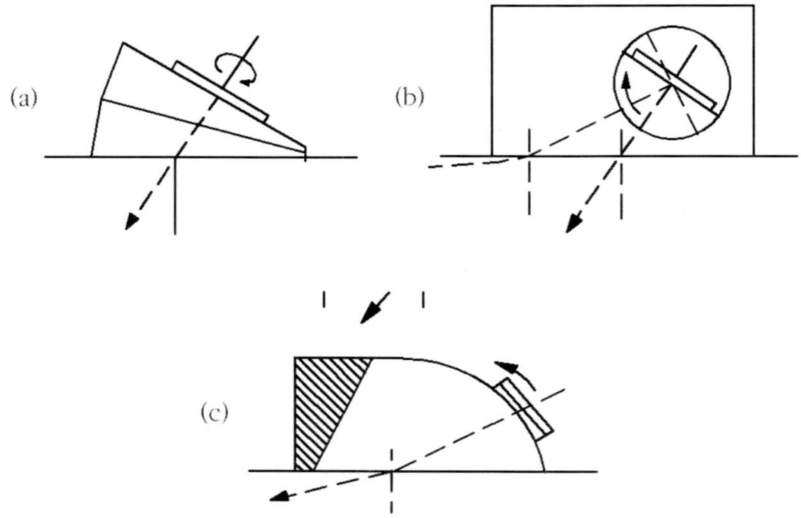


그림 5.14 가변각탐촉자의 구조

## 5.2.4 기타 특수 탐촉자

### 가. 2진동자탐촉자

2진동자탐촉자는 송·수신용진동자를 조금씩 경사로 배치하고 1개의 탐촉자에 조립되어 있다. 양(兩)진동자를 음향격리면(隔離面)으로 분리하고 있기 때문에 수침법에서와 같이 표면에코를 수신하는 것이 없으며(표면에코는 거의 나타나지 않는다), 불감대(*dead zone*)가 없기 때문에(또는 매우 적다) 표면 직하의 결함의 검출이나 두께측정에 사용되고 있다.

즉, 송·수신의 진동자를 조금씩 경사로 배치하고 있기 때문에 교축점(송·수신진동자 중심축의 교점)이 생기는데, 에코높이는 이 교축점에서 최대가 되고 이곳을 벗어나면 급격히 저하한다. 따라서 2진동자탐촉자는 교축점 근방의 검출능이 높아지므로 특정 부위를 S/N비 높게 탐상하려는 경우에 이용된다.

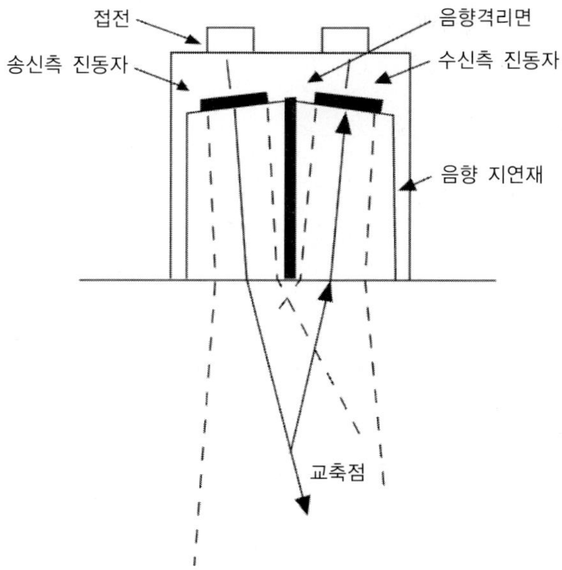


그림 5.15 2진동자수직탐촉자

## 나. 광대역형 탐촉자(고분해능탐촉자)

진동의 지속횟수가 매우 적은 초음파펄스를 송・수신하는 탐촉자를 말한다. 진동횟수가 매우 적은 초음파펄스는 그 진동성분의 주파수범위가 넓기 때문에 광대역이라고 불린다. 초음파펄스의 진동회수가 적으면 표시되는 에코의 폭이 좁고 분해능이 높기 때문에 고분해능탐촉자라고도 불린다. 이 분해능을 높이기 위해서는 탐상기 본체의 수신부에도 광대역증폭기가 필요하다.

그림 5.16과 같이 동일 탐촉자라도 탐상기의 조합에 따라서 파형이 변화함을 보여주고 있다. 이 탐촉자는 얇은판의 탐상이나 두께측정, 근거리결함의 분리를 목적으로 사용되는 것 외에 조직이 조대한 재료의 탐상에도 이용되고 있다. 그림 5.17에서와 같이 재료조직으로부터의 임상에코가 작기 때문에 S/N비가 개선된다.

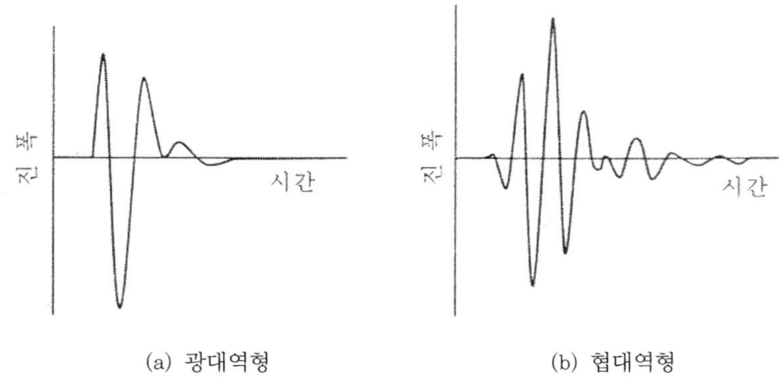


그림 5.16 광대역형 탐촉자와 협대역탐촉자의 펄스파형 비교 예

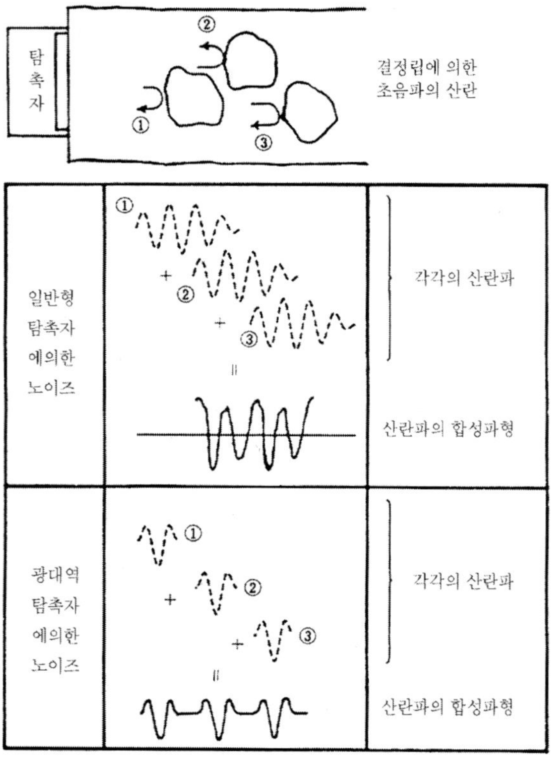


그림 5.17 광대역형 탐촉자를 이용한 S/N비의 향상

## 5.3 장치의 교정 및 시험편

### 5.3.1 교정의 목적

펄스반사식 초음파탐상에서 얻어지는 기본 정보로는 화면에 나타나는 에코의 위치와 높이이므로 이것으로 피검체 내부의 결함 정보를 평가하기 위해서는 비교 평가할 수 있는 시험편이 필요하게 된다. 그러므로 평가의 신뢰도를 확보하기 위해서 시험편에 인공결함인 노치(*notch*), 평저공(*flat bottom hole; FBH*) 그리고 측면공(*side drilled hole; SDH*)을 가공하여 다음과 같은 목적에 사용한다.

① 탐상기와 탐촉자의 특성 검증

② 탐상조건의 설정(측정범위, 탐상감도, 검출레벨 등)

③ 시험편의 인공결함과 피검체의 결함으로부터 반사된 에코높이와 위치를 비교 평가한다.

초음파탐상장치의 교정(*calibration*) 및 탐상감도의 교정 등에 이용되는 시험편은 규격에 따라 표준시험편(*standard test block; STB*)과 대비시험편(*reference block; RB*)으로 분류된다.

### 5.3.2 표준시험편

표준시험편(STB)은 각 나라마다 정해진 규격에 따라 형태와 용도가 조금씩 다르지만 그 원리는 거의 비슷하므로 시험편의 용도와 그 필요성을 정확히 이해하는 것이 무엇보다 중요하다. 표준시험편은 재질, 형태, 치수 및 성능이 미국재료협회규격(ASTM), 국제용접규격(IIW)이나 일본공업규격(JIS) 등의 규격에 근거하여 제작되고 공인된 기관에서 검증된 시험편을 말한다. 이 시험편은 탐상 장소, 탐상 시기가 달라도 탐상 결과를 상호 비교할 수 있는 보편성을 가져야 한다. 동일형식의 시험편을 사용하여 감도 교정을 한 탐상은 상호 비교가 가능하다.

그러나 실제 시험체의 탐상에서는 시험체와 표준시험편 사이에 표면거칠기의 차에 의한 전달손실, 결정립의 대소에 의한 산란 감쇠의 차에 의해 얻어진 탐상 결과에 차이가 생기는 경우가 많다. 표 5.1은 표준시험편과 대비시험편의 종류와 용도를 나타내었다.

표 5.1 표준시험편의 종류와 용도

| 명 칭 | 주 용 도 | | | | | | 관 계 규 격<br>사용상의 주의 등 |
|---|---|---|---|---|---|---|---|
| | 수 직 탐 상 | | | 사 각 탐 상 | | | |
| | 측정 범위 교정 | 탐상 감도 교정 | 성능 특성 측정 | 측정 범위 교정 | 탐상 감도 교정 | 성능 특성 측정 | |
| STB-G | | ○ | ○ | | | | KS B 0817 |
| STB-N | ○ | ○ | ○ | | | | KS B 0817<br>원칙적으로 수침법 또는 갭법에서 사용 |
| STB-A1 | ○ | | ○ | ○ | ○ | ○ | KS B 0817 |
| STB-A2 | | | | | ○ | ○ | KS B 0817 |
| STB-A3 | | | | ○ | ○ | ○ | KS B 0817,<br>현장체크용 |
| STB-A21 | | | | | ○ | ○ | KS B 0817 |
| STB-A22 | | | | | | ○ | KS B 0817 |

## 5.3.3 표준시험편의 종류와 용도

### 가. STB G 표준시험편(STB-G)

수직탐상의 감도교정과 특성 검사에 사용되는 시험편으로서 단면 크기가 60 mm × 60 mm와 50 mm × 50 mm의 2종류로 구성되어 있다. 시험편 저면의 중심에 수직으로 평저공(FBH)이 가공되어 있다. V2는 단면 크기가 60 mm × 60 mm이고 탐상면으로부터 2 cm의 위치에 평저공이 있다는 것을 의미하며, 탐상면으로부터 평저공까지의 거리가 각기 다른 4종류의 시험편이 있다.

V15 시리즈는 단면의 크기가 50 mm × 50 mm이고 탐상면으로부터 평저공까지의 거리는 일정하고 지름이 다른 6개의 시험편으로 구성되어 있다.

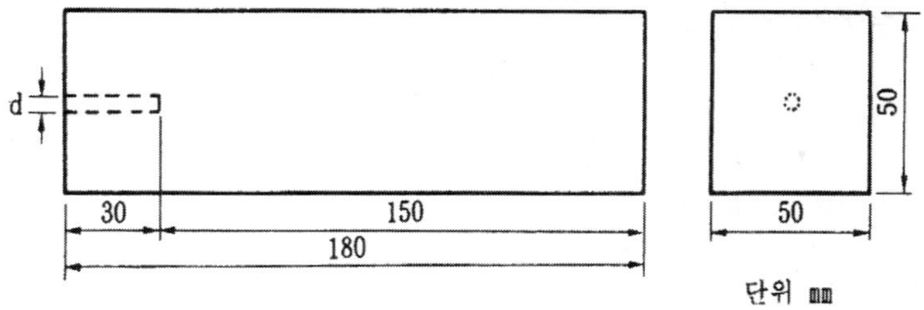


50도의 STB-G의 구성
(50×50mm)

| 시험편의 종류 | 표준구멍의 직경 d (mm) |
|---|---|
| V15-1 | 1.0 |
| V15-1.4 | 1.4 |
| V15-2 | 2.0 |
| V15-2.8 | 2.8 |
| V15-4 | 4.0 |
| V15-5.6 | 5.6 |

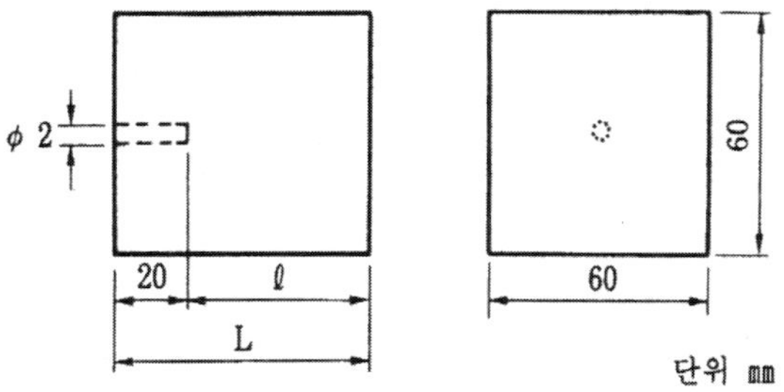


60도의 STB-G의 구성(50×50mm)

| 시험편의 종류 | 시험편전길이 L (mm) | 탐상면으로부터표준구멍까지의 거리 ℓ(mm) |
|---|---|---|
| V 2 | 40 | 20 |
| V 3 | 50 | 30 |
| V 5 | 70 | 50 |
| V 8 | 100 | 80 |

그림 5.18 시험편의 형상과 주요치수(STB-G)

그림 5.18과 같이 STB-G V15-5.6, V15-4, V15-2.8, V15-2 표준시험편으로 동일 거리, 형상에서도 결함의 크기가 다르면 에코높이가 달라지는 것을 확인할 수 있으며, 결함이 같은 크기, 형상이라도 탐상면으로부터 결함이 위치하는 거리가 다르면 역시 에코높이는 달라진다. 따라서 결함을 정확히 평가하기 위해서는 같은 감도로 STB-G V Φ2 시리즈(V2～8, V15-2, STB-G V2, V3, V5, V8, V15-2) 시험편을 탐상하고 에코높이가 거리에 따라 변화하는 양상을 관찰하기 위해 최대에코높이를 측정하여 「거리진폭특성곡선(*Distance Amplitude Correction or characteristic curve; DAC*)」을 그려 놓고 결함에코높이를 「거리진폭특성곡선」과 비교한다.

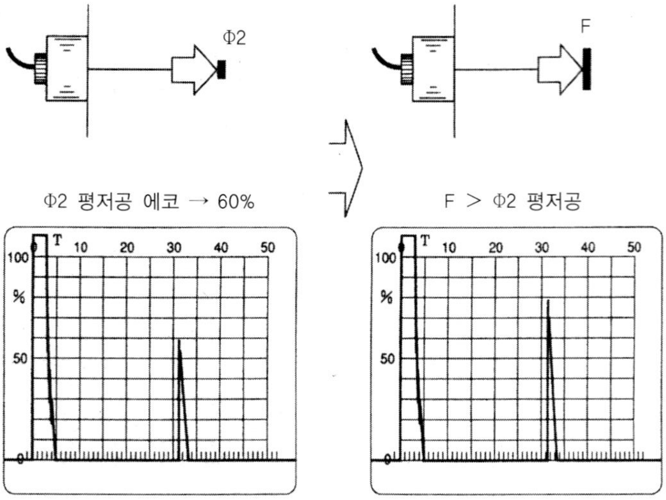


그림 5.19 STB G V 15 시리즈의 에코높이의 변화

## 나. STB N1형 표준시험편(STB−N1)

강판의 두께 13−60 mm의 수직탐상용 감도표준시험편으로서 그 제원은 그림 5.20과 같다. 수침법에 사용하는 것이 원칙이며 STB−G형 시험편으로 탐상하기 어려운 때에 사용된다. 즉 피검체의 두께에 비하여 탐상거리가 짧을 때 사용되며 STB−G의 평저공의 지름이 2 mm인 V2로 탐상하도록 교정하면 탐상감도가 너무 높아져 얇은 판의 탐상에는 부적당할 때 사용한다.

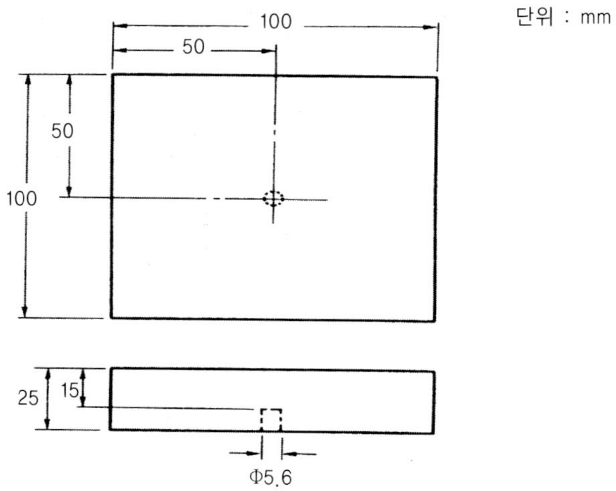


그림 5.20 시험편의 형상과 주요치수(STB−N1)

## 다. STB A1형 표준시험편(STB-A1)

이 시험편은 IIW(국제용접협회)에서 IIW-1형으로 제안되어 ISO(국제표준기구)에서 공인된 시험편으로서 외국 규격에서는 IIW시험편 또는 V1시험편으로도 불리는 시험편이다. JIS(일본공업규격)와 KS(한국산업규격)에서 STB A1시험편으로 불리며, 형상과 치수는 그림 5.21과 같으며 다음과 같이 탐상장치의 교정에 주로 활용된다.

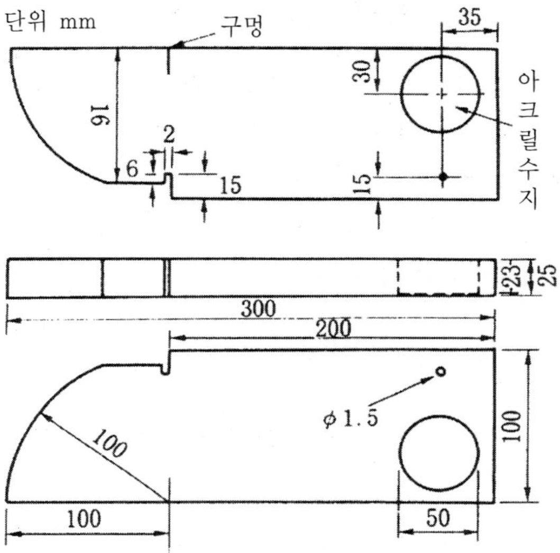


그림 5.21 시험편의 형상과 주요치수(STB-A1)

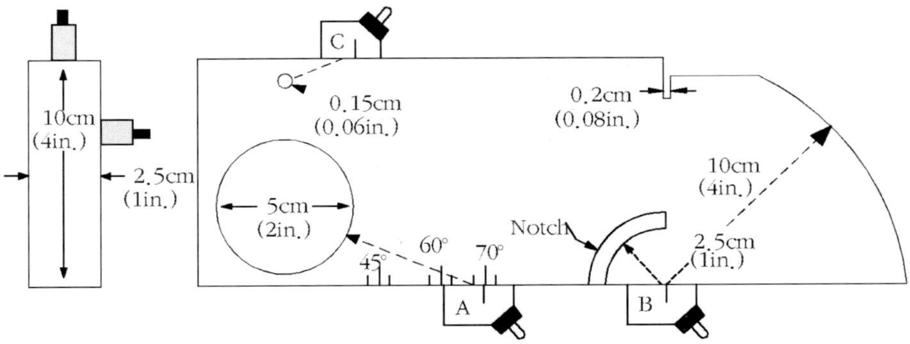


그림 5.22 IIW-1형 시험편

## 라. STB A2형계 표준시험편(STB-A2, A21, A22)

탐상기의 감도교정과 분해능의 측정에 사용되는 시험편으로서 그림 5.23에 형상과 치수를 나타내고 있다. $\phi1\times1$, $\phi2\times2$, $\phi4\times4$, $\phi8\times8$ 구멍은 감도 교정용으로 사용되며 주로 $\phi2\times2$, $\phi4\times4$가 흔히 사용된다. $\phi1.5\times4$의 두 개의 구멍을 이용하여 탐상장치의 분해능을 측정하며 탐상장치의 감도여유값도 측정한다.

## 마. STB A3형계 표준시험편(STB-A3, STB-A31, A32)

이 시험편은 STB A1과 STB A2 표준시험편을 조합하여 야외 현장에서 사용하기에 편리하도록 소형으로 만든 것으로 시험편의 제원은 그림 5.24과 같다. R 50 mm의 곡면을 이용하여 사각탐촉자의 입사점을 측정하며 측정범위를 교정하는데 사용된다. 또한 시험편의 표면에 새겨진 굴절각도를 이용하여 사각탐촉자의 굴절각을 측정할 수 있게 설계되었으며 $\Phi4\times4$ 평저공은 감도 교정용으로 사용된다.

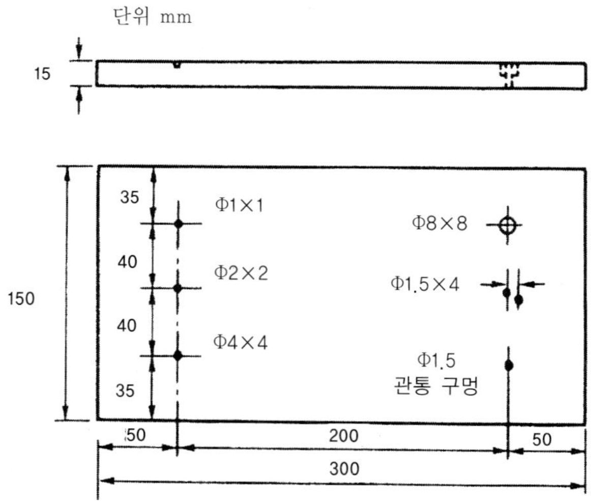


(a) STB-A2

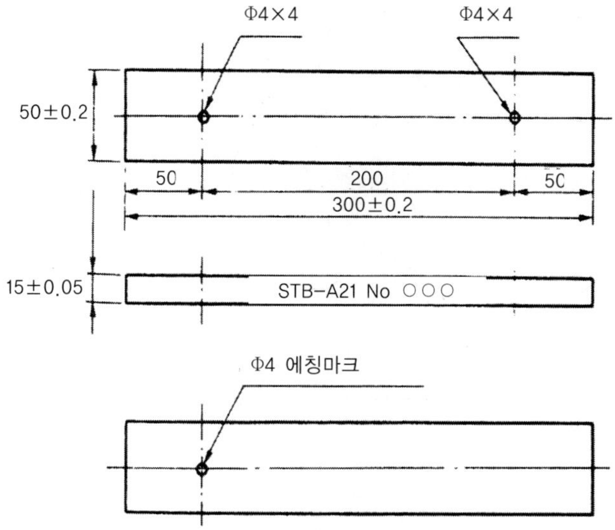


(b) STB-A21

그림 5.23 시험편의 형상과 주요 치수(A2, A21)

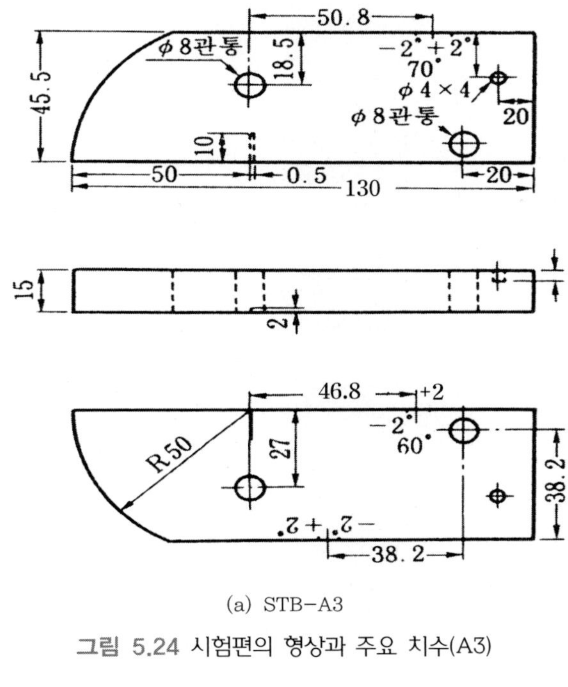


(a) STB-A3

그림 5.24 시험편의 형상과 주요 치수(A3)

## 바. 알루미늄합금 표준시험편(STB A7963)

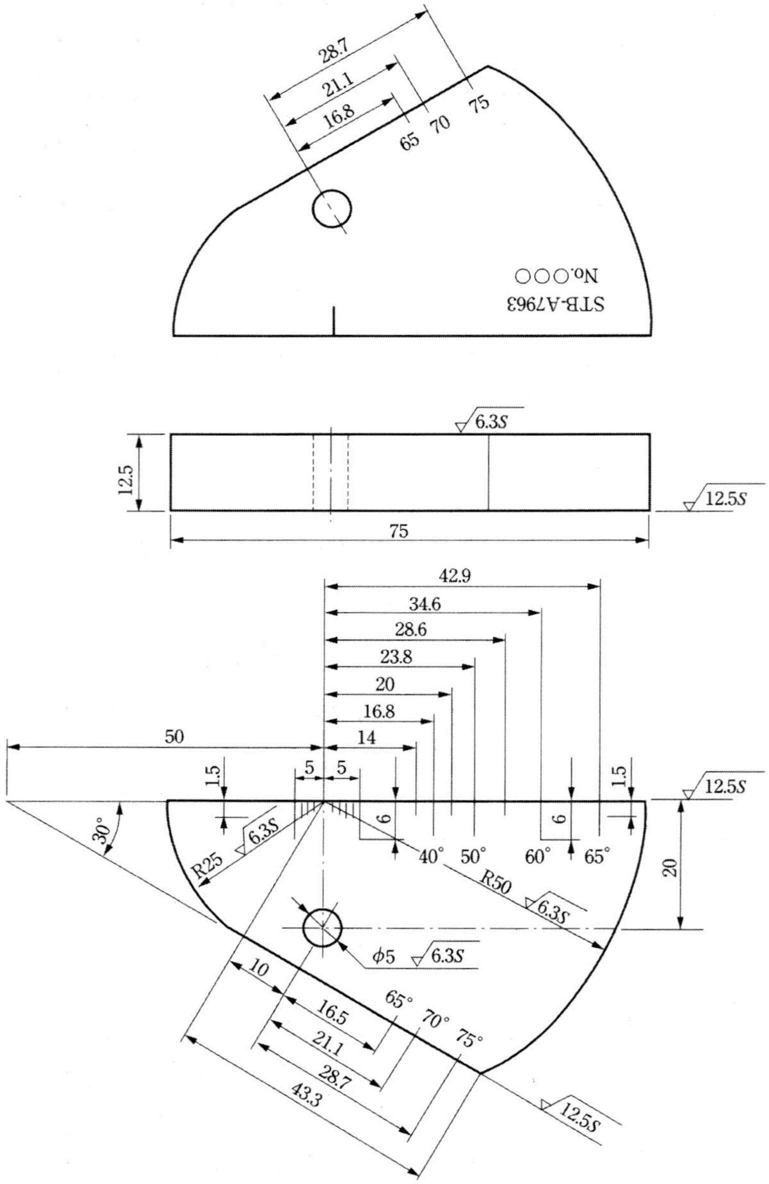


그림 5.25 시험편의 형상과 주요 치수(STB A7963형)

### 5.3.4 대비시험편

대비시험편(*reference block; RB*)은 시험체 또는 시험체와 초음파 특성이 동일한 재료를 가공하고 제작한 것이다. 수직 또는 사각탐촉자의 거리진폭특성곡선(DAC 곡선) 작성용으로 사용되며, 주로 탐상감도의 교정에 활용된다. 이 시험편을 이용하여 탐상감도를 교정하면 표면 상태의 차나 내부 조직의 영향을 받지 않고 시험체의 초음파 특성에 따라 평가가 가능하다. 실제 탐상 관련 규격서에서는 대비시험편에 대한 제작 사양을 언급하고 있으므로 자체 제작하여 사용하는 것이 일반적이다. 표 5.2는 대비시험편의 종류와 용도를 나타내고 있다.

표 5.2 대비시험편의 종류와 용도

| 명 칭 | 주 용 도 | | | | | | 관 계 규 격<br>사용상의 주의 등 |
|---|---|---|---|---|---|---|---|
| | 수 직 탐 상 | | | 사 각 탐 상 | | | |
| | 측정범위 교정 | 탐상감도 교정 | 성능특성 측정 | 측정범위 교정 | 탐상감도 교정 | 성능특성 측정 | |
| RB-4 | | ○ | ○ | | ○ | ○ | KS B 0896,<br>용접부탐상 사용 |
| RB-5 | | | | | ○ | | KS B 0896 |
| RB-6<br>RB-7<br>RB-8 | | | | | ○ | ○ | KS B 0896,<br>곡률 이음부 탐상용 |
| ARB | | ○ | ○ | | ○ | ○ | 일본건축학회 |
| RB-D | | ○ | ○ | | | | 2진동자 수직탐상용 |

표 5.3 대비시험편의 종류와 특징

| 대비시험편의 명칭 | 용도 및 특징 |
|---|---|
| RB-4 | 용접부의 사각탐상 및 수직탐상의 탐상감도 교정<br>거리진폭특성곡선의 작성<br>시험편 또는 시험체와 초음파특성이 근사한 강재로 제작 |
| RB-D | 2진동자 수직탐촉자의 성능점검<br>2진동자 수직탐촉자를 사용하는 경우의 탐상감도의 교정<br>2진동자 수직탐촉자를 사용하는 경우의 측정범위의 교정<br>두께측정기의 교정 |

대비시험편 제작 시 유의할 점으로는

① 재료의 선택 : 시험체와 동등한 초음파특성을 갖는 재료를 선택한다.

② 인공결함의 형상·치수 : 탐상목적으로부터 결정한다. 인공결함의 종류로는 평저공(*flat bottom hole; FBH*), 측면공(*side drilled hole; SDH*), 노치(*notch*), 슬릿(*slit*) 등이 사용된다.

③ 가공 정밀도의 관리 : 반사원이 되는 부분에는 정밀도가 요구된다. 그리고 표준시험편의 취급 시에는 초음파탐상시험에서 표준이 되는 신호를 얻기 위해 항상 재현성이 확보되도록 흠이 생긴다든가 녹이 발생하지 않도록 해야 한다.

## 5.3.5 대비시험편의 종류와 용도

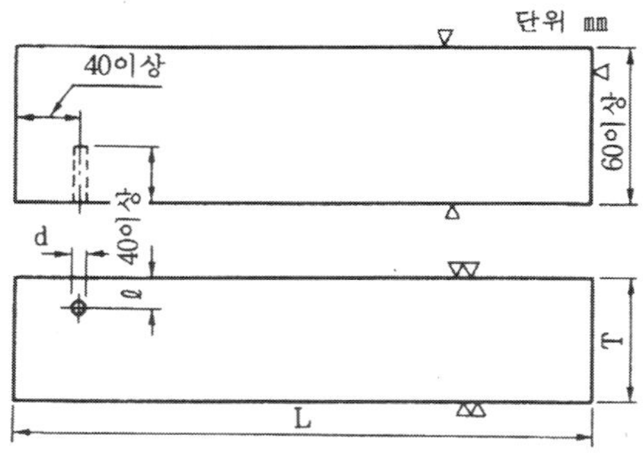


RB-4

L : 대비시험편의 길이, 사용하는 빔진행거리에 따라 정한다.

T : 대비시험편의 두께.

d : 표준구멍의 직경.

ℓ : 표준구멍의 위치.

| 시험편의 명칭 | 시험편의 두께 t | 대비시험편의 두께 T | 표준구멍의 위치 ℓ | 표준구멍의 직경 dmm |
|---|---|---|---|---|
| No. 1 | 25 mm 이하 | 19 mm 또는 t(1) | T/2 | 2.4 |
| No. 2 | 25 mm 초과 50 mm 이하 | 38 mm 또는 t | T/4 | 3.2 |
| No. 3 | 50 mm 초과 100 mm 이하 | 75 mm 또는 t | T/4 | 4.8 |
| No. 4 | 100 mm 초과 150 mm 이하 | 125 mm 또는 t | T/4 | 6.4 |
| No. 5 | 150 mm 초과 200 mm 이하 | 175 mm 또는 t | T/4 | 7.9 |
| No. 6 | 200 mm 초과 250 mm 이하 | 225 mm 또는 t | T/4 | 9.5 |
| No. 7 | 250 mm 초과 | t | T/4 | (2) |

주(1) T = t 의 경우에는 표면거칠기는 시험체대로 한다.
(2) 시험체 두께가 250 mm를 초과하는 경우에는 두께가 50 mm 증가할 때마다 표준구멍의 지름을 1.6 mm 증가시킨다.

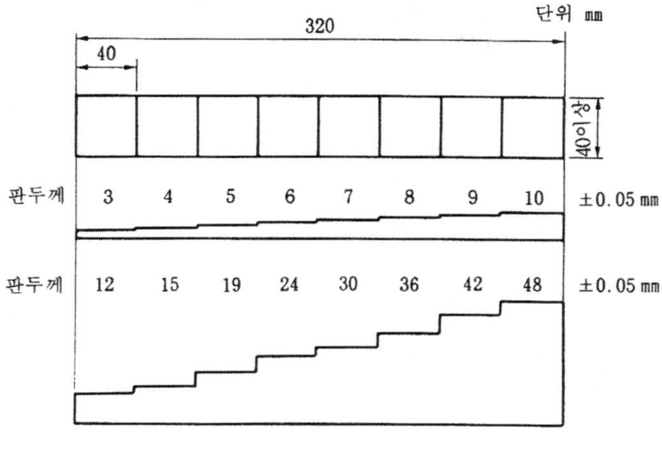


그림 5.26 시험편의 형상과 주요 치수(RB-4, RB-D)

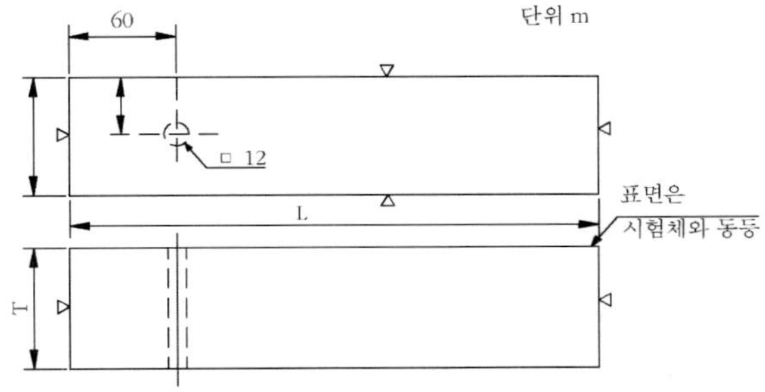


그림 5.27 시험편의 형상과 주요 치수(RB-A5)

## 가. RB-4, RB-D 대비시험편

사각탐상 및 수직탐상의 거리진폭특성곡선의 작성 및 탐상감도의 교정에 사용되는 대비시험편으로서 피검체로 제작하거나 피검체와 초음파특성이 유사한 재질로 제작되며 ASME시험편을 기초로 제작한 것으로서 시험편의 제원은 그림 5.26과 같다.

## 나. RB-A5(KS B-0896)

탠덤주사 및 두 갈래 주사에 사용되는 시험편으로서 시험체 또는 시험체와 초음파특성이 유사한 재질로 제작하며 그 제원은 그림 5.27과 같다.

## 다. RB-A6, RB-A42, RB-A43

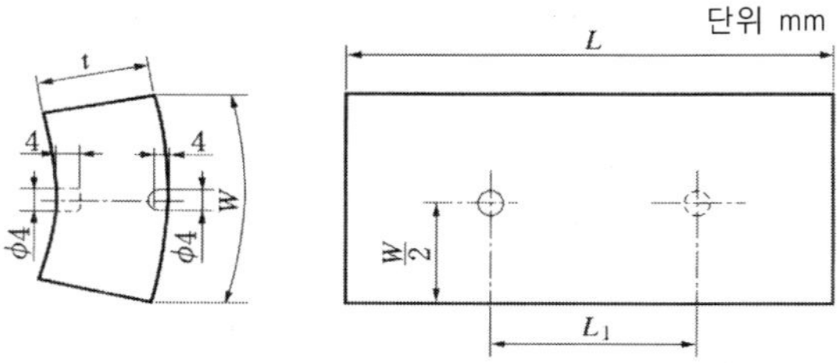


(a) RB-A6

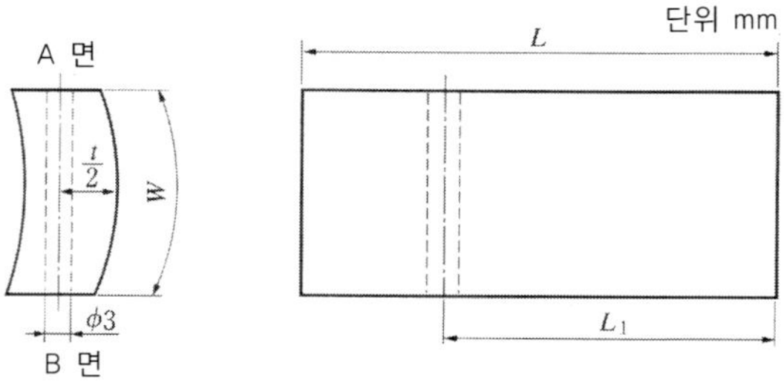


(b) RB-A42

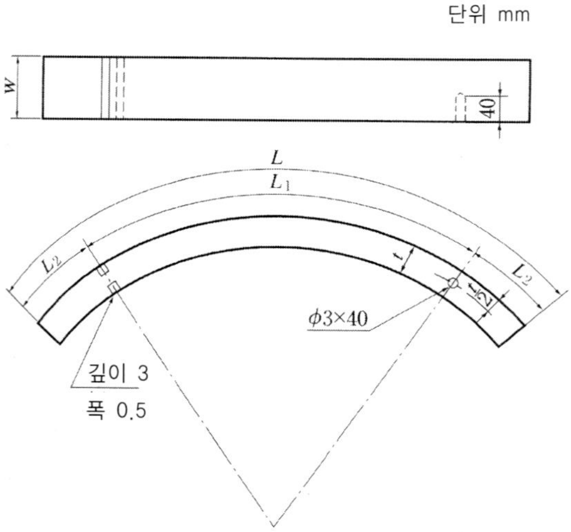


(c) RB-A43

그림 5.28 시험편의 형상과 주요치수(RB-A6, RB-A42, RB-A43)

곡률을 가진 피검체의 원주 용접부를 탐상할 때 탐촉자의 입사점과 굴절각의 측정과 거리진폭특성곡선의 작성 및 탐상감도의 교정시에 사용되는 시험편으로서 피검체 또는 피검체와 초음파특성이 유사한 재질로 제작된다. 그 제원은 그림 5.28과 같다. 대비시험편의 곡률반지름은 피검체의 곡률반지름의 0.9배 이상 1.5배 이하로 하며 두께는 피검체의 2/3배 이상 1.5배 이내로 한다. 표준구멍은 내외면에 위치하며 대비시험편의 두께가 20 mm 이하일 때에는 표준구멍을 한 쪽에만 가공한다. 이때 탐상면이 외면일 때에는 내면에 표준구멍을 가공하고 내면에서 탐상할 경우에는 외면에 표준구멍을 제작한다. 그림 5.28에서 L은 대비시험편의 길이이며 $L_1$은 최소한 1.5스킵거리 이상이 되어야 한다. W는 60 mm 이상의 폭이 되어야 하며 t는 시험편의 두께이다. 표준구멍의 수직각도는 0.5° 이내이며 끝부분각도는 118° 이며 이때 구멍의 모서리는 가공하지 않는다.

## 라. RB-A7(KS B 0896)

곡률을 가진 피검체의 길이이음 용접부를 탐상할 때 사용하는 시험편으로서 사각탐촉자의 입사점, 굴절각의 측정과 거리진폭특성곡선의 작성 및 탐상감도의 교정에 사용된다. 필요한 경우에 1/2 두께빔거리나 1/2두께 탐촉자거리측정에 사용된다. 그림 5.29는 RB-A7의 제원을 나타내었다. L은 시험편의 길이이며 $L_1$은 2스킵 거리이상, $L_2$는 1스킵거리 이상이어야 한다. W는 시험편의 폭으로서 60 mm 이상으로 하며 t는 시험편의 두께이다.

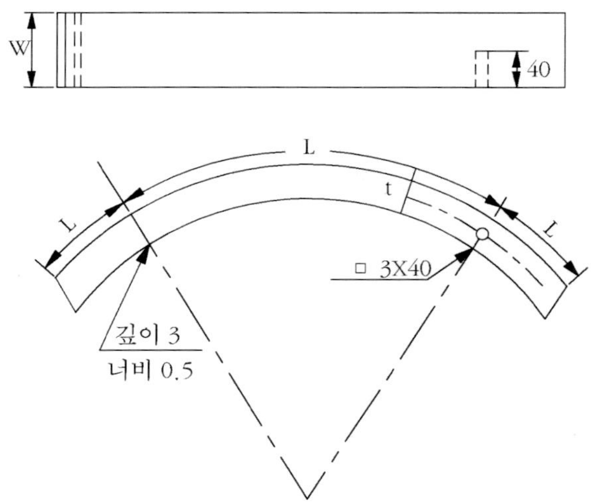


그림 5.29 시험편의 형상과 주요 치수(RB-A7)

## 마. RB-RD

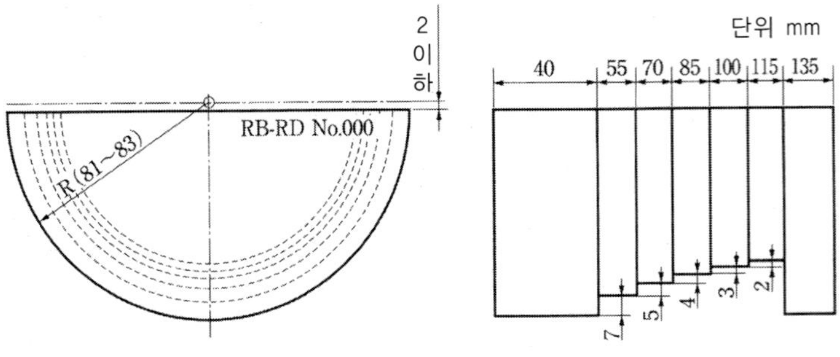


그림 5.30 시험편의 형상과 주요치수(RB-RD)

## 5.4 ASME 대비시험편

미국기계학회(*American Society for Mechanical Engineers; ASME*)가 원자로 및 압력용기에 대한 용접부의 수직 및 사각탐상의 감도를 교정하기 위하여 만든 대비시험편(*basic calibration block*)이다. 시험편의 재질은 시험체 또는 피검체와 초음파특성이 유사한 재질로 제작하도록 되어있으며 시험편의 제원은 그림 5.31 및 표 5.4와 같다.

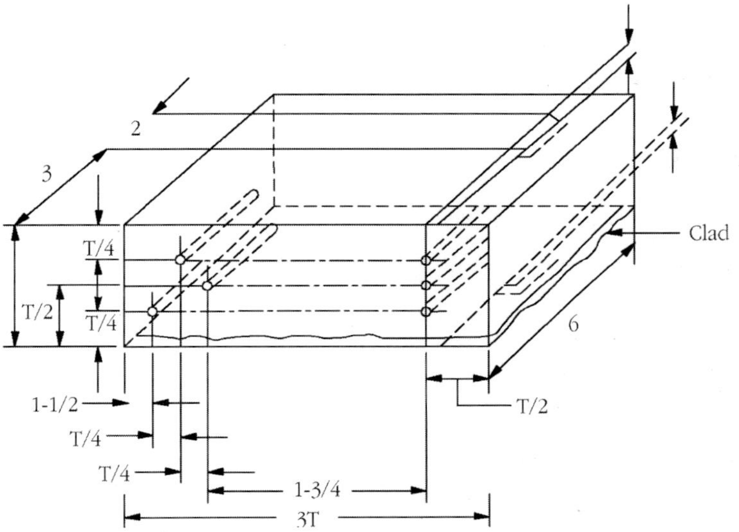


그림 5.31 ASME 대비시험편

표 5.4 ASME 대비시험편의 제원

단위 : mm(in)

| 용접부 두께 t | 교정시험편 두께(T) | 구멍지름 | 노치크기 |
|---|---|---|---|
| 25 mm(1 in) 이하 | 19 min($\frac{3}{4}$ in) 또는 t | 2.4 mm(3/32 in) | 깊이 = T의 2%<br>폭 = 6.4 mm($\frac{1}{4}$ in) 이하<br>길이 = 25 mm(1 in) 이하 |
| 25 mm(1 in) 초과 51 mm(2 in)까지 | 38 min($1\frac{1}{2}$ in) 또는 t | 3.2 mm(1/8 in) | |
| 51 mm(2 in) 초과 102 mm(4 in)까지 | 76 min(3 in) 또는 t | 4.8 mm(3/16 in) | |
| 102 mm(4 in) 초과 | 1±25 mm(1 in) | 주(1) | |

* 최소 치수

비고 〈a〉 구멍은 검사표면에 평행하고 최소한 38min($1\frac{1}{2}$ in) 깊이로 뚫고 다듬질한다.

〈b〉 직경이 508mm(20in) 이하인 기기의 경우, 교정시험편의 T-434.1.7.2항의 요건을 만족해야 한다. 방향이 서로 90°인 두 세트의 교정 반사체(구멍, 노치)가 사용되어야 한다. 이의 대신으로 두 개의 곡률을 가진 교정시험편을 사용할 수 있다.

〈c〉 구멍지름의 허용차는 ±0.8mm(1/32 in)이다. 교정 시험편 두께쪽으로의 구멍위치(즉, 검사표면으로부터의 거리)의 허용차는 ±3.2min(1/8 in)이다.

〈d〉 두께가 19.05mm(3/4 in)보다 작은 시험편의 경우, 1/2 T 측면공과 표면 노치만이 요구된다.

〈e〉 교정시험편의 모든 구멍들이 교정시 어떤 하나의 반사체가 다른 반사체로부터의 지시에 의해 영향을 받지 않을 경우, 모든 반사체(구멍, 노치)는 동일한 면(측면)에 놓일 수 있다. 노치들은 또한 구멍과 동일한 직선상의 동일한 평면에 위치할 수 있다.(부록 J, 그림 J-431 참조) 그림 J-431에서 보이는 것과 같이 충분한 수의 구멍이 1/4T와 1/2T 및 3/4T 깊이에서 사각 및 수직법 교정을 위해 제공되어야 한다.

〈f〉 노치의 깊이는 최소 1.6%T부터 최대 2.2%T이어야 한다. 클래딩이 있는 경우, 블록의 클래딩 쪽 노치 깊이는 클래딩 두께 CT(즉, 1.6%T+최소 CT부터 2.2%+최대 CT 까지)만큼 증가되어야 한다.

〈g〉 최대 노치 폭은 중요하지 않다. 노치는 EDM 또는 6.4mm($\frac{1}{4}$ in)까지의 엔드빌로 가공될 수 있다.

〈h〉 용접두께(t)는 덧살이 없는 용접부의 공칭 재질두께이다. 또는 덧살을 가진 용접부의 경우에는 용접부 공칭 재질두께에 추정 덧살 두께를 더한 값이 참조 기술기준에서 허용하는 최대치를 초과해서는 안된다. 두 개 이상의 모재두께가 포함된 경우의 교정시험관두께(T)는 용접부 평균두께에 의해 결정되어야 한다. 이의 대안으로, 만약 대비반사체 크기가 평균 용접부 두께를 기초로 정해졌다면 더 두꺼운 모재두께에 기초한 교정시험편을 사용해도 된다.

비고 (1) 용접부 두께가 51mm(2 in)씩 증가할 때마다 102mm(4 in)를 초과하는 그 증가량마다 구멍지름은 1.6mm(1/16 in)씩 증가하여야 한다.

## 5.4.1 수직탐상의 교정

### 가. 시간축 교정

그림 5.32와 같이 1/4T, 1/2T, 3/4T 구멍으로부터의 에코를 이용하여 시간축의 교정(*sweep range calibration*)을 통해 측정범위를 교정한다.

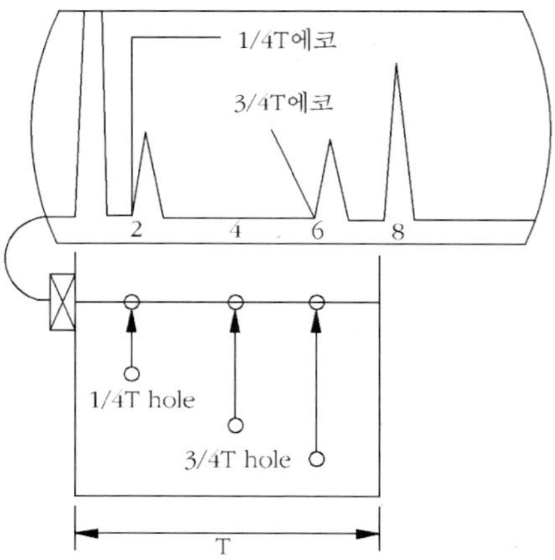


그림 5.32 시간축 교정

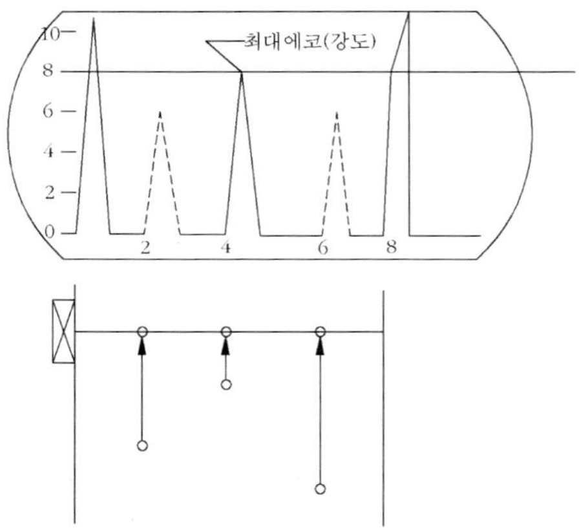


그림 5.33 감도 교정

### 나. 감도 교정

그림 5.33과 같이 시험편의 1/4T, 1/2T, 3/4T 측면공 중 동일한 감도에서 에코의 높이가 최대가 되는 측면공을 선정하여 이 측면공의 에코높이를 FSH의 80%로 게인을 이용하여 감도교정(*sensitivity calibration*)한 후 이를 주 대비 기준(*Primary reference level*; 이하 PRL이라 한다)으로 한다.

## 다. 거리진폭교정

그림 5.33에 의해 얻어진 기준 감도로서 다른 측면공으로부터의 에코를 연결하여 DAC곡선을 그린다. 그림 5.33에서는 1/2T 측면공으로부터 최대의 에코를 얻은 후 1/4T와 3/4T 측면공으로부터의 에코를 연결하여 DAC를 그린 것이다.

## 5.4.2 사각탐상의 교정

## 가. 시간축 교정

그림 5.34와 같이 1/4T와 3/4T의 구멍으로부터의 지시를 지연조절기(*sweep delay*)와 스윕길이(*sweep length*) 조절기를 이용하여 눈금판의 눈금 2와 6에 맞추면 시간축의 두 눈금이 1/4T가 되어 시간축 교정(*sweep range calibration*)이 가능해진다.

## 나. 감도교정

시험편의 1/4T, 1/2T와 3/4T 중에서 에코의 높이가 최대가 되는 구멍을 선정하여 이 에코의 높이를 전체 화면 높이(이하 FSH라 한다)의 80%가 되도록 탐상기의 게인을 교정하여 이때의 dB값을 읽어 이를 PRL로 한다(그림 5.35).

## 다. 거리진폭교정

앞에서 교정한 감도로 다른 구멍 즉 1/4T, 3/4T 및 5/4T로부터 최대의 에코를 얻어 이 점들을 연결하여 거리진폭특성(DAC)곡선을 구할 수 있다. 실제 탐상시에는 눈금판 위에 그려놓고 탐상하게 된다(그림 5.35).

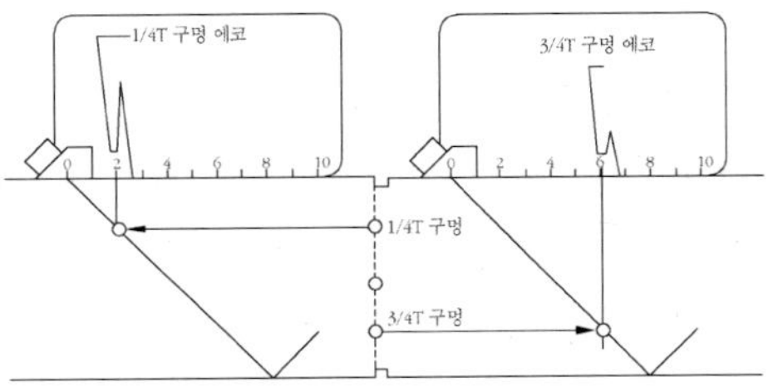


그림 5.34 시간축의 교정

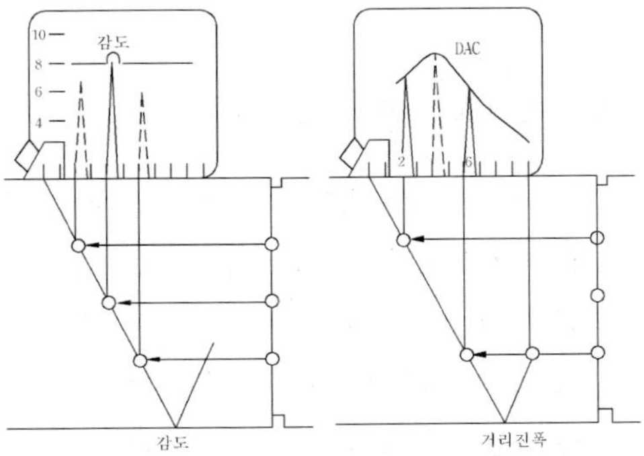


그림 5.35 감도 및 거리진폭 교정

## 라. 위치-깊이 교정

그림 5.36과 같이 탐촉자 저면에 표지판(*indexing strip*)을 부착하여 각각의 구멍으로부터 최대의 에코를 얻을 때의 구멍의 위치를 표지판 위에 표시하여 표지판 위의 에코의 위치로서 구멍의 깊이를 알 수 있는 위치-깊이 교정(*position-depth calibration*)을 나타내고 있다.

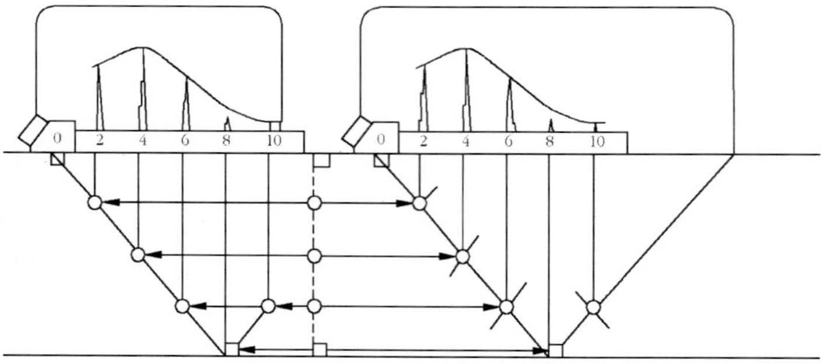


(가) 깊이 위치　　　　(나) 빔 위치

그림 5.36 위치-깊이 교정

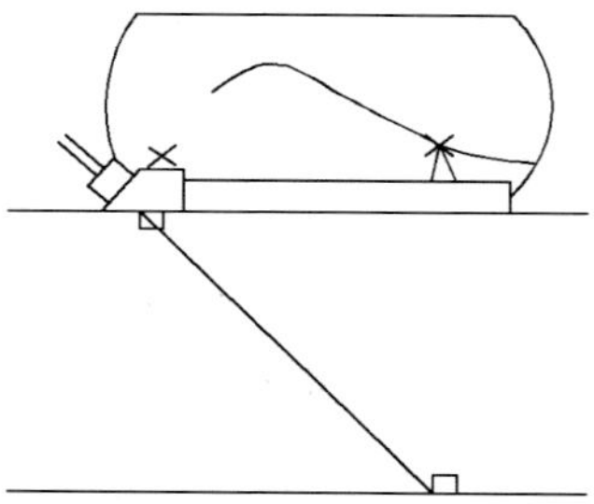

그림 5.37 평면반사체에 대한 교정

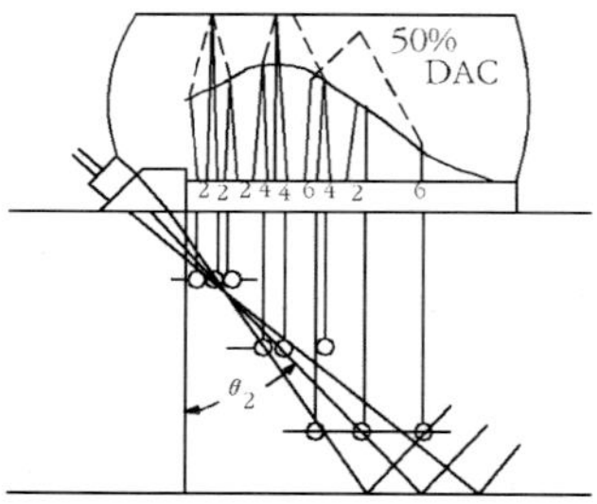


그림 5.38 빔분산의 측정

## 마. 평면형 반사체의 교정

45° 의 횡파빔은 그림 5.37과 같이 모서리형 반사원에서 반사가 잘 된다. 그러나 60° 횡파빔은 이러한 모서리에서 파형변환이 생겨 감도가 저하되는데 이러한 현상은 50° ~ 70° 사이의 횡파 빔에서도 어느 정도 나타나게 된다. 따라서 굴절각에 관계없이 반사원의 정확한 평가를 위하여 평면형 반사체의 보정(*calibration correction for planar reflectors*)이 필요하게 된다. 예를 들면, 모서리에서는 60° 횡파빔이 45° 횡파빔에 비하여 에코높이가 DAC의 1/2이 되는 것을 확인할 수 있다.

## 바. 빔분산의 측정

DAC 감도에서 6 dB만큼 감도를 올려주면 화면에 그려진 DAC 곡선은 50% DAC 곡선이 된다. 그림 5.38과 같이 탐촉자를 1/4T 구멍에 겨누어 최대의 에코를 얻은 후 이 지점의 전방과 후방으로 탐촉자를 이동하여 50% DAC선과 만나는 지점을 탐촉자의 표지판 위에 작은 글자 2로 큰 글자 2의 좌우에 써놓는다. 동일한 방법으로 1/2T 및 3/4T 구멍의 지시를 4와 6으로 표지판 위에 써놓는다. 표지판 위의 각 점들을 실제의 빔 거리에 그려놓은 초음파 빔은 실측지시를 그린 다음 표지판 위에 있는 각 점을 그려 넣어 이를 직선으로 연결하면 빔분산(*beam spread*)을 알 수 있게 된다.

굴절각은 빔 중심선과 탐상표면의 수직선 사이의 각도이므로 분도기로 재어 알아낼 수 있다. 탐촉자 전면에 부착된 표지판 위의 작은 숫자 2, 4, 6을 직선으로 연결하면 빔 중심선의 50% DAC 감도 한계선을 그릴 수 있게 된다.

## 5.5 ASTM 대비시험편의 종류

미국재료시험학회(*American Society for Testing Materials; ASTM*)은 미국의 재료와 검정표준협회로서 초음파탐상에 사용되는 시험편으로서는 *Basic Set*, *Area-Amplitude Set* 그리고 *Distance-Amplitude Set* 외에 여러 가지가 있으나 여기에서 상기의 세 가지 시험편에 대하여 설명한다.

### 5.5.1 Area-Amplitude Blocks

이 시험편은 그림 5.39와 같이 탐상면으로부터 인공결함인 평저공(*Flat Bottomed Hole: FBH*)까지의 거리는 3인치로 일정하며 평저공의 지름이 1/64인치에서 8/64인치까지 1/64인치씩 증가하는 8개의 시험편으로 구성되어 있다. 시험편의 제원은 표 5.5와 같다. 이 시험편은 같은 거리에서 평저공의 지름만 달라지므로 탐상장비의 증폭직선성의 측정에 사용되며 탐상감도의 교정용으로도 사용될 수 있다. 특히 탐상장치의 근거리 탐상능력을 알 수 있는 시험편으로서 *Alcoa Series A* 라고도 불린다.

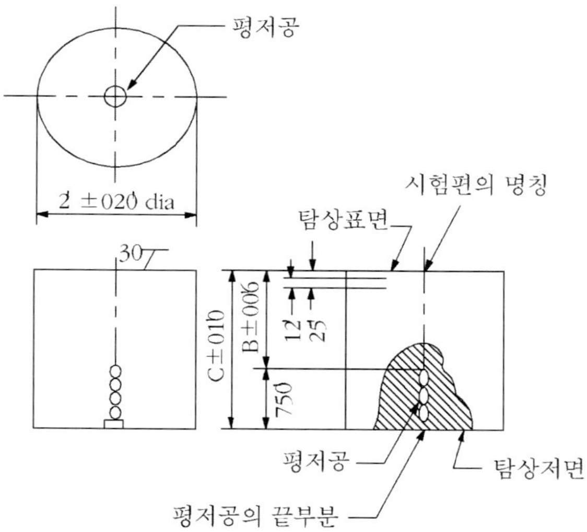


그림 5.39 ASTM 시험편

표 5.5 Area Amplitude Set의 명칭과 제원

| 시험편 명칭 | 편저공의 직경(A) | 금속간 거리(B) | | 전체 길이(C) | |
|---|---|---|---|---|---|
| | 1/64 ths in | in. | m | in. | m |
| 1-0300 | 1 | 3.000 | 76.2 | 3.750 | 95.3 |
| 2-0300 | 2 | 3.000 | 76.2 | 3.750 | 95.3 |
| 3-0300 | 3 | 3.000 | 76.2 | 3.750 | 95.3 |
| 4-0300 | 4 | 3.000 | 76.2 | 3.750 | 95.3 |
| 5-0300 | 5 | 3.000 | 76.2 | 3.750 | 95.3 |
| 6-0300 | 6 | 3.000 | 76.2 | 3.750 | 95.3 |
| 7-0300 | 7 | 3.000 | 76.2 | 3.750 | 95.3 |
| 8-0300 | 8 | 3.000 | 76.2 | 3.750 | 95.3 |

### 5.5.2 Distance-Amplitude Set

초음파의 특성 중에서 반사원으로부터의 에코높이는 초음파가 진행한 거리의 2승에 반비례하는 역자승 법칙을 이용하여 수직탐상에서 거리에 따른 에코높이의 변화를 측정함으로써 설정된 크기보다 큰 결함의 지시를 화면에서 읽을 수 있도록 탐상장치의 감도를 표준화하는데 사용되는 시험편이다. 시험편의 구성은 지름 2인치의 원통형으로 시험편의 저면으로부터 3/4인치 깊이의 평저공을 가공하였으며 평저공의 지름은 3/4인치, 5/64인치 및 8/64인치의 3종류가 있으며 각 종류별로 금속간 거리(탐상면에서 평저공까지의 거리)가 다른 19개의 시험편으로 구성되어 있다. 이 시험편은 별칭으로 *Alcoa Series B* 또는 *Hitt Block* 으로도 불리어진다. 또한 ASTM E 127에서는 평저공의 지름이 3/64인치, 5/64인치 및 8/64인치의 각 종류별로 금속간 거리가 0.125인치로부터 6.25인치까지의 30개씩 시험편으로 구성되어 전체 90개의 시험편이 된다.

## 5.5.3 Basic Set

휴대에 간편하도록 Area Amplitude Set와 Distance-Amplitude Set 기능을 조합하여 평저공의 지름과 금속간 거리가 각기 다른 10개의 시험편으로 구성되어 있으며 명칭과 제원은 표 5.6과 같다.

표 5.6 Basic Set의 명칭과 제원

NOTE 1–Marterial to be as specitied by the user.
NOTE 2–All dimensions and tolerances are to be in accordance with Fig 11.
NOTE 3–1 in = 25.4mm
NOTE 4–Block sets shown are typical of establised commercial pratice more or fewer blocks may be required for specific applications.

| | | | | Distance/Amplitude, 19 in each set | | | Basic set, 10 Totel | | | Aree/Ampitude Set, 8 total | | | | | | | |
|---|---|---|---|---|---|---|---|---|---|---|---|---|---|---|---|---|---|
| | Metal Travel and Designator | | | | | | Diameter of Flat-Botton Holes(1/84th in./1.8mm) Dimension "D" | | | | | | | | | | |
| Nominal Mt | Dim. "A" | | Desig | 3 | 5 | 8 | 3 | 5 | 8 | 1 | 2 | 3 | 4 | 5 | 6 | 7 | 8 |
| (in) | (in) | (mm) | | 3 | 5 | 8 | ... | ... | ... | | | | | | | | |
| 1/16 | 0.0625 | (1.6mm) | -0006 | 3 | 5 | 8 | ... | 5 | ... | | | | | | | | |
| 1/8 | 0.125 | (3.2mm) | -0012 | 3 | 5 | 8 | ... | 5 | ... | | | | | | | | |
| 1/4 | 0.250 | (6.4mm) | -0025 | 3 | 5 | 8 | ... | ... | ... | | | | | | | | |
| 3/8 | 0.375 | (9.5mm) | -0038 | 3 | 5 | 8 | | 5 | | | | | | | | | |
| 1/2 | 0.500 | (12.7mm) | -0050 | 3 | 5 | 8 | ... | ... | ... | | | | | | | | |
| 5/8 | 0.625 | (15.9mm) | -0062 | 3 | 5 | 8 | ... | 5 | ... | | | | | | | | |
| 3/4 | 0.750 | (19.1mm) | -0075 | 3 | 5 | 8 | ... | ... | ... | | | | | | | | |
| 7/8 | 0.875 | (22.2mm) | -0088 | 3 | 5 | 8 | ... | ... | ... | | | | | | | | |
| 1 | 1.000 | (25.4mm) | -0100 | 3 | 5 | 8 | ... | ... | ... | | | | | | | | |
| 1 1/4 | 1.250 | (31.8mm) | -0125 | ... | ... | ... | ... | 5 | ... | | | | | | | | |
| 1 1/2 | 1.500 | (36.1mm) | -0150 | 3 | 5 | 8 | ... | ... | ... | | | | | | | | |
| 1 3/4 | 1.750 | (44.5mm) | -0175 | ... | ... | ... | ... | ... | ... | | | | | | | | |
| 2 | 2.000 | (50.8mm) | -0200 | 3 | 5 | 8 | ... | ... | ... | | | | | | | | |
| 2 1/4 | 2.250 | (57.2mm) | -0225 | ... | ... | ... | 3 | 5 | 8 | | | | | | | | |
| 2 1/2 | 2.500 | (63.5mm) | -0250 | 3 | 5 | 8 | ... | ... | ... | | | | | | | | |
| 2 3/4 | 2.750 | (69.9mm) | -0275 | ... | ... | ... | ... | ... | ... | 1 | 2 | 3 | 4 | 5 | 6 | 7 | 8 |
| 3 | 3.000 | (76.2mm) | -0300 | 3 | 5 | 8 | ... | ... | ... | | | | | | | | |
| 3 1/4 | 3.250 | (82.6mm) | -0325 | ... | ... | ... | ... | ... | ... | | | | | | | | |
| 3 1/2 | 3.500 | (88.9mm) | -0350 | 3 | 5 | 8 | ... | 5 | ... | | | | | | | | |
| 3 3/4 | 3.750 | (95.3mm) | -0375 | ... | ... | ... | ... | ... | ... | | | | | | | | |
| 4 | 4.000 | (101.6mm) | -0400 | 3 | 5 | 8 | ... | ... | ... | | | | | | | | |
| 4 1/4 | 4.250 | (106.0mm) | -0425 | ... | ... | ... | ... | ... | ... | | | | | | | | |
| 4 1/2 | 4.500 | (114.3mm) | -0450 | 3 | 5 | 8 | ... | ... | ... | | | | | | | | |
| 4 3/4 | 4.750 | (120.7mm) | -0475 | ... | ... | ... | ... | ... | ... | | | | | | | | |
| 5 | 5.000 | (127.0mm) | -0500 | 3 | 5 | 8 | ... | ... | ... | | | | | | | | |
| 5 1/4 | 5.250 | (133.4mm) | -0525 | ... | ... | ... | ... | ... | ... | | | | | | | | |
| 5 1/2 | 5.500 | (139.7mm) | -0550 | 3 | 5 | 8 | ... | 5 | 8 | | | | | | | | |
| 5 /34 | 5.750 | (146.1mm) | -0575 | | | | | | | | | | | | | | |
| 6 | 6.000 | (152.4mm) | -0600 | | | | | | | | | | | | | | |
| 6/14 | 6.250 | (158.8mm) | -0625 | | | | | | | | | | | | | | |
| 6/12 | 6.500 | (165.1mm) | -0650 | | | | | | | | | | | | | | |

# 5.6 기타 사용기기

## 5.6.1 탐촉자 케이블

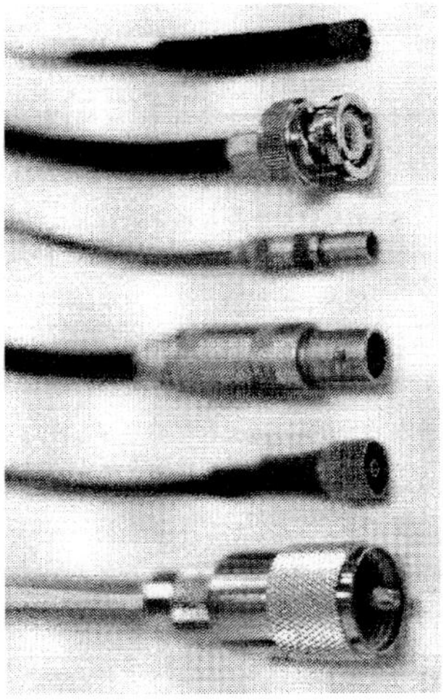


그림 5.40 탐촉자 케이블과 커넥터의 종류

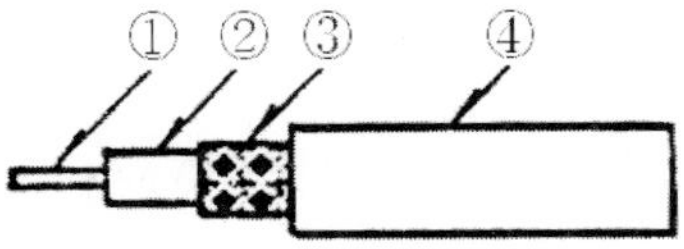


그림 5.41 동축 케이블의 구조

탐촉자 케이블은 고주파케이블의 양끝에 접속하기 위해 커넥터(*connector*)가 부착되어 있다. 탐촉자 케이블의 커넥터에는 그림 5.40과 같이 여러 종류가 있고 탐상기와 탐촉자의 커넥터에 맞는 것을 사용한다. 커넥터의 착탈 방법은 각각의 종류에 따라 다르고 탐촉자 케이블을 급격한 각도로 구부린다든가 잘못 취급하면 접속불량이나 단선의 원인이 되기 때문에 주의할 필요가 있다

## 5.6.2 접촉매질

초음파의 전달효율을 향상시키기 위해 탐상면과 탐촉자 사이에 도포하는 액체를 접촉매질(*couplant*)이라 한다. 접촉매질에는 물, 기계유, 글리세린 페이스트 등이 사용되고 있다. 탐촉자가 시험체에 접하는 탐상면이 거칠 경우 초음파의 전달능력은 접촉매질의 종류에 따라 달라진다. 밀도와 음속을 곱한 상태인 음향임피던스가 큰 접촉매질 일수록 초음파의 전달능력이 뛰어나다. 글리세린이나 글리세린 페이스트는 기계유나 물에 비해서 음향 임피던스가 크다.

접촉 매질로는 탐상면이 평면으로 평활한 경우에는 주로 기계유나 물을 이용하고, 표면이 거친 경우나 곡면이 있는 경우에는 주로 글리세린이나 글리세린 페이스트 등을 이용한다. 횡파 수직 탐촉자, SH파 사각 탐촉자 및 표면 SH파 탐촉자를 사용하는 경우에는 횡파 전용의 접촉매질을 사용한다. 표준 시험편을 사용하는 경우에는 방청을 하기 때문에 기계유를 사용한다.

# 5.7 탐상장치의 성능과 점검

## 5.7.1 점검

초음파탐상장치는 사용 환경이나 사용 시간에 따라 열화되어 간다. 점검에는 일상 점검(매 검사 전), 특별점검(원거리 운송, 고장 수리 시), 정기 점검이 있고 점검의 종류에 따라 내용도 다르다. 일상 점검은 초음파탐상검사가 정상적으로 이루어지는가를 점검하는 것으로 탐촉자 및 부속품을 포함하여 점검한다. 정기 점검은 1년에 1회 이상 정기적으로 실시하는 점검으로 아래의 항목 및 점검(측정)방법에 따라 소정의 성능이 유지되어 있는지를 확인한다.

## 5.7.2 탐상기의 성능

초음파탐상기에 요구되는 성능으로는 초음파탐상기 본체의 시간축직선성, 증폭직선성, 분해능의 3가지가 중요하다. 표 5.7은 KS B 0534에서 규정하고 있는 탐상기와 탐촉자의 성능을 나타내고 있다.

### 가. 증폭직선성

증폭직선성(*amplitude or vertical linearity*)은 입력에 대한 출력의 관계가 어느 정도 비례관계가 있는가를 나타내는 성능을 말한다. 즉, 데시벨 조정기의 조절에 따라 신호의 크기가 일정한 비율로 커지거나 또는 작아지는 것을 말한다. 이 성능이 나쁘면 정확한 에코높이가 얻어지지 않고 결함을 빠뜨리기도 하고 또 결함을 과소 또는 과대하게 평가하게 된다. 그림 5.41은 증폭직선성의 간이적 확인방법을 나타내고 있다.

표 5.7 탐상기와 탐촉자의 성능

| 항목 | 사각 | 수직 |
|---|---|---|
| 증폭직선성 | ±3% | |
| 시간축직선성 | ±1% | |
| 감도 여유값 | 40 $dB$이상 | |
| 접근한계길이 | 20×20 25 mm 이내<br>14×14 20 mm 이내<br>10×10 15 mm 이내<br>5×5 7 mm 이내 | – |
| 원거리분해능 | 2 MHz 9 mm 이하<br>5 MHz 5 mm 이하 | 2 MHz 9 mm 이하<br>5 MHz 5 mm 이하 |
| 불감대 | 2 MHz 20×20 5 mm<br>14×14 25 mm<br>5 MHz 10×10 15 mm<br>5×5 8 mm | 2 MHz 15 mm<br><br>5 MHz 10 mm |
| 빔중심축의 어긋남 | 2° 이내 | – |

## 나. 시간축 직선성

시간축 직선성(*horizontal linearity*)은 탐상기의 시간축에 표시되는 저면 다중에코의 간격이 어느 정도 『등간격』인가를 표시할 수 있는 성능을 말한다. 시간축은 결함까지의 위치 정보이기 때문에 시간축의 직선성이 나쁘면 결함 위치의 측정 오차가 커진다. 시간축 직선성을 일상점검에서 간이적으로 확인하는 방법은 그림 5.42(a)와 같다.

## 다. 분해능

분해능(*resolution*)은 탐상면 표면으로부터 근접한 결함을 식별할 수 있는 탐촉자로부터의 거리 또는 방향이 서로 근접한 2개의 반사원을 화면상에 2개의 에코로 식별할 수 있는 성능을 말한다. 분해능에는 원거리분해능 및 근거리분해능 이외에 방위분해능이 있다. 원거리분해능은 탐상면으로부터 떨어진 위치에 있는 2개의 반사원으로부터 에코를 식별할 수 있는 능력이다.

근거리 분해능은 수직탐상에서 탐상면에 근접한 반사원으로부터의 에코를 식별할 수 있는 능력이다. 또, 방위분해능은 탐상면으로부터 동일거리에 있는 2개의 반사원을 2개 에코로 식별할 수 있는 능력이다. 분해능은 사용하는 탐촉자의 주파수가 높을수록 또 댐핑이 양호할수록 좋지만 그 성능을 발휘하기 위해서는 탐상기의 수신부가 증폭하는 주파수대역이 넓을수록 좋다.

방위분해능(*spatial resolution*)은 탐촉자의 폭 방향(좌우방향)에 근접한 결함에 대해 어느 정도 떨어져있으면 2개의 결함으로 식별할 수 있는가를 나타내는 말로 사용되는 것으로 방위분해능은 탐상면으로부터 동일거리에 있는 2개의 반사원을 2개 에코로 식별할 수 있는 능력이다.

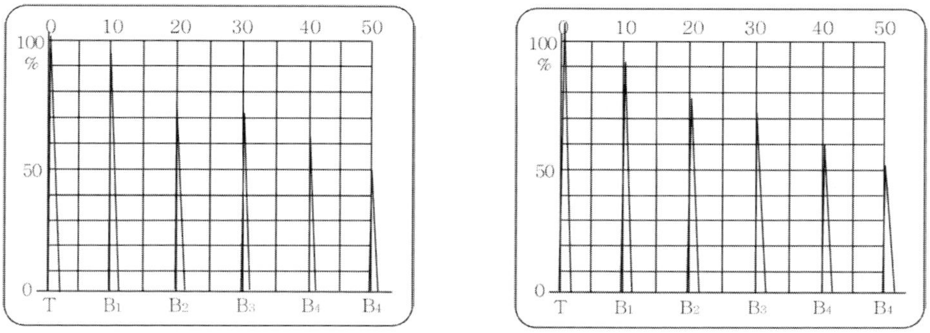


(a) (b)

(a) $B_1$과 $B_6$로 교정하고, 시간축 직진성이 양호한 탐상지시의 예
(b) 시간축 직진성이 양호한 탐상지시의 예

그림 5.42 증폭직선성의 간이적 확인방법

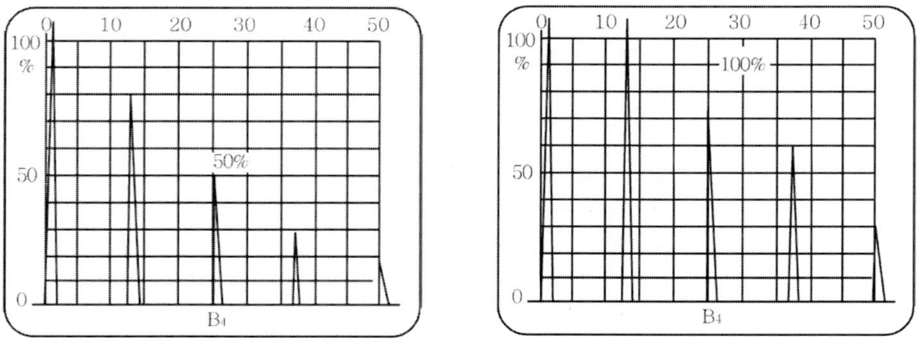


(a) 기준 감도 (b) 기준 감도 + 6 dB (100%)

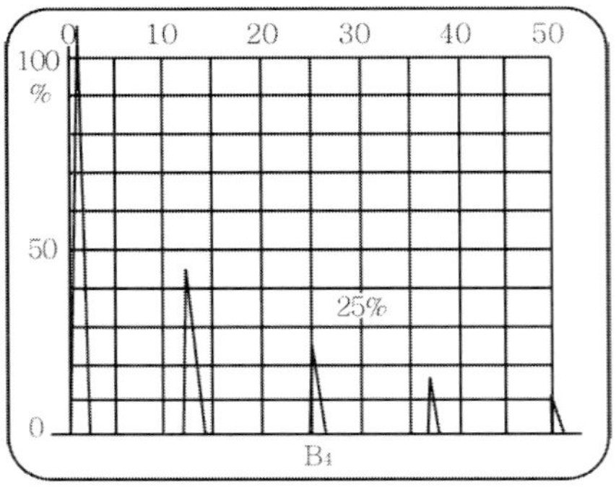


(c) 기준 감도 - 6 dB (25%)

그림 5.43 시간축직선성의 간이적 확인방법

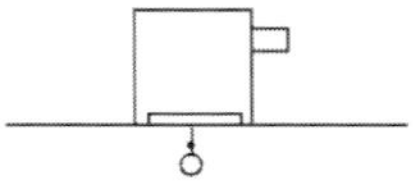

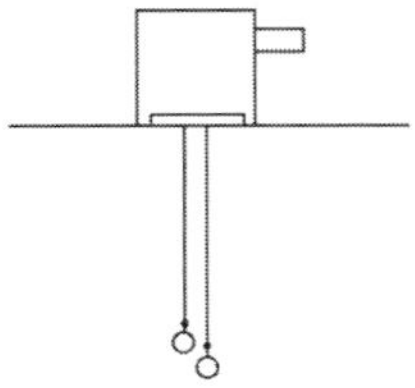

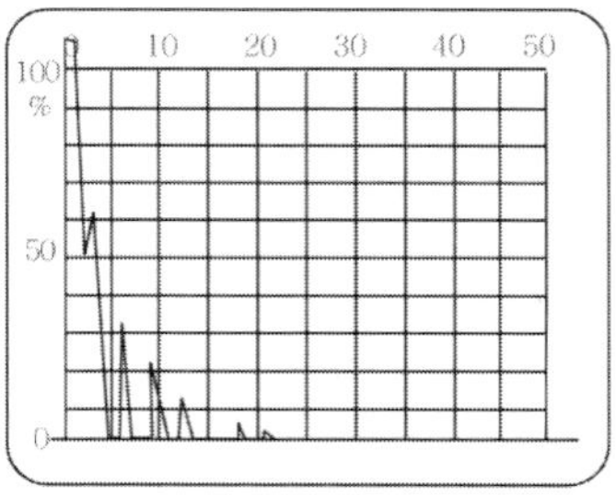


(a) 근거리 분해능이 나쁜 탐상지시의 예

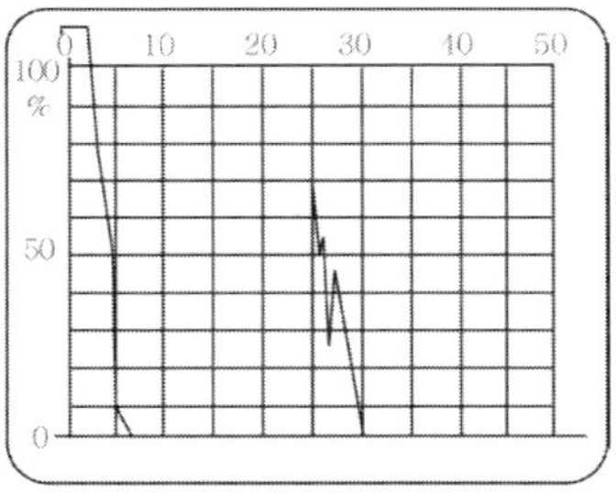


(a) 원거리 분해능이 나쁜 탐상지시의 예

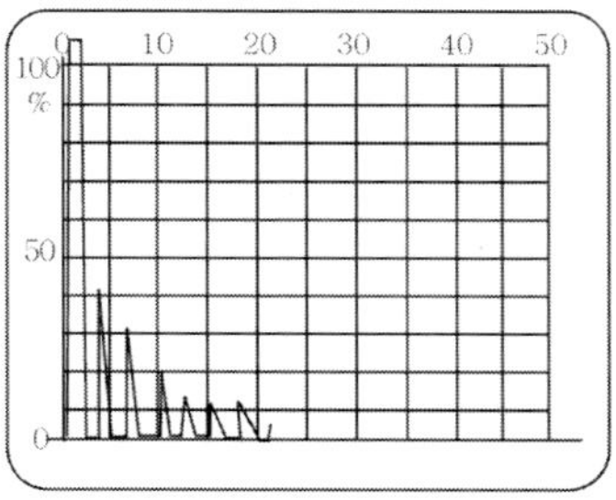


(b) 근거리 분해능이 좋은 탐상지시의 예

그림 5.44 근거리분해능

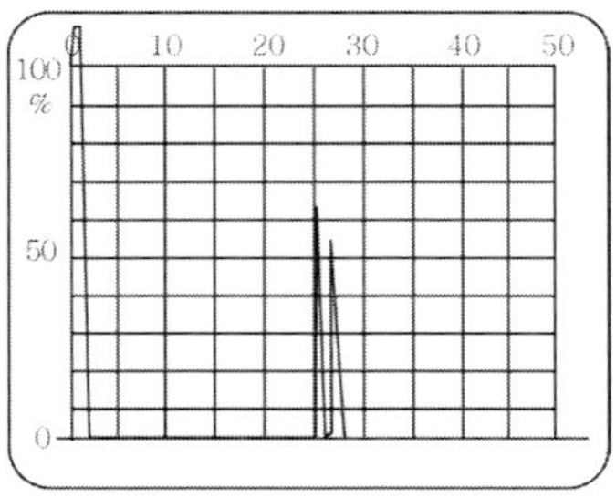


(b) 원거리 분해능이 좋은 탐상지시의 예

그림 5.45 원거리분해능

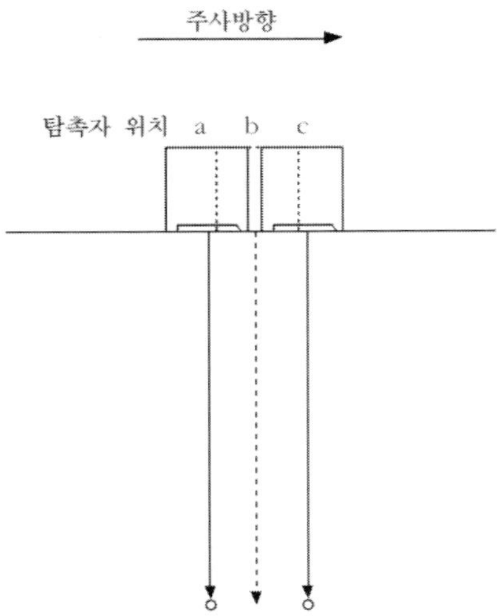


그림 5.46 방위분해능

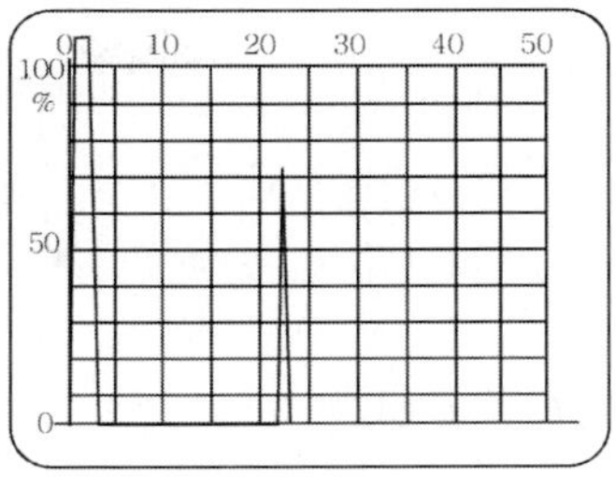


(a) 탐촉자 위치 a

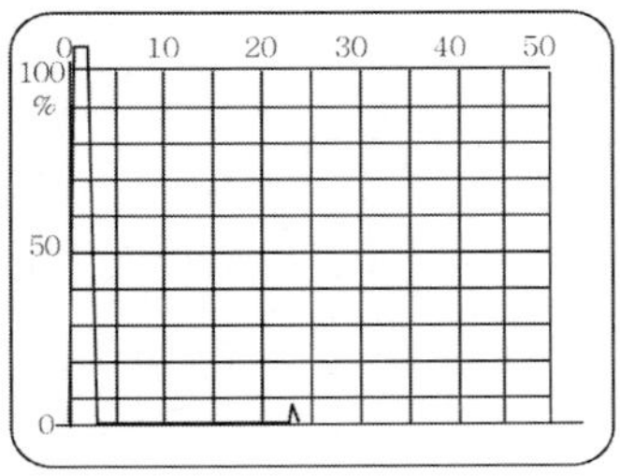


(b) 탐촉자 위치 b

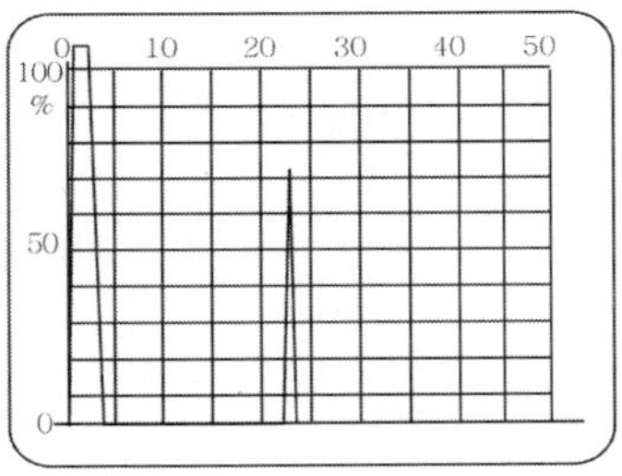


(c) 탐촉자 위치 c

그림 5.47 방위분해능 특성 탐상지시 예

## 라. 탐촉자의 성능

탐촉자의 성능을 표시하는 항목은 여러 가지가 있으나 이들은 서로 상반되는 성능을 갖기 때문에 한 가지 성능이 다른 것보다 우수하다 해서 반드시 좋은 탐촉자라고 말할 수 없다. 따라서 탐상의 목적에 적합한 특성이나 성능을 갖춘 탐촉자를 선택하는 것이 바람직하다.

### (1) 접근 한계 길이

입사점에서 탐촉자 선단까지의 길이를 말하며, 사용 전에는 반드시 측정할 필요가 있다. 이는 덧살이 있는 용접부를 탐상할 때 탐촉자가 근접하는 것이 불가능한 한계를 의미하고 짧을수록 좋다.

### (2) STB 굴절각

표준시험편 STB A1 또는 A3형 시험편을 이용하여 측정하는 초음파의 굴절각도이다. 사각탐상에서는 접근 한계 길이와 함께 사용 전에는 반드시 측정할 필요가 있다.

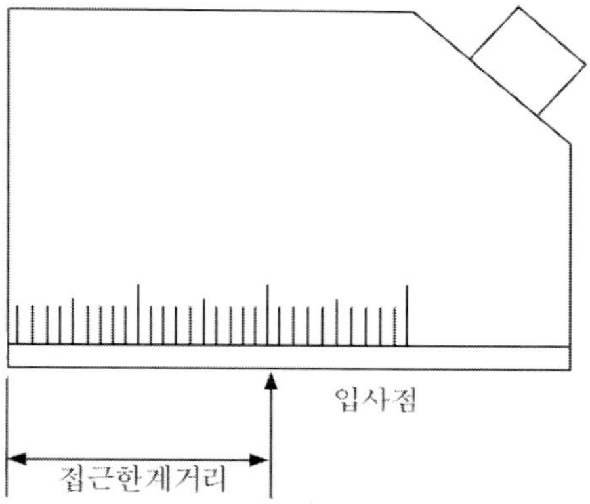


그림 5.48 접근 한계 길이

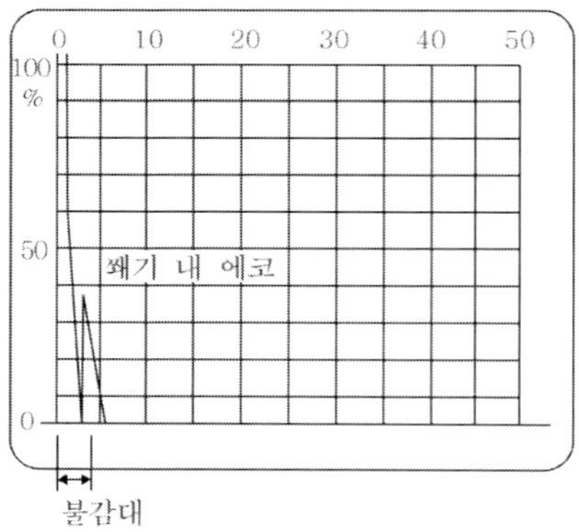


그림 5.49 불감대

### (3) 불감대

송신펄스의 폭이나 쐐기내 에코(사각탐촉자의 경우)로 인해 탐상이 불가능하게 되는 영역을 의미한다. 따라서 불감대(*dead zone*)는 짧을수록 좋다.

### (4) 주파수

탐촉자에 표시되는 주파수를 공칭주파수, 탐상에 적용되는 주파수를 검사주파수라 부른다. 검사주파수는 탐상기의 성능, 시험체의 음향특성 등의 영향을 받기 때문에 반드시 공칭주파수와 일치하는 것은 아니다.

### (5) 빔 폭

구(球) 또는 원주형의 반사원에 초음파 빔이 수직방향으로(지름방향) 겨냥하였을 때 얻어지는 반사원 위치와 에코높이와의 관계를 빔폭특성이라 한다. 이 특성은 시험체를 검사할 때 탐촉자의 주사 폭을 결정하는 중요한 요소 중의 하나이다.

### (6) 집속 범위

초음파 빔을 접속시켜 미세한 결함을 검출할 목적으로 제작된 집속탐촉자의 특성으로 거리진폭특성을 측정하고, 최대에코를 나타내는 거리를 집속거리라 부른다.

### (7) 치우침각(편각)

초음파 빔이 본래 송신되어야 하는 방향과 실제로 송신된 초음파 빔 중심축과의『각도 차』를 말한다. 이 각도의 차가 크면 실제 검사의 판정에 오류가 생기고 가능한 한 작을수록 좋다.

## 익힘문제

1. 게이트(*gate*)의 기능과 사용목적에 대해 기술하시오.
2. 리젝션(*rejection*)의 기능과 사용 시 주의할 사항에 대해 기술하라.
3. 펄스반복주파수(*PRF*) 사용 시 주의해야 할 사항과 PRF를 너무 높여 사용하면 어떠한 결과가 발생할 수 있는가?
4. DAC 회로의 기능과 사용목적을 기술하라.
5. KS B 0535의 탐촉자의 표시방법에 근거한 B5Z14I F15 ~ 25 탐촉자를 설명하시오.
6. 수직탐촉자에 비해 사각탐촉자 만이 갖는 특유한 성능에 대해 설명하시오.
7. 점집속형 수직탐촉자의 특성과 적용분야에 대해 기술하라.
8. 점집속(*Line focus type*)에 사용되는 음향집속 방법에 대해 설명하시오.
9. 광대역탐촉자에 대해 그 특징과 적용에 대해 기술하고 적용 시 주의점에 대해 기술하시오
10. 종파 사각탐촉자의 사용상의 주의점을 기술하시오.
11. 탐촉자 케이블의 종류와 사용 시 주의할 사항에 대해 기술하시오.
12. 초음파 탐상에 사용되는 접촉매질의 종류 및 사용 용도를 서술하시오.
13. 초음파탐상 장치의 교정(*calibration*)을 하는 목적은?
14. 현재 주요 각국의 규격에서 초음파탐상검사에 사용되고 있는 표준시험편(STB)과 대비시험편(RB)의 종류와 각 시험편의 사용목적에 대해 기술하시오.
15. 대비시험편을 제작할 때 주의할 점을 기술하시오.
16. 초음파탐상검사에 사용되는 STB-A2와 RB-4 시험편의 장단점을 비교 설명하시오.

Chapter 06

# 초음파 진단 기법 및 적용

초음파탐상검사는 주로 강판, 단강품 및 이들 용접부 등의 검사에 적용되고 있다. 이 때 대상이 되는 시험체의 재질, 형상·크기 및 검출해야 할 결함에 대하여 충분히 파악하는 것을 시작으로 초음파탐상검사의 가능여부를 검토해야 탐상방법과 탐상조건의 선정이 가능하게 된다. 이 장에서는 이들 초음파탐상검사의 적용에 앞서 시험체에 대해 조사해 놓아야할 항목과 탐상방법의 선정과 동시에 초음파탐상검사의 적용방법에 대해 기술한다.

초음파탐상검사는 주로 강판, 단강품 및 이들 용접부 등의 검사에 적용되고 있다. 이 때 대상이 되는 시험체의 재질, 형상·크기 및 검출해야할 결함에 대하여 충분히 파악하는 것을 시작으로 초음파탐상시험의 적부가 검토되고 그리고 시험방법, 시험조건의 선정이 가능하게 된다. 이 장에서는 이들 초음파탐상시험의 적용에 앞서 시험체에 대해 조사해 놓아야할 항목과 시험방법의 선정, 동시에 초음파탐상검사의 적용방법에 대해 기술한다.

## 6.1 시험체의 조사와 초음파 특성

### 6.1.1 시험체의 재질 및 형상·치수

강판, 단강품 및 용접부의 초음파탐상시험을 하기 전에 도면에 의한 검사체의 재질 및 형상 등에 대해 조사하여 활용할 필요가 있다. 시험체의 형상·치수에 대해서는 도면에 의해 어느 정도 조사가 되지만 구조물은 항상 도면대로 제작되어있다고 보증할 수 없기 때문에 검사기술자가 계측하고 확인하는 것이 중요하다.

### 6.1.2 시험체 중의 음속

시험체 중의 음속은 파동의 양식(모드)이나 음파가 전파하는 시험체의 종류에 의해 정해지고, 예를 들면 강중에서는 종파음속은 약 5,900 m/s, 횡파음속은 약 3,230 m/s 이다. 시험체 음속의 측정방법은 실용적으로는 보통 초음파탐상장비를 이용하는 것이 가능하다. 예를 들면 어떤 재료의 종파음속을 측정하는 경우 그 재료의 두께를 알고 있는 개소와 STB-A1과 같이 두께와 음속을 알고 있는 시험편이 있으면 좋다. 초음파탐상기 표시기의 횡축은 초음파의 전파시간을 나타내기 때문에 예를 들면 STB-A1을 이용하여 측정범위를 조정했을 때 음속을 측정하고자하는 재료의 두께 $t$(mm)의 저면

에코가 CRT상의 횡축의 $x$(mm)위치에 나타났다고 하면 시험체의 음속 $C_2$는 다음 식으로 표시된다.

$$C_2 = \frac{t}{x} \cdot C_1 \tag{6.1}$$

단, $C_1$은 STB-A1 중의 종파음속이다.

횡파수직탐촉자를 이용하면 동일방법으로 횡파음속의 측정이 가능하다. 또 보통의 사각탐촉자를 이용하여 횡파음속을 측정하는 경우는 STB-A1 등으로부터 측정범위를 조정해 놓으면 초음파의 전파거리 $W_F(W)$를 반사원의 깊이 $d_F$(판두께 $t$) 및 탐촉자의 위치 $y$로부터 구해놓고 CRT상에서 읽은 빔진행거리 $x$와의 비를 이용하여 식 6.2로부터 시험체 중의 음속 $C_{S2}$를 구하는 것이 가능하다.

$$C_{s2} = \frac{W_F}{x} \cdot C_{s1} \tag{6.2}$$

단, $C_{S1}$은 STB-A1의 횡파 음속

## 6.1.3 음속 차의 보정

측정범위의 조정에 이용한 시험편과 시험체와의 음속이 다른 경우는 보정이 필요하게 된다. 보정 방법으로는 미리 음속이 다르다는 것을 고려하여 초음파탐상기의 시간축을 조정해 놓는 방법과 나중에 음속의 차를 환산하는 방법 2가지가 있다. 여기서 측정범위의 조정에 이용하는 시험체의 음속을 $C_1$, 검사체의 음속을 $C_2$라 하면 각각 다음과 같이 보정하는 것이 된다.

전자의 방법을 적용하는 경우 측정범위의 조정에 이용한 시험편의 치수를 $t_1$라 할 때 CRT상에서 이 치수와 등가한 검사체의 치수 $t_2$는 다음과 같이 구한다.

$$t_2 = \frac{C_2}{C_1} \cdot t_1 \tag{6.3}$$

여기서 시험편의 치수 $t_1$으로부터의 에코를 시험체의 치수 $t_2$라 간주하고 측정범위를 조정한다. 물론 시험체에 기지의 치수가 있으면 그 부분을 사용하여 측정범위 조정이 가능하다. 상기의 방법은 빔진행거리의 읽음이 직접 가능한 이점이 있으나 측정범위 조정에 이용하는 에코가 CRT상의 눈금과 눈금 사이에 나타나는 경우가 있어 조정이 어려운 경우가 있다.

후자의 방법을 이용하는 경우는 표준시험편 등을 이용하여 측정범위를 조정해 놓고 시험체를 탐상하였을 때 나타나는 에코의 위치 $x_1$을 그대로 읽은 후에 다음 식에 의해 음속비 $C_2/C_1$을 곱하여 빔 진행거리를 구한다.

$$x_2 = \frac{C_2}{C_1} \cdot x_1 \tag{6.4}$$

이 방법은 표시기 상에 읽은 에코의 위치를 그 때 마다 환산하여 빔진행거리를 구할 필요가 있고 사각탐상에서는 CRT상의 빔진행거리의 읽음 외에 굴절각의 보정이 필요하게 된다. 예를 들면 STB-A1을 이용하여 굴절각을 측정하는 경우는 시험체와의 음속의 차를 스넬의 법칙으로부터 보정해 놓을 필요가 있다. 표준시험편 및 시험체의 음속을 각각 $C_1$ 및 $C_2$라 놓고 STB 굴절각을 $\theta_1$이라 하면 시험체 중의 굴절각 $\theta_2$는 다음 식으로 표시 된다.

$$\theta_2 = \sin^{-1}\left[\frac{C_2}{C_1} \cdot \sin\theta_1\right] \tag{6.5}$$

### 6.1.4 전달손실 및 감쇠계수

초음파의 손실과 감쇠에 대해서는 탐상면의 표면상태가 시험범위 전체에 걸쳐 일정하며, 탐상면이나 저면에서의 반사손실은 무시할 수 있을 정도로 적다고 가정하고, 전달손실과 산란에 의한 감쇠의 보정방법을 고려한다. 탐상기의 감도조정에 시험편방식을 이용하는 경우 감도조정용 시험편과 시험체와의 전달손실과 감쇠계수가 양쪽이 다르게 되고(대비시험편을 이용하는 경우도 다른 것으로 취급한다) 보정에는 이들 차를 측정해 놓을 필요가 있다. 또 저면에코방식의 경우 보정이 필요 없다고 생각할지모르나 결함에코와 저면에코와는 시험체 중을 전파하는 거리가 다르기 때문에 산란에 의한 감쇠의 보정만이 필요하게 된다.

### 6.1.5 시험체의 음향이방성

강재 중에서 초음파의 음속이나 감쇠 등의 초음파의 전파특성이 탐상방향에 따라 다른 경우가 있고 이런 재료를 음향이방성이 있는 재료라 부른다. 예를 들면 압연 강판에서는 주압연방향(L방향)과 이에 직각인 방향(C방향)에서 초음파의 전파특성이 다르다는 것이기 때문에 탐상에 앞서 이들을 측정할 필요가 있다. 음향이방성은 특히 사각탐상에 미치는 영향이 크고 JIS Z 3060에서는 STB 음속을 측정하고 규정값을 넘는 경우에는 음향이방성이 있는 재료로 간주하고 STB 와의 음속비에 의해 사용하는 굴절각을 규정하고 있다.

# 6.2 초음파 진단 기법의 종류

초음파탐상시험에는 여러 방법이 있고 시험대상물이나 시험의 목적에 따라 탐상방법을 선정한다. 우선 각종 탐상방법의 종류에 대해 설명하고 다음에 기본적인 탐상방법 및 탐상조건을 선정하는 경우 고려해야할 사항에 대해 설명한다.

## 6.2.1 진단 기법의 종류와 특징

초음파탐상법은 표 6.1에서와 같이 여러 방법들이 있으나 현재 가장 널리 이용되고 있는 초음파탐상검사법은 펄스반사법이다. 연속적으로 탐상하는 자동탐상의 경우에는 펄스투과법이나 연속파를 이용한 장치가 있으나 거의 대부분은 펄스반사법(*pulse echo method*)이 사용되고 있다.

### 가. 원리에 의한 분류

초음파탐상법을 원리에 의해 분류하면 펄스반사법, 투과법, 공진법으로 분류할 수 있다.

#### (1) 펄스반사법

초음파탐상검사에 이용되고 있는 초음파는 그림 6.1과 같이 펄스파(*pulse wave*)와 연속파(*continuous wave*)가 있는데, 현재에는 펄스파가 널리 이용되고 있으며 이 방법은 수$\mu$초(1$\mu$초=$1\times10^{-6}$초)정도의 짧은 시간내의 진동을 시험체에 전달시킨다. 초음파펄스를 보낸 시간부터 초음파펄스를 수신한 순간까지의 경과시간(*time of flight : TOF*)을 측정함으로써 결함이나 저면 등의 반사원까지의 거리를 알 수 있다.

펄스반사법은 초음파의 진동지속시간이 수 $\mu$초 이하의 매우 짧은 초음파펄스를 시험체에 입사시켜 시험체 저면이나 결함 등의 반사면으로부터 반사신호를 수신함으로써 반사면의 위치나 크기를 알아내는 방법이다. 이것은 초음파탐상의 가장 일반적인 방법으로 협의의 초음파탐상은 이 방법을 가리킨다.

표 6.1 초음파탐상법의 종류

| 초음파형태 | 송 · 수신 방식 | 탐촉자수 | 접촉방식 | 표시방식 | 진동양식 · 전파방향 |
|---|---|---|---|---|---|
| 펄스파법<br>연속파법 | 반사법<br>투과법<br>공진법 | 1탐촉자법<br>2탐촉자법 | 직접접촉법<br>국부수침법<br>전몰수침법 | A-scan법<br>B-scan법<br>C-scan법<br>D(T)-scope<br>F-scan법<br>P-scan법 | 수직법(종파 · 횡파)<br>사각법(종파 · 횡파)<br>표면파법<br>판파법<br>크리핑파법<br>누설표면파법 |

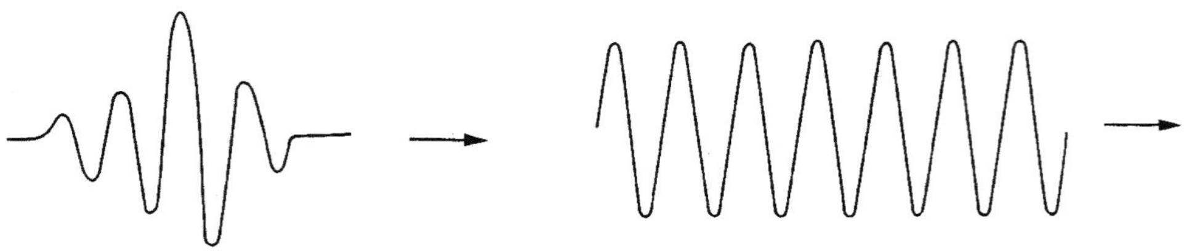

(a) 펄스파 (b) 연속파

그림 6.1 펄스파와 연속파

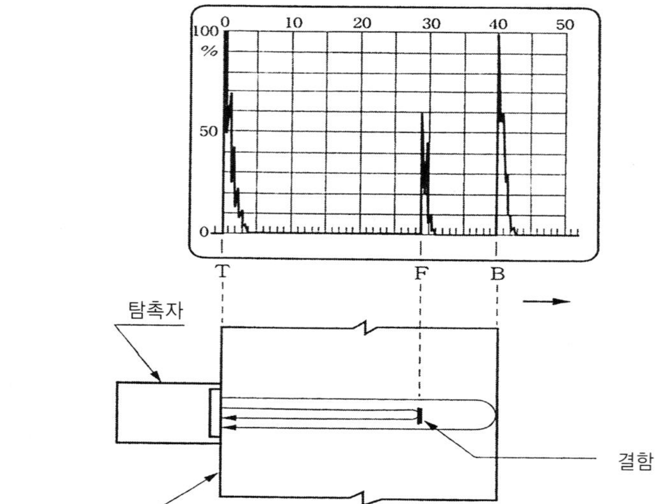


그림 6.2 펄스반사법의 원리

### (2) 투과법

투과법은 2개의 송·수신 탐촉자를 사용하여 송신탐촉자에서 송신된 초음파가 시험체중을 투과하여 수신되는 과정에서 시험체내의 결함에 의한 산란 등의 원인에 의해 초음파가 감쇠하는 정도로부터 그 시험체내부의 결함크기를 아는 방법이다. 이 방법은 결함이나 시험체의 조직에 의한 초음파의 감쇠로부터 판단하는 것으로, 시험체의 다른 표면에서 초음파를 송·수신하는 경우가 많다. 투과법에는 연속파 및 펄스파가 사용 가능하나 대부분 펄스파를 사용하며, 탐촉자와 시험체 사이에서의 초음파의 안정적인 전달이 중요하므로 시험체 표면이 특별히 양호한 경우를 제외하고 수침법이 이용되는 경우가 많다.

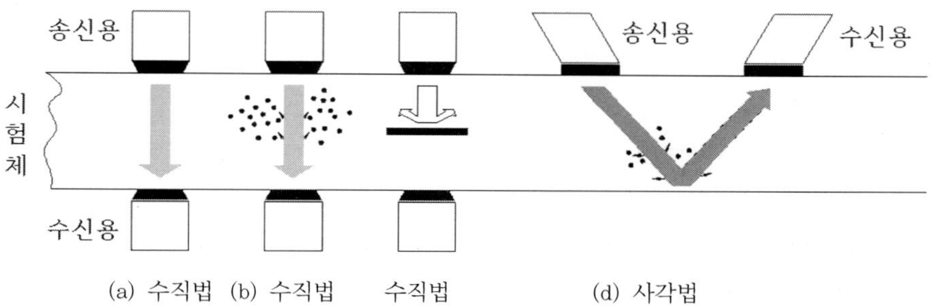


그림 6.3 투과법의 원리

### (3) 공진법

시편의 두께가 초음파의 반파장 또는 반파장의 정수배에서 공진이 일어나게 되는 원리를 이용한 초음파탐상법이다. 초음파의 파장은 주파수를 이용하여 조종한다. 즉 초음파를 송신할 때 주파수를 변화시켜 검사하고자 하는 시험편의 두께에 맞춰 공진이 일어나도록 한다. 공진의 확인은 수신된 펄스의 크기가 증가하므로 쉽게 알 수 있다. 시험편두께($t$)는 기본주파수 또는 공진주파수($f$)와 매질에서의 초음파 속도($v$)를 이용하여 다음 식으로 계산하여 알 수 있다.

$$t = \frac{v}{2f} \tag{6.6}$$

기본공진주파수는 진동의 기본주파수를 알아내기 어렵기 때문에 두 개의 이웃한 조화음(*harmonic*)간의 차이를 계산하여 얻는다.

$$t = \frac{v}{2(f_n - f_{n-1})} \tag{6.7}$$

단, $f_n$, $f_n - 1$ : n번째와 (n-1)번째의 조화주파수

공진법은 핵연료봉관과 같은 얇은 시험편의 두께 측정에 사용되고 있으나 근래에는 탐촉자 성능이 좋아져 펄스에코법이 더 한층 많이 사용되고 있다.

## 나. 표시방법에 의한 분류

초음파탐상 결과의 표시 또는 기록방식으로는 수신신호(에코) 등의 정보를 화면상에 어떠한 지시로 표시하는 가에 따라 분류된다.

### (1) 기본표시(A-Scope표시)

기본표시에서 가로축은 초음파의 전파시간을 거리로 나타내고 세로축은 수신신호(에코)의 크기를 나타내기 때문에 탐촉자를 댄 위치에서 에코높이, 에코위치, 에코파형의 3가지 정보가 탐상기의 화면에 탐상지시로 직접 표시된다. 이 방법은 전체적인 파악에 어려움이 있으나 장치의 사용이 간편하고 저가이기 때문에 현재 가장 널리 사용되고 있다. 에코파형의 표시방법으로 RF(*Radio Frequency*)파형 및 DC(*Direct Current*)파형이 있으나 현재 초음파탐상기의 대다수가 DC파형이 표시되기 때문에 이 책에 도시되는 탐상지시의 대부분은 DC파형의 기본표시를 나타내고 있다.

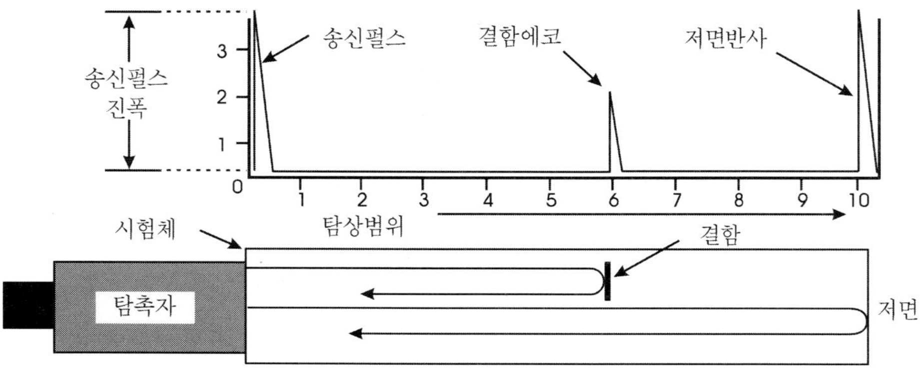


그림 6.4 A-Scan 표시

### (2) 단면표시(B-Scope표시)

단면표시는 그림 6.5와 같이 A-Scope의 에코높이의 신호에 휘도변조를 하여 탐촉자의 위치 또는 이동거리와 탐촉자의 전파시간 또는 반사원의 깊이위치를 표시하는 방법이다. 얻어진 지시는 시험체를 탐촉자의 주사선으로 절단하였을 때의 단면상(斷面像)이고, 주사선 아래 이상부의 깊이위치와 그 분포 또는 저면까지의 거리변화에 의한 판두께의 측정 등이 가능하다.

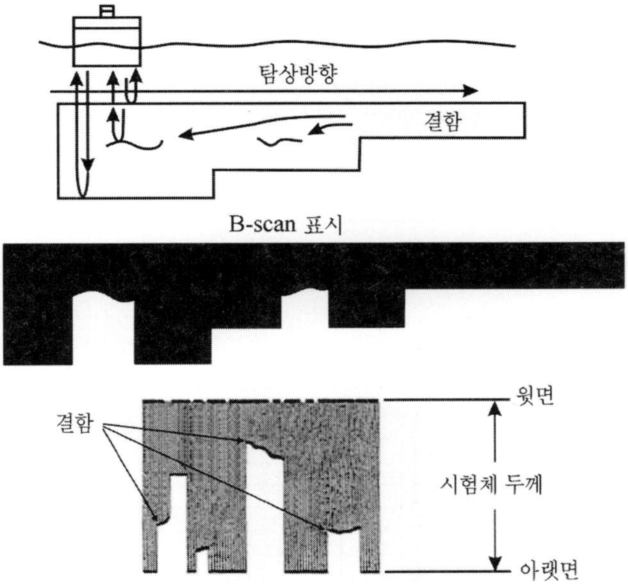


그림 6.5 B-Scan 표시

### (3) 평면표시(C-Scope표시)

평면표시는 그림 6.6과 같이 탐상면 전체에 걸쳐 탐촉자를 주사시키고 결함에코가 나타난 탐촉자 위치, 또는 결함위치를 평면도처럼 표시하는 것이다. 탐상면과 저면 사이에 결함이 있는 경우 그 결함에코높이에 대응하여 표시점의 휘도를 높인다. 컬러표시의 경우에는 색을 변화시킨다. 결함에코를 채취하기 위한 감시범위(탐상면으로부터의 거리)를 게이트에 의해 이동시키든가 또는 에코높이 대신에 결함에코까지의 시간변화를 색별로 표시하면 탐상면으로부터 어느 일정깊이마다 표시한 결함의 평면도가 얻어진다.

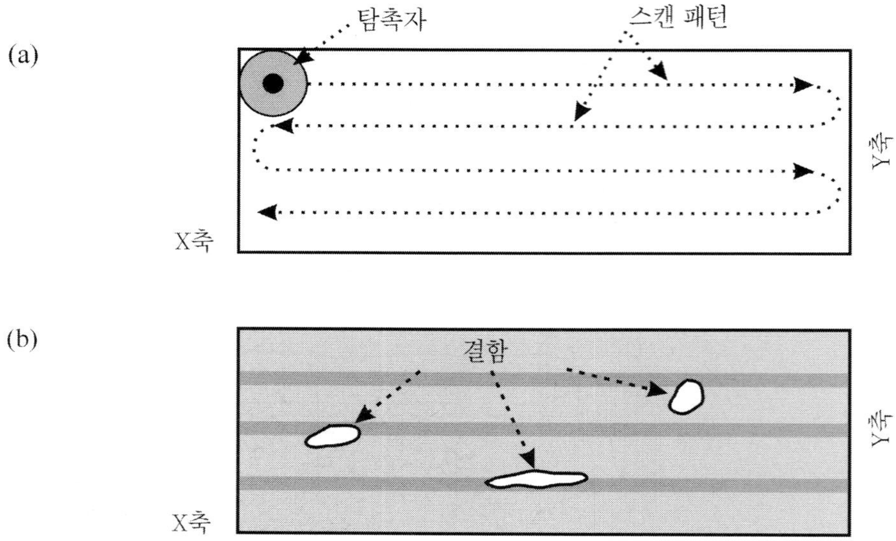


그림 6.6 C-Scan 표시

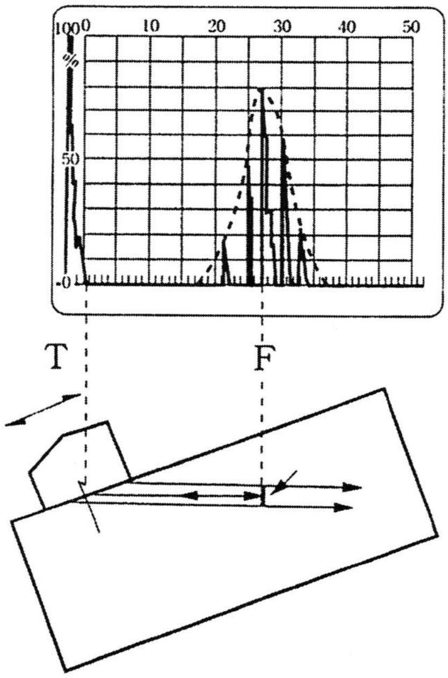


그림 6.7 MA-Scope 표시

### (4) 그 외의 표시방법

최근에는 컴퓨터기술의 발달과 함께 탐촉자 위치 및 그곳에서 채취한 초음파신호를 저장하고 해석 소프트웨어 등을 이용하여 단면표시, 평면표시, 이들의 조합표시, 확대표시 등이 가능해지고 있다. 예를 들어 D(T)-Scope 및 P-Scope는 단면표시(종단면 및 횡단면)와 평면표시를 조합시킨 표시방법으로, D(T)-Scope는 시험체 저면의 부식 등에 의한 두께감소상태를 corrosion map으로 나타내고 P-Scan은 주로 용접부결함의 위치, 크기, 형상표시를 목적으로 하고 있다. 또한 얻어진 결함에코 등의 반사파를 파형 분석하여 그 에코파형의 특징을 추출하고 그 특징을 이용하여 여러 종류의 표시를 하는 Feature-Scan 표시가 있다. 그림 6.7은 사각탐촉자를 전후 주사시켰을 때의 기본표시를 중첩하여 하나의 도형으로 표시한 것이다. 이것을 MA표시라 하고 결함의 형상을 추정하는 경우 등에 이용된다.

## 다. 접촉방법에 의한 분류

탐촉자를 시험체에 접촉시키는 접촉방법을 분류하면 그림 6.8과 같다. 직접접촉법은 시험체 표면에 기계유나 글리세린 등의 접촉매질을 도포하고 탐촉자를 직접 접촉시켜 가면서 탐상하는 방법이다. 탐촉자와 시험체표면(탐상면) 사이의 공극(空隙)을 없애기 위해 접촉매질(*couplant*)을 사용한다. 접촉매질로는 탐상면이 평면으로 평활한 경우에는 주로 기계유나 물을 이용하고, 표면이 거칠 경우나 곡면이 있는 경우에는 주로 글리세린이나 페이스트 등을 이용한다.

수침법은 탐촉자와 시험체 사이에 물을 넣고 탐상하는 방법으로, 에코높이가 시험체 표면상태의 영향을 거의 받지 않고 안정된 탐상이 가능하다. 수침법에는 갭(*gap*)법, 국부수침법 및 전몰수침법이 있다. 국부수침법은 탐촉자 주위에 케이스 또는 박막을 만들고 국부적으로 물기둥을 형성시켜 탐상하는 방법이다.

물거리는 시험체 두께의 $C_W/C_I$ ($C_W$는 물의 음속, $C_I$ 는 시험체의 종파음속)배 이상이다. 시험체가 강의 경우 물거리($x_W$)는 통상 두께의 1/4 이상으로 설정할 필요가 있다.

$$x_W \geq \frac{C_W}{C_I} \cdot t \tag{6.8}$$

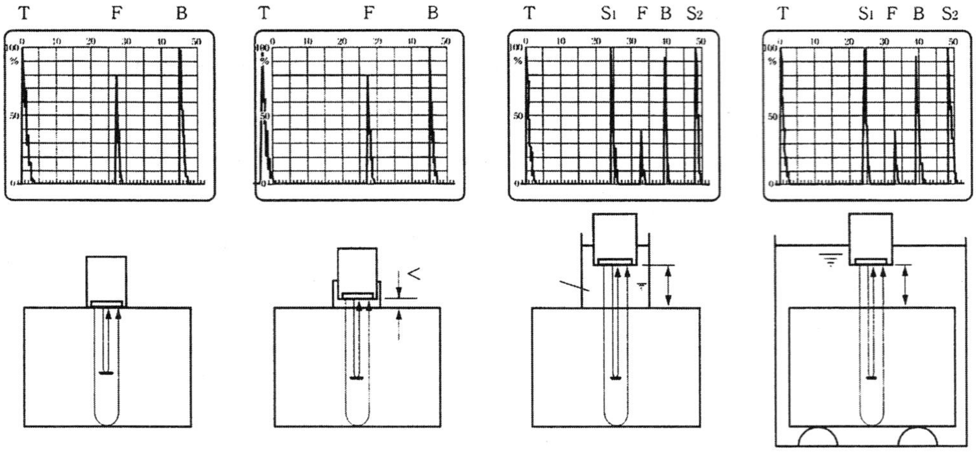


(a) 직접접촉법 (b) 갭법 (c) 국부수침법 (d) 전몰수침법

그림 6.8 접촉방법에 의한 분류

국부수침법의 응용으로 분류탐상법이 있다. 이 방법은 시험체의 상하에 탐촉자를 대향시켜 탐촉자와 시험체의 사이를 제트물유동층으로 음향적으로 결합시켜 투과법으로 탐상하는 방법이다. 강판의 연속자동탐상에 이용되고 있다.

전몰수침법은 시험체 전체를 수조에 침몰하여 탐상하는 방법이다. 이 경우의 물거리도 국부수침법과 동일하게 두께의 $C_W/C_I$ 배 이상으로 설정할 필요가 있다. 전몰수침법에는 음향렌즈를 사용하며 빔을 집속하여 탐상하는 것이 많다. 집속빔을 이용하면 에너지가 집중하여 결함으로부터의 에코높이가 커질 뿐만 아니라 방위분해능이 향상되어 미세한 결함의 검출성 향상에 도움이 된다.

갭법은 탐촉자와 시험체 표면사이에 수 파장 정도 이하의 갭을 설정하고 그 사이에 물을 채워 탐상하는 방법이다. 탐촉자의 주사는 직접접촉법과 거의 동일하고 수침법과 같이 안정된 에코를 얻을 수 있다.

비접촉법은 탐촉자와 시험체 사이에 접촉매질을 사용하지 않고 탐상을 하는 방법으로 전자기음향탐상(*electromagnetic magnetic acoustic transducer; EMAT*), 공기결합탐상(*air coupled transducer; ACT*)법, 레이저 초음파(*laser based ultrasonic; LBU*)법, *Dry couplant* 탐촉자에 의한 방법 등이 있으며 이들 방법에 대해서는 제 7장에서 자세히 소개한다.

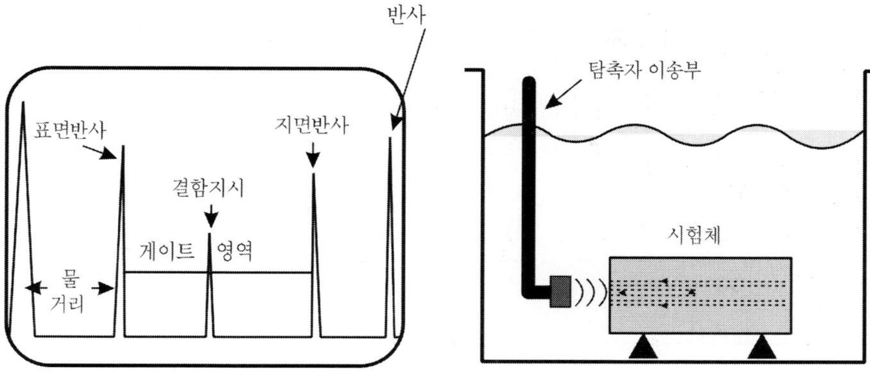


(a) (b)

그림 6.9 종파 수침탐상법

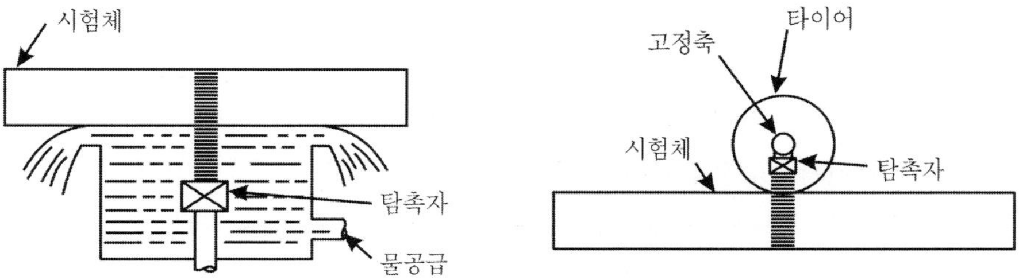


그림 6.10 타이어(*wheel*) 탐촉자 기법

## 라. 초음파의 전파방향과 파동양식에 의한 분류

초음파탐상검사에 이용되고 있는 초음파의 종류(파동양식)는 전술한 바와 같이 종파, 횡파, 표면파와 판파가 있고, 종파와 횡파는 시험체 내부에, 표면파는 탐상면을 따라 전파한다. 초음파의 전파방향과 파동양식에 따라 탐상방법을 분류하면 그림 6.11과 같다. 수직법은 시험체 표면에 대해 수직방향으로 초음파를 전파시키는 방법으로 보통 종파가 사용된다. 주로 단강품, 압연강재, 클래드 등의 검사에 적용된다. 수직법에서는 수직탐촉자가 이용되며, 시험체의 표면부근의 탐상에는 2진동자 수직탐촉자에 의한 방법이 이용되고 있다.

사각법은 초음파를 탐상면에 대해 경사방향으로 전파시키는 방법이다. 통상의 사각탐촉자에는 쐐기각을 굴절종파의 임계각 이상으로 설정하여 횡파만 전파하도록 만들어져 있다. 사각법은 용접부의 탐상법으로 많이 사용되는데, 1탐촉자법 외에 탠덤주사법, V 주사법, K 주사법 및 두갈래주사법과 같은 2탐촉자법이 평면결함의 검출용으로 채용되고 있다. 사각법의 특수한 응용으로 크리핑파를 이용하는 방법이 있다.

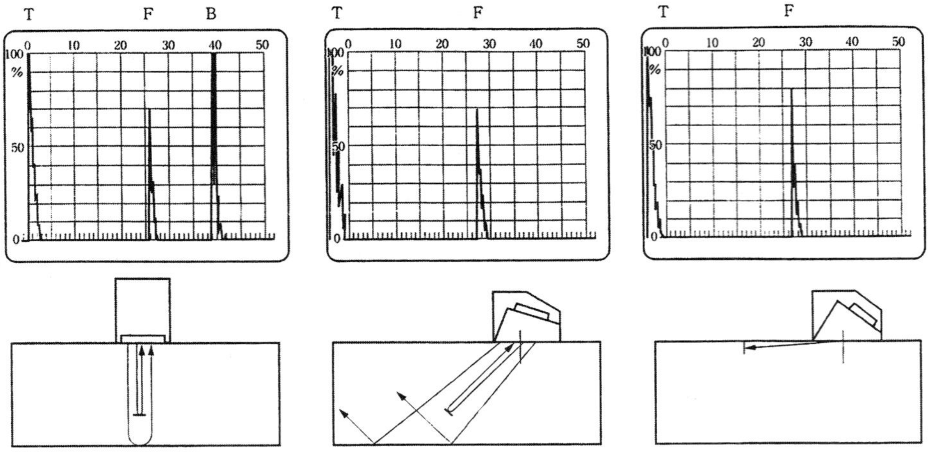


(a) 수직탐상법　　(b) 사각탐상법　　(c) 표면파탐상법

그림 6.11 전파방향에 의한 분류

표면파법은 표면파(*Rayleigh wave*)를 사용하여 시험체 표층부의 결함을 검출하는 방법이다. 표면파탐촉자는 굴절횡파에 대한 임계각에 가까운 각도로 쐐기로부터 시험체에 입사하도록 만들어져 있다. 표면파는 그 음압이 거리의 평방근에 역비례하는 원통파형으로 전파하기 때문에 확산에 의한 감쇠가 적어 먼 곳에까지 전파한다. 또 곡면에서도 잘 전파하기 때문에 압연롤, 터빈블레이드 및 하니컴 구조부재 등의 표층결함 검사에 적용되고 있다. 표면파법은 결함검출과 함께 결함깊이 측정에도 이용되고 있다.

판파법은 시험체에 판파(*Lamb wave*)를 전파시켜 탐상하는 방법이다. 판파는 가변각탐촉자를 사용하여 입사각 $\theta_i$ 가 $\theta_i = \sin^{-1}(C_i/C_p)$의 조건을 만족하도록 설정하여 발생시킨다. 여기서, $C_i$는 쐐기의 음속, $C_p$는 판파의 위상속도이다. 위상속도는 사용주파수와 판두께의 곱 및 판파의 모드에 의해 결정된다. 입사각을 바꾸면 여러 모드의 판파가 발생한다.

판파법은 표면결함과 내부결함을 동시에 검사하는 것이 가능하고 전파시 확산손실이 적기 때문에 검사가능거리는 1 m 이상에까지 미친다. 단, 수침법을 적용하는 경우 파동의 에너지가 수중에서 방사되기 때문에 전파손실이 크고 검사가능거리는 수 cm 이하로 된다.

## 마. 탐촉자 수에 의한 분류

사용하는 탐촉자의 수에 따라 분류하면 1탐촉자법과 2탐촉자법으로 나눌 수 있다. 1탐촉자법은 초음파의 송신과 수신을 1개의 탐촉자로 병용하는 방법이고 2탐촉자법은 그림 6.12와 같이 2개의 탐촉자를 사용하여 초음파의 송신과 수신을 2개의 탐촉자로 별개로 하는 방법이다. 입사각을 바꾸면 여러 모드의 파가 발생한다.

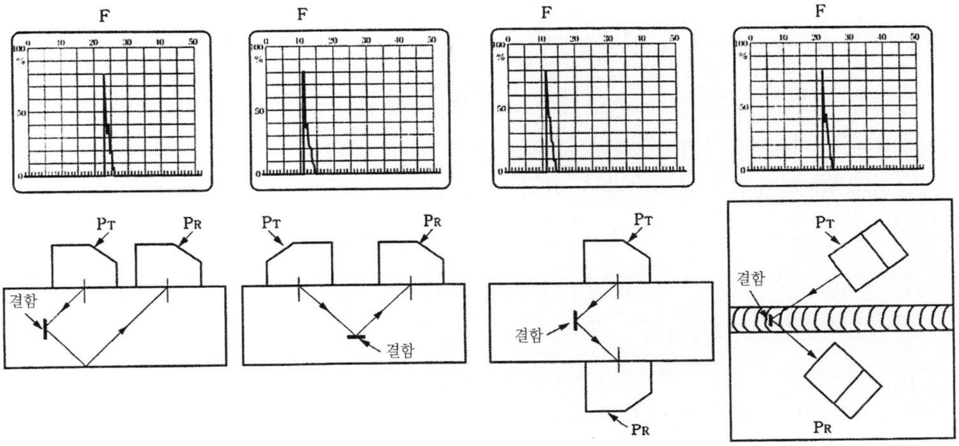


(a) 탠덤탐상법 (b) V반사탐상법 (c) K주사탐상법 (d) 두갈래주사

그림 6.12 2탐촉자법의 예($P_T$ : 송신용탐촉자, $P_R$ : 수신용탐촉자)

## 6.3 초음파 진단 기법의 선정 시 고려해야할 사항

실제로 초음파탐상검사를 적용 시에 고려해야할 사항으로는 시험체의 형상・치수, 재질과 함께 발생하기 쉬운(검출해야 하는) 결함의 위치, 형상・치수, 방향성 등의 정보이다.

### 6.3.1 탐상방향의 선정

초음파탐상검사에서는 초음파의 진행방향에 수직하게 결함이 존재할 때 결함으로부터의 반사에코는 크게 나타나 검출이 용이하게 된다. 따라서 수직탐상을 적용하는 경우 시험체 전체가 초음파 빔이 미치지 못하므로 검출해야 할 결함의 발생위치, 방향에 대응한 탐상방향을 선정하지 않으면 안된다. 다시 말해, 결함을 가장 잘 검출할 수 있는 방향은 일반적으로 결함의 투영 면적이 최대가 되는 방향, 다시 말해 결함을 가장 크게 볼 수 있는 방향이다. 예를 들면 압연재에서는 내부결함이 압연방향에 길게 펴져 있기 때문에 판두께 방향에서의 투영 면적이 최대가 된다. 탐상방향을 선정하는 경우 기본적으로 고려해야할 사항은 다음과 같다.

① 발생이 우려되는 결함의 위치 및 방향을 상정한다.

② 결함에 초음파가 반사되는 면이 수직이 되는 면을 탐상면으로 한다.

③ 시험체의 구조상 ②와 같은 표면이 탐상면이 아닌 경우는 이면으로부터의 탐상이나 반사회수의 변경 등을 고려하여 탐상면을 결정한다.

④ 횡파사각탐촉자를 사용하는 경우 굴절각 40° 이상 70° 이하의 범위에서 결함을 수직에 가까운 방향으로부터 겨냥할 수 있는 굴절각을 선정한다.

⑤ 결함의 발생위치(시험대상 부위) 전체를 커버하도록 주사범위를 결정한다.

사각탐상검사의 경우는 시험체표면 (탐상면)에 대해 경사로 초음파를 투입하여 탐상하는 방법으로 표면에 대해 경사를 갖는 결함(표면에 평행하지 않는 결함)의 검출과 평가에 적합하고 용접부나 단조품에 적용된다. 탐상방향을 선정하는 경우 수직탐상과 같이 시험부 전체를 초음파 빔이 미치게 하는 것만 아니고 검출해야 할 결함의 발생위치, 방향을 고려하지 않으면 안된다.

## 6.3.2 탐촉자의 선정

### 가. 주파수

시험주파수의 선정에서 고려해야 하는 것은 검출한계가 되는 결함크기(파장의 1/10 정도), 탐촉자 및 결함의 지향특성, 산란에 의한 감쇠나 SN비, 탐상면의 거칠기 및 곡률에 의한 전달손실 등을 고려해야 한다. 일반적으로 보통의 사각탐상에는 횡파초음파가 사용되고 있고 용접부의 탐상에는 2 ~ 5 MHz의 주파수가 많이 사용되고 있다. 초음파의 파장이 짧을수록 결함에 의한 초음파는 반사되기 쉽기 때문에 주파수가 높을수록 미소결함 검출능은 높아진다. 검출한계가 되는 결함크기는 보통강에서 파장의 1/2~1/10 정도이다. 주파수가 높을수록 탐촉자의 지향성은 예리하기 때문에 결함위치의 측정정밀도를 높이기 위해서는 높은 주파수가 좋다. 그러나 초음파 빔은 가늘기 때문에 탐촉자의 주사 피치는 작게 할 필요가 있다.

초음파의 파장이 금속의 결정립의 크기와 같지 않거나 그 이하일 때 다시 말해 주파수가 너무 높은 경우 또는 결정립이 조대한 경우에는 산란감쇠가 크고 또 결정립계에서 산란 등에 의한 임상에코가 나타나게 되고 결함검출이 곤란해진다. 이와 같은 경우에는 저주파수를 사용한다.

### 나. 진동자 치수

진동자 크기의 선정시 고려해야 하는 것은 수직탐상의 경우와 같이 근거리 음장한계거리와 지향성을 고려해야 한다. 진동자 크기가 크게 되면 근거리 음장 한계가 길어지므로 근거리 결함의 검출에는 적합하지 않다. 따라서 시험대상 부위까지의 최단거리가 적어도 근거리 음장 한계거리 이상이 되도록 진동자크기를 선택하면 최대 에코높이를 나타내는 탐촉자 위치로부터 결함크기를 정밀하게 측정할 수 있다. 진동자의 지향성은 결함위치를 정확히 측정할 수 있으므로 지향성이 예리하도록 진동자치수는 큰 것을 선택하면 좋다.

### 다. 굴절각

굴절각의 선정시 먼저 고려되어야 하는 것은 시험체의 형상과 치수, 예상되는 결함의 방향, 초음파가 결함에 수직에 가까운 방향으로 부딪히게, 가능한 한 짧은 빔진행거리로 탐상할 수 있는 굴절각을 선정할 필요가 있다. 용접부의 사각탐상에서는 접근한계길이로 인해 탐상불능영역이 존재하기 때문에 주의해야 한다. 그리고 편측용접부의 용입불량(루트용입불량)이나 루트균열 등의 이면에 개구해 있는 결함을 사각탐상할 경우 사용하는 탐촉자의 굴절각에 따라 횡파로부터 종파로의 모드 변환이 발생하는 것이 있다.

### 라. 불감대

불감대(*dead zone*)라는 것은 빔진행거리상에서 얼마만큼 가까운 거리에 있는 결함을 검출할 수 있는 가를 나타내는 것으로 불감대가 길면 표면근방의 탐상이 곤란하게 된다.

## 6.3.3 시험조건의 선정

### 가. 검출레벨

검출레벨이라는 것은 결함의 평가대상으로 하는 하한의 에코높이 레벨로 초음파탐상시험을 실시하고 이 레벨을 넘는 에코가 나타났을 때 그 반사원의 위치나 크기 등을 측정하고 그것들에 의해 시험체를 평가 또는 시험체 그 후의 처치를 결정하게 된다. 따라서 검출레벨은 초음파탐상시험에 의해 검출해야 할 결함을 빠뜨리지 않는 최저레벨로 결정할 필요가 있고 검출해야 할 결함의 최소크기와 그 에코높이를 참고로 하여 설정한다.

### 나. 탐상감도와 감도표준시험편

초음파탐상검사를 하는 경우 시간축과 함께 반드시 종축의 탐상감도도 조정해야 한다. 탐상감도라는 것은 결함에코(또는 관찰, 감시하려 하는 에코)를 브라운관상에 어느 정도의 크기로 표시하는가를 말하며 결함검출을 목적으로 하는 초음파탐상시험에는 검출레벨이 브라운관상에서 관찰하기 쉬운 적절한 높이가 되도록 설정한다. 감도조정 방법은 시험체의 저면에코를 이용하는 저면에코방식과 표준시험편이나 대비시험편에 정해진 크기의 인공 결함으로부터의 에코높이를 기준으로 하는 시험편방식이 있다.

저면에코방식에 의한 감도조정은 시험체의 건전부에서 저면에코높이를 미리 정해진 값이 되도록 게인조정노브를 조작(경우에 따라서는 펄스에너지도 조작)한다. 이 방식에서는 시험체의 표면상태에 의한 결함에코 높이의 변화(다시 말해 탐상면에서 전달효율의 변화)가 보정되는 것 외에 두꺼운 판재에서는 산란감쇠에 의한 에코높이의 저하를 보정하는 효과가 있다. 단 탐상면에 가까운 결함일수록 결함에코를 과대평가할 가능성이 있기 때문에 주의해야 한다.

시험편방식에 의한 감도조정은 적당한 표준시험편(*STB*) 또는 대비시험편(*RB*)의 표준구멍으로부터의 에코높이를 미리 정해져있는 값이 되도록 게인조정노브를 조작한다. 표준시험편을 사용하는 경우 시험체와의 초음파 특성 다시 말해 탐상면의 거칠기와 재료(산란감쇠)의 차에 의한 전달효율과 감쇠계수의 차가 큰 경우 감도보정이 필요하게 된다. 대비시험편을 사용하는 경우는 시험체와 동일한 초음파 특성을 갖는다는 것을 확인할 수 있으면 감도조정을 할 필요가 없다.

# 6.4 수직탐상 기법

수직탐상법이란 시험체 표면에 수직으로 초음파가 진행하도록 탐촉자를 배치하고 접촉매질를 통해 시험체 내에 초음파를 전파시켜 결함이나 저면으로부터의 에코높이나 위치를 구하고 시험체의 건전성을 조사하는 방법이다.

## 6.4.1 결함의 검출방법

그림 6.13에 수직탐상법의 개요를 나타내고 있다. 결함이 존재하지 않는 건전부에서는 (a)에서와 같이 브라운관에는 저면에코만이 나타나고 결함부에서는 (b)과 같이 저면에코 앞에 결함에코가 나타난다. 따라서 결함을 검출하는 데는 그림 6.13과 같이 탐상면에서 탐촉자를 이동(주사)시키면서 브라운관을 관찰하고 저면에코 앞에 나타나는 에코(결함에코)를 찾아 결함의 유무를 조사한다.

## 6.4.2 결함위치의 측정방법

탐상에 앞서 브라운관 횡축의 각 눈금이 몇 mm에 상당하는가를 표준시험편(*STB-A1, STB-N1*) 또는 대비시험편을 이용하여 조정한다. 이것을 측정범위의 조정 또는 시간축의 조정이라 부른다.

조정된 시간축에 있어서 건전부에서는 브라운관에 나타나는 저면에코의 빔진행거리 $W_B$가 시험체의 두께 $t$에 상당하고 $t$는 다음 식으로 구할 수 있다.

$$t_1 = W_B \tag{6.9}$$

한편, 결함부에서는 결함이 탐촉자의 직하에 있는 것으로 브라운관에 검출된 결함에코의 최대높이를 나타내는 에코의 빔진행거리 $W_F$와 그 때의 탐촉자 위치($X_P$, $Y_P$), 결함위치($Y_F$, $Z_F$)는 각각 다음 식으로 구하는 것이 가능하다.

탐상의 기점부터 결함까지의 $X$ 방향거리 $X_F = X_p$

탐상의 기점부터 결함까지의 $Y$ 방향거리 $Y_F = Y_p$

탐상면으로부터 결함까지의 $Z$ 방향(두께방향)거리 $Z_F = W_F$

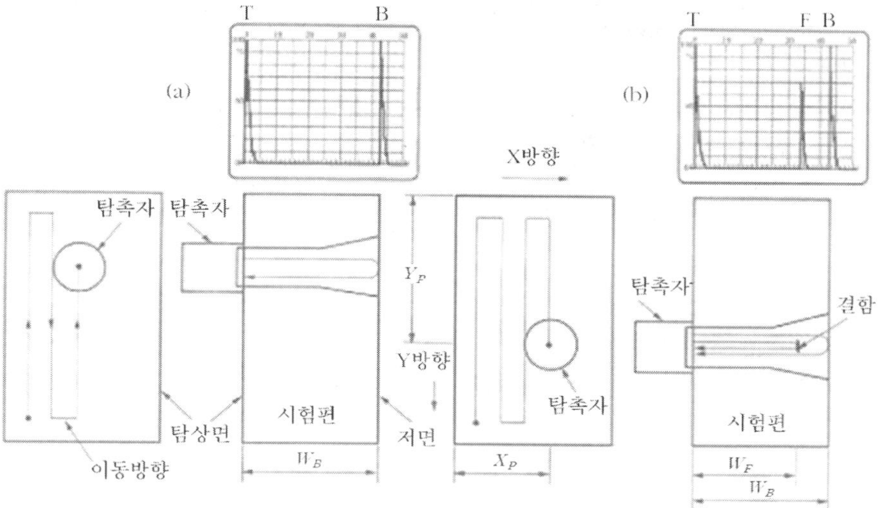


그림 6.13 수직탐상법의 개요

## 6.4.3 결함에코 높이의 측정과 표시방법

탐상에 앞서 검출해야할 결함에코높이(검출레벨)를 CRT 상에서 보기 쉬운 높이(미리 종축의 몇 눈금으로 할 건지 정해 놓는다)가 되도록 게인을 조정하여 놓는 것을 탐상감도의 조정이라 한다. 탐상감도를 조정한 후 검출한 결함의 최대에코높이에 대해 그 때의 게인조정노브의 값을 읽고 표시한다.

## 6.4.4 결함크기의 측정

### 가. 결함의 크기가 빔 폭보다 작은 경우

결함에코높이와 대비시험편 또는 표준시험편의 표준결함에코의 높이를 비교해서 결함의 크기를 추정한다. 결함크기가 초음파빔 폭 보다 작은 경우에는 에코높이와 결함크기와에는 좋은 상관관계가 있기 때문에 에코높이로부터 결함크기를 측정하는 것이 가능하다. 파장 $\lambda$, 진동자 직경 $D$, 빔진행거리 $x$, 결함의 직경 $d$ 및 에코높이 $F$와의 사이에는 DGS 선도라 불리는 선도로 표시되는 관계가 있기 때문에 $\lambda$, $D$, $x$ 및 $F$의 값을 미리 아는 것으로부터 결함직경 $d$를 측정하는 것이 가능하다.

이 방법은 초음파 빔의 중심축에 대해 수직한 원형평면결함이라는 가정하에 등가결함직경을 측정하는 방법이다. 따라서, 이와 같은 조건을 만족하는 두꺼운 강판이나 단강품의 미압착 균열 등에는 고정밀도로 측정하는 것이 가능하나 용접부에서 발생하는 슬래그혼입, 융합불량 등에 대한 사각탐상에는 과소평가하는 경우가 있다. 즉, 이 방법이 적용 가능한 원거리음장에서의 결함의 한계치수 $d_{cr}$은 아래 식으로 주어지고 이 이상의 크기에는 적용할 수 없다.

$$d_{cr} = \sqrt{\frac{2\lambda x}{\pi}} \tag{6.10}$$

결함에코높이 $F$와 결함부에서 얻어진 저면에코높이 $B_F$의 비가 결함직경 $d$ 와 상관관계가 있는 것을 이용하여 결함크기를 측정하는 것이 가능하다.

## 나. 결함 크기가 빔폭 보다 큰 경우

초음파탐상검사에서는 그림 6.14와 같이 탐촉자의 이동거리에 따라 측정된 결함의 겉보기 결함의 지시길이라 한다. 결함의 지시길이를 측정하는 방법은 규격 또는 사양서 등에 정해져 있다. 결함크기가 초음파빔 보다도 큰 경우에는 에코높이와 결함크기와 상관관계가 없기 때문에 에코높이로 부터 결함크기를 구하는 것은 불가능하다. 이와 같은 경우에는 탐촉자를 이동하였을 때 에코가 나타나는 탐촉자의 이동거리를 잡고 결함크기(결함지시길이)로 하는 방법이 적절하다. 이들 방법에는 대별하여 dB drop법과 문턱값에 의한 방법이 있다. 일반적으로는 6 dB, 10 dB, 20 dB 등이 이용되고 있다. 용접부의 탐상에는 L선 Cut법이 많이 이용되고 있다.

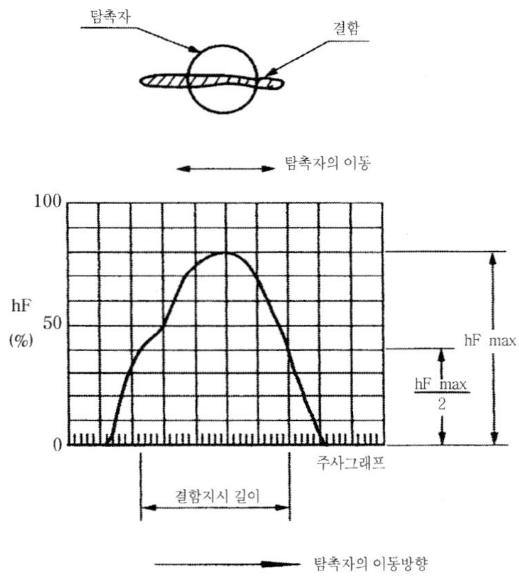


그림 6.14 결함지시길이의 측정

# 6.5 사각탐상 기법

사각탐상법은 초음파를 탐상면에 대해 경사방향으로 전파하는 초음파 빔을 이용하여 탐상하는 방법이고, 용접부 등의 검사에 많이 이용되고 있다. 일반적으로 사용되고 있는 사각탐촉자에서는 진동자로부터 발생한 종파가 쐐기 속을 경사로 전파하고 탐상면에서의 굴절에 의해 종파가 횡파로 모드 변화하고 횡파만이 시험체 속을 어떤 각도로 전파해 간다. 따라서 결함을 검출하였을 때의 탐상도형은 송신 펄스 T 및 결함 에코 F가 나타나고 수직 탐상에서의 저면에코 B는 나타나지 않는다. 또 초음파 빔의 중심이 부딪칠 때 결함 에코 F의 에코높이는 최대가 된다.

이 장에서는 사각탐상을 할 경우에 반듯이 알아야 할 결함의 검출방법, 탐상방향의 선정, 검출레벨과 탐상감도의 설정, 결함지시길이의 측정방법, 탐상시 주의점, 탐상결과에 대한 평가방법 등을 설명한다.

## 6.5.1 결함의 검출 방법

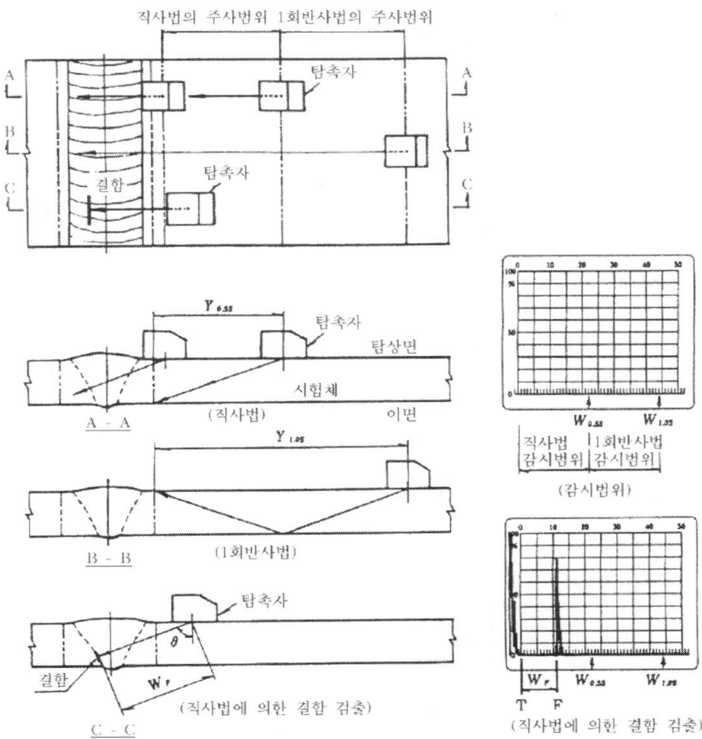


그림 6.15 사각탐상법의 개요

직사법 및 1회 반사법에서 탐촉자를 전후로 주사하는 범위(전후주사범위)와 결함에코를 감시하는 범위는 각각 다음 식으로 표시된다.

### (1) 직사법의 경우

$$\text{전후주사범위} \leq Y_{0.5S} = t \cdot \tan\theta \tag{6.11}$$

$$\text{감시범위} \leq W_{0.5S} = t/\cos\theta \tag{6.12}$$

### (2) 1회반사법의 경우

$$Y_{0.5S} < \text{전후주사범위} \leq Y_{1.0S} = 2t \cdot \tan\theta \tag{6.13}$$

$$W_{0.5S} < \text{감시범위} \leq W_{1.0S} = 2t/\cos\theta \tag{6.14}$$

## 6.5.2 결함 위치의 측정방법

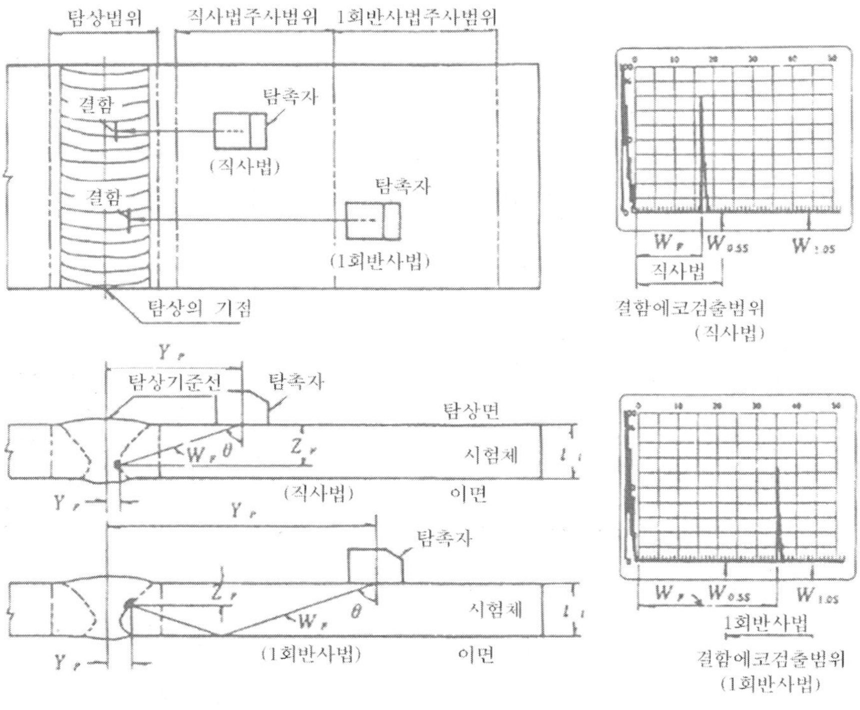


그림 6.16 결함위치의 측정방법

탐상에 앞서 탐상기의 측정범위의 조정 및 사각탐상의 탐촉자의 입사점과 굴절각을 측정하여 놓는다. 결함위치는 그림 6.16과 같이 탐상방법(직사법인지 1회반사법인지)에 따라 결함의 최대 에코높이를 검출했을 때의 탐촉자 위치($X_F$, $Y_F$) 및 결함에코의 빔진행거리 $W_F$로부터 다음 식에 의해 구하는 것이 가능하다. 이와 같이 사각탐상에서는 초음파 빔이 경사 방향으로 전파하기 때문에 수직 탐상에서와 같이 빔진행거리 $W_F$ 만으로는 결함의 위치를 구할 수가 없다. 따라서 먼저 사각탐촉자의 입사점과 굴절각을 측정하고 측정범위를 조정한 후 결함에코가 최대가 되는 위치에서의 빔진행거리 $W_F$ 로부터 결함의 위치를 기하학적으로 추정한다.

### (1) 직사법의 경우

$X$ 방향 결함 위치 : $X_F = X_p$ (6.15)

$Y$ 방향 결함 위치 : $Y_F = Y_p = W_F \cdot \sin\theta$ (6.16)

$Z$ 방향 결함 위치 : $d_F = W_F \cdot \cos\theta$ (6.17)

### (2) 1 회반사법의 경우

$X$ 방향 결함 위치 : $X_F = X_p$ (6.18)

$Y$ 방향 결함 위치 : $Y_F = Y_p = W_F \cdot \sin\theta$ (6.19)

$Z$ 방향 결함 위치 : $d_F = 2t - W_F \cdot \cos\theta$ (6.20)

여기서

$X_F$ : $X$ 방향(용접선 방향)의 탐촉자 위치에서 탐상 기점으로부터 탐촉자 중심까지의 거리

$Y_F$ : $Y$ 방향(용접선에 수직한 방향)의 탐촉자 위치에서 탐상 기준선으로부터 입사점까지의 거리

$t$ : 시험체의 두께

### 6.5.3 탐상감도의 조정

탐상감도의 조정은 STB-A2 또는 RB-41 등의 감도조정용 시험편의 표준 구멍을 탐상하고 그 에코높이를 정해진 높이에 맞춘다.

ⓐ STB A2 ∅4×4 표준구멍을 1.0 스킵(*skip*)으로 탐상하고 그 에코높이를 80%에 조정한다.

ⓑ RB 41 No. 2의 표준구멍을 탐상하고 그 에코높이를 100%에 조정한다.

ⓒ RB-41 No 3의 표준 구멍을 이용하여 거리진폭특성곡선을 작성하여 놓고 표준 구멍으로부터의 에코 높이를 이 곡선(H선)에 맞춘다

이와 같이 하여 탐상감도를 조정한 후 시험체를 탐상하여 결함에코를 검출하고 그 최대에코 높이는 다음의 어느 방법으로 측정, 표시한다.

### 6.5.4 결함 크기의 측정

우선 결함 끝에 상당하는 결함에코높이 $h_{SB}$(%)를 정해 놓는다. 최대에코높이를 나타내는 탐촉자 위치로부터 결함의 크기 방향을 따라 탐촉자를 주사한다. 그림 6.17과 같이 결함에코 높이가 $h_{SB}$(%)와 일치할 때 탐촉자 위치를 결함의 끝으로 하고 결함의 양 끝단을 구한다. 다음에 양단의 간극을 측정하여 결함의 크기(결함지시길이)로 한다. 결함 끝에 상당하는 결함에코높이는 규격이나 기술 기준에 정해져 있고 대표적인 것으로 다음이 있다.

① 결함의 최대에코높이의 1/2높이

② 감도조정에 사용한 에코높이구분선($H$선)의 1/4높이(에코높이구분선 L선)

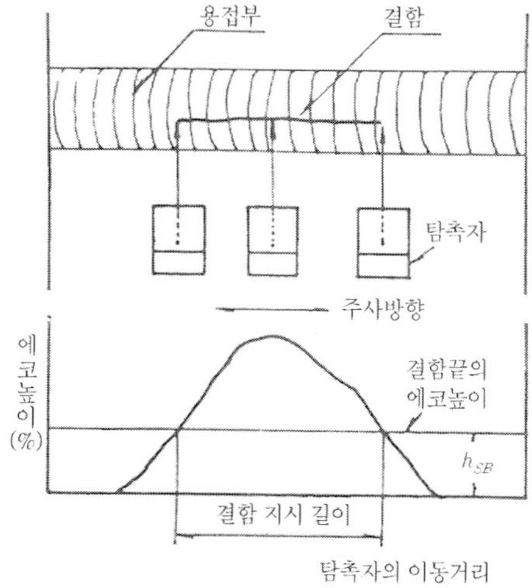


그림 6.17 결함 크기의 측정 예

## 6.6 특수탐상 기법

### 6.6.1 표면파 탐상

표면파는 시험체 표면의 1파장 정도의 깊이 이내에 에너지가 집중하여 표층부를 전파하는 파이다. 표면탐촉자는 그림 6.18과 같이 굴절 횡파에 대한 임계각에 가까운 각도로 쐐기로부터 시험체에 입사시켜 만들어진다. 표면파 탐상은 압연용 롤과 같은 표면 결함의 탐상에 유용하다. 균열(*crack*)과 같은 표면 결함이 있는 롤을 강판의 압연에 사용하면 압연 중에 균열이 진전하여 롤이 흠지는 등의 문제가 발생하기 때문에 사전에 표면파로 표면 결함의 유무를 검사하게 된다. 표면파법은 이 표면파를 사용하여 결함의 높이를 측정하는 방법이다. 이 방법에는 다음과 같이 1탐촉자법 및 2탐촉자법의 두 가지의 측정법이 있다.

### 가. 1 탐촉자법

그림 6.18(a)에 나타내듯이 송·수신 겸용의 표면파 탐촉자에 의해 표면파를 전파시켜 결함의 모서리(A, C) 및 끝부분(B)에서 반사하는 에코를 포착, 그것들의 빔진행 거리차에서 결함의 높이($H$)를 구하는 방법이다.

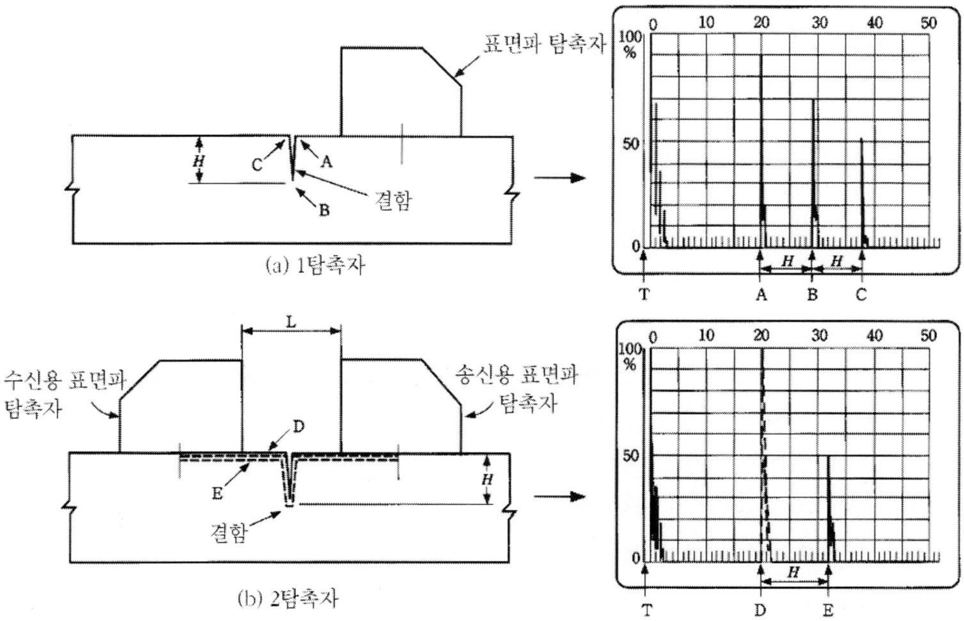


그림 6.18 표면파법

## 나. 2 탐촉자법

그림 6.18(b)에 나타내듯이 결함을 사이에 두고 송신용 및 수신용 표면파 탐촉자를 일정 거리 $L$에서 대향 배치하고 결함이 없는 건전부의 수신 신호 $D$의 빔진행거리를 우선 판독하고, 다음으로 결함을 걸쳤을 때의 수신 신호 $E$를 판독하여, 이 빔진행거리차에서 결함의 높이($H$)를 측정하는 방법이다. 표면파법을 적용하는 경우 사전에 시간축의 조정을 해 둘 필요가 있다.

그림 6.19는 판 두께 $t$의 조정용 시험편의 상하단의 모서리 A, B를 사용하여 시간축의 조정을 하는 예를 나타낸 것이다. A 및 B에서의 에코를 적당한 눈금 간격으로 맞추는 것으로 쉽게 표면파의 시간축의 조정이 가능하다. 표면파법은 측정을 간단하게 할 수 있기 때문에 현장적이기는 하지만 결함의 사이에 기름 등의 액체가 있다든가 결함이 밀착되어 있는 경우, 혹은 결함의 끝부분이 날카로운 경우 등에서는 결함 끝부분의 에코를 얻을 수 없으며 측정이 불가능하기도 하고 측정 결과에 오류를 발생시키는 경우가 있기 때문에 주의가 필요하다.

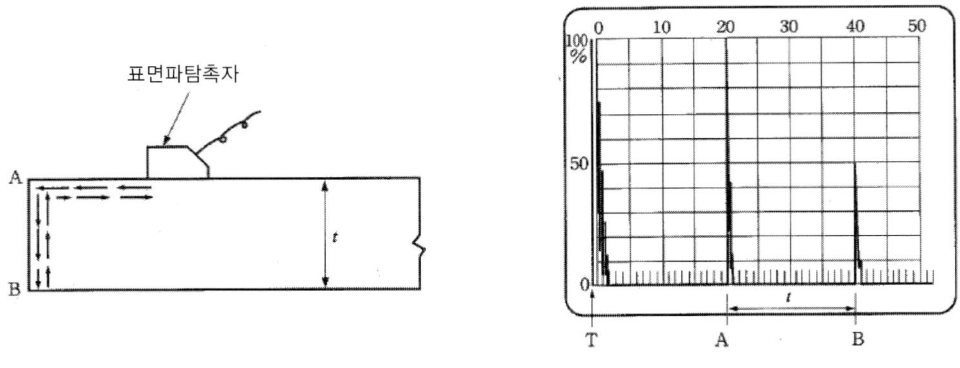


그림 6.19 시간축의 조정방법

그림 6.20은 표면파 탐촉자에 의해 압연 롤(이하 시험체라 한다)의 원둘레 방향으로 표면파를 전파시켜 표면 결함을 검출하는 예이다. 표면파 탐촉자는 공칭 주파수 2 MHz가 사용되는 경우가 많다. 회전하는 시험체의 회전 방법과는 반대방향으로 표면파를 송신하여 표면 결함에서의 에코를 수신하면서 표면파 탐촉자를 시험체의 축방향으로 주사함으로써 압연 롤 전 표면의 표면 결함의 탐상이 가능하다. 표면파 탐촉자와 시험체와의 음향 결합에는 갭 수침법이 사용되며, 갭의 치수는 약 0.5 mm가 적당하다고 되어 있다.

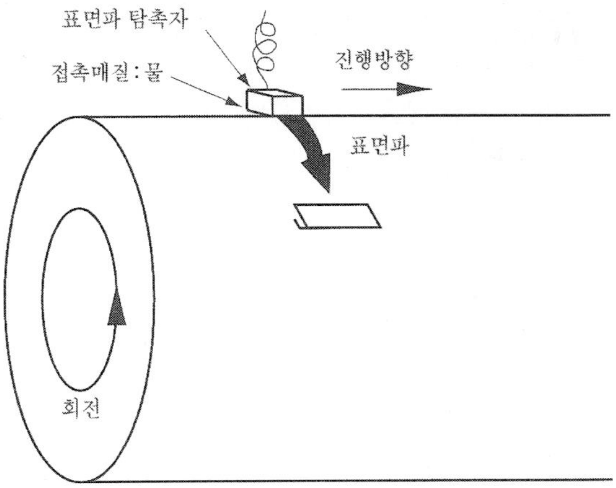


그림 6.20 압연롤 표면 결함의 전면 탐상방법

## 6.6.2 탠덤 탐상

탠덤탐상법(*Tandem method*)은 그림 6.21과 같이 X-개선용접부의 내부 용입부족이나 I 개선용접부의 융합불량 등 탐상면에 수직한 면상결함을 효과적으로 검출하는 방법이다. 그림과 같이 송신용, 수신용 2개의 사각탐촉자를 전후로 배치하고 양방의 탐촉자로부터 초음파를 송신했다고 가정했을 때 중심축의 교점(교축점)에서 결함이 잡히도록 탐촉자를 주사한다. 루트면 또는 개선면 등 검사 대상으로 하는 면을 탐상단면이라 부르고 탐상단면으로부터 탐상면을 따라 0.5 스킵 거리의 위치에 탠덤기준선을 긋고 송수신탐촉자의 입사점을 이 탠덤기준선에 대해 대칭하게 전후로 배치하면 교축점이 탐상단면 상에 일치한다.

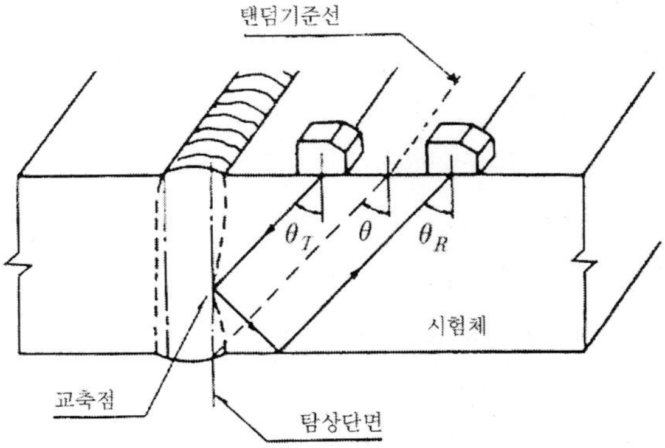


그림 6.21 탠덤사각탐상법의 원리도

또 탠덤탐상법에는 그림 6.22와 같이 1탐촉자법과 동일하게 탐상불능영역이 존재하기 때문에 단면도를 그려 확인할 필요가 있다. 탐촉자가 작을수록 굴절각이 클수록 탐상불능영역이 작아진다. 일반적으로는 판두께 40 mm 이상의 시험체에 대해서는 45°, 이보다 두께가 얇은 시험체에 대해서는 70°의 굴절각을 선택한다.

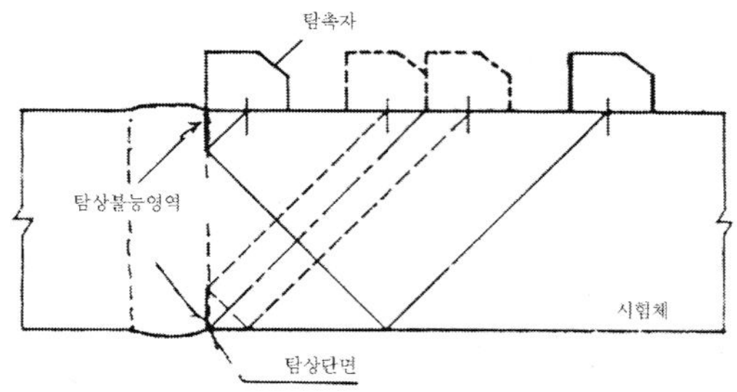


그림 6.22 탐상불능영역

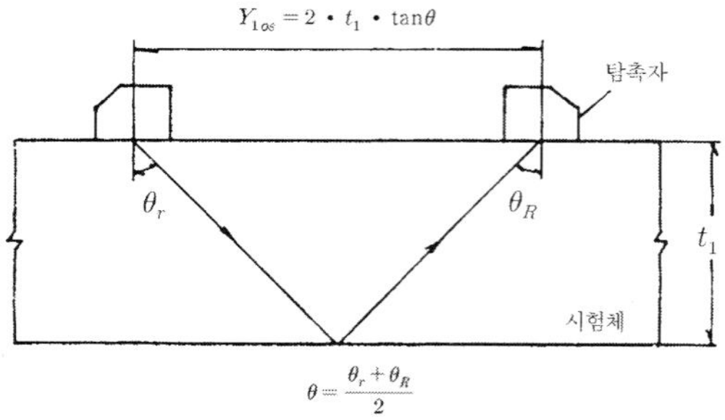


그림 6.23 V 투과 펄스의 측정

탐상감도의 조정은 그림 6.23과 같이 2개의 탐촉자를 1 스킵 떨어진 위치에서 서로 대향시켜 위치하고 검출된 V투과 펄스의 크기가 화면 세로축의 40%가 되도록 게인조정노브를 조정한다. 이 40%의 높이를 M선이라 한다. 굴절각 45°의 경우는 감도를 10$dB$ 더 높인다. 굴절각 70°의 경우는 결함면에 대해 모드변환손실 양을 가미하여 감도를 16$dB$ 더 높인다. 이 결과 화면의 80% 높이가 H선이 되고 굴절각이 달라도 결함검출 정도는 같아진다. 검출레벨은 굴절각 45° 및 70° 어느 경우도 H선보다 12 $dB$ 낮은 L선(화면 세로축의 20%)으로 하는 경우가 많다.

## 6.6.3 TOFD법

TOFD(*Time of Flight Diffraction*)법은 결함 단부에서의 회절 에코를 이용하여 결함의 높이를 측정하는데 유효한 발전소와 석유화학산업에서 사용되고 있는 표준화된 검사 기법이다. 또한, TOFD는 위상배열 탐촉자를 사용할 수 있는데, 이는 송신-수신(*pitch-catch*) 모드에서 2개의 탐촉자를 사용하는 단순한 방법이다. 그림 6.24에 나타내듯이 결함을 사이에 두고 송신 및 수신용 종파사각탐촉자를 시험체 표면에 두고 초음파를 송신시키면 표면을 전파하는 파(A)와 저면 반사파(B) 이외에 결함이 있는 경우 결함의 상단부 및 하단부에서 회절한 에코(C 및 D)가 수신된다. 이때의 상단부 회절 에코의 도달 시간($t_C$), 하단부 회절 에코의 도달 시간($t_D$) 및 탐촉자 간 거리($L$)로부터 식 6.21에 의해 결함의 높이($H$)를 구한다.(단 $C$는 종파음속)

$$H=\sqrt{\left(\frac{Ct_D}{2}\right)-\left(\frac{L}{2}\right)^2}-\sqrt{\left(\frac{Ct_C}{2}\right)^2-\left(\frac{L}{2}\right)^2} \tag{6.21}$$

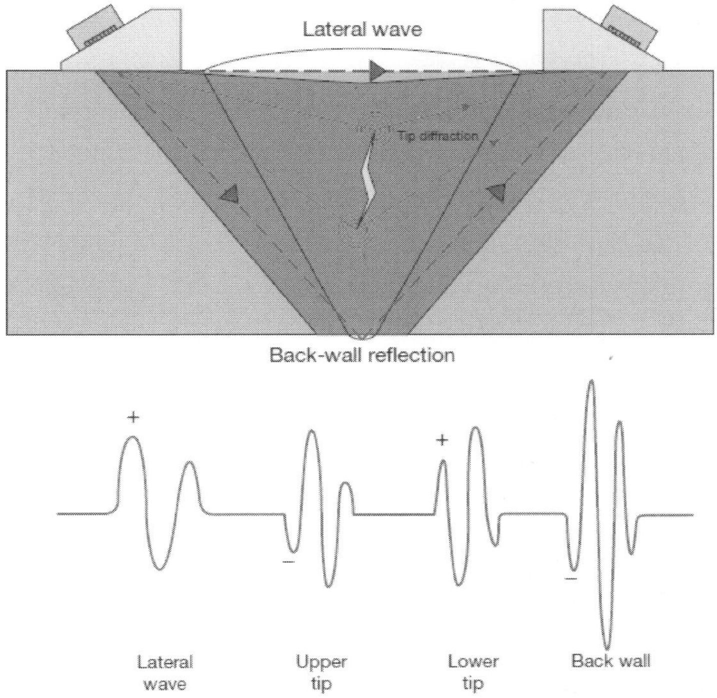


그림 6.24 TOFD의 원리와 4개 주요 신호의 위상 부호. 결함은 탐촉자 사이에 대칭적으로 놓여 있다고 가정한다. RF 신호의 위상은 "+"와 "-"로 표시된다.

TOFD에는 다음 4가지 종류의 파가 사용된다.

- 측면파 또는 크리핑파(*lateral wave or creeping wave*) : 탐촉자의 넓은 빔(*wide beam*)으로부터 발생하는 표면하(*sub-near-surface*) 종파
- 저면 반사파(*backwall reflection*) : 저면으로부터 반사되는 종파
- 반사파(*reflected wave*) : 라미나 평면결함에 의해 반사되는 종파
- 선단 회절파(*tip diffracted wave*) : 결함의 가장자리에 의해 회절하는 원형 파(*circular wave*). 종파와 횡파 모두 정상적으로 생성되지만, 일반적으로 TOFD에는 종파를 사용한다.

TOFD의 장점으로는 단일 패스(*single pass*), 실시간 A-scan, B-scan, C-scan 표시가 가능하며, 결함 크기 측정 정확도가 높고, 집속빔에 의해 신호/잡음비(*SNR*)가 높으며 결함 위치파악 정확도가 높고, 탐상 결과의 기록 보존이 용이하다.

TOFD법을 적용하는 경우 회절 에코를 쉽게 나오도록 하기 위해 탐촉자는 진동자 지름이 작고 넓은 지향각의 고분해능 종파사각탐촉자가 사용된다. 보통 주파수 5 MHz, 진동자 지름 10 mm 전후, 굴절각 45°, 60°, 70°의 종파 사각탐촉자가 사용된다. 이 방법은 결함의 형상이나 경사에 그다지 영향을 받지 않고 측정할 수 있다는 장점이 있는 반면 시험체의 표면 근처에 있는 결함의 측정이 곤란하다는 단점도 있다. 그림 6.25는 TOFD D-scan에 의한 융합불량 결함의 검출 예이며, 그림 6.26은 용접부 결함의 TOFD 이미지를 나타내고 있다.

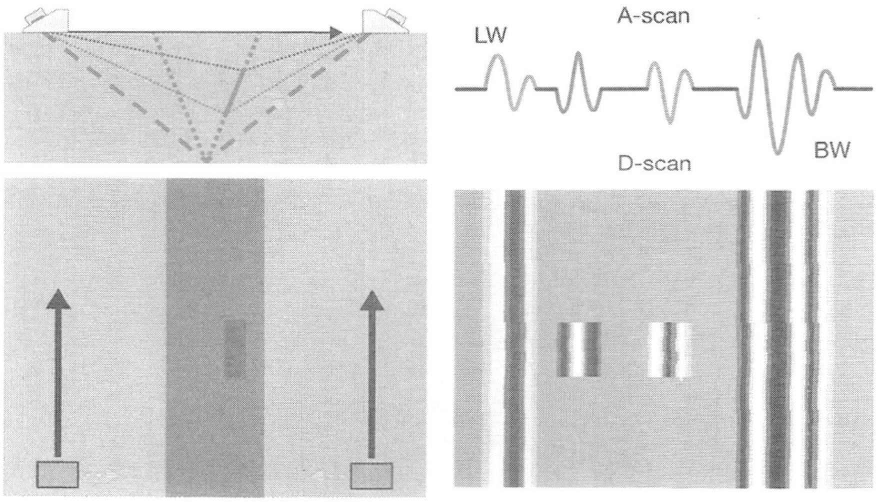


그림 6.25 TOFD법 D-scan에 의한 융합불량 결함의 검출 예

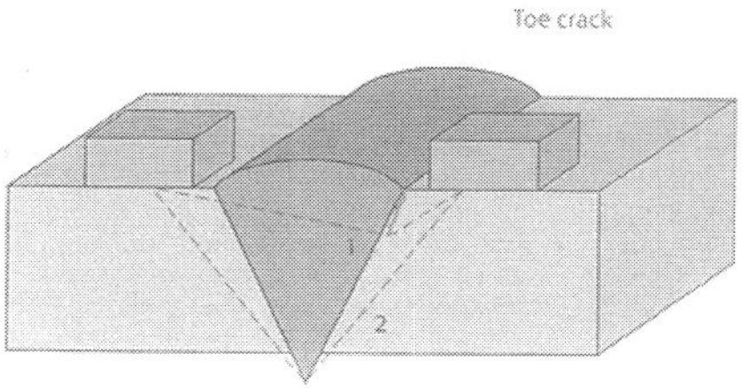


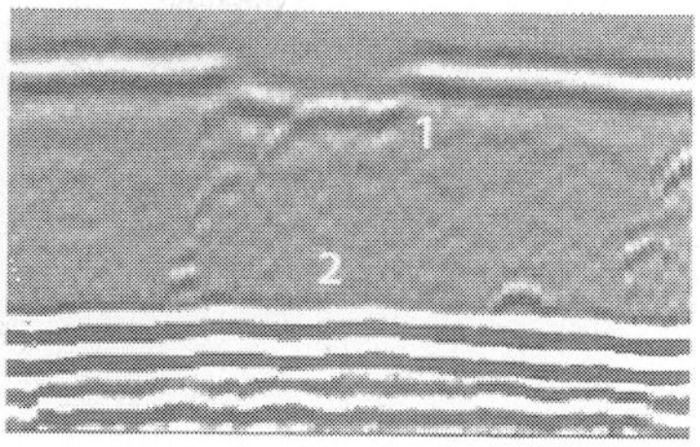


(a) 토우 균열의 경우 지연파(*laterral wave*)는 영향을 받게되므로 균열의 하단부를 볼 수 있게된다. 이는 표면개구균열(*surface breaking defect*)의 특징을 나타낼 수 있으므로 깊이도 측정 가능하다.

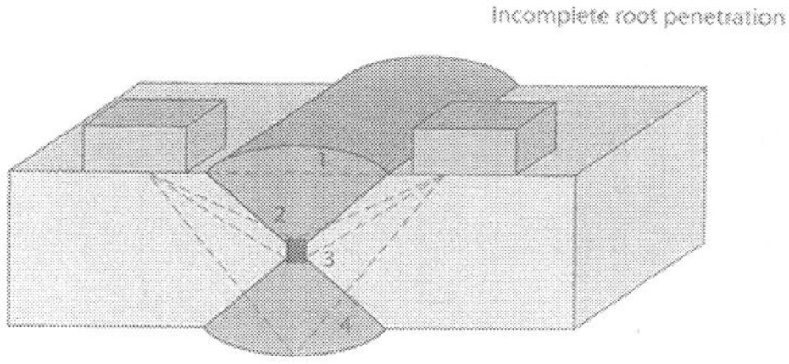


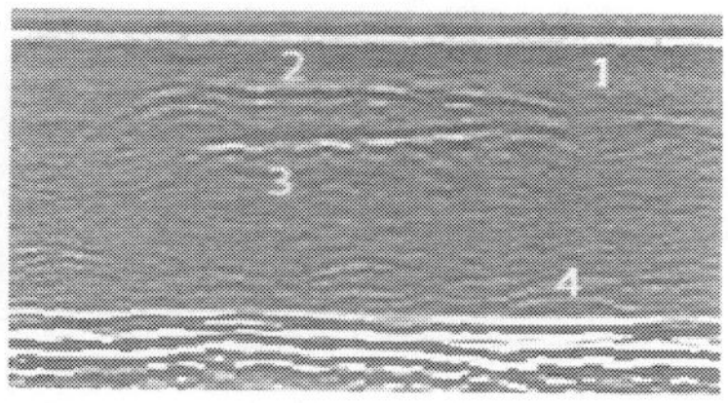


(b) 루트 불완전용입의 경우 간섭받지 않는 지연파와 저면반사파는 묻혀있는 결함을 나타내게 되고, 결함 상하로 부터의 회절된 신호들은 구분이 가능하게 된다.

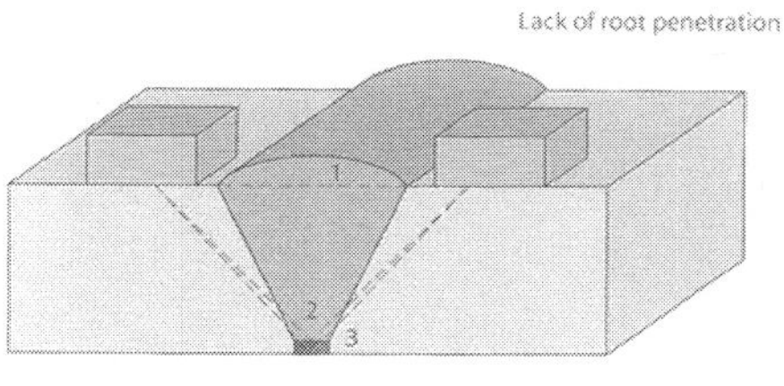


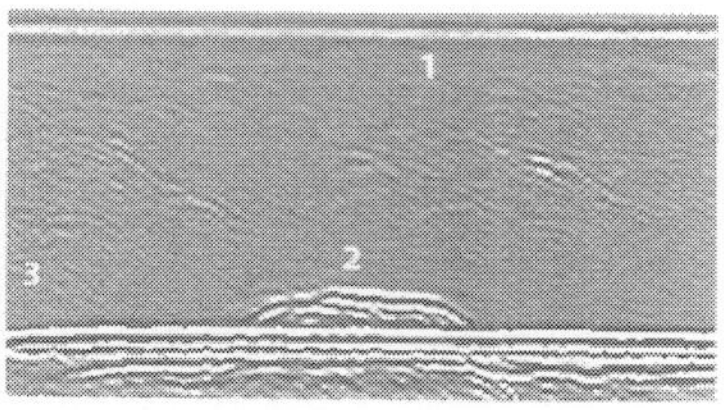


(c) 루트 용입부족의 경우 저면신호는 간섭은 받지만 끊어지지는 않는다. 반면 위쪽의 회절 신호는 구분이 가능하다. 이것이 표면개구균열을 나타낸다.

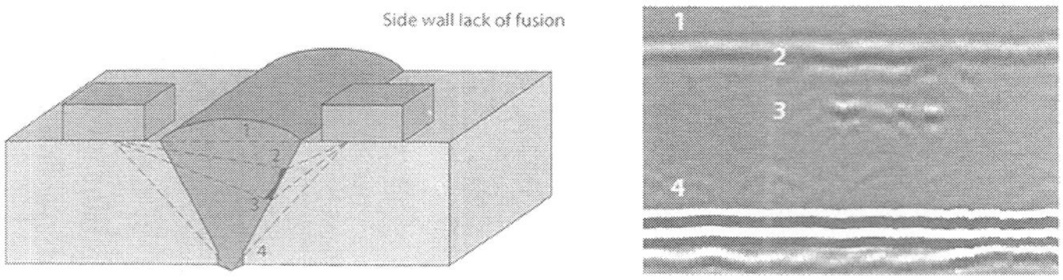


(d) 측벽(*sidewall*) 융합불량은 지연파나 저면 간섭은 나타나지 않고 묻혀있는 결함을 나타낸다. 결함의 아래 부분에서 회절된 신호는 선명한 반면 위 부분으로부터 회절된 신호는 지연파에 부분적으로 묻혀있게 된다.

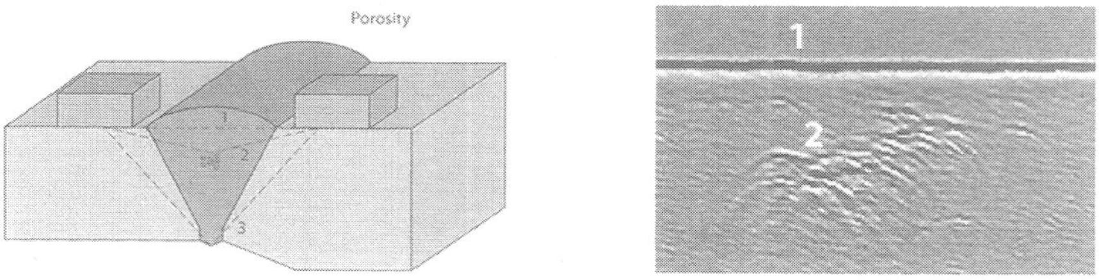


(e) 기포(*porosity*)는 쌍곡선 꼬리와 관련된 일련의 점결함(*point defect*)의 양상으로 나타나다. 다수로 존재하는 기포는 해석이 어려우나 쉽게 특징을 나타낼 수 있다. 여기서 저면신호는 TOFD 이미지에 나타나지 않는다는 것에 주의해야 한다.

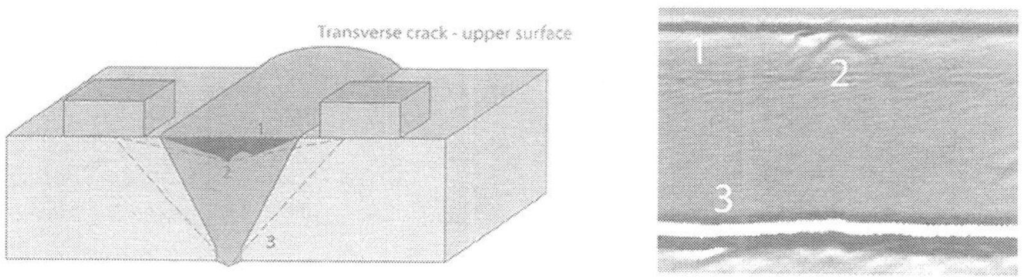


(f) 횡방향 결함은 기본적으로 기포와 유사하게 점결함으로 나타난다.

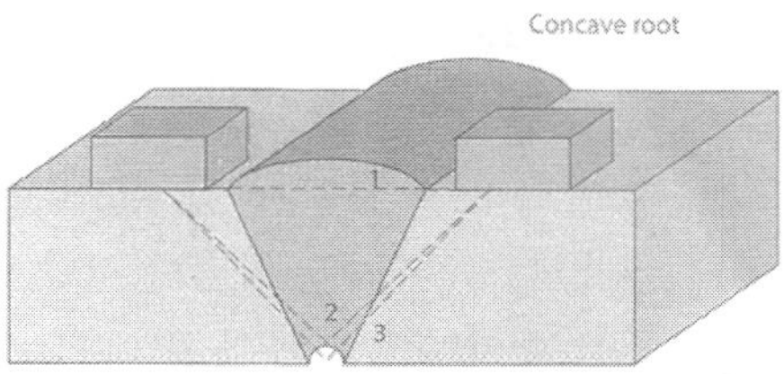


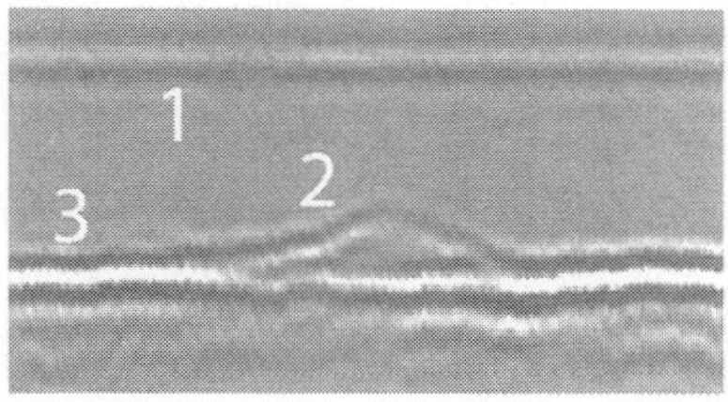


(g) 오목한 루트결함은 저면신호를 교란하게 한다(그것은 표면개구임을 보여주며). 반면 끝부분(*tip*)은 보인다.

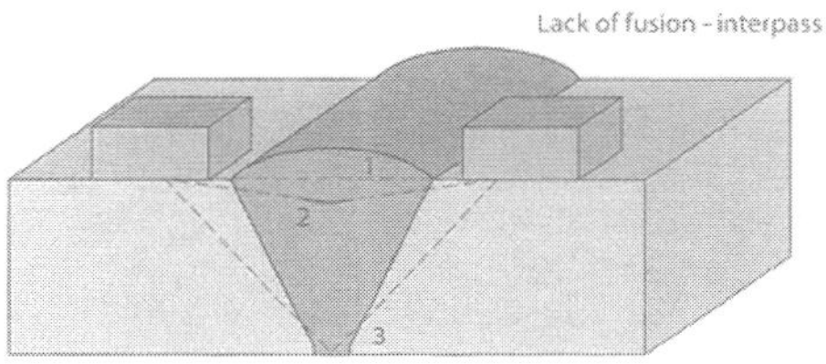


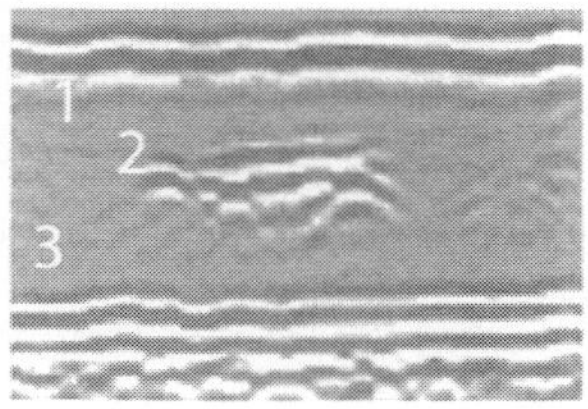


(h) 층간융합불량은 큰 진폭을 갖는 단일 반사파로 나타나다. 그러나 펄스에코채널로는 검출할 수 없다.

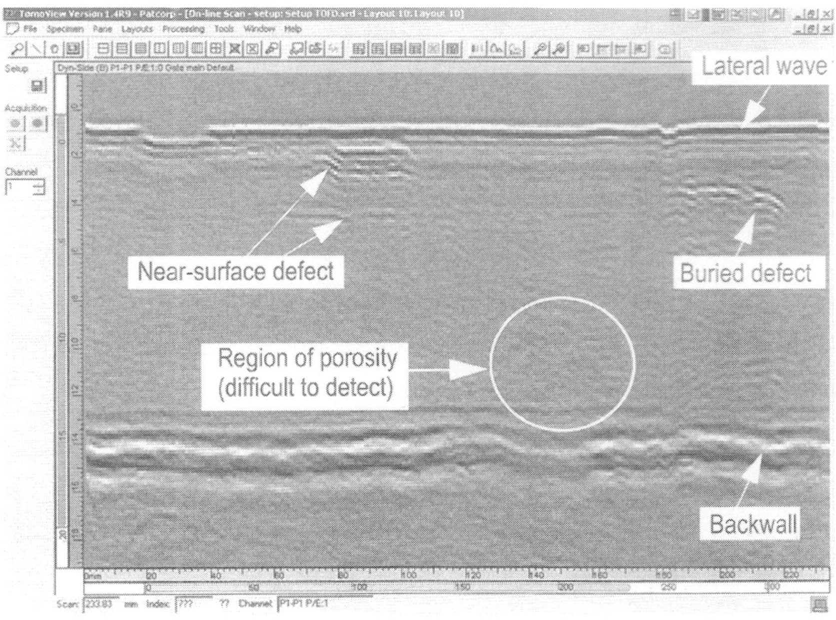


그림 6.26 용접부 결함의 TOFD 이미지

## 6.7 초음파 진단의 적용 예

초음파탐상검사를 실제로 구조물이나 완제품에 적용할 때는 규격, 절차서, 지침서 등에 따라 실시한다. 일반적인 검사대상물에 적용할 수 있는 규격의 각각에는 검사방법, 검사조건이 명시되어 있으므로 규격을 충분히 이해하고 그것에 따라서 검사를 실시하게 되면 필요한 결함을 놓치지 않고 검출할 수 있으며 결함의 합부판정을 할 수 있게 되어 있다.

### 6.7.1 대상이 되는 결함의 초음파적 특징

강판에 주로 발생하는 결함은 제강 과정에서 발생한 파이프, 기포, 탈산생성물로 비금속개재물 등이 있고, 압연에 의해 늘어난 표면에 평행한 층상의 결함이 있다. 결함에는 내부 결함과 표면 결함이 있지만, 일반적인 초음파탐상검사의 대상이 되는 것은 내부 결함으로 대부분은 슬래브 제조시의 기포나 비금속개재물이 원인이다. 주로 많이 발생하고 검출 대상이 되는 결함으로는 ① 라미네이션(*lamination*), ② 비금속 개재물(*nonmetallic inclusion*), ③ 표면결함(*surface defect*) 등이 있다. ① 라미네이션은 압연방향으로 얇은 층이 발생하는 내부결함으로, 강괴(鋼塊; *ingot*)내에 수축공(收縮空; *shrinkage cavity*), 기공(*blowhole*), 슬래그(*slag*) 또는 내화물이 잔류하여 미압착 부분이 생기게 되고 이것이 분리되어 빈 공간이 형성된 것이다. ② 비금속 개재물은 강괴 제조시 슬래그, 탈산생성물($Al_2O_3$, $MnO$, $SiO_2$, $MnS$) 등의 불순물이 들어간 것으로, 미세한 크기로 존재한다. 이들 미세한 비금속 개재물은 존재위치, 크기, 밀도 등에 따라서 용접결함의 발생 원인이 되기도 하고 기계적 성질에 영향을 미치기도 하지만, 강재의 용도에 따라 유해성의 정도가 다르기 때문에 하나의 개념으로 양부를 판단하기는 어렵다. ③ 표면결함에는 부풀음(*blister*), 각종균열, 강괴 제조시의 스플래쉬(*splash*)나 기공이 존재하는 경우에 발생하는 스캡(*scab*), 매크로 스트리크 흠(*macro-streak flaw*) 등이 있다.

이들 결함의 크기는 완전히 얇게 떨어진 라미네이션이라 불리는 큰 것으로부터 현미경이 아니면 관찰 할 수 없을 정도의 미소한 비금속개재물까지 여러 종류가 있다. 강판의 결함은 압연에 의해 늘려져 판면에 평행하게 편평해져 있기 때문에 판 두께 방향의 수직 탐상을 주로 하게 된다. 검출된 결함의 종류를 추정하는 것은 각각의 결함에 의한 탐상지시의 특징도 중요하지만 결함의 분포 상태도 중요한 판단요소가 된다. 표 6.2에 강판에서 발생하는 대표적인 결함의 종류와 초음파탐상지시의 특징을 나타내고 있다.

일반적으로 판재의 탐상에서는 결함 면에 대해서 수직으로 초음파를 입사시키기 때문에 수직탐상이 사용되고 있다. 판재를 수직 탐상하였을 때 탐상지시의 예를 그림 6.27에 나타내고 있다.

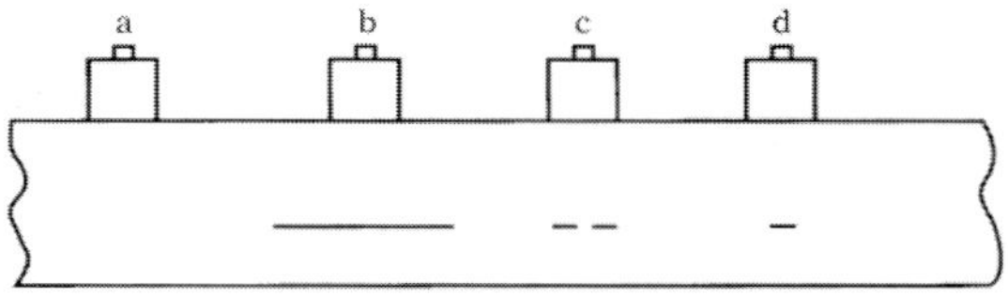


판재의 수직탐상단면도

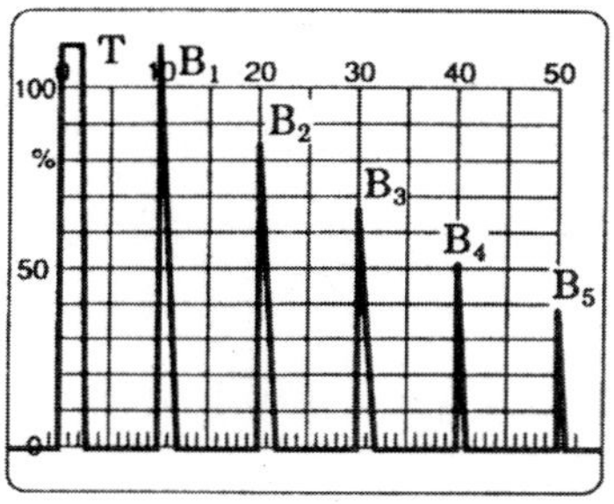


(a) 건전부

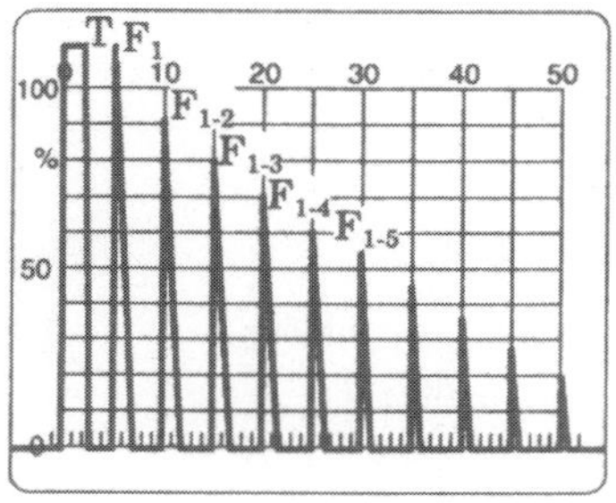


(b) 큰 결함

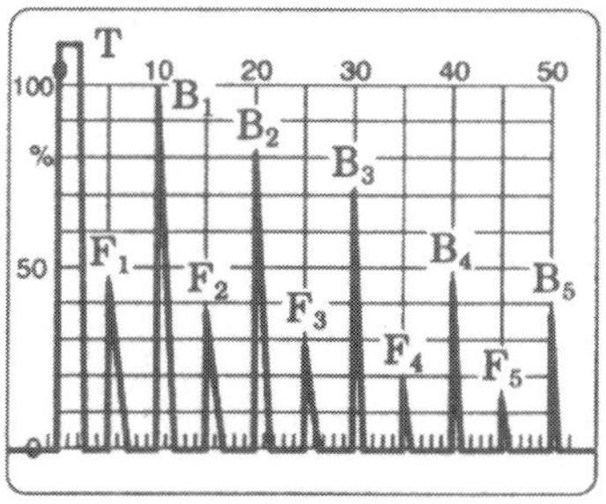


(c) 중간 결함

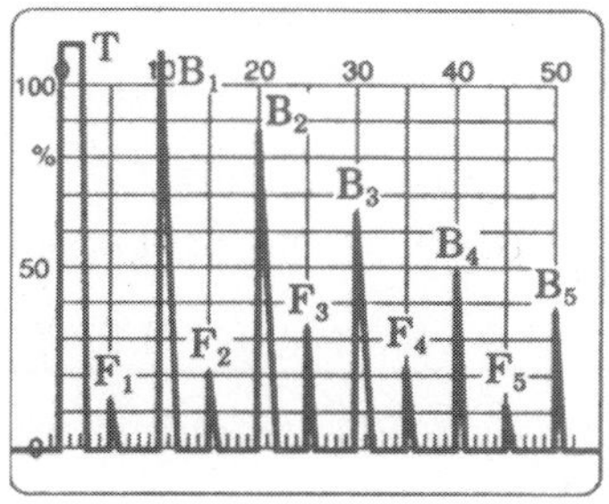


(d) 작은 결함

그림 6.27 판재 수직탐상의 탐상지시의 예

시험체 건전부를 탐상하면 (a)와 같이 저면으로부터 규칙적인 다중반사지시가 얻어진다. 라미네이션 등의 매우 큰 결함(초음파 빔 보다 큰 결함)이 있을 때는 (b)와 같이 탐상면과 결함 사이에 초음파가 왕복하여 저면에코는 얻어지지 않고, 결함에코의 다중반사가 나타난다. 중간 정도 크기의 결함(초음파 빔의 크기보다 작지만, 비교적 큰 결함)을 탐상할 때는 (c)와 같이 제1회 저면에코 $B_1$ 앞에 제1회 결함에코 $F_1$이 나타난다.

표 6.2 두꺼운 판의 내부 결함과 그 특징

| 결함 명칭 | 대표적 탐상지시 | 특징 |
|---|---|---|
| 비금속 개재물 | 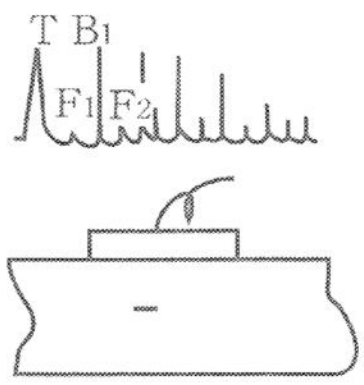  | • Al, Si, Mn 등 산화물로 $Al_2O_3$, $SiO_2$ 형태로 존재<br>• ○ 결함이 흩어져 존재 |
| 수소성 결함<br>(흩어져 존재하는<br>미소한 결함) |   | • 수소가 확산하기 때문에 압연 후 1 ~2일 정도 후에 검출<br>• ○ 또는 △의 점상의 결함으로 분포 면적은 넓음 |
| 미소한<br>라미네이션(lamination) | 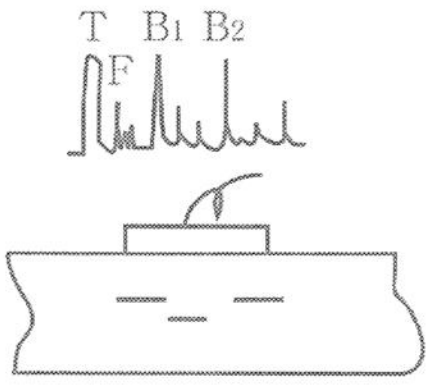  | • 얇은 두께 중앙부에 주로 발생<br>• 선상의 △ 결함 또는 ○ 결함 |
| 2장 균열 또는 라미네이션 |   | • 면적을 갖는 X결함이 주로 발생<br>• 판 끝에 주로 분포 |

○, △, X : KS D 0233에 의한 결함의 정도

결함이 판 두께 방향의 중앙에 있는 경우는 그림과 같이 제2회 저면에코 $B_2$의 앞에 제2회 결함에코 $F_2$가 나타나고, 에코높이는 점점 더 저하되어 간다. 결함이 판 두께 방향의 중앙에 있는 작은 결함(초음파 빔의 크기보다 매우 작은 결함)을 탐상하였을 때는 (d)와 같이 제1회 저면에코 $B_1$ 앞에 제1회 결함에코 $F_1$이 나타나지만, 그림과 같이 $F_2$, $F_3$가 되면서 에코높이는 점점 높아진다. 이것을 적산효과(*supreimpose effect*)라고 부르고, 그림에서와 같이 $F_1$에서는 초음파의 진행거리가 첫 번째인데 비하여 $F_2$, $F_3$가 되면서 그 경로가 많아지고 이것들이 더해져서 화면상에 에코로 나타나기 때문이다.

그림 6.28과 같이 결함위치가 판 두께 방향의 중앙에서 벗어난 위치에 있으면 탐상 방향에 따라서는 제1저면에코 $B_1$의 앞에 2개의 결함에코가 나타나는 것이 있다. 이것은 1개의 결함에 의한 결함인가, 2개의 결함에 의한 결함인가는 저면에서 탐상하는 것에 의해 판단하는 것이 가능하다. 또 2개의 에코가 1개의 결함에 의한 것인 경우 각 에코에 대해서는 그림 6.29 (a), (b)와 같이 기호를 붙인다.

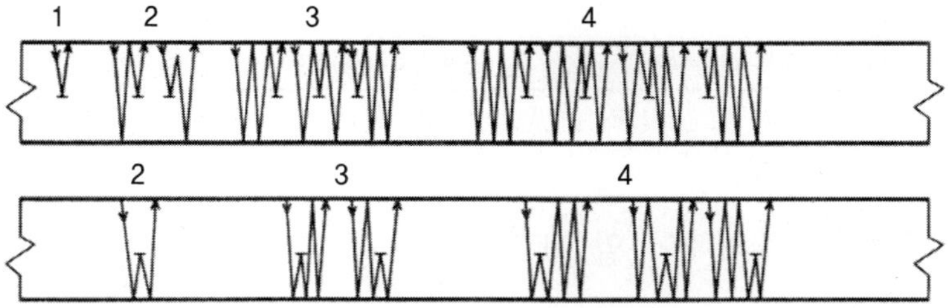


그림 6.28 작은 결함에 의해 적산효과가 나타나는 경우 초음파의 전파경로

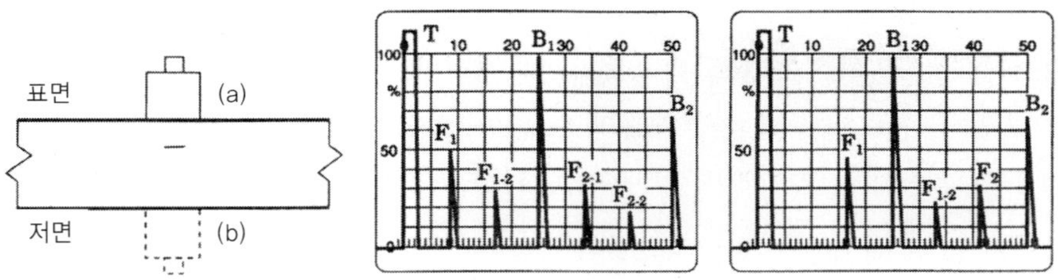


단면도　(a) 표면으로부터 탐상도면　(b) 저면으로부터 탐상도면

그림 6.29 판 두께 방향의 중앙에서 벗어난 위치에 결함이 있는 경우

## 6.7.2 강판의 탐상 규격

강판의 대표적인 수직탐상 규격으로는 표 6.3의 원자로, 보일러, 압력 용기 등에 사용하는 고품질 킬드강을 대상으로 한 KS D 0233과 강 구조 건축물의 구조재로 판 두께 방향에 현저하게 높은 응력이 작용하는 부재를 대상으로 한 KS D 0040이 있다. 또한 외국 규격에는 압력 용기용 강판의 초음파 탐상 검사를 대상으로 한 JIS G 0801, 건축용 강판의 초음파 탐상 검사에 의한 등급 분류와 판정 기준을 대상으로 한 JIS G 0901, 압력 용기용 강판을 대상으로 한 ASTM A 435, 특수용 용도 강판 등을 대상으로 한 ASTM A 578 등이 있다.

표 6.3 강판의 수직 탐상 규격

| 규격 번호 | 규격품 |
|---|---|
| KS D 0233 | 압력 용기용 강판의 초음파 탐상 검사 방법 |
| KS D 0040 | 건축용 강판 및 평강의 초음파 탐상 검사에 따른 등급 분류와 판정 기준 |
| JIS G 0801 | 압력 용기용 강판의 초음파 탐상 검사 |
| JIS G 0901 | 건축용 강판의 초음파 탐상 검사에 의한 등급 분류와 판정 기준 |
| ASTM A 435 | 압력 용기용 강판의 수직 초음파 탐상 검사 |
| ASTM A 538 | 특수용 용도 강판 및 클래드(clad) 강판 초음파 탐상 검사 |

## 6.7.3 탐상 시 주의해야 할 사항

### 가. 적산효과

적산효과(*superimpose effect*)란 결함이 작은 경우에 결함 에코가 1회째 보다, 2회째, 3회째가 더 높아지는 현상을 말한다. 에코의 적산은 결함이 판 두께의 중앙부에 있는 경우, $F_1$에서는 하나의 반사 경로이지만, $F_2$에서는 3경로, $F_3$에서는 5경로와 같이 반사 경로가 증가하기 때문에 이들 에코가 더해져 합쳐짐에 의해 수 회째까지의 결함 에코는 점점 높아지며 그 후에는 확산, 감쇠에 의해 결함 에코 높이는 낮아진다.

이와 같은 현상은 결함이 작고 판 두께가 얇으며(특히 20 mm 이하가 많음) 감쇠가 적은 경우에 나타나는 현상이다.

### 나. 전달 손실

초음파가 시험체 내로 전파할 때 탐상면에 투과할 때의 전달 손실, 시험체를 전파할 때의 확산과 결정립계에서의 산란에 의한 감쇠, 시험체의 표면에서 반사할 때의 반사 손실이 발생한다.

탐상면에서의 전달 손실은 시험체의 표면거칠기, 주파수, 접촉매질 등의 영향을 받으며 표면이 거칠고 주파수가 높을수록 또한 접촉 매질의 음향 임피던스의 값이 작을수록 전달 손실은 커진다. 따라서 탐상면이 거친 경우나 곡률이 있으면 전달손실이 크게 되고, 재료의 결정입이 조대하면 초음파의 감쇠가 크게 된다.

이와 같은 재료에 표준시험편으로 탐상감도를 조정하고 탐상하면 결함을 놓치거나 과소평가할 수 있다.

따라서 감도보정에 사용한 표준시험편과 대상물이 되는 시험체와의 초음파특성의 차이를 미리 조사하여 감도조정을 할 필요가 있다.

### 6.7.4 단강품의 탐상

강판은 소재의 검사이며, 재료의 건전성 보증으로서 검사가 실시되지만, 단강품은 그대로 또는 기계가공을 해서 구조물의 일부나 기계부품으로서 사용되므로 반제품의 검사로서 실시되는 경우가 많다. 또 그 용도도 선박, 자동차, 철강, 화학, 기계, 토목 건설 등 넓은 분야에서 사용되고 있다. 이것들은 어느것도 사용되는 조건이 명확하며 검출해야 할 결함의 종류 및 크기가 확실하게 되어 있다.

단강품은 그 무게가 1 kg 으로부터 10톤 이상이 되는 대형 제품에 이르기까지 형상이 매우 단순한 것부터 복잡한 것까지 여러 종류가 있고, 또 크기도 각종 제품에 따라서 다르다. 또한 회전기기에 사용되는 제품은 정지 상태로 사용하는 단조품에 비하여 피로강도가 더욱 문제 시 되므로, 초음파 탐상의 중요성이 더욱 강조된다. 결함의 종류로는 모래 흔적이나 편석과 같은 단조 과정에 나타나는 가늘고 긴 결함과 파이프 결함과 같은 기공형 그리고 수소에 의한 머리카락과 같은 단조 방향에 특히 관계없이 발생하는 결함으로 나눌 수 있다.

단강품에 주로 발생되는 결함으로는 ① 담금질 균열, ② 다공질 기공, ③ 비금속 개재물, 모래 흠 등이 있다.

① 담금질 균열의 경우는 담금질(*quenching*)을 하면 심하게 급냉되기 때문에 외면은 강하게 수축하고 내부는 냉각에 의한 수축이 지연된다. 다시 말해 담금질을 하면 표면이 먼저 마르텐사이트 상태로 경화하고, 그보다 다소 늦게 내부가 마르텐사이트 변태를 한다. 마르텐사이트 변태는 상당히 큰 체적팽창을 일으키기 때문에 이미 경화해 있는 외면에 의해서 강한 인장응력이 작용한다. 특히 모서리나 두께 차가 있는 부분 등에서는 이와 같은 강한 인장응력이 집중하여 균열이 발생하게 되는 경우이다.

② 다공질 기공의 경우는 강괴 중심 부근에는 미세한 입계균열 또는 입계에서 발생한 미소한 공동에 의해 결정립의 결합력이 약해진 부분이 존재한다. 이와 같은 부분은 단조 시에 충분히 단련되어 압착되는 것이 보통이지만 공극(空隙)이 현저하게 나타나기도 하고 단련이 불충분할 때에는 압착되지 않고 일부가 남아 결함이 된다. 이와 같은 결함을 다공질기공(*loose structure porosity*)이라 한다.

③ 비금속 개재물, 모래 흠 등의 경우는 강괴의 내부에 존재하는 비금속 개재물은 일반적으로 상당히 미세한 것이다. 그러나 불순물이 많고 냉각응고 과정을 천천히 거치면 모여서 커지게 된다. 또, 주형의 일부가 탈락되어 혼입되는 것이 있다. 육안으로 볼 수 있을 정도로 큰 것을 모래흠(*sand mark*)이라 부른다. 이들 결함은 단조에 의해 가늘고 길게 늘어나기도 하지만 평판형으로 되어 있는 것이 보통이다.

단강품의 탐상방법은 주강품 탐상과는 달리 결정입의 크기가 크지 않기 때문에 높은 주파수를 사용할 수 있으며, 결함도 입자성형 방향으로 비교적 직선형이므로 탐상이 용이하다. 다만, 균열일 경우에는 방향성이 없으므로 주의하여야 한다. 보통 단강품의 탐상에는 수직탐상이 흔히 사용되며, 근거리음장을 보정하기 위하여 분할형 탐촉자를 사용한다. 탐상 주파수는 4 ~ 6 MHz가 많이 사용되며, 경우에 따라서는 10 MHz의 높은 주파수를 사용하는 경우도 있다. 사각탐상은 수직탐상으로 확인된 결함의 모양이나 깊이 등을 확인하기 위한 특수한 경우에 사용되며, 피검체의 모양으로 인하여 수직탐상이 불가능할 때 사용된다.

**표 6.4** 단강품에서 주로 발생되는 내부 결함과 대표적인 탐상지시

| 결함의 종류 | 탐상지시 | 검출 부위와 특징 |
|---|---|---|
| 편석 결함 | 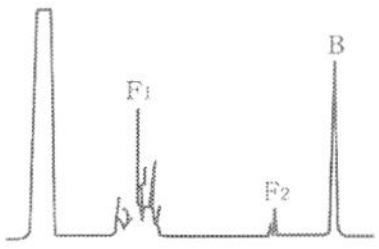 | 둥근 축 모양의 시험체에서는 외주에서 지름 방향으로의 탐상으로 결함 에코가 검출되어 $F_1$ 및 $F_2$는 지름 또는 두꺼운 중간부에서 띠 모양으로 층이 되어 보인다. ($F_2$는 검출되지 않는 경우가 있음) |
| 백점 | 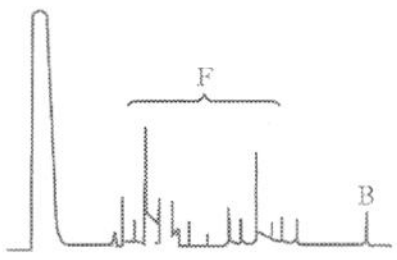 | 합금강 등으로 드물게 검출된다. 매우 날카로운 결함 에코가 발생하여 중간부에서 중심부에 걸쳐 광범위하게 검출되며 또한 저면 에코의 저하가 크다. 길이 방향에서는 저면부를 제외한 부위에서 검출되고 축방향의 탐상에서도 검출된다. |
| 미소기공 | 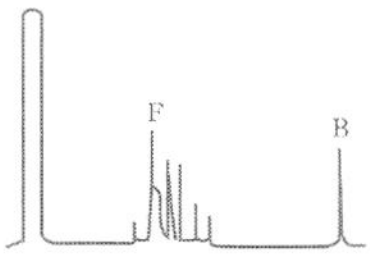 | 거의 중심 부근에 집중되어 결함 에코가 검출되어 개개의 결함 에코는 중복된 형태로 명료하게 분리하는 일이 적다. 결함이 큰 경우에는 저면 에코의 저하가 뚜렷하다. 길이 방향에서는 강괴의 표층부에서 중앙부에 검출되어 축 방향에서의 탐상에서도 검출된다. |
| 모래 흠 | 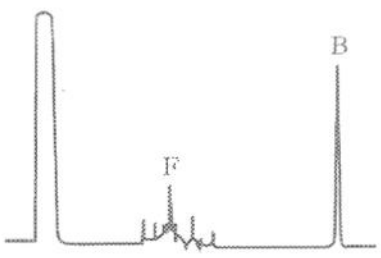 | 강괴에서의 저면부 또한 중심부에 검출되는 경우가 많으며 각 결함 에코는 분리하여 나타나는 경우가 많다. 특히 국부적으로 검출되는 경우가 많다. 편석 내에 개재하는 경우 편석 결함과의 구별이 어렵다. |
| 파이프 | 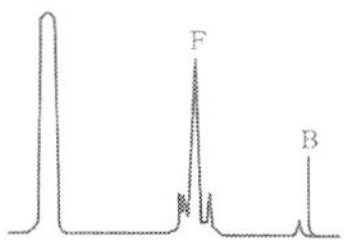 | 강괴의 표층부 그리고 중심부에 결함 에코가 검출되며 그 수는 비교적 적다. 결함 에코 높이는 변화가 있어도 축 방향으로 연속되어 나타나며 저면 에코의 저하를 동반하는 경우가 많다. |
| 단조 균열 (forging crack) | 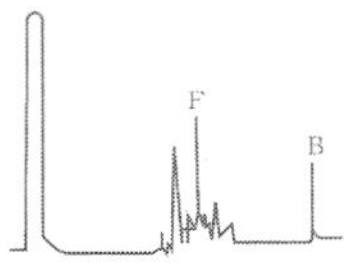 | 파이프와 유사한 탐상지시이지만, 강괴에서 위치에 관계없이 검출되는 경우가 많다. |
| 조대 결정립 | 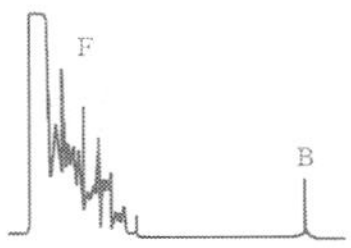 | 표면 근처에서 임상 에코가 발생한다. 저면 에코의 변화에 주의하여 사용 주파수를 바꾸어 다른 결함과 구별할 필요가 있다. 일반적으로 감쇠가 크기 때문에 감쇠계수의 측정이 바람직하다. |

* : 탐상지시는 $B_{G1}$(건전부의 제 1회째의 저면 에코 높이): 80%로 한 경우를 나타냄.

$F$ : 결함 에코, $B$: 저면 에코

사용 중 피로로 인하여 발생하는 서비스 형태의 결함은 발생부위가 정해져 있으므로 시방서 등으로 규정하여 정기적으로 그 부분만을 선택하여 검사를 하는 것이 통례이다. 크기가 큰 단조품에 발생되는 결함은 피로 균열이나 구속으로 인한 균열 등이 성형과정의 결함이므로 많은 공정을 거치기 전에 탐상하여 불필요한 경비를 줄이는 방법으로서도 사용된다.

### 6.7.5 단강품의 탐상 규격

단강품의 초음파탐상검사에 사용되는 규격으로서는 미국의 ASTM A 388이 있으며 단강품의 대표적인 수직 탐상 규격을 표 6.5에 나타낸다. 두께 20 mm 이상 및 외경부의 곡률 반지름이 50 mm 이상의 탄소강 및 저합금강의 단강품을 대상으로 한 KS D 0248이 있다. 또한 그 외 외국규격으로는 탄소강 및 저합금강의 단강품을 대상으로 한 JIS G 0587, 선용(船用) 크랭크 축 등을 대상으로 한 JFSS 13 등이 있으며, 터빈 및 발전기 로터를 대상으로 한 ASTM A 418 등이 있다.

표 6.5 단강품의 탐상 규격

| 규격 번호 | 규격품 |
|---|---|
| KS D 0248 | 탄소강 및 저합금강 단강품의 초음파 탐상 검사 방법 |
| JIS G 0587 | 탄소강 및 저합금강 단강품의 초음파 검사 방법 및 검사 결과의 등급 분류 방법 |
| JFSS 13 | 선박용 단강품에 대한 초음파 탐상 기준 |
| ASTM A 388 | 두꺼운 단강품의 초음파 탐상 검사 방법 |
| ASTM A 418 | 단강품 터빈 및 발전기용 로터의 초음파 탐상 검사 방법 |

### 6.7.6 용접부의 탐상

용접은 조선, 차량, 압력용기, 건축철골, 교량 등 각종구조물이나 기계제작의 기반기술로써 이들 각종 용접구조물의 품질관리・품질보증에 매우 중요한 기술이다. 검사원은 검사대상의 대부분인 용접에 대해 용접방법, 용접이음, 용접부의 성질 등(특히 용접결함)에 대해서는 충분한 지식과 경험이 필요하다. 용접결함은 용접설계의 잘못, 용접공의 기량 부족이나 부주의 또는 용접시공관리 상의 문제 등에 의해 발생한다. 이러한 의미에서 용접공을 포함한 용접관리가 매우 중요한데 이것이 품질관리와 품질보증으로 이어지게 된다.

용접 결함 중 대표적인 내부 결함은 균열, 용해 불량, 융합 불량, 슬래그 혼입 및 블로우홀(*blow hole*)이다. 근래 대부분의 구조물에는 용접부가 있으며 그 검사에는 과거의 방사선투과 검사를 대신해서 초음파탐상검사가 많이 적용되고 있다. 용접부에 발생하는 결함은 재질, 개선형상, 용접자세 등에 따라 발생하기 쉬운 결함의 종류에 다소 치우침이 있지만 일반적으로 기공, 슬래그 혼입, 용입부족, 융합불량, 균열 등이다. 이러한 용접부의 결함을 검출하기 위해서는 용접부 전체를 초음파빔이 커버하도록 여러 방향에서 탐상한다. 용접시공 전에 개선면을 체크하고 개선각도, 루트간격, 홈면의 상태를 관찰해 놓으면 발생할 가능성이 있는 결함을 예상 할 수가 있다. 또 용접 후에 루트면의 위치를 정확히 알 수 있도록 적당한 위치에 표시를 해둘 수도 있다.

발생할 결함의 종류는 어느 정도 예상되므로 그것에 따라서 중점적으로 탐상 하는 것 도 가능하다. V개선이나 베벨홈용접부의 용입부족에 대해서는 직사법에 의해 용접선으로 따라서 탐상 한다. 개선면의 융합불량에는 홈면에 될 수 있으면 수직에 가까운 각도에서 초음파 빔이 입사하도록 탐상면, 반사횟수 및 굴절각을 선정해도 좋다.

좁은 개선 용접부에서는 개선면의 융합불량이 탐상면에 대해서 수직방향이 되기 때문에 탐촉자를 2개 사용하는 탠덤 탐상법의 적용이 좋다. 횡균열은 초음파 빔이 용접선과 평행 또는 근접해서 탐상 한다. 용접 덧붙임을 제거했을 경우 용접선 위에서 탐촉자를 용접선 방향으로 향해 탐상하면 검출하기 쉽다. 모서리 이음이나 T이음 등 수직탐상이 효과적인 용접부에는 수직탐상을 병용한다. 탐상면은 일반적으로는 거친 경우가 많이 있으므로 접촉매질은 글리세린 또는 글리세린 페이스트를 사용한다.

사각 탐상에서는 특히 굴절각이 커지면 같은 두께를 탐상하는 경우 작은 굴절각에 비교하여 빔진행거리가 길어진다. 따라서 전반 거리에 의한 초음파의 감쇄를 고려하여 결함 에코를 검출하여 평가하는 것이 중요해진다. KS B 0896에서는 STB A2의 $\phi$ 4×4 mm의 세로 구멍 또는 RB-41의 가로 구멍을 이용하여 거리 진폭 특성에 의한 에코 높이 구분선을 작성한다.

표 6.6에 각종 결함에 대한 탐상지시 및 주사지시의 특징을 나타낸다. 기공 등의 작은 단독 결함 개선면의 융합불량 등의 편평한 평면결함이나 균열 등의 거친 평면결함 및 밀집 기공 등과 같은 밀집결함 등에 의해 탐상지시(에코의 형상이나 패턴)나 전후 및 좌우 주사에 의한 주사지시가 기본적으로 다르다. 따라서 이들의 특징은 결함의 종류나 형상을 추정하는 경우에 중요한 도움이 된다.

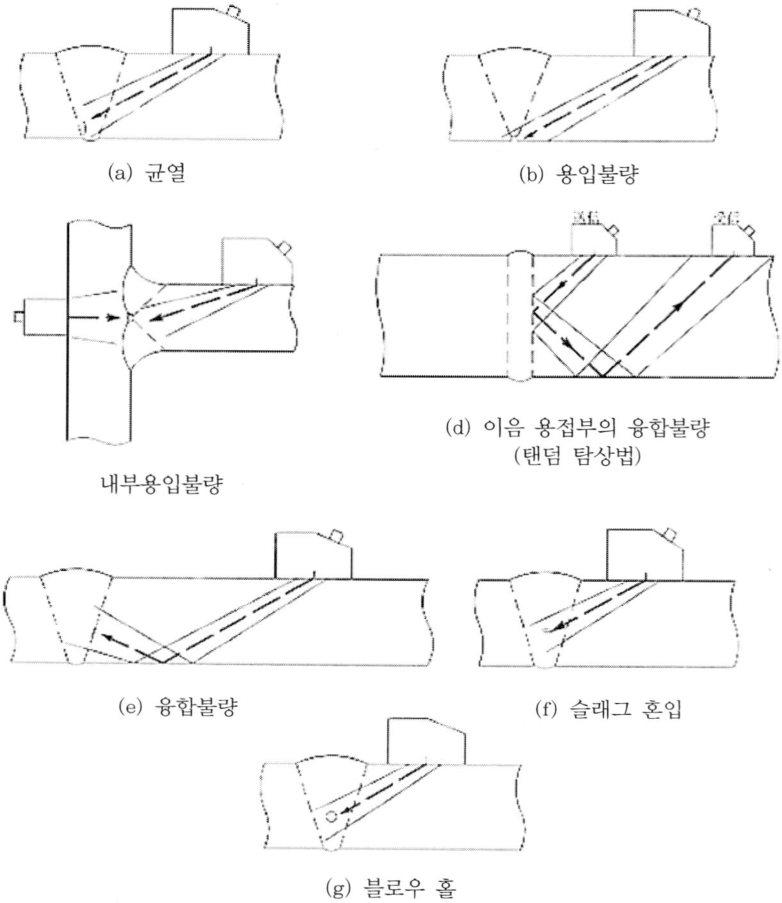


그림 6.30 용접결함의 검출방법

표 6.6 각종 결함에 대한 탐상지시 및 주사지시의 특징

| 결함종류 / 내용 | 단독소결함 (블로우홀) | 평활한 평면결함 (개선면융합불량 등) | 거친 평면상결함 (수직입사의 경우) | 거친 평면상결함 (경사입사의 경우) | 밀집결함 (밀집블로우홀 등) |
|---|---|---|---|---|---|
| 탐상도형 | 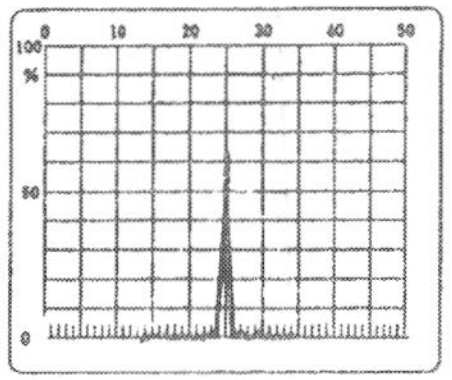 | 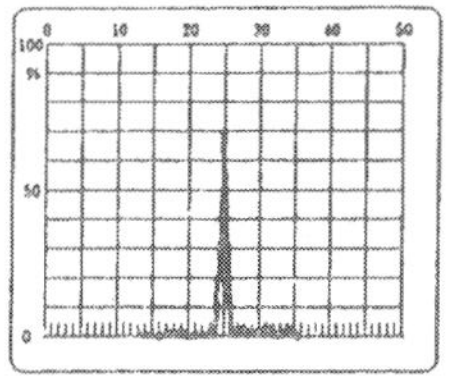 | 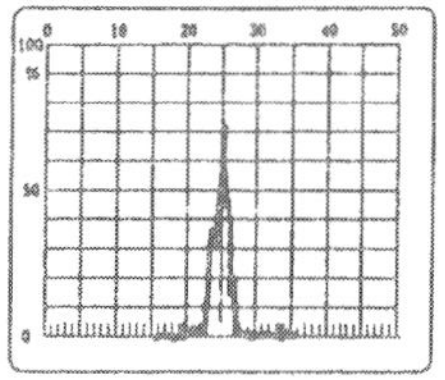 | 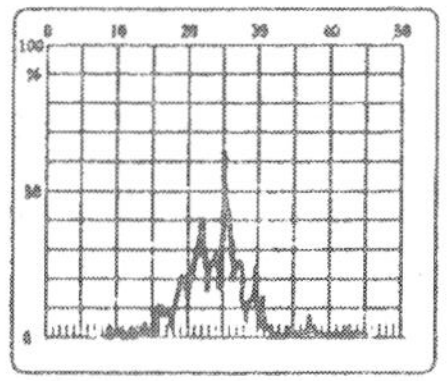 | 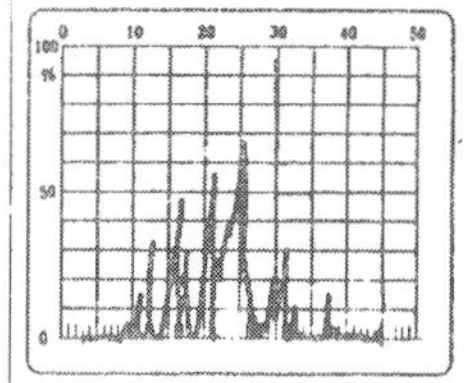 |
| 주사도형 (전후, 좌우 주사도형) | 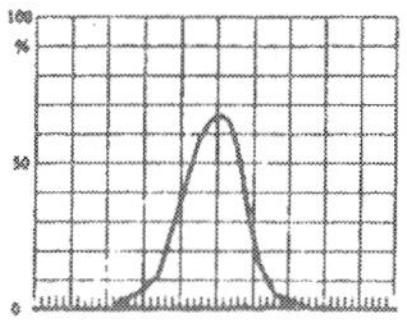 | 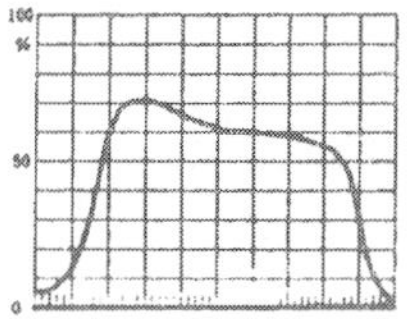 | 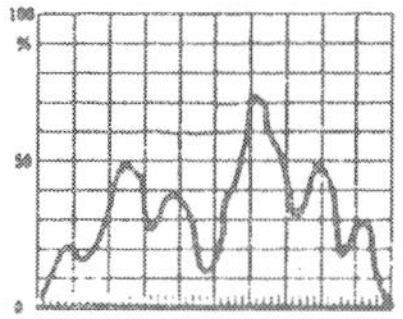 | 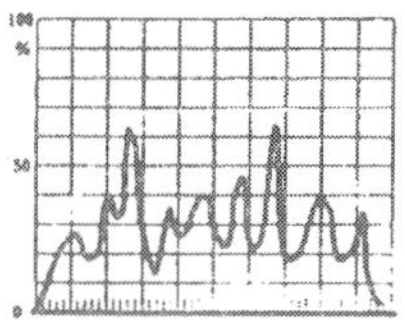 | 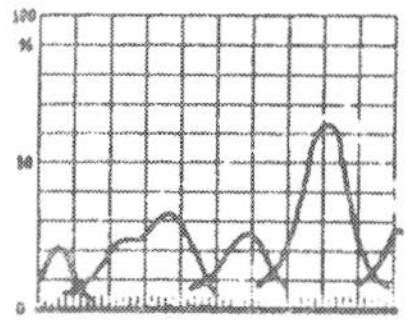 |
| 주사방법 (전후 또는 좌우주사) | 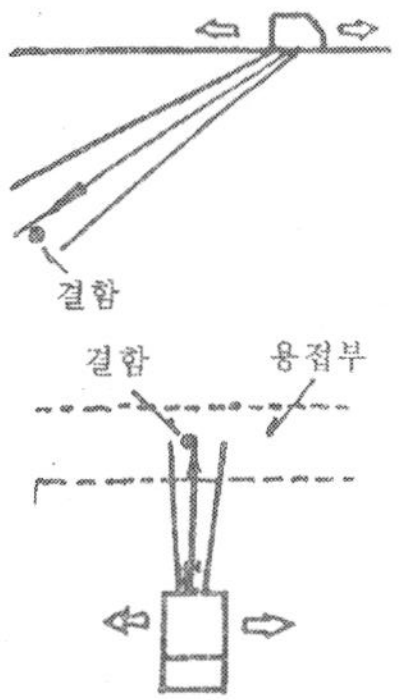 | 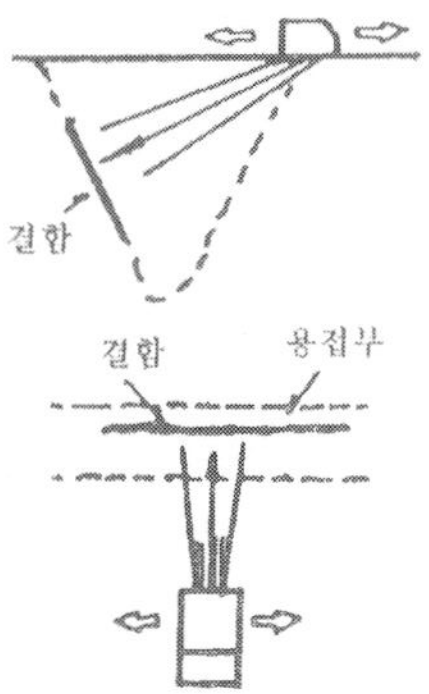 | 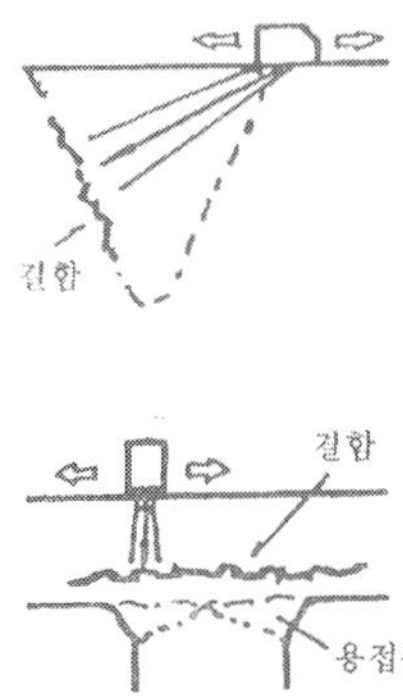 | 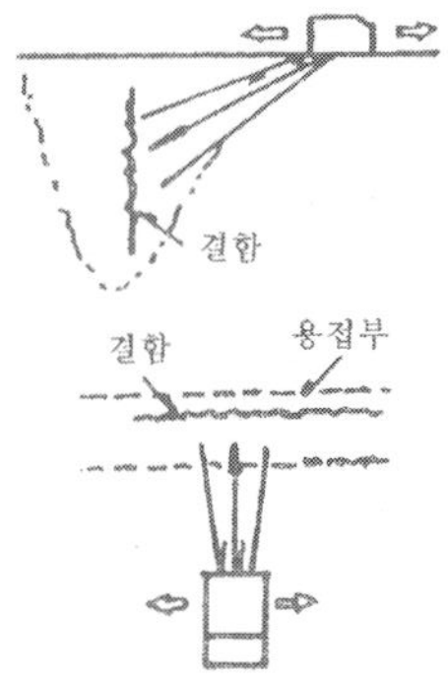 | 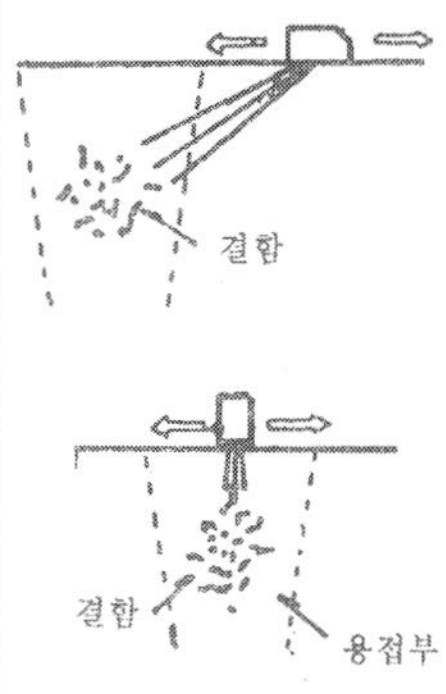 |

# 6.8 초음파 진단 결과의 평가와 기록

## 6.8.1 결함의 특성

물질 내에는 결정격자(*crystal lattice*)의 불완전부(*imperfection*)와 전위(*dislocation*)와 같은 고유하게 내재하는 미세(*microscopic*)한 크기의 흠(*flaw*)이 존재하는 것으로 알려져 있다. 또한 이들 흠은 용접, 주조, 단조, 표면 처리(*surface treatment*) 등과 같은 제조 공정에 중에 발생하기도 한다. 재료는 응력, 피로, 부식 등 다양한 조건 하에 사용되기 때문에 이로 인해 추가로 결함(*defect*)이 발생하거나 이미 존재하고 있는 결함이 더 성장하기도 한다. 대부분 재료의 파괴는 응력이 더 이상 견디지 못할 정도의 위험 수준의 크기까지 성장하면서 결국 연성(*ductile*)이나 취성(*brittle*) 파괴의 형태로 진행하게 된다.

따라서 이러한 결함을 검출하고 이 결함들에 대한 특성(*characterization of defects*), 크기, 위치 등에 대해 평가하는 것이 필요하다. 그 다음으로는 이들 결함의 위해도(*severity*)를 평가 후, 결함을 제거해야 할지, 그 제품 자체를 폐기해야 할지 아니면 결함이 있는 제품이라도 계속 사용하는 것으로 허용할지를 평가해야 한다. 이 같은 판단과 결정을 하는 과정을 "평가(*evaluation*)"라고 하며, 그래서 최근에는 실제로 비파괴검사(*non-destructive testing, NDT*)라는 용어 대신에 비파괴평가(*non-destructive evaluation, NDE*)라는 용어를 사용하게 된다.

평가(*evaluation*)란 실제로 두 가지의 의미를 담고 있다. 첫째는 심각한 돌발 고장(*catastrophic failure*)으로 이어질 수 있는 허용할 수 없는 결함을 지닌 제품이 비파괴검사에서 누락되어 계속 사용이 되지 않도록 하는 것이다. 둘째는 위험 수준이 낮은 결함을 지닌 부품들은 막대한 생산 감소 및 재료의 손실을 가지고 올 수 있기 때문에 이를 중단하지 않도록 하는 것 또한 매우 중요하다. 그래서 두 가지의 기본 요건이 있게 되는데, 첫째는 결함에 대한 특성, 크기, 위치를 정확하게 검출해야 한다. 둘째는 다음 단계의 조치를 할지에 대해 판단하고 결정하는 일이다. 첫 번째의 요건은 결함의 특성, 크기, 위치를 검출하고 파악하기 위한 적절한 NDT 방법을 사용해야 하고, 두 번째는 허용 기준을 참조하여 적합성(*suitability*)을 판단해야 한다. 이러한 판단은 결함의 크기 특히 균열(*crack*)에 대해 다양한 하중 조건 하에서 계산을 통한 거동을 예측하고 매우 엄격한 파괴 역학(*fracture mechanics*)의 접근에 기반을 두고 수행되어야 한다.

## 6.8.2 결함의 위치 측정(Position of defects)

결함의 위치는 교정된 탐상기의 스크린으로부터 바로 읽을 수 있다. 수직 탐상의 경우 탐상면 아래의 결함의 위치는 그림 6.31과 같이 바로 알 수 있다. 반면에 사각 탐상의 경우 결함의 위치는 빔 진행거리(*beam path length*)와 탐촉자의 굴절각(*probe angle*)을 이용하여 계산한다.

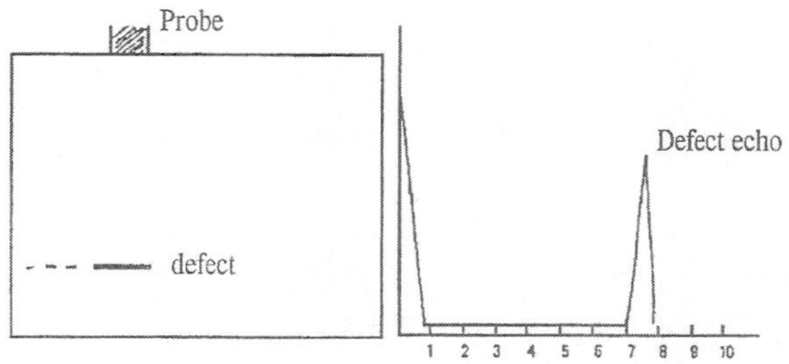

그림 6.31 수직 탐상에서 결함의 위치

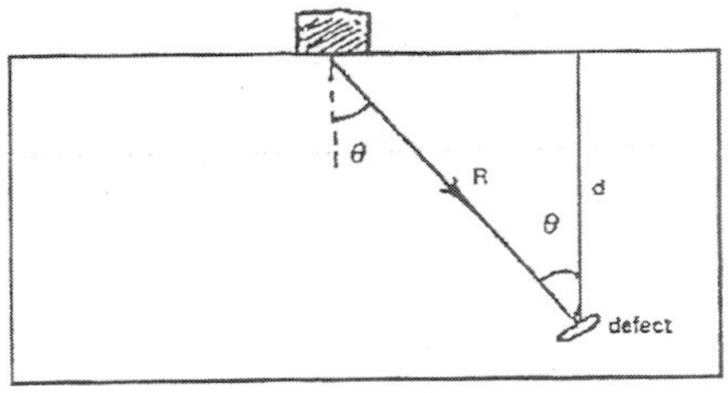

그림 6.32 사각 탐상에서 결함의 위치

## 6.8.3 결함의 크기 측정(Defect sizing)

일반적으로 결함 크기 산정(*defect sizing*)은 결함 신호의 진폭으로 구한다. 이들 방법에는 대비시험편을 이용한 방법, DGS 선도법 그리고 스캐닝(*scanning*)법이 있다. 앞의 두 방법은 초음파 빔의 크기보다 작은 크기를 가지는 결함에 대해 에코 진폭을 이용하여 평가하는 방법이다. 스캐닝법은 일반적으로 초음파 빔의 크기보다 결함의 크기가 큰 경우에 대하여 에코 진폭을 이용하여 평가하는 방법이다.

대비시험편을 이용한 방법은 DAC를 이용하여 결함의 크기를 산정한다. DAC의 작성은 게인값을 변경하고 에코 높이를 DAC 레벨까지 올린 다음 새로운 게인 값을 설정하고 기록한다. 이 새로운 값과 PRE(여기에다 해당되는 경우 전달 손실(*transfer loss*)과 감쇠 교정을 더한 값) 사이의 차는 DAC에 관한 상대적 높이, 즉 dB를 나타낸다. 이 차는 초음파 검사 보고서에 기록되어야 한다.

DGS 선도법에서는 dB 단위의 에코 높이를 앞선 설명한 방법과 유사하게 에코 높이를 게인 조정기(*gain control*)를 이용해 기록 곡선까지 올린 후 새로운 게인 설정 값과 $G_{rec}$와의 차를 파악함으로써 찾아낸다. 이 차는 기록 곡선과 관련하여 dB로 표현된 에코 높이를 초음파검사 보고서에 기록되어야 한다.

결함 크기가 초음파 빔 보다 클 경우에는 다음과 같은 방법들을 결함 크기 산정에 이용한다.

## 가. 6 dB 드롭법(6 dB drop method)

6 dB 드롭법(*6 dB drop method*)은 최대 진폭이 나오는 결함의 위치에서 탐촉자를 좌우로 이동시키면 결함 가장자리에서의 에코 높이가 절반으로 줄어드는, 즉 6 dB 만큼 감소하는 탐촉자의 이동거리를 결함지시길이로 산정하는 방법이다. 이 때 빔의 중심축은 그림 6.33과 같이 결함의 끝단부에 위치하게 된다. 6 dB 드롭법은 초음파 빔 폭 보다 큰 결함의 산정에 적합하고, 반대로 초음파 빔 폭 보다 작은 결함에 대해서는 정확한 크기 산정이 어렵다.

탐촉자의 이동에 의해 결함의 길이를 측정하는 절차는 다음과 같다.

(i) 결함에서 최대 에코가 나오도록 탐촉자를 위치시킨다.

(ii) 탐상기의 게인 조정노브를 이용해 CRT 스크린상의 읽기 쉬운 크기로 에코 높이가 나타나도록 조정한다.

(iii) 에코 높이가 처음에 조정된 높이의 절반이 될 때까지 한 방향으로 탐촉자를 이동시킨다.

(iv) 탐촉자의 중심 위치를 시험편 표면에 표시한다.

(v) 그 다음에 탐촉자를 반대 방향으로 움직여 최대 에코가 나오는 위치를 통과해 에코 높이가 다시 최대 진폭의 절반으로 떨어지는 위치까지 탐촉자를 이동한다.

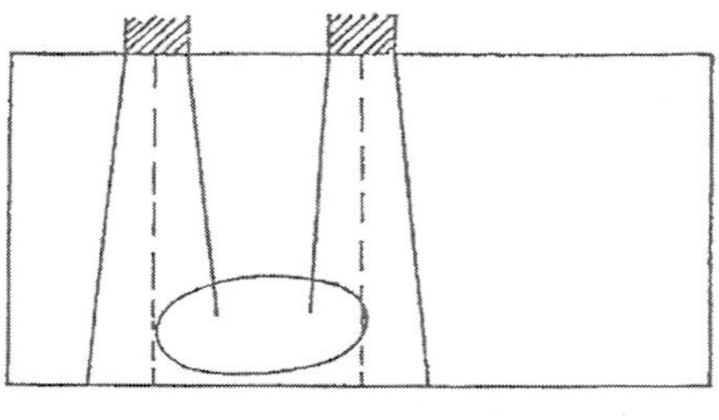

그림 6.33 6 dB 드롭법

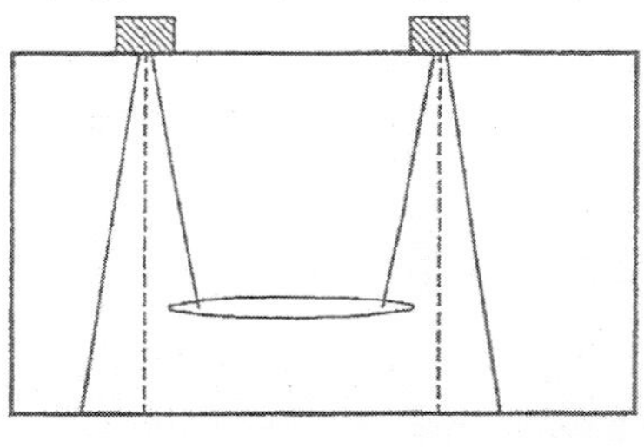

그림 6.34 20 dB 드롭법

(vi) 그 위치에서 탐촉자의 중심 위치를 시험편 표면에 표시한다.

(vii) 두 표시점 사이의 거리를 결함지시길이(*flaw length*)로 산정한다.

결함의 감도가 다양하게 변한다면, 에코 높이가 급격히 떨어지기 바로 직전까지 탐촉자를 이동시킨다. 이 피크가 전체 스크린 높이까지 상승하면 탐촉자를 (iii)에서와 같이 이동시킨다. 결함의 반대편 끝단으로 이와 같은 절차를 수행한다.

## 나. 20 dB 드롭법(20 dB drop method)

이 기법은 결함 길이의 산정을 위해 초음파 빔 끝단부의 강도(*intensity*)가 빔 중심축 강도의 10% (즉, 20 dB)로 떨어지는 결함 위치에서의 감도를 이용한다.

20 dB 드롭법을 이용하여 결함의 길이를 산정하는 절차는 다음과 같다.

(i) 결함에서 최대 에코가 나오도록 탐촉자를 위치시킨다.

(ii) 탐상기의 게인 조정노브를 이용해 CRT 스크린상에 읽기 쉬운 크기로 에코 높이가 나타나도록 조정한다.

(iii) 그 다음 에코 높이가 원래 높이의 1/10 (즉 20 dB 만큼)로 떨어질 때까지 한 방향으로 탐촉자를 이동한다.

(iv) 탐촉자의 중심 위치를 시험편 표면에 표시한다.

(v) 반대 방향으로 이동하면서 최대 에코 높이가 다시 1/10로 떨어지는 위치까지 탐촉자를 이동한다.

(vi) 그 위치에서 탐촉자의 중심 위치를 표시한다.

(vii) 두 표시점 사이의 거리를 측정한다.

(viii) 빔 프로파일 선도(*beam profile diagram*) 또는 다음의 방정식을 이용하여 결함의 깊이 d에서의 빔폭 $\Phi$를 구한다.

$$\Phi = D + 2(d - X_0)\tan\theta \tag{6.22}$$

여기서 $\Phi$ = 빔폭(*beam width*)

d = 결함 깊이(*defect depth*)

$X_0$ = 근거리 음장 길이(*near field length*)

D = 탐촉자 지름

(ix) (vii)에서 (viii)를 빼면 초음파 빔의 이동방향과 평행을 이루는 결함의 길이를 구할 수 있다.

20 dB 드롭법은 6 dB 드롭법 보다 더 정밀한 결과를 얻을 수 있다. 하지만 6 dB 또는 20 dB 드롭법을 이용하여 결함의 길이를 산정 할 경우 결함 끝단부에서 감쇠되

는 요인 외의 다른 요인에 의해 진폭이 떨어질 수 있는 문제점을 가지고 있다. 몇 가지의 요인을 들어보면 다음과 같다.

(a) 결함이 빔 폭 내에서 점점 가늘어 지는 경우, 이 부분에서 결함에 대한 신호가 결함 끝단부에 이르기 전에 20 dB 또는 6 dB 만큼 감소하게 되어 결함을 과소 평가하게 된다.

(b) 결함의 방향성에 의해 최대 진폭을 얻기 위한 탐촉자의 각도가 바뀔 수 있고 이 경우에는 다른 탐촉자를 사용하여야 한다.

(c) 결함의 방향이 바뀔 수 있다.

(d) 탐촉자가 변형될 수 있다.

(e) 표면 조도에 따라 바뀔 수 있다.

## 다. DGS 선도법(DGS diagram method)

DGS 선도법은 Krautkramer에 의해 1958년에 개발되었으며, 이 기법은 탐촉자로부터 다양한 거리만큼 떨어져 있는 서로 다른 크기의 평저공(*FBH*)에서 나오는 에코와 저면 에코의 진폭 차이를 dB로 표시하여 만들어진 DGS 선도를 이용하는 방법이다. 이 선도는 근거리 음장 단위로 다양한 크기와 주파수를 가지는 탐촉자로부터의 거리 D와 특정한 저면 반사체에 대한 평저공(*FBH*)의 dB 단위 게인값 G 그리고 진동자 직경에 대한 평저공(*FBH*)의 크기 S와 관련이 있는 선도이다.

DGS 선도를 이용하여 결함을 평가하려면 기공, 이물질, 균열 등과 같은 실제적인 결함들이 평저공과 같은 기하학적 특징, 모양 또는 방향을 갖지 않는다는 것을 주의해야 한다. 또한 특정 결함의 에코 진폭이 결함의 크기 뿐 만 아니라 입사하는 빔의 방향과 관련된 입사각과 거칠기 형상 등의 다른 인자들에 대한 영향을 고려해야 한다. 따라서 등가결함 크기(*equivalent reflector size, ERS*)에 대한 규정의 필요성이 증가되고 있다. ERS는 빔이 빔 축에 수직으로 놓을 경우 평저공과 같은 원형 반사체가 스크린 상에 동일한 에코 높이를 나타내게 된다. 이러한 현상은 실제 결함의 반사 특성이 원형 반사체의 반사 특성과 유사한 경우에만 적용할 수 있다. 이러한 상관 관계는 실제 결함의 특성이 원형평면결함의 특성과 유사하다고 가정하는 경우에만 적용 가능하다. 이는 모든 방향에서 빔의 범위를 넘지 않은 작은 반사체에 적용가능하다. 따라서 DGS 선도를 이용한 결함 평가는 ERS를 통해 이루어지지만 ERS가 항상 결함의 실제 크기를 나타내는 것은 아니라는 것을 명심해야 한다.

## 6.8.4 결함 높이의 측정

결함의 높이를 측정하는 것은 결함을 갖는 부재의 건전성 평가 및 수명 예측의 정밀도를 향상시키기 위해 매우 중요하다. 특히 파괴역학을 이용하여 결함을 평가할 경우 결함 높이를 정확하게 측정할 필요가 있다. 여기서 결함의 높이란 결함의 판 두께 방향의 치수를 말한다.

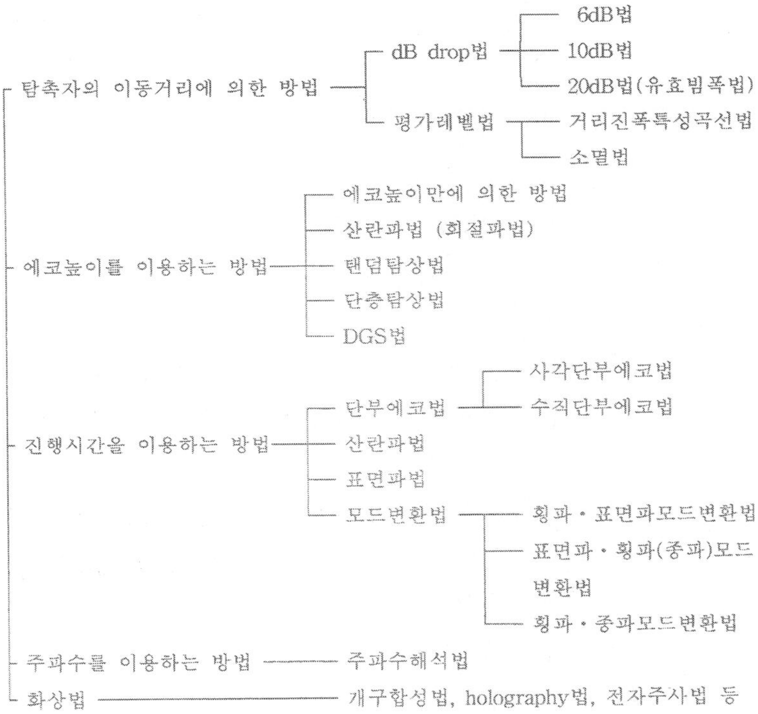


그림 6.35 결함 높이의 측정 방법

그림 6.35는 현재까지 개발 또는 실용화되어 있는 결함높이의 측정 방법을 정리한 것이다. 이들 결함 높이의 측정 방법 중 단부에코법, TOFD법 및 표면파법 등 중요한 몇 가지에 대해서만 소개한다.

### 가. 탐촉자의 이동거리에 의한 방법

이 방법은 초음파의 빔폭보다도 큰 평판형 결함이면서 동시에 결함 면에 수직으로 초음파빔이 입사하는 조건을 만족할 때 고정밀도 측정을 기대할 수 있다. 이 방법에는 데시벨 드롭법, 유효빔폭법 및 문턱값에 의한 방법 등이 있다.

### 나. 에코높이를 이용하는 방법

사각탐상에서 결함의 에코높이는 결함의 높이 이외에 결함의 위치, 형상, 길이, 거칠기, 기울기 및 개구량 등에 의해 영향을 받기 때문에 에코 높이로부터 결함의 높이를 측정하는 것은 일반적으로 곤란하다. 그러나 결함의 위치나 성질과 상태를 미리 상정함과 동시에 적당한 측정 조건을 설정함으로써 어느 정도의 측정이 가능하게 된다. 이 방법에는 표면 개구 결함 측정법, 복합형 종파 사각탐촉자를 이용하는 방법, 표면 SH파에 의한 방법, 산란파법 그리고 탠덤탐상법 등이 있다.

## 6.8.5 검사결과에 대한 기록과 보고

제조업자는 초음파탐상검사에 대한 보고서를 작성해야 하며 이 보고서 사본은 제조업자의 데이터 보고서에 검사원이 서명 할 때까지 제조업자가 보관해야 한다. 이 보고서에는 요구하는 정보가 포함되어야 한다. 또한 수리된 제품에 대한 기록과 수리된 제품에 대한 재검사 결과도 기록되어야 한다. 제조업자는 기준레벨의 50%를 초과하는 응답을 갖는 교정되지 않은 영역에서 나오는 모든 반사에 대한 기록도 지속적으로 관리되어야 한다. 이 기록은 각 영역, 응답 레벨, 크기, 표면 이하 깊이, 분류를 포함하고 있어야 한다.

결함이 기록되어야 한다고 판단되었을 때, 제조 중에 사용되는 ASME Section V (Article-5), AWS D1.1(1988), API-1104(1994)와 같은 대부분의 초음파탐상검사 표준에 따라, 다음의 (i) 결함의 특성, (ii) 결함의 길이, (iii) DAC 곡선이나 기준 레벨 이상 또는 이하의 반사율 등을 결정하여야 한다. 이 같은 특성은 결함의 합・부 판정 시 필요하게 된다.

비파괴검사의 최종 결과는 검사 보고서이다. 비파괴검사로 검출된 결함에 대한 향후 조치에 관한 모든 결정은 대부분 이 보고서에 근거한다. 보고 결과가 얼마나 신뢰할 수 있는지, 만약 신뢰하기 어렵다면 검사자에게 이러한 검사 결과에 대해 재점검 및 재확인하도록 요청할 수 있다. 결과가 재현성이 있는지, 그리고 보고서가 결과의 재현성에 얼마만큼의 도움을 주는가. 이러한 많은 다른 요건의 관점에서 NDT 검사 보고서는 최대한 명확하게 작성하는 것이 필수적이다. 많은 경우에 있어 보고서는 부품의 제조 및 설치 시 부품의 상태와 건전성을 파악할 수 있는 유일한 수단이다. 이 정보는 특히 초기 고장(*premature failure*)을 평가하는데 매우 가치가 있다. 보고서는 검사 및 점검 기관에 의해 철저히 검토되어 분석된 것으로 품질보증(*quality assurance*)을 위한 필수 요건이다.

우수한 NDT 보고서의 필수 요건은 명료함(*unambiguity*)과 재현성(*reproducibility*)에 있다고 말할 수 있다. 따라서 보고서를 작성할 때 특정 NDT 법에 대한 결함 검출감도에 영향을 미치는 모든 다양한 인자들을 염두해 두어야하며, 원칙상 이 모든 인자들에 대한 정보가 보고서에 표기되어야 한다. 이렇게 함으로서 반복적인 검사시 정확한 조건으로 시험을 재수행할 수 있고 또한 수리가 된 경우 검사된 부분을 정확히 찾는데 도움을 줄 수 있다. 우리는 초음파탐상검사의 예를 통해 이러한 사항에 대해 자세히 설명할 것이며, 다른 NDT 기법에 대한 보고서로 그 내용을 넓혀 갈 것이다.

시험편의 종류, 두께, 기하학적 형상, 모양, 초음파로 검사 되어지는 영역에 대한 구체적인 내용을 보고서에 기록해야 한다. 고유한 식별 번호를 검사 시 시험편과 보고서에 기록해야 한다. 더 나아가 이 식별 번호를 설계도면 번호와 연계시켜 놓아야 한다. 부품들이 불합격되거나 수리할 수 있을 경우 또는 원하는 경우 검사를 반복하는 경우 이 식별 번호는 검사를 용이하게 해준다. 자체적으로 독자적인 식별 번호를 갖는 적용 절차를 보고서에 기재하여야 한다. 보고서 양식은 상이할 수 있으나 상기에 언급한 목적을 이루기 위해서는 보고서 양식에 다음의 정보가 명료하고 간결하게 포함되어야 한다.

## 가. 확인(Identification)

(i) 검사 일자

(ii) 검사 시간

(iii) 검사 장소

(iv) 검사를 필요로 하는 고객

(v) 검사를 수행하는 검사원

(vi) 검사되는 부품, 부품의 일련 번호, 설명서 및 재료

(vii) 사용된 코드, 사양서, 표준

## 나. 장비(Equipment)

(i) 탐상기

(ii) 탐촉자의 크기, 주파수, 각도

(iii) 사용된 교정 및 대비 시험편

(iv) 접촉매질

## 다. 교정(Calibration)

(i) 사용된 모든 탐촉자의 감도

(ii) 사용된 모든 탐촉자의 시간축 범위

(iii) 적절한 곳에서의 감쇠(*attenuation*) 및 전이보상(*transfer corrections*)

## 라. 기법(Technique)

(i) 주사 방법(각 탐촉자의 한계와 적용 범위)

(ii) 사용된 크기 산정법

(iii) 사용되는 기록 및 보고 레벨

(iv) 시험체의 형상 또는 상태, 시간 또는 기타 요인에 의한 검사 품질의 한계

## 마. 결과(Results)

(i) 검출된 지시

(ii) 결함의 위치와 크기를 표시한 축적 도면

(iii) 발견된 결함과 허용 표준과의 관계

보고서는 간단 명료하게 쓰여져야 한다. 전문 용어(*technical term*)는 올바른 의미로 사용되어야 하며 이니셜이나 약어들은 전체 단어를 한 번 사용한 이후에만 사용될 수 있다.

검사보고서 이외에도 초음파탐상검사를 포함한 비파괴검사 절차의 중요한 부분을 차지하는 많은 문서들이 존재한다. 이 문서는 검사 보고서와 직접 관련이 있으며 보고서를 확인하려 할 때, 검사를 반복하려 할 때, 또는 품질 점검을 하려 할 때 반드시 필요한 문서들이다. 이 기록들은 해당 기관의 품질보증 프로그램의 중요한 요건이며 추적성(*traceability*)을 위한 수단이 된다.

초음파탐상검사를 수행하기 위해 문서화된 절차서는 해당 기관의 기록에 포함되어야 할 뿐 만 아니라 이와 함께 절차를 수행하는 사람들도 이 기록에 포함되어야 한다. 절차서에는 최소한 다음의 내용들이 포함되어야 한다.

(i) 절차서 식별 번호와 작성된 날짜

(ii) 범위

(iii) 해당 문서

(iv) 검사원

(v) 장비/교정/기준 표준

(vi) 절차를 적용하는 시험체의 식별 및 종류

(vii) 검사 방법

(viii) 보고 수준/검사

(ix) 허용 기준

(x) 검사체에 대한 표시 계획

(xi) 보고서 작성

검사 장비의 교정에 대한 문서화된 기록은 꾸준히 관리 되어야 한다. 장비가 주기적인 교정을 필요로 하는 경우에는 현재 및 향후 교정 날짜를 파악해야 한다. 교정이 전문 기관에 의해 수행되었거나 확인되었다면 그 전문 기관의 이름을 밝혀야 한다. 비파괴검사를 수행하고 보고서를 작성하고 서명을 담당하는 모든 사람의 자격과 증명서에 대한 기록은 공개되어야 하며 필요시 서면으로 작성되어야 한다. 증명서에 대한 유효기간을 밝혀야 하며 모든 검사원에 대한 시력 검사 증명서를 보관해야 한다. 또한 연수 및 교육과 경력에 대한 자료도 보관해야 한다. 모든 비파괴검사원에 대한 법적인 등록증을 보관한다면 가장 이상적이라 할 수 있다.

간략하게 말해서 문서화 된 서류는 검사와 검사된 부품의 추적성(*traceability*), 재현성(*reproducibility*), 궁극적으로 신뢰성(*reliability*)을 높이기 위한 최적의 방법이다. 비파괴검사 절차서의 경우는 능력이 있는(인정된, *qualified*) 사람에 의해 작성된 종합적 절차서를 의미하며 인정된 검사원에 의해 수행된 검사는 검사 보고서 양식에 정확하게 기록되어야 한다.

## 익힘문제

1. 수직탐상에서 탐상방향의 선정 시 고려해야 할 사항을 서술하시오.

2. 수직탐상에서 최적검사조건의 선정을 위한 탐촉자 선정 시 고려해야 할 사항을 기술하시오

3. 수직탐촉자 5Q20N을 사용하여 STB G V8의 인공결함을 측정할 때 결함에코높이가 최대가 되는 탐촉자 위치에서 저면에코높이를 50%에 조정하였을 때는 25 dB 이였으며, 결함에코 높이가 50%일 때에는 40 dB 였다면 결함에코높이[F/BF]는?

4. 결함이 시험체 두께의 1/2위치에 있고 결함의 에코가 50[%], $B_F$에코는 90[%], $B_G$에코는 100[%]일 때 다음을 구하여라.

   1) F/$B_G$(dB)

   2) F/$B_F$(dB)

5. 검출레벨과 탐상감도에 대해 기술하시오.

6. 수직탐상에서 시험편방식과 저면에코방식에 의한 탐상감도조정의 방법을 비교 설명하시오.

7. 임상 에코(*grass*)의 발생요인과 대책에 대해 기술하시오.

8. 초음파탐상검사시 나타나는 적산효과에 대해 간단히 설명하시오.

9. 음향이방성의 정의와 음향이방성이 있는 시험체의 탐상방법을 기술하시오.

10. 2Q20N의 탐촉자를 사용하여 측정범위를 400 mm로 조정하고, 두께 100 mm의 대비시험편의 $B_1$에코높이 HB1을 80%로 조정하였더니, $B_2$ 및 $B_3$ 에코높이 HB2는 각각 50% 및 30%였다. 이 감도에서 두께 140 mm의 시험체의 건전부의 저면에코를 측정하였더니 $B_1$에코 및 $B_2$에코높이가 각각 50%($H_1$)와 20%($H_2$)였다. 시험체와 대비시험편의 전달손실차($\Delta L_T$)와 감쇠계수차($\Delta \alpha$)를 구하라. 단 반사손실은 무시한다.

11. 5Q20N의 탐촉자를 이용하여, 두께 100 mm의 시험체의 저면에코의 크기를 측정했을 때 $B_1$ 및 $B_2$의 크기는 각각 HB1 = 25dB, HB2 = 10.0dB였다. AVG선도를 이용하여 감쇠계수$\alpha$를 구하라. 단 반사손실은 2dB/회이다.

12. 사각탐상에서 거리진폭특성곡선에 의한 에코높이구분선을 작성할 때 감도조정기준선이 되는 것은?

13. 강의 종파음속은 5,920 m/sec, 횡파음속 3,255 m/sec, 알루미늄의 종파음속 6,260 m/sec, 횡파음속을 3,080 m/sec라 할 때 5Z10×10A70(실측굴절각 70°) 탐촉자로 알루미늄을 초음파탐상할 때 굴절각은 몇 도인가? 또, 5Z10×10A45(실측굴절각 45°)의 경우는 몇 도 인가?

14. 50 mm 두께의 맞대기 용접부를 굴절각 70° 의 탐촉자로 탐상하였을 때 빔 진행거리가 87 mm 거리에서 결함지시가 나타났다. 결함의 깊이는?

15. 모재 두께 20 mm 강판의 V개선 맞대기 용접부를 5Z10×10A70(실측굴절각 70.5°)를 탐상하였을 때 아래 그림의 탐촉자 위치에서 결함에코(측정범위 125 mm)가 검출되었다. 탐상면으로부터 결함깊이 및 용접부 중심으로부터 결함까지의 거리는 몇 mm인가?

1) 결함깊이 :

2) 결함·용접부 중심거리 :

16. 사각탐상에 의해 탐상면에 수직인 평면상의 결함을 검출하려 할 때 2개의 탐촉자를 전후로 배치하여 한쪽은 송신, 다른 쪽은 수신하도록 하는 탐상방법은?

Chapter 07

# 음향방출 진단 기법 빛 적용

## 7.1 AE의 개요

초음파계측법의 대부분은 레이더와 같이 초음파 신호를 시험체에 직접 입사시킨 후 결함으로부터 되돌아오는 수신파를 검출하여 재료의 불균일 조직, 결함 등에 관한 정보를 제공해주고 상호작용을 조사하는 능동적(*active*)인 비파괴계측기법이다. 이에 비해 음향방출검사(*acoustic emission testing; AT*)에서는 그림 7.1에서의 지진의 계측과 같이 재료 내부에서 전위(轉位), 균열(龜裂)등의 결함생성이나 질량의 급격한 변위가 생기면 에너지 해방과 함께 탄성파(*elastic wave*)가 발생한다. 탄성파가 재료 내를 전파하는 것이 AE파인데, 변환자(재료 내를 전파하는 기계적 진동인 AE파를 전기적 신호로 변환한다)로 이 AE파의 진동을 포착하고 해석하여 재료 내부의 동적 거동을 파악하고 결함의 성질과 상태를 평가하는 수동적(*passive*)인 비파괴계측기법이 AE법이다. AE법은 지진의 계측에서 복수의 지진계를 설치하여 지진의 발생위치나 규모 그리고 지진의 발생 메커니즘을 검출하는 것과 동일한 원리로 시험체에 복수의 AE센서를 설치하고 균열발생위치를 추정하는 동시에 수신파의 파형해석으로 균열의 형태나 정도 등의 많은 정보를 해석할 수 있다.

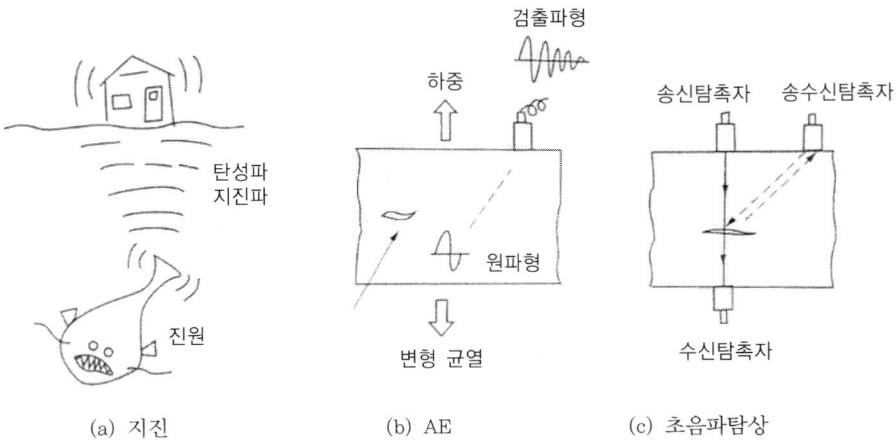


그림 7.1 지진, 음향방출검사(AE)와 초음파탐상검사(UT)의 개념도

AE계측에서는 초음파법에서 보다 낮은 100 kHz에서 1 kHz 정도의 초음파를 수신, 해석하는 것이 일반적이다. 이 변환자에 의한 검출파형은 진폭이 예리하고 큰 돌발(*burst*)형과 작은 파가 연속적으로 생기는 연속(*continuous*)형으로 나눌 수 있다. AE파의 검출에는 강유전체의 압전소자가 사용되는데, 이 소자는 초음파법의 경우와 다르게 AE파의 수신에만 이용된다. 수신된 AE파는 증폭되어 데이터 축적·해석 장

치에 이송된 후 기록·해석된다. 측정자가 초음파법과 같이 파형을 측정하는 타이밍을 측정자가 제어할 수 없기 때문에 발생하는 AE파의 일부를 데이터 수집과정에서 트리거 신호로 사용하거나 파형정보를 카운트해서 AE파의 수를 기록, 정보량을 줄일 필요가 있다.

AE파는 미끄럼변형, 쌍정변형, 상변태, 균열의 발생·전파 등에 의해 발생하기 때문에 이러한 현상의 해석에 유용하다. AE파의 측정 파라미터는 AE파의 수, 평균 강도, 진폭, 주파수 스펙트럼, 발생위치 등이 있다.

AE파의 가장 중요한 이용은 압력용기에 압력을 가했을 때, 또는 압력이 걸려있을 때 발생하는 균열에 수반하는 AE를 검출하고 그 발생원의 위치를 파악하여 파괴를 미연에 방지하는데 있다. 발생원의 위치를 파악하는 데에는 지진에서 진원의 결정과 동일한 기법이 이용된다.

## 7.2 AE원의 종류

각종 재료의 AE원(源, *source*)을 표 7.1에 나타내고 있다. AE원은 그 발생기구의 특징으로부터 재료의 균열이나 변형에 수반하는 것을 1차 AE, 마찰, 액체나 기체의 누설(*leak*)등에 수반하는 것을 2차 AE로 분류하고 있다.

표 7.1 AE 기술에 이용되는 정보

| 재료 | 형태 | 요인 | AE의 종류 | |
|---|---|---|---|---|
| | | | 연속형 (2차 AE) | 돌발형 (1차 AE) |
| 금속 | 미끄럼 변형 | 항복, Luders 변형, 세레이션 | ○ | |
| | 쌍정 변형, 상 변태 | 융해, 응고, 마르텐사이트 변태 | | ○ |
| | 미소 균열 | (탄화물, 개재물) 균열, 박리<br>(수소에 의한) 입계균열, 입내벽개균열 | | ○ |
| | 거시 균열 | 미소균열의 합체, 주 균열의 성장 | ○ | ○ |
| 복합재 | 매트릭스 균열 | 항복, 이물질 혼입 | | ○ |
| | 섬유파단 | 초기결함(흠) | | ○ |
| | 박리 | 매트릭스-박리, 적층간 | ○ | ○ |
| | 파면의 마찰 | 매트릭스-박리, 적층간 | ○ | |
| 세라믹 | 미소 균열 | 조대입자, 기공, 제 2상 입자 | | ○ |
| | 거시 균열 | 미소 균열의 합체, 주 균열의 성장 | | ○ |

AE 변환자에 검출되어 증폭된 AE신호파형을 오실로스코프화면에 나타내면 그림 7.2(a), (b)와 같은 2가지 파형이 관찰된다. (c)는 검사시의 환경잡음을 포함한 계측계의 잡음(배경잡음; *background noise*)이다. (a)는 1차 AE의 경우로 대부분이 단발(短發)현상인 급격한 상승과 지수함수적인 감쇠를 나타내며 시간적으로 이산된 파형으로 관찰되기 때문에 돌발형 AE(*burst AE, burst emission*)이라 한다. (b)는 2차 AE의 경우로 돌발형 AE가 개개로 분리될 수 없을 정도의 높은 빈도로 발생되기 때문에 (c)의 연속상의 잡음과 그다지 큰 차 없는 파형으로 관찰된다. 다시 말해 2차 AE의 대부분은 단발현상이 단시간에 연속하여 생기기 때문에 연속형 AE(*continuous AE, continuous emission*)라 한다.

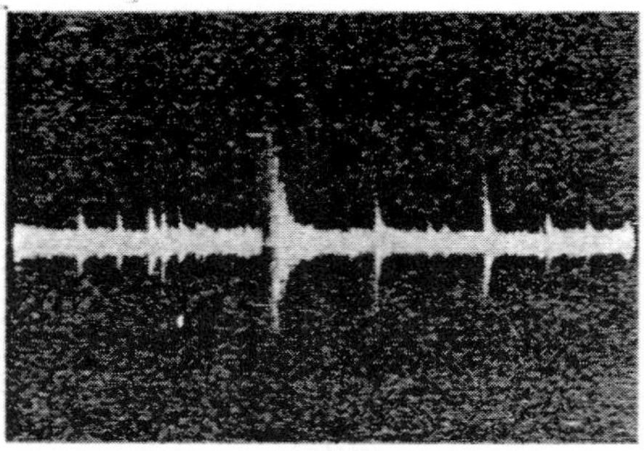

(a) 돌발형 AE

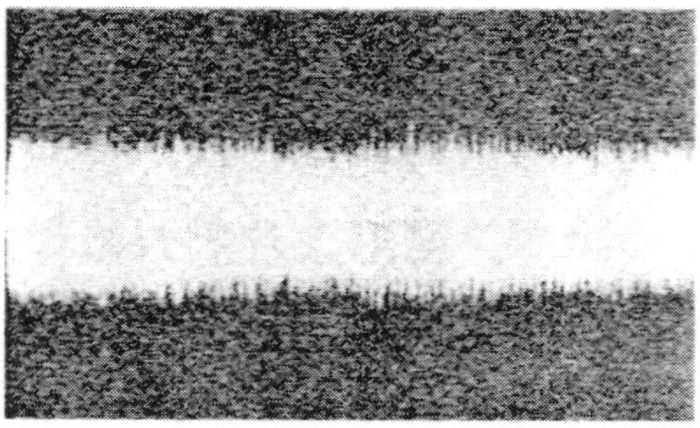

(b) 연속형 AE

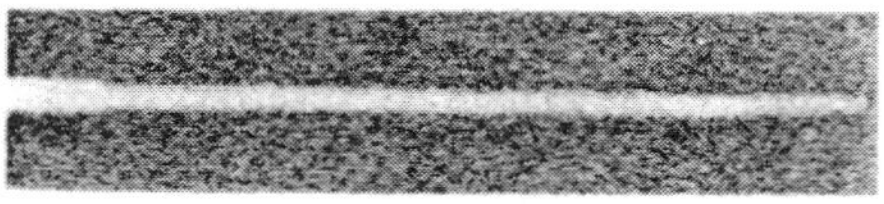

(c) 잡음레벨

그림 7.2 오실로스코프에서 관찰된 AE신호파형

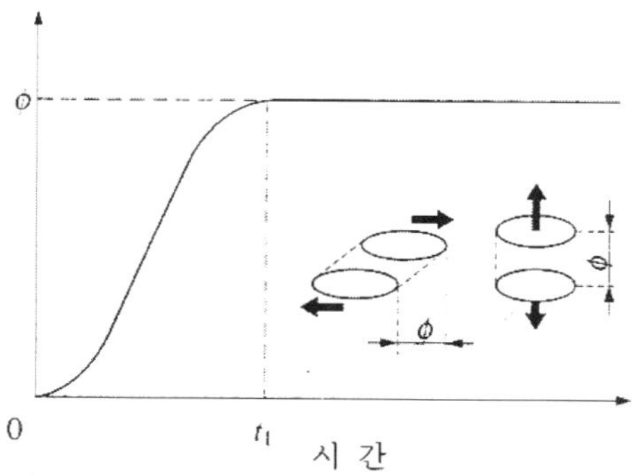


그림 7.3 Step응답으로 표시되는 AE원

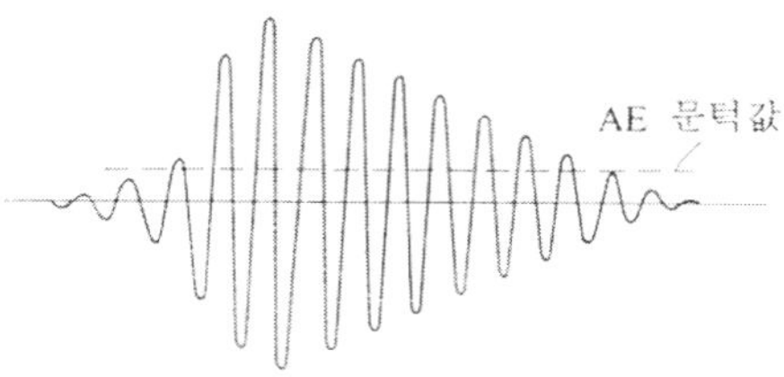


그림 7.4 AE신호의 모식도

AE 발생원은 그림 7.3과 같이 균열이나 변형의 변위 $\phi$가 시간 $\tau$에서 발생하는 step상의 돌발현상에 근사하는데, 연속형이나 돌발형 어느 것이라도 AE현상의 기본은 누설(*leak*)음원을 제외하면 과도적인 현상이므로 주기진동과는 다르다. AE 발생원에 있어서 AE파는 충동적으로 방출되기 때문에 돌발형과 연속형이라는 분류는 어디까지나 파형 관찰 상의 분류에 지나지 않는다는 것에 주의해야 한다. 그러므로 AE신호를 그림 7.4와 같이 진폭이 감쇠하는 정현파적 파형으로 가정하여 설명할 수 있다. AE계측을 하는 경우 배경잡음으로부터 AE신호를 판별하기 위해 수신증폭기의 출력신호를 그림 7.4와 같이 잡음레벨(*noise level*)보다 조금 또는 상당히 높은 문턱값(이것을 AE 문턱값; *AE threshold voltage*, $V_t$)을 미리 설정하는 것이 기본이다.

## 7.3 AE 계측시스템

그림 7.5는 보통 AE검사에 활용되고 있는 AE계측계의 기본적 구성을 나타내는 블록선도이다. 계측시스템은 AE변환자, 증폭기, 필터 등으로 구성되는 AE검출부, AE신호 변별회로(*comparator*), 데이터 레코더 등으로 구성되는 신호처리부, 이들 결과를 나타내는 표시부 등으로 구성된다.

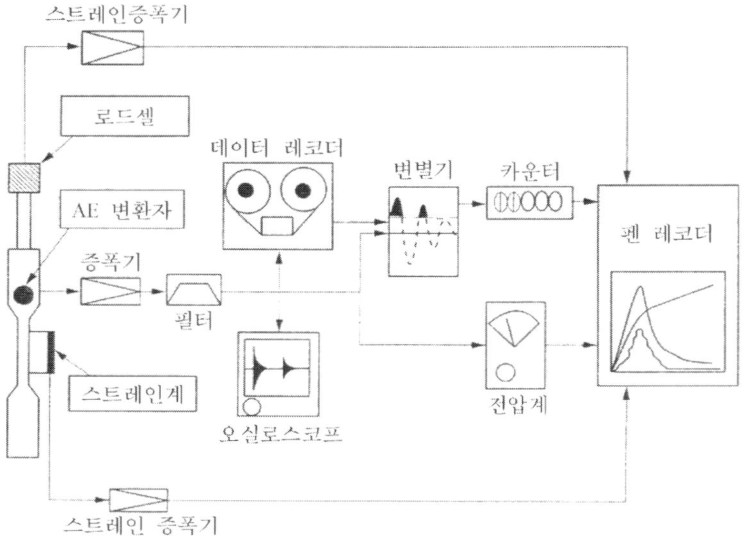


그림 7.5 AE 계측계의 블록선도

### 7.3.1 측정계

#### 가. AE 변환자(AE sensor, AE transducer)

AE 변환자의 구조는 그림 7.6과 같으며, 강유전체의 압전성을 이용한다. 보통 PZT라 불리는 지르콘티탄산납 10 mm 직경 전후의 종파진동자를 많이 이용한다. AE 변환자는 그 주파수특성에 의해 크게 고감도 협대역공진형과 저감도 광대역비공진형으로 나눌 수 있다. 고감도 협대역공진형은 측정하고자 하는 계측대역에서 공진을 갖는 압전소자를 이용하여 공진점에서 감도를 높이고 이 공진특성을 어느 정도 완화시켜(Q값을 낮춘다) 검출대역을 넓게 한 압전소자를 AE변환자용에 가장 많이 이용되고 있다. 한편, 저감도 광대역비공진형은 계측영역 대역보다 높은 대역인 5 MHz나 10 MHz에 공진을 갖는 압전소자를 이용하고 공진점 이외의 대역에서 신호를 검출하는 것이다. AE 신호로 취급하는 주파수영역은 100 kHz ~ 1 MHz가 일반적으로 사용되고 있다.

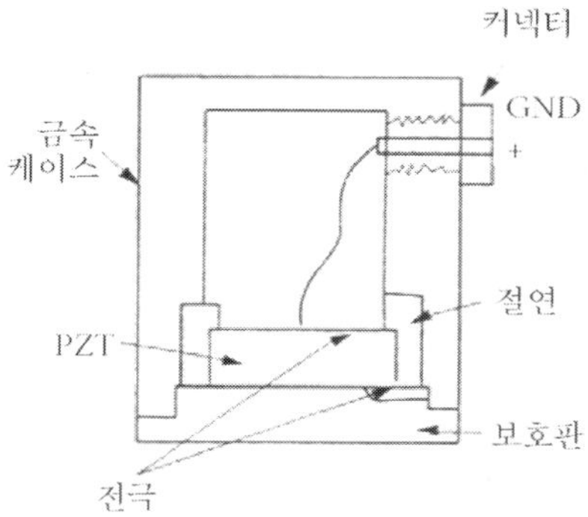


(a) 불평형형

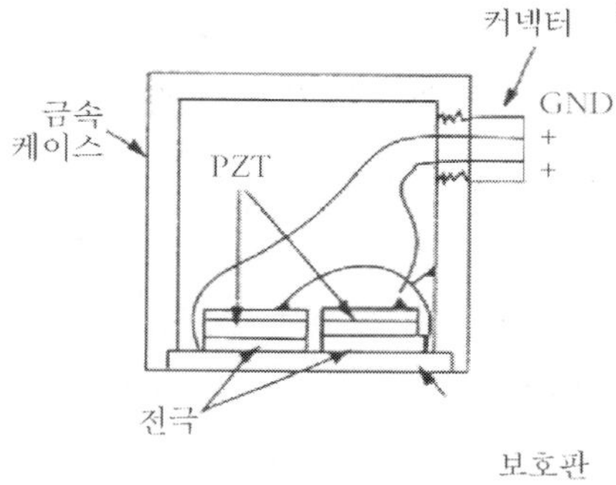


(b) 평형형(차동형)

그림 7.6 압전형 AE 변환자의 구조

### 나. 증폭기(Pre-Amp, Main-Amp), 필터(Filter), 잡음대책

AE 변환자로부터의 출력은 보통 Pre-Amp 입력 환산으로 수 $\mu$V 에서 수 mV 정도의 미약한 신호이기 때문에 여러 종류의 신호처리를 하려면 50~100 dB 정도의 증폭이 필요하다. 증폭기의 내부 잡음은 낮을수록 바람직하지만 그 하한은 열잡음으로 규정되어 있다. AE 신호에는 이 외에도 시험기의 진동 등에 의한 환경잡음이 포함되어 있기 때문에 이들을 제거하기 위해 변환자의 공진주파수에 해당하는 특정주파수 영역만을 계측하는 대역필터(*band pass filter*)를 조합할 필요가 있다.

## 7.3.2 AE 신호처리 파라미터

AE 변환자로부터 검출된 신호의 AE 파라미터는 전기적 신호처리법에 따라 다음의 3 종류로 나누어진다.

① 잔류잡음을 포함하는 모든 파형의 RMS 전압을 구한다.

② 신호레벨에 문턱값(*threshold*)을 걸고 포락선(*ringing*)파형을 펄스카운트 처리한다.

③ 신호레벨에 문턱값을 걸고 파형을 A/D변환하여 기록하고 연산처리 한다.

①은 문턱값을 걸지 않고 연속적으로 신호강도의 변화를 검출하지만 ②, ③은 문턱값을 걸어 잔류잡음과 AE 신호를 식별하고 문턱값을 넘는 신호에 대해 그 빈도나 신호강도를 검출한다.

## 가. 실효치 전압(RMS 전압)

AE 신호 실효치(*AE root mean square value*)는 측정이 간단하고 AE의 크기를 평가할 수 있어 AE 계수(計數)와 함께 AE 발생율을 나타내는 유효한 파라미터이다. 실효치는 신호의 평균에너지를 제곱근한 것으로, 계측의 원리는 신호(교류)전류를 열에너지로 변환시키고 거기에 상응하는 직류에너지를 표시하는 것이다. AE 실효치는 연속형 AE의 경우 AE 계수율과 동일한 AE 발생율 특성을 나타내고 있으며 문턱값의 영향을 받지 않는 점이 특징이다.

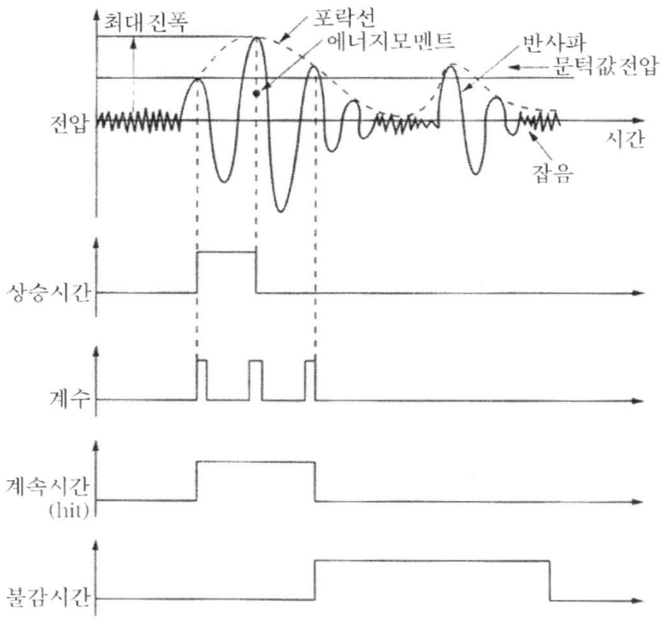


그림 7.7 AE 검출파형처리법의 파라미터와 처리방법

## 나. AE 계수

AE 신호의 발생 수나 발생빈도를 계수하는 방식으로는 그림 7.8과 같이 AE 문턱값을 설정하고 그것을 넘는 파의 수를 전부 변별기(弁別器, *comparator*)와 pulse count를 이용하여 세는 AE 계수법이 가장 일반적으로 이용되어 왔다.

AE 계수방식에서 임의로 설정한 단위시간당의 AE 계수(計數, *AE count, emission count, ring down count*)를 AE계수율(*AE count rate*)이라 하고, AE 검사를 통해 누계한 수를 누계 AE계수(*cumulative AE count*) 또는 AE계수 총수(*AE total count*)라 한다.

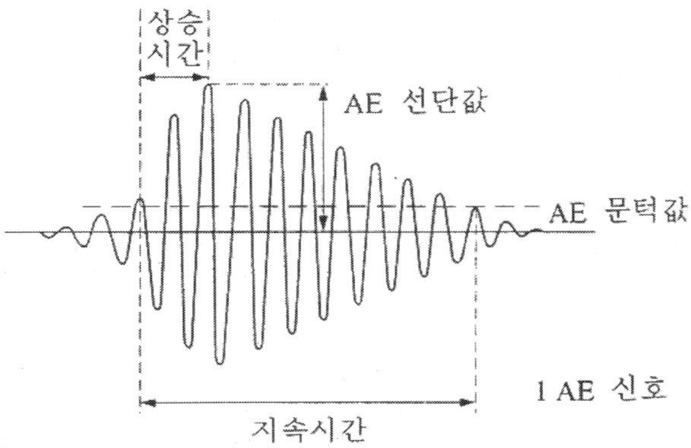


그림 7.8 AE 신호의 특성 파라미터

## 다. 사상

AE 발생수와 검출수를 대응시키기 위해 이용되는 파라미터가 사상(事象, *hit, event*)이다. hit의 신호처리방법에는 아날로그법과 디지털법이 있다. 아날로그법에는 검출파형을 포락선검파하고 그 신호가 문턱값을 넘는 곳부터 문턱값 이하가 되는 곳까지를 hit로 한다. 디지털법에서는 계수펄스를 변환자의 flip-flop회로에 입력하고 계수펄스의 연속을 일괄 처리한다.

hit 처리에는 반사파를 독립한 hit로 세지 않도록 hit 종료 후 일정시간 count를 정지시킨 불감시간(*dead time*)을 설정한다. 종래에는 hit를 사상이라 불렀으나 최근 복수의 계측채널을 갖는 계측장치가 등장하면서 새로운 정의가 필요하게 되었다. 따라서 하나의 계측채널에 식별된 AE 신호를 hit라 하고, 후에 기술하는 위치표정으로부터 하나의 AE원으로부터 검출된 hit의 집단을 사상이라 한다. 그러므로 계측채널이 하나인 계측장치에서는 Hit = 사상이지만, 2채널 이상의 위치표정 기능을 갖는 계측장치에는 위치표정 hit(*located event*)가 사상이 된다.

## 라. 최대진폭

1 hit 중의 최대진폭전압을 최대진폭 또는 AE 선두치(先頭値, *AE peak amplitude*)라 한다. 또한, 사상의 최대진폭이라 부르는 경우에는 최초로 변환자에 도달한 hit 채널(*first hit*)의 진폭을 가르킨다.

## 마. AE 에너지

AE 사상에너지의 추정에 이용되고 있는 파라미터로 AE 에너지(*AE event energy*)가 있다. 사상에너지는 AE 신호의 순시치를 $f(t)$로 하였을 때 순시치의 2승 적분의 값에 비례한다고 가정하여 AE 에너지 $E$는 다음 식으로 주어진다.

$$E = \int_0^T f(t)^2 dt \tag{7.1}$$

여기서 $T$ 는 1 AE 사상의 지속시간(AE 신호의 포락선이 문턱값을 넘고 있는 사이의 시간)이다.

## 바. 에너지 모멘트

AE신호의 파형형상의 특징을 표시하는데 에너지 모멘트(*energy moment*)라 불리는 파라미터가 제안되고 있다. 이것은 AE신호의 포락선 검파파형의 순시치를 $a_i(t)$라 하였을 때

$$Tem = \sum_{i=0}^{n} a_i^2 \cdot ti \cdot \frac{dt}{Et} \tag{7.2}$$

$$Et = \sum_{i=0}^{n} a_i^2 \cdot dt \ \ (\text{총에너지}) \tag{7.3}$$

로 정의된다.

$n$은 시각 $t_s$로부터 $t_{ei}$까지 샘플링수이고 $dt$는 샘플링 간극이다. 에너지 모멘트는 신호파형의 에너지 중심을 나타내기 때문에 보통 관찰되는 AE신호에서 파형의 예리함과 집중도를 나타내는 파라미터로 불린다.

에너지 모멘트는 피로나 복합재료의 파괴 등에 있어서 발생 원인이 다른 AE식별 등에 특히 유리한 파라미터가 된다. 또, 에너지 모멘트는 상승시간이나 진폭 모멘트에 비해 잡음이나 계측 문턱값의 변화에 대해 안정한 결과가 얻어진다.

## 사. 신호지속시간

신호의 지속시간(*duration*)은 1 hit의 지속시간으로, 아날로그법에서는 포락선 검파된 AE 신호가 문턱값을 넘어서 문턱값 이하가 될 때까지의 시간을 말하고 디지털법에서는 계수펄스의 연속 간극이다.

## 아. 상승시간

상승시간(*rise time*)은 1 hit가 문턱값을 넘어서부터 최대진폭에 이를 때까지의 시간이다.

## 자. 주파수해석

변형, 파괴에 수반하는 AE파의 주파수 스펙트럼(*power spectrum*)은 그 재료의 변형기구나 파괴기구를 반영하고 있음을 예측할 수 있기 때문에 여러 가지 방법으로 측정되고 있다.

주파수해석은 검출파형을 고속 파형 수록장치에서 A/D변환하여 수록하고 컴퓨터나 전용연산회로를 이용하여 푸리에 변환(*FFT*)을 한 후, 그 파워스펙트럼(*power spectrum*)을 구하는 것이다. 최근에는 AE대역까지 계측 가능한 고속 퓨리애 변환 분석기가 비교적 저가로 시판되고 있어 돌발형 AE에서는 개개의 AE hit의 패턴분류에 이용되고 연속형 AE에서는 현상 변화의 식별에 이용되고 있다.

## 7.4 AE 계측순서

그림 7.9는 AE 계측의 흐름도를 나타내고 있다. AE 계측의 순서는 ①부하방식・상태, ② AE 변환자의 설치위치・방법, ③ 잡음대책, ④ 계측감도의 조정, ⑤ 데이터 수록속도, ⑥ 데이터 해석 등이다.

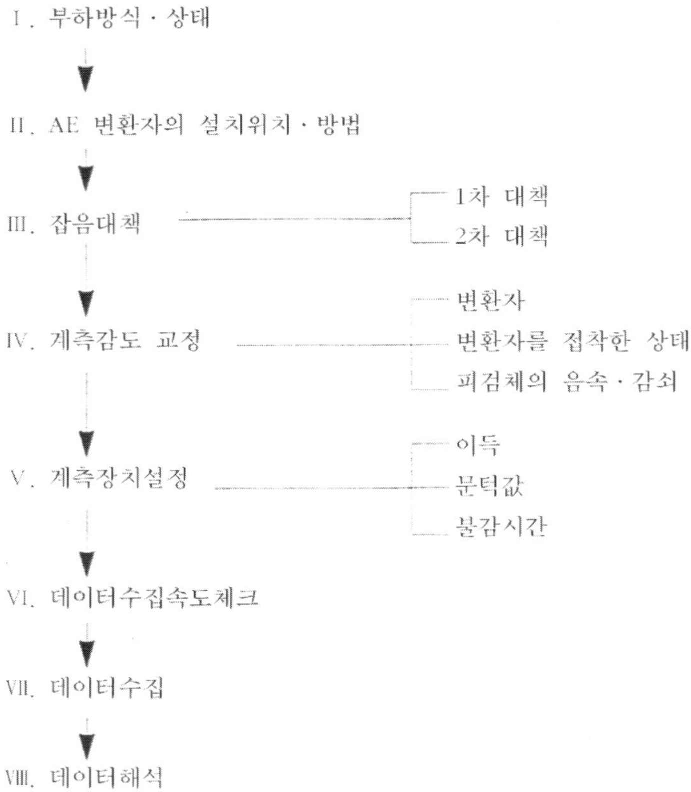


그림 7.9 AE 계측의 흐름도

### 가. 부하방식・상태

AE계측에서는 우선 목적으로 하는 현상을 검출하기 위해 외적조건으로 부하방법・상태를 선택 또는 파악 한다. 부하방식・상태에 따라서 목적으로 하는 현상을 가장 높은 감도로 검출하는 AE 변환자의 설치위치・방법을 검토해야 한다.

## 나. AE 변환자의 설치위치 · 방법

AE변환자의 설치위치 방법을 결정할 때에는 ⓐ 커플링 방법, ⓑ 탄성파 전파경로, ⓒ 변환자의 설치환경, ⓓ 재현성 등을 고려할 필요가 있다. ⓐ에서 제품검사 등에 구조상 · 기능상의 문제로 커플링을 사용할 수 없는 경우에는 AE변환자의 수신파 측의 면에 고무판을 붙인 피검체에 압접하거나 물을 매체로 검출한다. 이들 경우에는 투과율과 감쇠율의 문제로 인해 계측감도가 20 ~ 40 dB 저하하는 경우가 많기 때문에 문턱값의 설정에 주의해야 한다. ⓑ에는 샤프연필심이나 펄스 등의 의사 AE원을 음원의 위치로부터 입력하고 변환자의 설치위치를 변화시킴으로써 검출감도의 변화를 구한다. 탄성파 전파경로로부터 탄성파의 반사 · 모드변환 · 합성이 생기기 때문에 최적의 설치장소를 설정해야 한다. ⓒ에서는 압전소자의 큐리점을 넘지 않는 온도, 외부잡음의 영향을 가능한 한 받지 않는 장소에 설치한다. ⓓ에서는 계측감도의 재현성이 있는 AE 변환자의 접촉법 및 교정법을 선택할 필요가 있다.

## 다. 잡음대책

AE는 피시험체에 부하를 주지 않으면 발생하지 않기 때문에 부하 시에 부하장치, 치구 등으로부터 잡음이 발생하는 것을 피해야 한다. 사용 중인 피시험물에서는 더욱 많은 잡음발생이 예상된다. 예를 들어 압력용기 등에서는 수압시험시의 노즐로부터의 기포발생음 등이 발생된다.

## 라. 계측감도의 교정

계측감도의 교정에는 ① 변환자 자체의 감도교정, ② 변환자 부착 감도교정, ③ 피검체의 음속 · 감쇠특성의 계측이 있는데 이들의 종합특성에 의해 계측감도를 결정한다.

## 마. 계측장치의 설정

AE 장치의 기본설정항목에는 ① 게인, ② 문턱값, ③ 불감시간이 있다.

### (1) 게인(*gain*)의 설정

게인설정은 Pre-Amp와 Main-Amp에서 한다. Pre-Amp에서는 계측 Dynamic range를 확보하기 위해 최대진폭의 AE신호가 Pre-Amp최대출력 전압 이하가 되도록 게인을 설정한다. Main-Amp에서는 각 사상의 AE 파라미터의 변화가 크고 계측 범위를 넓게 취하도록 게인을 설정한다.

### (2) 문턱값(*threshold*)의 설정

문턱값의 최소레벨은 Pre-Amp의 입력저항과 내부 잡음에 의해 정해진다. 문턱값은 계측 가능한 최소레벨의 설정 외에 계측대상으로 하는 AE신호레벨의 설정에도 이용한다. 문턱값이 변하면 카운트하는 hit의 수나 계수, 여러 가지 AE 파라미터값이 달라지기 때문에 주의를 요한다.

### (3) 불감시간의 설정

불감시간(*dead time*)은 반사파를 독립한 hit로 세지 않기 위한 시간으로, 높은 AE수와 hit수를 대응시키기 위해서는 검사 전에 미리 반사경로를 조사해 놓고 유효한 불감시간을 설정할 필요가 있다. 그러나 일반적으로 불감시간은 구조물의 비파괴검사 등 비교적 단시간에 연속적으로 AE가 발생할 가능성이 없는 경우는 유효하지만, 재료시험과 같이 단시간에 연속하여 AE가 발생하는 경우에는 세는 것을 빠뜨리는 원인이 되기 때문에 주의를 요한다.

## 바. 데이터 수록속도

최근 컴퓨터를 이용한 계측장치에 데이터를 수록하는 것이 일반화되고 있다. 컴퓨터베이스의 계측장치의 데이터 수록속도는 계측채널수, 불감시간, 데이터 전송속도, 데이터 기록속도의 함수로 최대수록속도가 정해지고, 실시간(*real-time*)의 경우에는 여기에 연산속도가 더해진다. 따라서 계측설정 조건에서 최대 hit 또는 사상수록 속도가 변화하므로 계측에 앞서 데이터 수록속도의 확인이 필요하다. 데이터 수록속도의 확인방법은 AE 시뮬레이터를 이용하는 것이 정확하지만 간이적으로는 문턱값을 잔류잡음레벨까지 내려 데이터 수록을 함으로써 구할 수 있다.

## 사. 데이터 해석

재료평가법의 데이터 해석에는 ⓐ 파괴개시점, ⓑ 파괴진전상황, ⓒ 파괴기구의 식별, ⓓ 파괴위치 등이 중요하고, 구조건전평가기법에서는 ⓔ 파손위치와 ⓕ 손상상황이 중요하다.

# 7.5 AE의 적용 예

## 7.5.1 소성변형의 AE

AE신호는 불균일변형의 척도가 되고 있다. 따라서 항복이나 세퍼레이션(Separation)에 수반하여 큰 AE가 관측되고, 가공경화 영역에서 그 활동도는 저하한다.

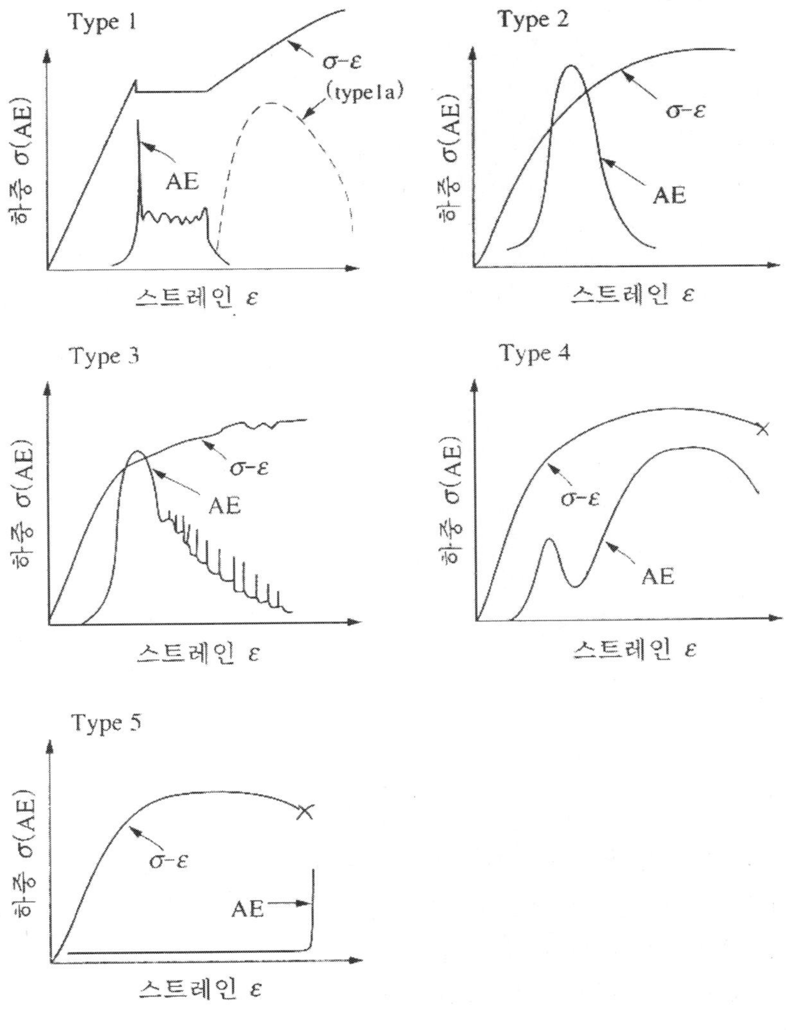


그림 7.10 소성변형에 의한 AE발생 패턴

그림 7.10과 같이 소성변형에 의한 AE의 발생은 5가지의 패턴으로 나눌 수 있다.

① Type1 : 강과 같은 줄무늬 변형(Luders band)를 수반하는 변형

② Type2 : 강, 알미늄과 같은 면심입방 순금속에서 볼 수 있는 항복점 근방에서 큰 AE Peak가 나타나는 것

③ Type3 : Al-Mg, $\alpha$-Brass 합금 등에서 볼 수 있는 세퍼레이션에 수반하는 AE

④ Type4 : 시효경화합금, 고탄소강, 티타늄합금에서 관찰되는 항복점 이하에서 큰 AE가 관찰되는 type

⑤ Type5 : 스테인레스강, 고합금강 등에서 보이는 항복점 근방에 약간 관찰되는 것 이 외에는 거의 AE신호가 나타나지 않는 형태를 나타낸다. 일반적으로 결정입자가 작을수록, 고용원자가 작을수록, 분산 ↔ 입자의 간격이 작을수록, 적층결함에너지가 큰 재료일수록 AE활동도가 높다.

카이저효과(*Kaiser effect*)란 그림 7.11과 같이 소성변형에 있어서 동일방향으로 변형을 계속하는 경우 응력을 제거하면 본래 응력의 크기에 이를 때까지 AE가 관찰되지 않는 현상이다.

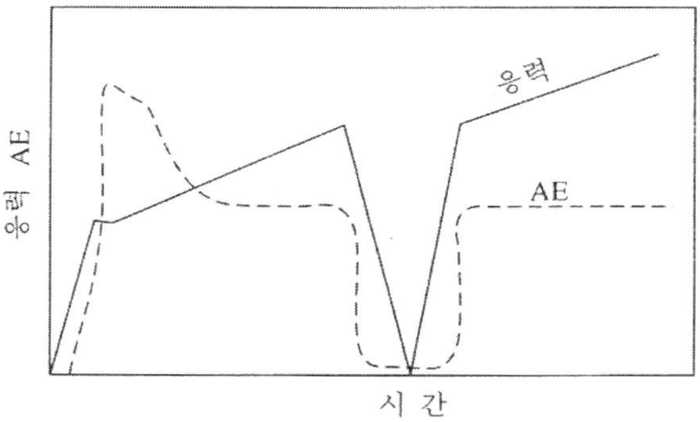


그림 7.11 Kaiser 효과

즉, 일단 한번 응력을 받은 재료에 대해 재차 하중을 부과할 때 이미 경험한 응력레벨 이하에서는 AE신호가 방출되지 않는다. 다시 말해서 AE 신호가 발생되기 위해서는 전보다 높은 하중이 부가되어야만 한다는 것이다. 이것은 소성변형을 수반하는 재료에서 재료의 응력이력을 알 수 있는 중요한 현상이다. 또한 파괴시험 전에 잡음의 발생이 염려되는 핀연결부나 고정지그 부분에 예상되는 최고 시험응력 이상의 응력을 사전에 부과해두면, 시험 시에 시편의 변형과는 관계없는 잡음을 제거할 수 있는데 이것 또한 카이저 효과를 이용한 예라고 할 수 있다. 최근에는 카이저 효과의 적용한계

와 함께 AE를 이용한 구조물의 안전도 평가기준을 논한 페리서티효과(*felicity ratio; FR*)가 발표되었는데 AE 연구에 있어서 이 두 가지의 법칙은 매우 중요한 위치를 차지하고 있다.

페리서티 효과란 FRP제 용기에서 관찰되는 현상 중 하나로, 이미 경험한 응력보다 낮은 응력이 작용한 경우에도 AE가 발생되는 수가 있다. FRP는 점탄성 거동을 나타내는 재료이기 때문에, 변형기구에 관여하는 인자로 응력의 크기 이외에 응력의 작용 경과시간을 들 수 있다. 이 경우, 파괴기구 또한 매우 복잡하기 때문에 이미 경험한 응력의 크기와 작용시간의 대소에 따라 생성된 균열선단은 금속재료에 비하여 불안정한 상태라 할 수 있다. 이러한 불안정성 때문에 경험응력 보다 낮은 응력 하에서도 AE 신호가 발생할 수 있는 것이다. 한편, 금속재료에서도 응력의 작용방향이 변화하였다거나 환경요인에 의해서 균열선단의 상태가 열화되었을 경우에 이와 같은 현상이 일어날 수 있으며, 이것은 앞서 말한 카이저 효과에 반하는 것이다. 이와 같이 카이저 효과의 제한을 보완한 것이 페리서티 효과이며, 아래 식과 같이 정의된다.

$$FR = \frac{P_{AE}}{P_{1st}} \tag{7.4}$$

식 7.4에서 $P_{1st}$는 이전에 경험한 하중을, $P_{AE}$는 현재 검사시의 AE가 발생하는 하중을 나타낸다. 결국 FR비가 1보다 클 때에는 대상 시험체는 안전함을, 1보다 작을 때는 균열 선단이 열화되었다는 불안정한 상태를 의미한다. 따라서 $FR < 1$의 조건은 대상체의 열화도를 평가하는 하나의 기준으로 삼을 수 있다.

그림 7.12와 같이 부하응력의 반전에 의해 AE Peak가 나올 때 이를 전위의 AE (*Bauchinger effect – AE peak* 거동) peak거동이라 한다. 이것은 응력반전영역에서 역방향의 항복이 불균일하게 진행하고 있음을 나타내는 것으로 전이의 거동해석을 통해 명확히 알 수 있다. 그리고 이 피크를 해석함으로써 변형저항에 해당하는 역응력(*back stress*)값을 평가할 수 있다.

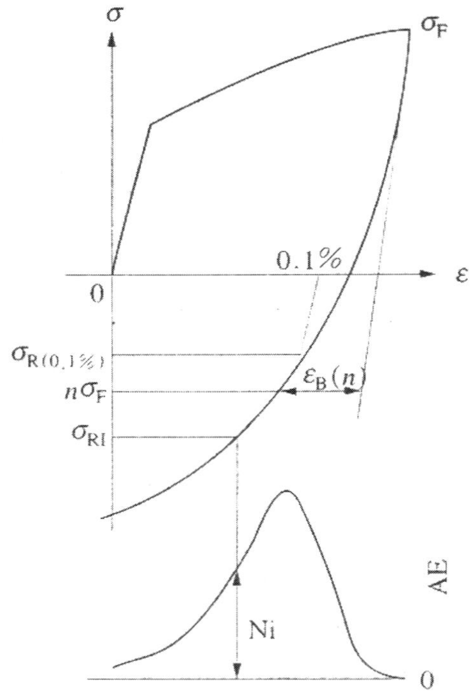


그림 7.12 Bauchinger effect에 따른 AE peak

## 7.5.2 파괴의 AE

### 가. 금속재료

균열진전과 함께 AE가 계측된다. 그림 7.13과 같이 파괴인성시험에서는 주균열진전에 수반하여 AE사상수가 급증하고 AE계측으로부터 파괴개시조건, 즉 $K_{IC}$, $J_{IC}$ 등을 결정할 수 있다. 일반적으로 응력확대계수 $K$와 누적계수 $N_C$ 사이에는 다음과 같은 관계가 성립하는데 $A$, $n$을 정수라 하면

$$N_C = A \cdot K^n \quad (n = 2 \sim 3) \tag{7.5}$$

으로 표시된다.

AE발생이 균열선단소성역(크기 $r_p$)에서 일어나고 AE사상이 소성역의 체적 $V_p$에 비례하여 계측되었다고 하면, $V_p \propto \pi r_p^2 \propto K^4$의 관계로부터 $n = 4$가 유지된다. 실제로

는 $n$값이 $n = 4$에 가까운 경우가 많다. 그러나 연성재료에서는 주균열진전 이전에 많은 AE가 관측되고 주균열진전과 함께 그 활동도가 저하하는 경우가 있다.

그림 7.13에서 각종재료의 파괴인성시험에 의한 AE발생 패턴을 나타내고 있다. 이는 3가지 Type으로 분류되는데, Type Ⅰ은 저강도 고인성재료의 경우로 개재물의 균열, 박리에 수반하여 주균열진전에 앞서 많은 AE가 관찰되고 있다. Type Ⅲ는 고강도재의 경우로 주균열진전에 따라 AE활동도가 급증하고 있다. Type Ⅱ는 Type Ⅰ과 Type Ⅲ 중간의 거동을 보인다.

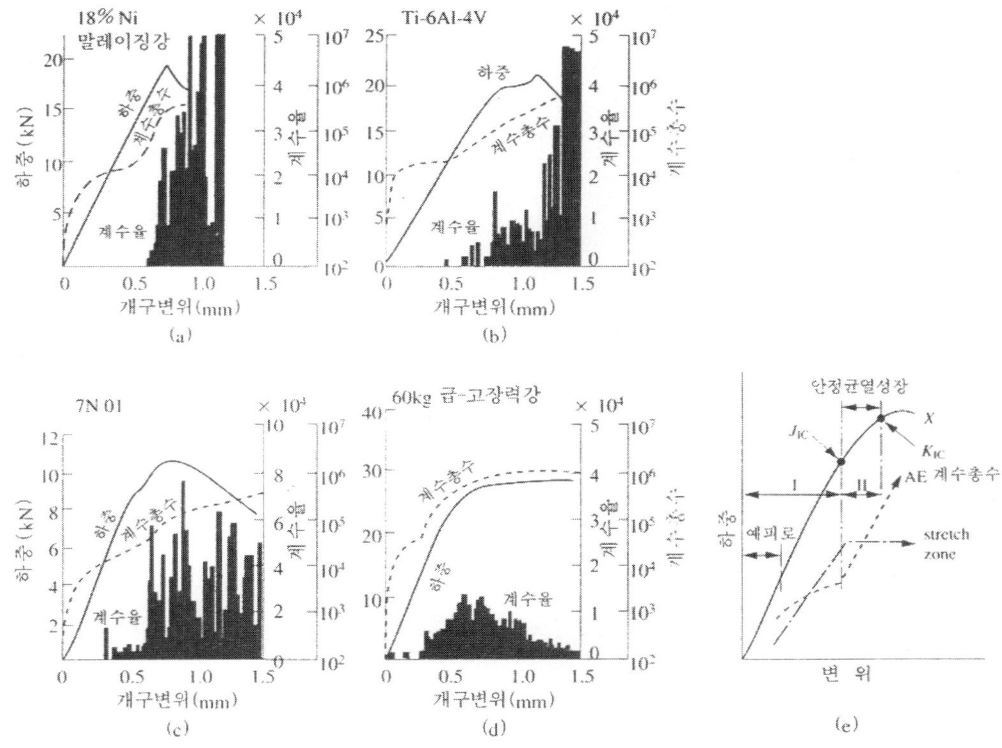


그림 7.13 여러 재료의 파괴인성시험에서 AE((a)~(d))와 AE발생의 모식도(e)

## 7.5.3 모니터링의 AE

모니터링(*monitoring*)의 AE는 압력용기나 배관의 손상·Leak검출, 용접결함의 실시간(*real time*) 모니터링, 드릴(*drill*)이나 바이트(*bite*)의 파손감지 모니터링, 회전기기의 이상 진단 모니터링, IC나 반도체 패키지의 검사, 하드디스크 크랏슈 검출, 트랜스 등의 절연 열화에 의한 코로나 차지 검출 등에 이용된다.

## 익힘문제

1. 음향방출검사(*AE*)와 초음파탐상검사(*UT*)의 차이점을 설명하시오.

2. AE의 주요 적용 분야와 적용 예에 대해 기술하시오.

3. AE 신호파형의 종류와 특징에 대해 기술하시오.

4. AE시험 시 활용되는 주요 파라미터에 대해 기술하시오.

5. 소성변형에서 AE의 발생패턴에 대해 기술하시오.

6. 카이저효과(*Kaiser effect*)에 대해 기술하시오.

Chapter 08

# 새로운 초음파 진단 기술

# 8.1 위상배열초음파법

## 8.1.1 기본 원리

위상배열 초음파탐상검사(*Phased Array UT*, 이하 *PAUT*라 함)는 하나의 탐촉자 내에 여러 개의 진동자가 일렬로 배치되어 있는 위상배열탐촉자(*phased Array probe*)를 사용하여 시험체 내부로 진행하는 초음파의 전파각도와 집속위치 그리고 초음파 신호의 수신 시 각각의 탐촉자가 받아들이는 신호를 전자적으로 처리하여 시험체 내부의 영상을 실시간으로 획득할 수 있는 기존의 초음파탐상검사에 비해 매우 개선된 새로운 탐상 방법이다. 이 방법은 초음파를 원하는 부위에 전자적으로 집속시키는 것이 가능하고, 각각의 배열 탐촉자는 서로 다른 시간에 전기펄스에 의해 초음파를 발진하는데, 각 소자의 발진 시간을 적절히 조절하여 배열 탐촉자에서 나오는 초음파 빔의 집속위치나 전파각도를 변화시킬 수 있다.

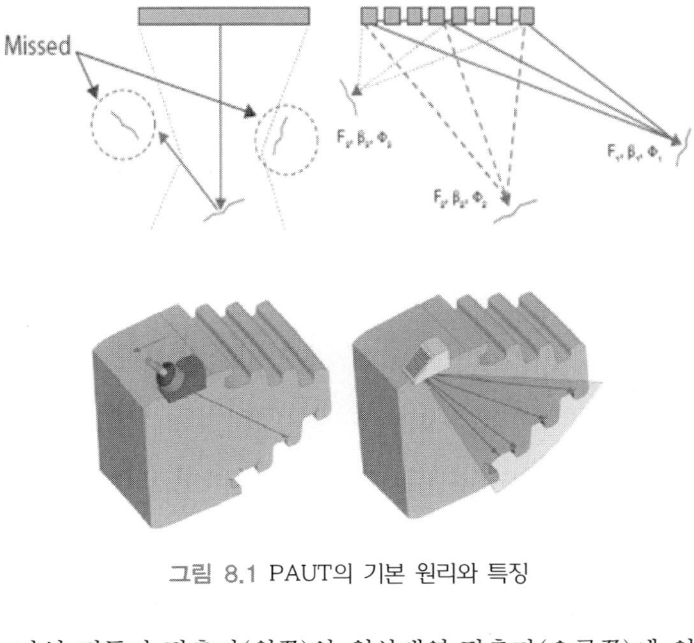


그림 8.1 PAUT의 기본 원리와 특징

그림 8.1은 단일 진동자 탐촉자(왼쪽)와 위상배열 탐촉자(오른쪽)에 의한 다른 방향으로 놓여진 균열 검출(단일 진동자 탐촉자의 빔은 한 방향으로 퍼지면서 전파되는 반면에 위상배열탐촉자는 집속되고 여러 각도로 조사가 가능)이 가능함을 보여주고 있다. 이러한 전자적 조향과 집속 기능은 시험체 내부를 여러 가지 입사각으로 검사할 경우 매우 유용하며, 전자적으로 집속위치를 신속히 변화시킬 수 있기 때문에 여러 점

에서 돌아오는 신호를 조합하여 시험체 내부의 2차원 영상을 실시간으로 획득할 수 있는 장점이 있다.

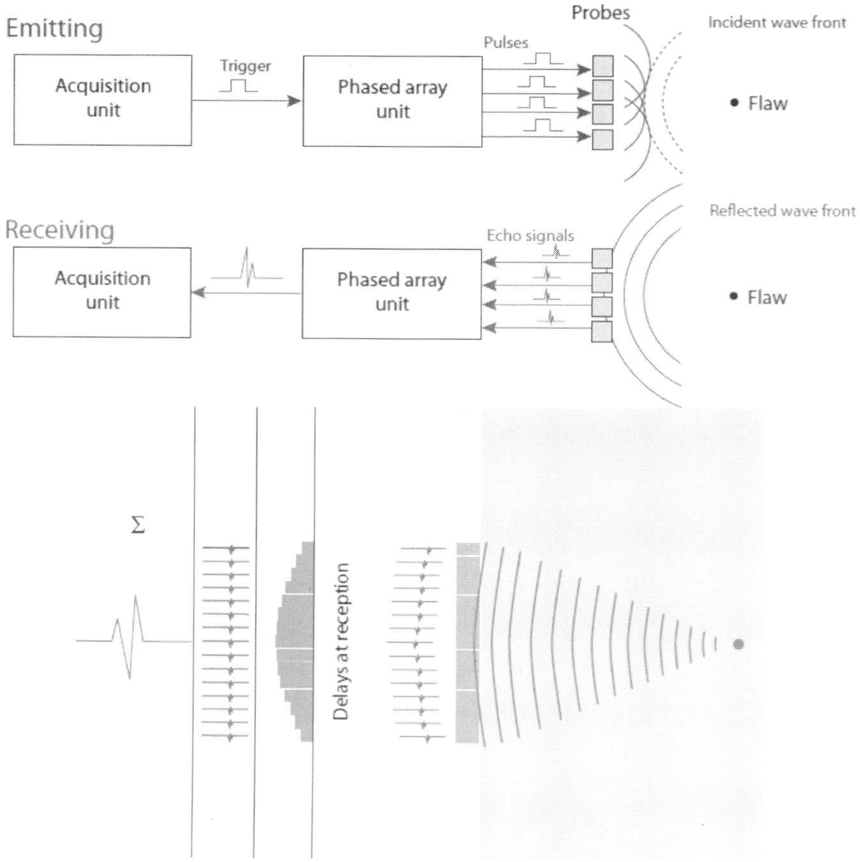


그림 8.2 여러 개의 빔(같은 위상과 진폭)을 수신하고 발신하는 것에 대한 시간 지연과 빔 형성

위상배열초음파 기술의 주요 특징은 하나의 탐촉자에 있는 각 개별 소자(*element*)를 컴퓨터로 제어하여 가진(진폭 및 지연)하는 것이 가능하다. 압전복합재료(*piezo-composite*)의 가진은 소프트웨어를 통하여 빔 각도, 초점거리, 초점크기와 같은 빔 속성을 변화시켜 그림 8.2와 같이 여러 개의 빔(같은 위상과 진폭)을 수신하고 발신하여 시간 지연과 빔 형성을 다양하게 전자적으로 조절할 수 있게 한다.

## 8.1.2 위상배열 시스템의 구성요소

기본적인 위상배열 스캐닝 시스템에 필요한 주요 구성품은 그림 8.3과 같다. 스캐너에 의해 배열형 탐촉자의 기계 주사를 수행하고 일정 거리(검사 피치) 이동하면서 1 라인분의 전자주사를 동시에 수행한다. 이 때 수신된 RF 신호는 피크검출기 및 A/D 변환기를 거쳐 디지털 데이터로 컴퓨터에 입력되고 어드레스 변환 후 컬러 모니터 상에 256색조로 실시간(*real time*)으로 표시된다.

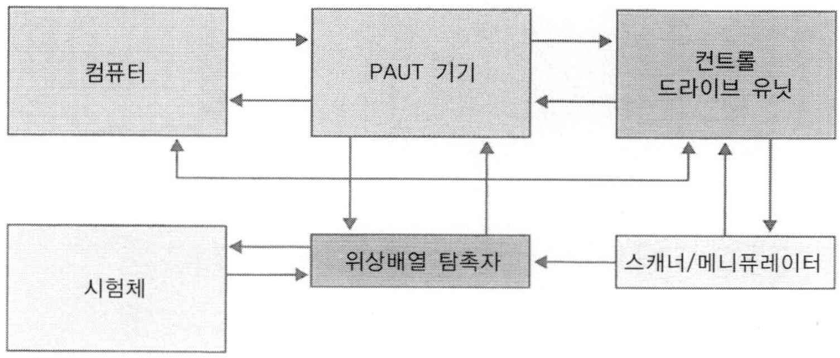


그림 8.3 위상배열초음파 탐상장치의 블록선도

## 8.1.3 주사 방식과 영상 예

PAUT에 의한 수직 및 사각 빔의 집속 원리는 그림 8.4와 같다. 각 소자에서 지연된 값은 위상배열 탐촉자 활성 소자의 애퍼처(*aperture*), 파의 형태, 굴절각 및 초점 깊이에 따라 달라진다. 컴퓨터로 제어하는 빔 스캐닝에는 다음과 같이 3가지 방법이 있다.

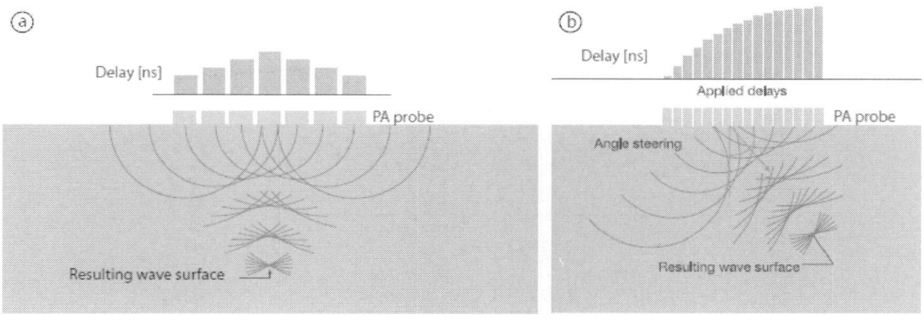


그림 8.4 PAUT에서 빔의 집속 원리(ⓐ 수직 및 ⓑ사각입사)

### (1) 리니어 전자 스캐닝(*linear electronic scanning*)

그림 8.5와 같이 동일한 집속법칙과 지연은 동작하는 소자 그룹을 가로질러 다중화된다. 일정한 각도로 위상배열 탐촉자 길이(*aperture*)를 따라서 스캐닝이 이루어진다. 이것은 재래식 초음파 탐촉자가 부식 매핑(*corrosion mapping*) 또는 횡파 검사를 위하여 수평 스캔(*raster scan*)을 하는 것과 같다. 만약 사각 웨지를 사용하게 되면, 집속법칙이 웨지 내에서의 시간 지연차를 보상한다.

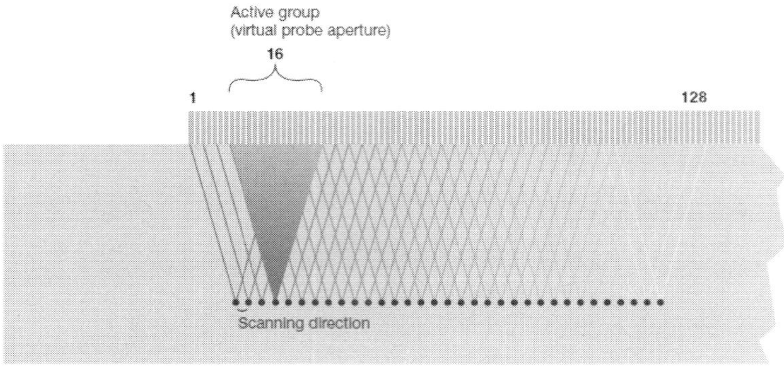


그림 8.5 리니어 전자스캔의 원리

### (2) 다이나믹 깊이 포커싱(*dynamic depth focusing*) 또는 *DDF*(빔 축을 따라)

그림 8.6과 같이 다른 초점 깊이로 스캐닝이 이루어진다. 실제로는 하나의 집속 펄스가 전송되고, 수신시에 모두 프로그램 된 깊이에 대해 재집속이 이루어진다.

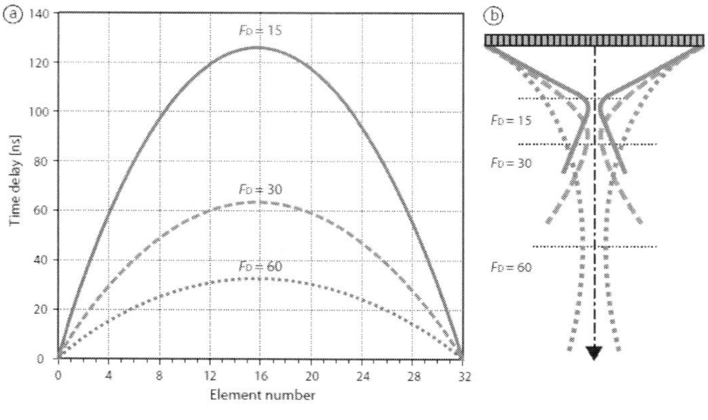


그림 8.6 다이나믹 깊이 포커싱(*DDF*)축의 기본 원리

### (3) 섹터 스캐닝(*sectorial scanning; S-scan, azimuthal or angular scanning*)

위상배열형 탐촉자를 이용하여 전자적으로 초음파 빔을 부채형으로 주사가 가능한 섹터 스캐닝(*sector scanning, S-scan*)방식의 개념도를 그림 8.7에 나타낸다. 이 때 초음파 빔은 각 진동자의 송·수신 타이밍을 제어하여 피검체 내의 원하는 위치(깊이)에 집속하는 것이 가능하다. 그리고 상기 진동자 군의 동작을 전자적으로 절환 주사함으로써 초음파 빔의 섹터 스캐닝이 가능하게 된다. 빔은 특정 초점 깊이에 대해 스윕(*sweep*) 범위로 움직이고, 동일한 소자들을 사용하여 다른 초점 깊이에 대해서는 다른 스윕 범위가 추가될 것이다.

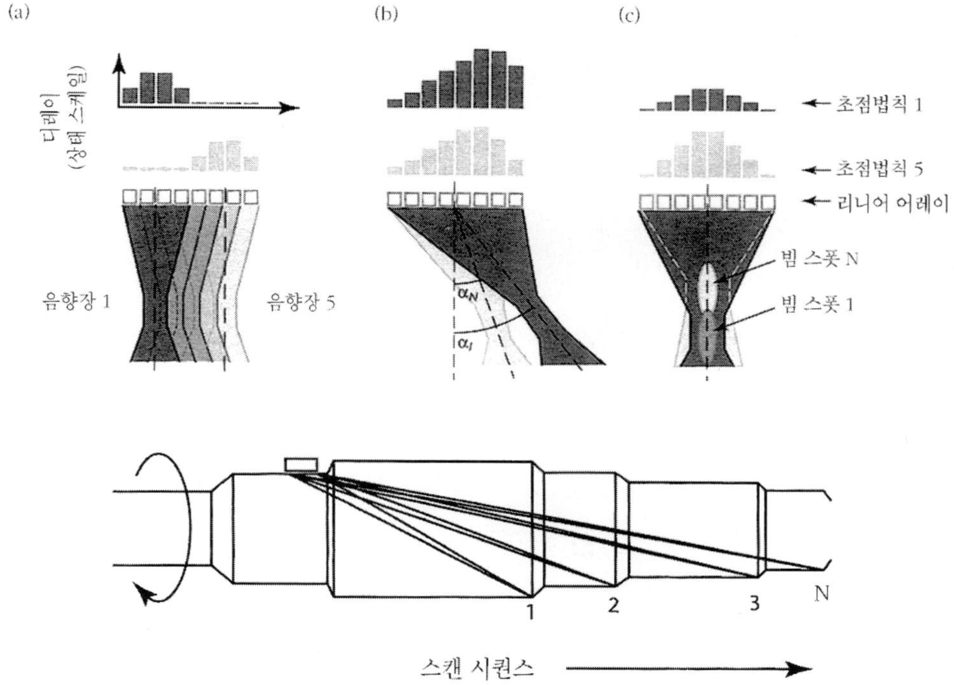


그림 8.7 섹터 스캐닝과 터빈 로터에의 적용 방법

이러한 특성에 의해 PAUT는 그림 8.8과 같이 기존 UT로는 탐상이 어려운 복잡한 형상의 시험편에 대해서도 보다 용이하게 검사할 수 있을 뿐 아니라 디지털화된 영상을 저장하므로 정밀검사를 위한 자료로 활용할 수 있다. 이 방법을 이용하면 초음파 빔을 자유자재로 편향시키거나 집속하는 것이 가능하다. 또 전자적으로 초음파빔의 주사를 제어할 수 있기 때문에 고속탐상이 가능하다.

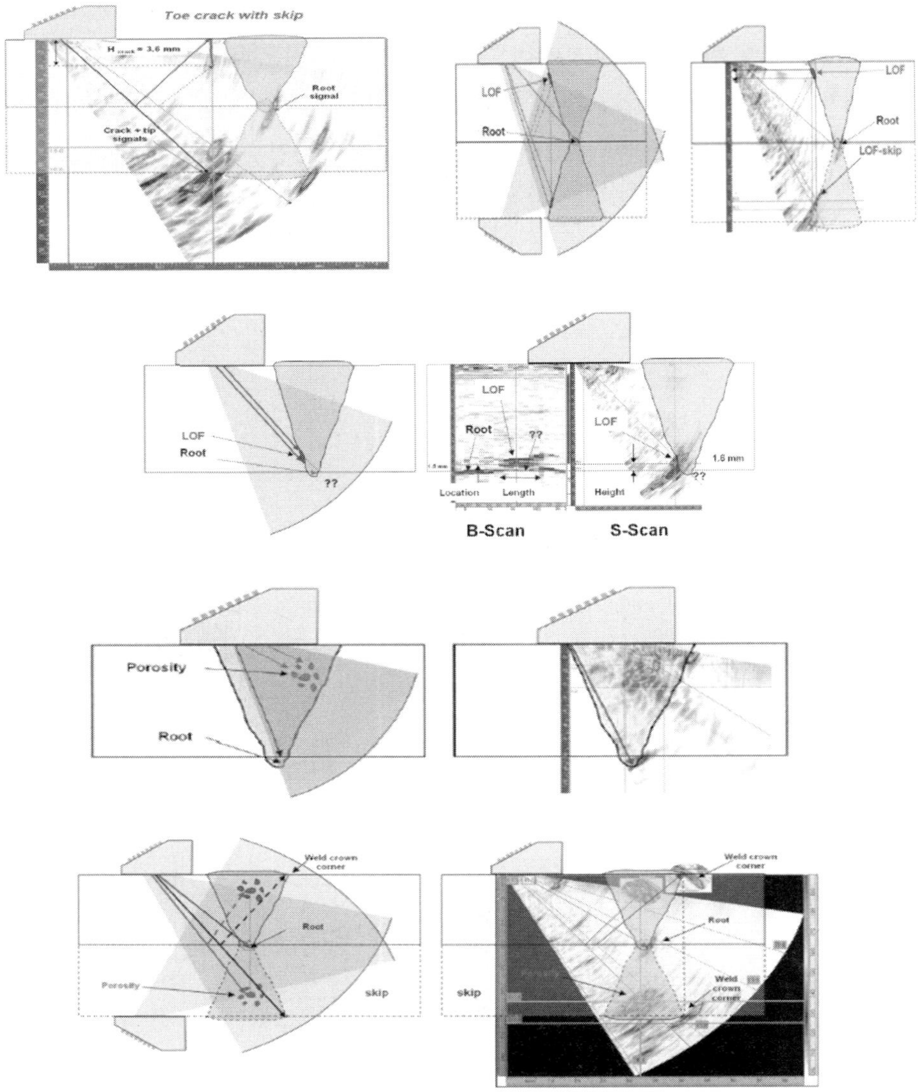


그림 8.8 PAUT 결함탐상 및 결함 이미지의 예

## 8.2 유도초음파법

### 8.2.1 개요

유도초음파(*ultrasonic guided wave*)는 구조물의 기하학적인 구조를 따라 전두께 범위로 전파하는 응력파를 말한다. 그림 8.9와 같이 피검사체의 내부로 사각 입사된 종파나 횡파는 경계면에서의 반사시 모드변환(*mode conversion*)을 통해 수많은 종파 및 횡파로의 다중반사를 일으키게 되고 피검사체의 두께에 비해 모드 변환된 종파 및 횡파의 파장이 무시될 수 없는 경우 반사된 이들 부분 파동 모드(*partial wave modes*)들 사이에는 상호 간섭(*interference*)과 중첩(*superposition*)이 발생되게 된다. 이 같은 파동의 중첩은 상·하 경계면에서 반사된 종파와 횡파, 각 부분 파동 모드의 파동 벡터(*wave vector*)성분 중 피검사체의 종방향으로 진행하는 파동벡터 성분을 나타내는 성분을 제외한 두께방향으로의 파동벡터 성분 사이의 상쇄간섭(*destructive interference*)효과를 발생시킨다. 피검사체 길이 방향으로의 보강간섭(*constructive interference*)효과를 통해 두께방향이 아닌 종방향으로 전파하게 되는 새로운 형태의 초음파가 합성되게 되는데 이를 유도초음파라고 부른다. 유도초음파가 기존의 종파나 횡파에 비해 상대적으로 재료의 감쇠영향을 덜 받으며 원거리를 전파할 수 있다는 물리적 특성은 고정된 위치로부터 대형 피검사체에 대한 원거리탐상이 가능한 기술적 장점을 제시해준다.

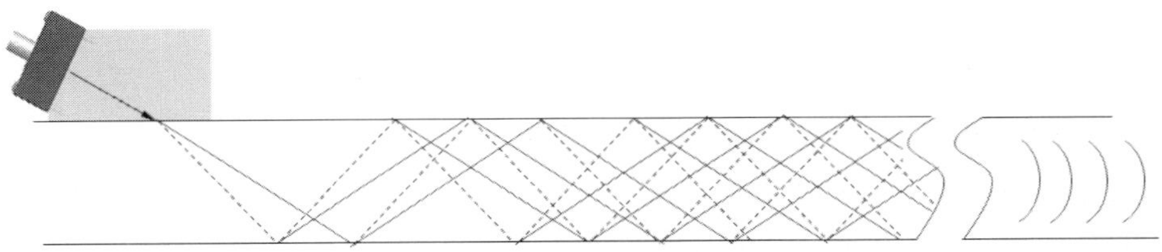

그림 8.9 유도초음파 가진과 형성과정

유도초음파는 기존의 초음파탐상법인 사각탐상방법과 유사하지만 검사대상체의 두께와 가진 주파수의 파장에 따라 발생 유무가 달라진다. 유도초음파는 검사체의 두께가 가진 주파수의 파장 대비 비교적 얇을 경우에만 발생하므로 기존의 초음파 검사법에 사용되는 5 MHz 이상의 주파수 대역의 파장은 매우 짧기 때문에 유도초음파가 발생되기 위해서는 검사체의 두께가 매우 얇아야만 유도초음파가 발생된다. 따라서 유도초음파 검사법을 적용하기 위해서는 일반적으로 낮은 주파수 영역(20 kHz ~ 1 MHz)을 사용한다. 장거리 배관 검사를 위해서는 다양한 모드의 중첩현상을 피하기 위해 20 kHz ~ 80 kHz 영역을 사용한다.

표 8.2.1 일반적인 UT와 유도초음파법의 비교

| | 국부 검사기법 | 유도초음파 검사 기법 |
|---|---|---|
| 검사 속도 | 많은 시간 소요 | 빠름 |
| 검사 범위 | 탐촉자 위치의 검사 | 검사체의 광범위 진단 |
| 접근성 | 검사범위에 접근해야만 검사 가능 | 원거리 검사 가능 |

이와 같이 유도초음파는 장거리(*long distance*)·광범위(*wide range*) 비파괴탐상을 효율적으로 수행할 수 있다는 점에서 여러 분야에 적용될 수 있고, 기존의 종파나 횡파를 사용한 국부검사(*point by point*)법에 비해 탐촉자의 이동 없이 고정된 지점으로부터 대형 설비 전체를 한번에 탐상할 수 있을 뿐만 아니라 절연체나 코팅재의 제거 없이 구조물이 설치된 그대로 검사를 수행할 수 있어 기존의 비파괴기법에 비해 시간적, 경제적 효율이 뛰어나다. 또한 보온재나 제한된 공간으로 인하여 검사자의 접근이 곤란하고 복잡하다든가, 다양한 피검사체의 형상을 따라 원거리 초음파탐상이 어려운 발전설비의 보수검사에 적극 활용되고 있다. 유도초음파는 상기와 같은 장점을 가지고 있음에도 불구하고 발전설비의 보수검사 등에 적용하는데 아직 해결되어야할 어려움이 남아있다. 이는 유도초음파가 전파해가는 모드가 무한히 많이 존재함으로 인해 다양한 모드의 선택을 통한 측정 민감도를 향상시킬 수 있는 장점도 있지만, 여러 개의 모드가 동시에 수신될 때 신호해석과 모드확인(*mode identification*)이 어렵다는 것이다.

그러나 이러한 문제를 극복하기 위한 노력으로 1990년대에 열 교환기 튜브나 파이프에 비파괴검사에 적용하기 위해 이론적 연구와 실험적 연구가 진행되었고 배관에서 유도초음파를 적용한 연구로는 미국의 Penn State와 영국의 Imperial College에서 Comb transducer나 Array transducer를 이용한 장거리 배관을 신속히 탐상하고 유도초음파의 해석을 단순화하기 위해 저주파 영역의 모드를 선택하고, 초음파 신호의 효율적 해석을 위한 전용프로그램을 자체적으로 개발하였다. 미국 텍사스에 위치한 연구소인 SWRI(*Southwest Research Institute*)에서는 배관에서 유도초음파를 발생시키기 위해 자왜 센서(*magnetostrictive sensor*)를 채택하고 시스템 또한 자체적으로 개발하여 장거리 배관의 결함을 신속하게 탐상하고 있다.

## 8.2.2 유도초음파의 종류와 특징

유도초음파는 검사체의 형상을 따라 전파하는 특성을 가지고 있으므로 그 종류 또한 다양하다. 판형 구조물에서 전파하는 유도초음파는 그림 8.10와 같이 구분이 된다. 평판형 구조물 중 반무한체의 구조물에서 표면 또는 그 근처를 따라 전파하는 탄성파이다. 표면으로부터의 깊이가 클수록 그 에너지는 급격히 감소하는데 레일리파, 러브파, 스톤리파 등이 있다. 표면파는 Rayleigh에 의해 최초로 설명되었으며, 시험체의 표면결함검출에 주로 사용되며, 음속은 횡파의 약 90% 정도이다.

그림 8.10(a)는 자유경계면, 즉 공기에 접해있는 경계면에서 표면파의 설명도를 나타내고 있으며, 입자의 진동은 면에 수직한 횡파 성분과 면에 평행한 종파성분이 있다. 따라서 입자는 그 위치에서 타원형으로 진동하며 재료의 표면층만을 전파해 간다. 표면파(*surface wave, Rayleigh wave*)는 표면으로부터 한 파장 정도의 매우 얇은 층에 에너지의 대부분이 집중해 있고, 표면부근의 입자는 종진동과 횡진동의 혼합된 거동을 나타낸다.

그림 8.10(b)와 같이 판파(*Plate wave*)는 재료의 비파괴검사에 이용되는 초음파의 또 다른 형태로 유도초음파(*Guided wave*) 또는 램파(*Lamb wave*)라고도 한다. 자유경계면(*free boundaries*)을 가지는 재질의 전 두께를 통하여 장거리 진행하는 복합된 진동형태로 구성된다. 판파의 진동양식의 특성은 밀도, 금속의 탄성 특성과 구조, 금속시편의 두께 및 주파수에 영향을 받으며 평판구조물내에서 전파하는 특성을 가지고 있다.

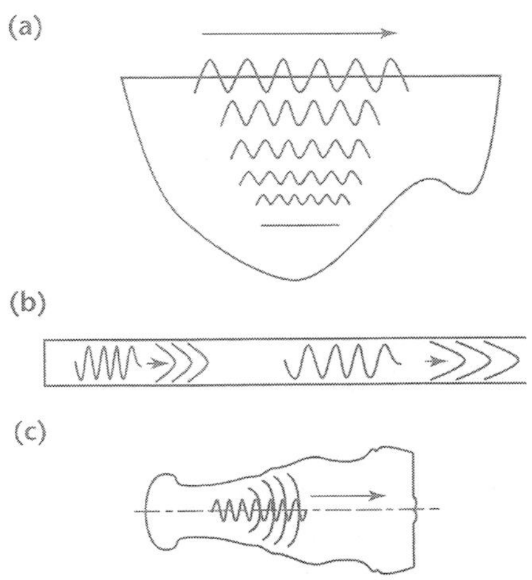


그림 8.10 유도초음파의 종류: (a) 레일리파(Rayleigh wave) 혹은 표면파(surface wave), (b) 램파(Lamb wave) 혹은 판파(plate wave), (c) 스톤리파(Stonely waves)

그림 8.10(c)와 같이 특정한 조건 하에서 두 매질의 경계면을 따라 전파되는 일종의 표면파인 스토니파(*Stonely waves*)는 고체-액체 경계면에서는 항상 생성되며, 이 때 전파 속도는 동일한 고체의 자유면을 따라 전파되는 레일리파의 속도보다 낮다. 반무한 고체 매질의 상부에 두께에 비해 파장이 짧을 경우에만 스톤리파가 나타난다. 이 경우 스톤리파의 위상속도는 두 매질의 횡파 속도 중 큰 값과 레일리파 속도 사이의 값을 갖는다.

배관에서 전파하는 유도초음파는 평판형 구조물에서 전파하는 유도초음파와는 다른 형태의 모드들이 존재한다. 배관에서 전파하는 유도초음파는 축방향으로 전파하는 유도초음파 모드와 원주방향으로 전파하는 유도초음파로 나누어진다. 원주방향으로 전파하는 유도초음파는 일반적으로 산업현장에서 잘 활용되고 있지 않으며, 현재 상업용으로 사용되는 배관에서의 유도초음파는 축방향으로 전파하는 유도초음파를 사용하고 있다. 따라서 축방향으로 전파하는 유도초음파는 전파하는 형상에 따라 크게 3개의 모드형상으로 나뉘며, 평판형 구조물에서의 모드와는 다르게 두 개의 첨자 원주방향 차수와 모드수를 사용하고 있다.

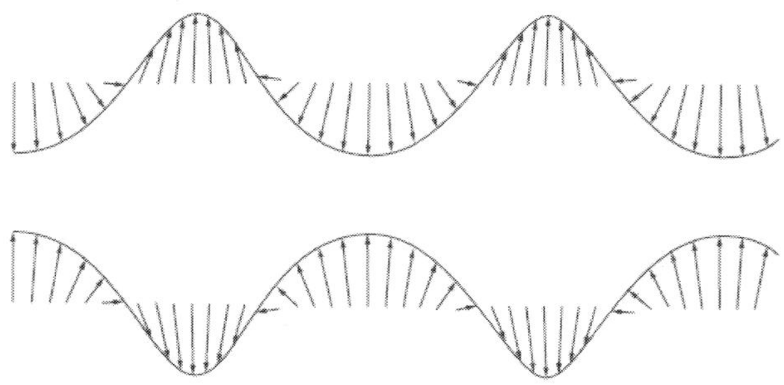

압축파(대칭 모드)

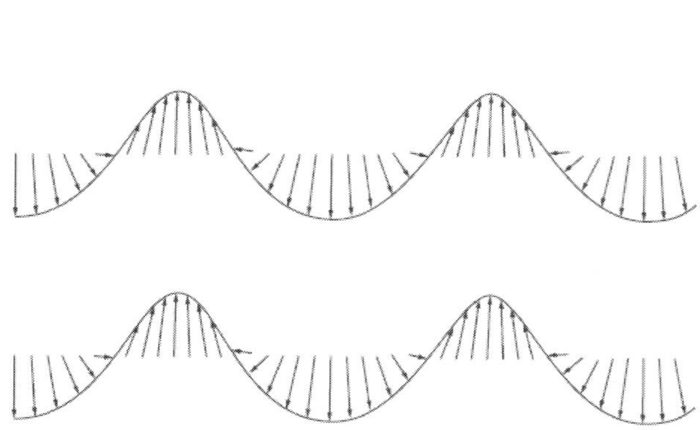

굽힘파(비대칭 모드)

그림 8.11 램파의 대칭형(S)과 비대칭형(A) 모드의 전파 형상

원주방향 차수가 0인 경우에는 관의 축에 대해 대칭이고 0이 아닌 경우에는 비축대칭 모드를 나타내는데, 축 대칭인 모드는 다시 종형 모드와 비틀림형 모드로 파가 관내에서 진동하는 양상에 따라 구별되어진다. 종형 모드는 파의 진동하는 성분이 관의 길이방향과 반지름방향으로만 있는 경우로서 L(0,n)으로 나타내며, 비틀림형 모드는 파의 진동성분이 원주방향으로만 있을 경우로서 T(0,n)으로 나타낸다. 그리고 원주방향 차수가 1, 2, 3...인 경우에는 비축대칭인 모드를 나타내는데 굽힘형(*Flexural*) 모드로 부르며 F(M,n)으로 표시한다. 굽힘형 모드의 경우에는 관의 벽 속에서 파의 진동성분이 세 방향(반지름, 원주 그리고 길이방향)으로 모두 존재한다.

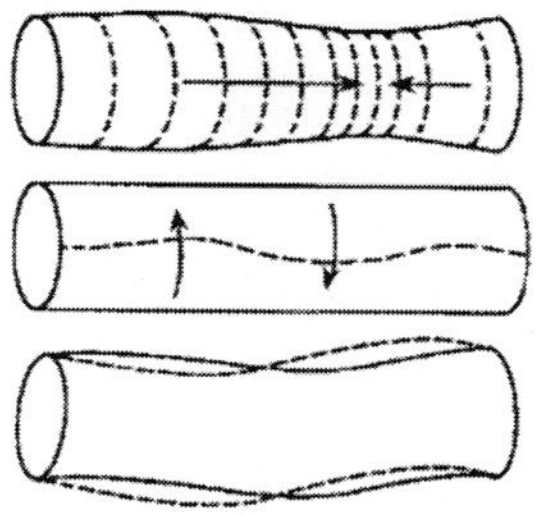


그림 8.12 배관에서 전파하는 유도초음파 모드

| | | |
|---|---|---|
| 종형 모드 | : L(0,n) | 축대칭 모드 |
| 비틀림형 모드 | : T(0,n) | 축대칭 모드 |
| 굽힘형 모드 | : F(M,n) | 비축대칭 모드 |

종형(*Longitudinal*) 모드와 비틀림형(*Torsional*) 모드는 원주방향 차수가 0에서 무한한 수의 모드를 가지고 있고, 원주방향 차수가 1, 2, 3.... 에서도 원주방향 차수에 대해 무한한 수의 굽힘형 모드를 가지고 있다. 유도초음파가 배관을 전파할 때는 종형 모드, 비틀림형 모드, 굽힘형 모드의 세 종류의 모드가 존재할 수 있다.

## 8.2.3 유도초음파의 분산 특성과 모드 식별

유도초음파의 분산성(*dispersity*)은 기존의 무한체내 종파나 횡파와는 달리 유도초음파의 전파속도가 재료상수로서 고정된 값이 아닌 검사 시 교정과 선택이 필요한 변수임을 나타낸다. 아울러 시간영역상에서 수신된 초음파신호는 여러 주파수성분에 해당되는 시간조화(*time harmonic*)신호의 합으로 이루어진 군집형(*group-type*) 신호이며 이들 개별 시간조화신호가 진행하는 속도인 위상속도가 주파수별로 각기 다르다는 점을 고려할 때, 오실로스코프상의 시간영역에서 수신된 군집형 신호의 전파속도를 위상속도와 물리적으로 다르게 정의할 필요가 생기게 된다. 이를 유도초음파에서는 군속도(*group velocity*)라 정의하며 실제 비파괴검사 시 수신된 다중 주파수성분의 유도초음파 신호의 에너지가 피검사체내로 전파되는 속도를 의미한다는 뜻에서 에너지속도(*energy velocity*)라고 하기도 한다. 이에 비해 군집형 신호의 개별 신호가 진행하는 속도를 위상속도(*phase velocity*)라고 한다.

유도초음파의 각 모드는 해당 주파수×두께($f \cdot d$) 범위에 따라 차이는 있으나 일반적으로 위상속도가 주파수에 따라 변화하는 분산성을 갖고 있으며, 그 분산적 특성이 주파수나 구조물의 두께에 대해 매우 민감하게 변화하게 된다. 따라서 평판형 구조물에서의 두께에 따라 전파하는 특성을 분석해서 검사체의 결합 유형에 맞는 모드를 선정해야한다.

그림 8.13는 두께 2 mm의 알루미늄 박판에서의 발생 가능한 판파의 위상속도(*phase velocity*)와 군속도(*group velocity*) 분산곡선의 예를 나타낸다. 판파 모드 중, 영문자 A는 비대칭형(*anti-symmetric*)모드를 의미하며 S는 판재의 중심축에 대해 대칭형(*symmetric*)변형을 나타내는 모드를 나타낸다.

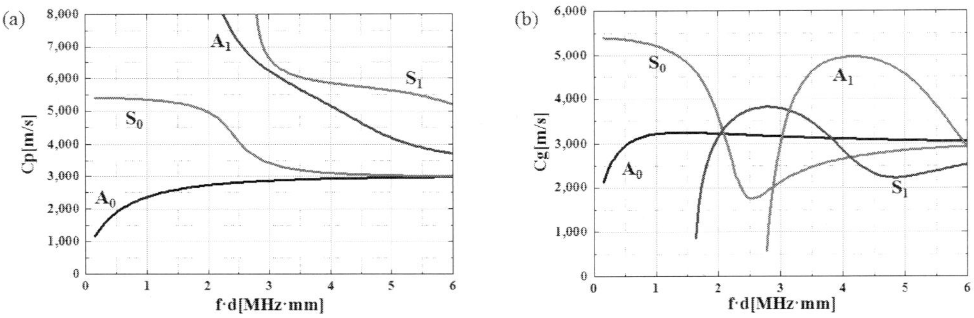


(a) 위상속도 (b) 군속도

그림 8.13 박판에서의 위상속도, 군속도 분산선도(알루미늄, 두께 2 mm)

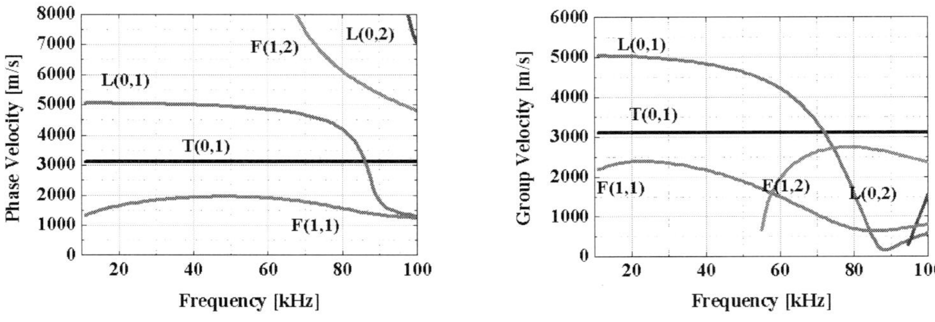


(a) 위상속도 (b) 군속도

그림 8.14 티타늄 튜브에서의 분산선도(바깥지름: 19.05 mm, 두께 : 0.9 mm)

각 모드는 해당 $f \cdot d$범위에 따라 차이는 있으나 일반적으로 위상속도가 주파수에 따라 변화하는 분산성을 갖고 있으며, 그 분산적 특성이 주파수나 구조물의 두께에 대해 매우 민감하게 변화하게 된다.

유도초음파가 관을 전파할 때는 그림 8.14와 같이 종형 모드, 굽힘형 모드, 비틀림형 모드의 세 종류의 모드가 존재할 수 있다. 실험적으로 주로 사용되는 모드는 축 대칭인 종형 모드이다. 그 이유는 일반적인 초음파 센서로 잘 발생될 수 있으며, 축 대칭으로 분석이 간단하기 때문이다. 그러나 비축대칭 센서의 사용 또는 비축대칭 결함으로부터의 반사 등으로 인하여 비축대칭인 모드, 즉 굽힘형 모드가 생성될 수 있기 때문에 비축대칭 모드에 대한 연구가 필수적이다. 그리고 비틀림형 모드는 실험적으로 발생・수신하는데 일반적인 초음파 센서로는 효율이 떨어져서 잘 사용되지 않고 있다.

유도초음파는 적절한 모드와 주파수를 선정하면 유도체를 따라 장거리로 전파하기 때문에 재료 내부에 존재하는 불연속부를 신속하게 검사하는데 유리하다. 그러나 유도초음파는 유도체의 형상에 따라 복잡한 다중의 모드가 존재하고 분산하는 특성으로 인해 파의 전파특성이 복잡하여 해석하는 것이 어렵다.

초음파 신호의 주파수 분석에는 일반적으로 고속푸리에변환(*Fast Fourier Transform; FFT*)을 이용하는데, 유도초음파의 경우는 시간영역에서 신호가 분산되거나 두 개 이상의 모드가 중첩된 경우에는 푸리에 변환한 분석 결과로는 어느 시점에서 특정 주파수 성분이 분포되어 있는지 분석하는 것이 불가능하다.

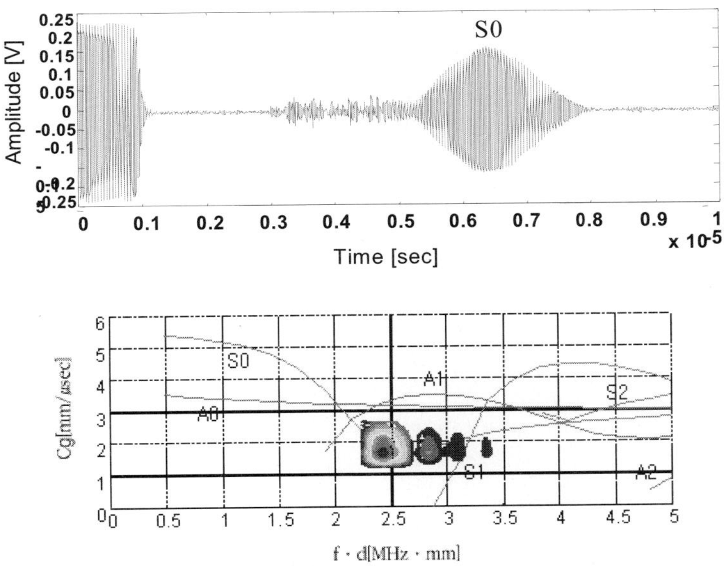


그림 8.15 STFT에 의한 모드 식별의 예

대부분의 유도초음파가 분산 신호이기 때문에 모드 식별(*mode identification*)을 하기 위해서는 2D-FFT(*two dimensional fast Fourier transform*)나 시간-주파수 신호해석법인 단시간 푸리에변환(*Short time Fourier transform; STFT*), 웨이블릿 변환(*wavelet transform; WT*) 등이 흔히 이용되고 있다. 그림 8.15은 STFT에 의한 유도초음파의 모드 식별 예를 보여주고 있다.

모드의 선택에는 결함의 판 두께 방향으로의 위치에 따른 최적 모드를 선택하기 전에 유도초음파의 송수신에 대해 (a) 송수신 효율이 좋고, 충분히 큰 진폭의 에코를 얻을 수 있는 것, (b) 에코 형상이 날카롭고 시간 분해능이 높은 것 등이 모드 선택의 조건이 될 수 있다. 유도초음파모드의 전파 속도는 주로 군속도로 결정되지만 모드의 분산이 크면 전파 중에 파형의 왜곡이 일어나기 때문에 날카로운 에코 형상을 얻기 위해서는 분산의 영향이 적은 모드를 선택하는 것이 중요하다.

유도초음파는 각 모드에서 전파하는 특성이 달라질 뿐만 아니라 가진 주파수에 따라서도 그 특성이 달라진다. 따라서 정밀한 유도초음파 진단을 위해서는 해당 모드의 특성을 파악해야한다. 평판형 구조물에서 각 모드별로 나타나는 파형선도의 예를 그림 8.16에 나타내고 있다. 같은 모드에서도 f · d(주파수×두께)의 값에 따라 다른 형태를 나타내는 것을 알 수 있다. 파형선도는 S-mode와 A-mode 뿐만 아니라 주파수에 따라서도 구조물 내에서 전파되는 유도초음파의 변위 분포도가 달라지는 것을 알 수 있다. 따라서 예상되는 결함의 형상 및 위치에 따라 적절한 모드를 선정할 수 있도록 해야 한다.

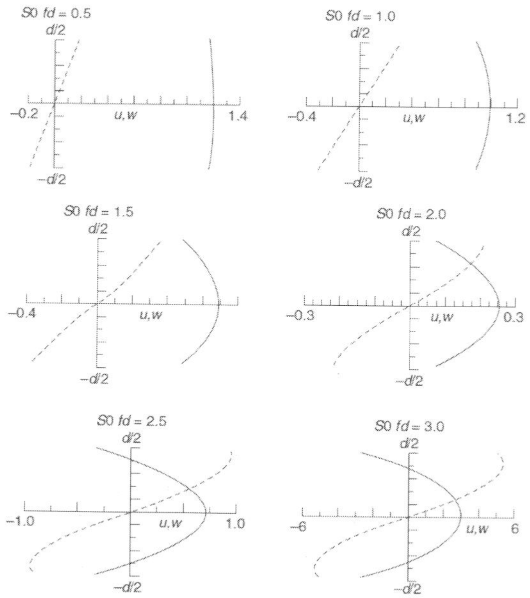


그림 8.16 알루미늄 평판에서 각 f · d(주파수×두께)에 따른 S0 모드의 파형선도(실선: in-plane displacement profile, 점선: out-of plane displacement profile)

## 8.2.4 유도초음파의 센서 및 장치

유도초음파를 가진하기 위해 다양한 종류의 탐촉자가 사용된다. 일반적으로 가장 많이 사용되는 탐촉자는 압전 소자를 사용하는 PZT 탐촉자이다. PZT 탐촉자를 활용하여 유도초음파를 가진하는 방법은 그림 8.17와 같이 두 가지로 나눌 수 있다. 첫 번째 방법은 입사각을 조절하여 유도초음파를 가진하는 방법이다. PZT 탐촉자를 활용하여 특정 입사각으로 입사시킬 경우 특정 유도초음파 모드를 가진할 수 있다. 이때, 입사각은 Snell의 법칙을 활용하여 선정한다. 또 다른 방식은 탐촉자의 간격을 조절하여 가진 모드를 선정하는 방식이 있다. 이는 평판, 배관에서 동일한 형태로 적용이 된다.

유도초음파 가진 방식에 따라 분산선도에 적용하는 방식은 그림 8.18에 표현된 것과 같이 입사각을 조절하는 방식과 가진 탐촉자 간격을 조절하는 방식으로 나눌 수 있다. 입사각을 조절하는 방식은 실선으로 표현된 것과 같이 분산선도의 수평방향의 직선이 위, 아래로 변화하게 된다. 가진 간격을 조절하는 경우 점선의 기울기가 변화하게 된다. 탐촉자 간격을 조절하여 점선의 기울기에 해당하는 분산선도에 해당하는 가진점에 맞는 주파수를 선정하여 해당 모드를 가진할 수 있다. 가진하는 방식은 위와 같이 두 가지로 나뉘며, 가진하는 탐촉자는 여러 종류가 있다. PZT, EMAT, MsT 등 다양한 초음파 가진 방식을 활용하여 유도초음파를 발생시킬 수 있다.

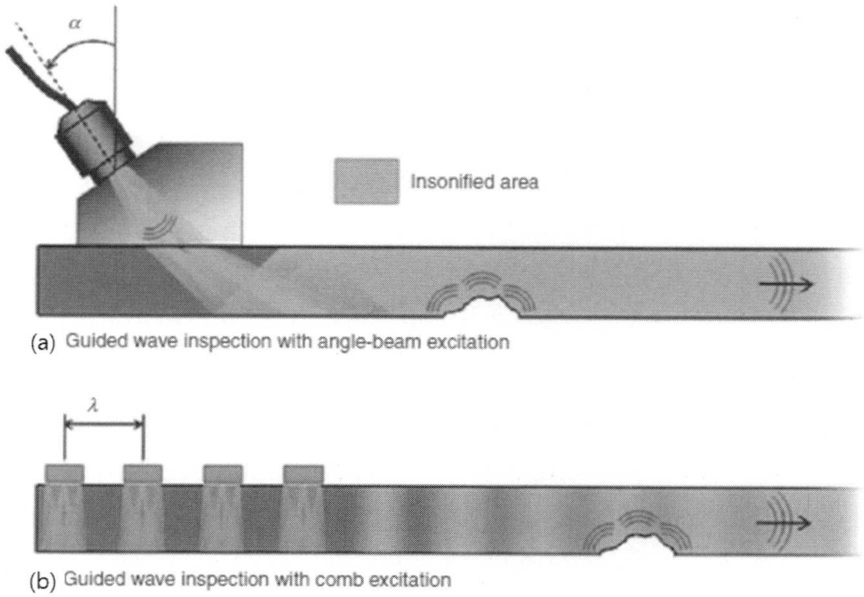


그림 8.17 유도초음파 가진 방식 (a) 입사각을 조절하는 방법, (b) 파장을 조절하는 방법

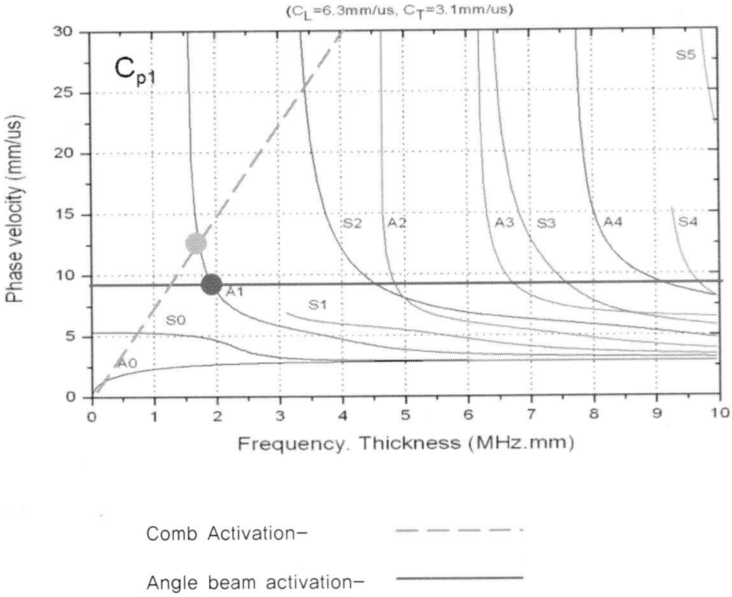


그림 8.18 가진 방식에 따른 모드 선정 방식

일반적인 유도초음파탐상 시스템은 다양한 검사 대상체에 적절하고 적합한 모드를 발생시키기 위해서 기하학적인 형상을 고려하여 가진 주파수를 조절할 수 있어 선택적으로 여러 모드들을 발생할 수 있도록 구성되어 있다. 그러나 유도체 내에서 발생하는 수많은 유도초음파 모드는 각각 고유한 특성을 가지고 있어 적합한 모드를 선택적으로 발생시키는 것이 중요하다. 또한 많은 모드들이 서로 다른 분산특성을 가지고 함께 발생되기 때문에 각각의 모드들이 중첩하고 간섭하여 신호 해석하는데 어려움이 있다. 이러한 문제의 해결방법으로 매우 좁은 주파수 대역을 사용하여 특정 모드를 선택적으로 발생시키는 방법을 사용하며, 주로 톤 버스트(*tone burst*) 시스템이 적용되고 있다. 톤 버스트 시스템은 특정 주파수 범위를 가진할 수 있어 특정 모드를 발생시키기에 유리하다. 현재 상업용으로 개발된 장비들도 톤 버스트 시스템을 활용하여 구성되어있다.

그림 8.19은 장거리 배관 검사용 유도초음파 진단 시스템의 한 예를 나타내고 있다. 이 시스템은 다른 초음파 장비보다 높은 출력뿐만 아니라 다양한 주파수로 초음파를 가진 시켜줄 수 있으며, 크게 연속파신호발생기, 게이트증폭기, 수신필터기 및 수신증폭기의 세부 장치로 구성되어 있다. 연속파신호발생기에 의해 원하는 사이클 수에 맞게 게이트증폭기로 잘라내어 톤 버스트파를 발생시킴으로써 단일 사이클을 갖는 일반적인 펄스형 초음파신호에 비해 협대역(주파수성분이 특정 중심주파수로 집중되는)

신호의 송수신이 가능하다. 따라서 유도초음파실험과 같이 주파수에 따라 초음파모드가 민감하게 변화하는 초음파실험에서 특정의 초음파모드신호를 선택적이고도 효율적으로 송수신하는데 매우 효과적이다. 또한 최대 전기출력이 1kW까지 가능한 고출력 장비로 일반 펄스형 초음파탐상기보다 큰 진폭의 초음파신호를 발생시켜 신호 대 잡음비를 개선시켜 민감한 신호를 송수신할 수 있다.

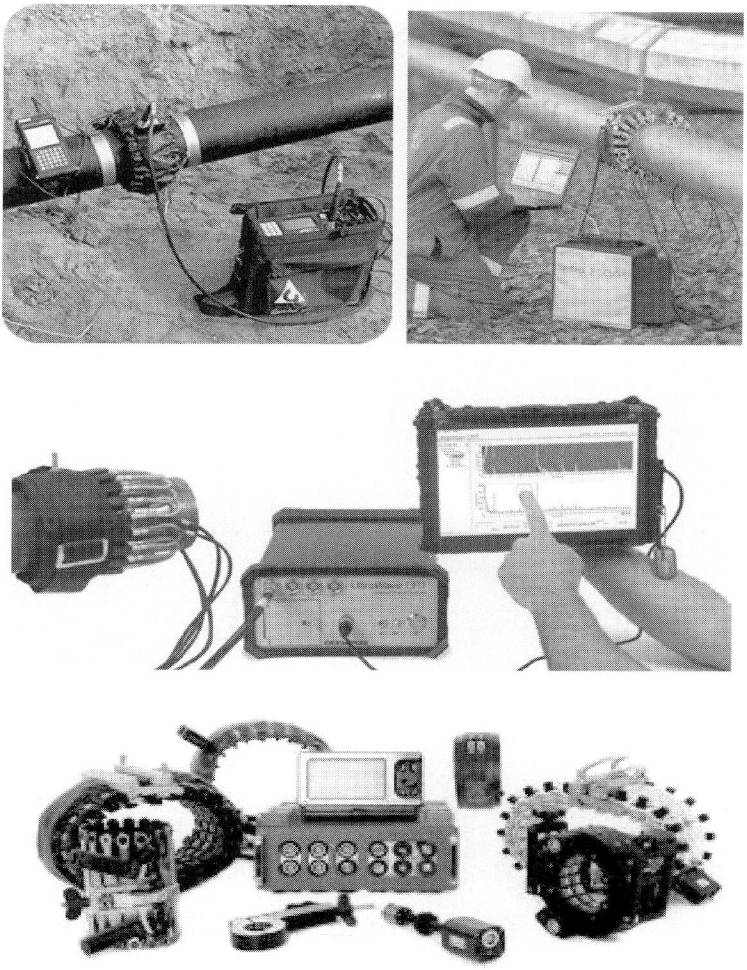

그림 8.19 장거리 배관 진단용 유도초음파 진단 시스템

## 8.2.5 유도초음파의 진단 예

그림 8.20은 급수가열기 튜브에 인공적으로 가공된 결함을 기존 검사방법인 와전류탐상검사(*ECT*)와 유도초음파탐상검사 결과를 비교 검증하기 위한 것이다. 열교환기 튜브에서는 주로 pitting, 크랙, 마모결함 등이 발생하기 때문에 그 중에 하나인 마모결함을 모의한 인공결함이 가공되어 있다. 유도초음파 결과로부터 곡관부에 위치한 마모결함뿐만 아니라 끝단부 신호 등을 확인할 수 있지만 ECT 결과는 결함신호와 비슷한 신호가 발생되기 때문에 결함을 구별하는데 어려움이 있다. 이는 검사자의 주관적인 판단과 검사 숙련도에 의존하게 되어 객관적이고 신뢰성이 있는 결과를 얻는데 어려움이 있다. 이러한 비슷한 신호는 주로 열교환기 튜브의 지지대에서 발생하게 되는데, 그 이유는 튜브와 지지대의 재질 차, 즉 투자율의 변화로 인해서 발생하게 되므로 주의 깊게 신호해석을 수행해야 한다. 또한 일반적인 와전류탐상검사는 곡관부 특히 반지름이 작은 경우에 검사를 수행하는데 어려움이 있는 반면에 유도초음파는 튜브를 따라 전파하게 되어 쉽게 곡관부를 투과하여 이상부위를 검출하는 것이 가능하여 그 활용이 기대된다.

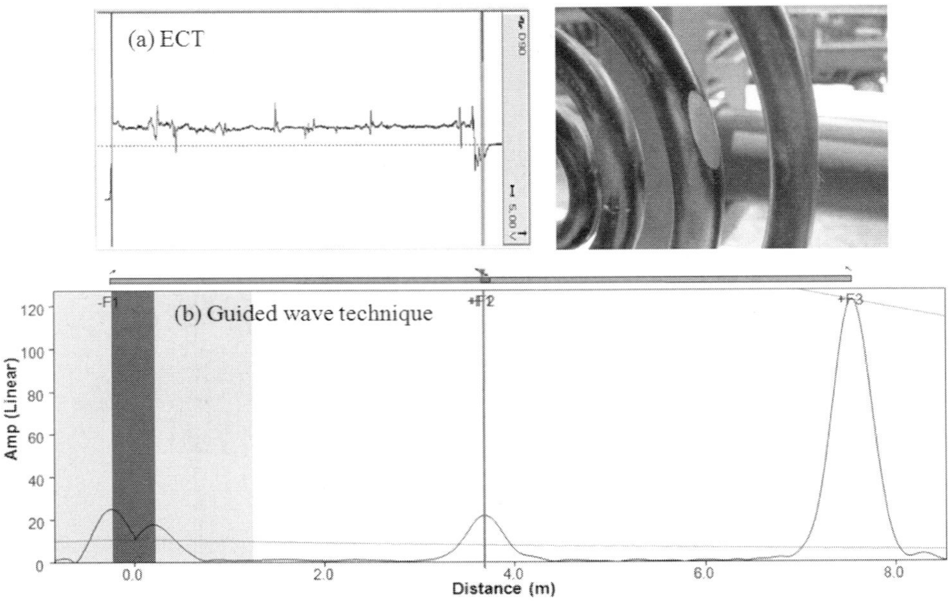


그림 8.20 급수가열기 튜브의 인공결함에 대한 (a) ECT와 (b) 유도초음파 탐상에서의 탐상지시의 비교 예

## 8.3 누설램파법

그림 8.21와 같이 수침 2탐촉자 사각법으로 배열하면 판상 재료에 경사로 입사한 종파가 판두께와 주파수에 의해 결정되는 조건하에서 램파로 변환하여 판재 내부를 전파한다. 누설램파(*leaky Lamb wave*)가 발생하면 반사파의 음장에는 경계면반사파의 성분과 누설파 및 그들과의 위상간섭대(null 영역)가 생긴다. 두 장의 판재를 접합한 재료의 접합계면의 양부 판단에 이용된다.

이 널(*null*)영역의 음압은 경계조건의 영향을 강하게 받기 때문에 두 장의 판재를 접착한 재료의 접합면의 상태에 대해 민감하게 반응한다. 이 때문에 접합계면평가에 기존의 종파탐상법보다 훨씬 유리하다. 알루미늄판에 접착한 40 $\mu$m 티탄박막의 접착불량의 진단, 탄소섬유의 1방향 강화적층판 중의 인공박리를 고감도로 검출할 수 있다.

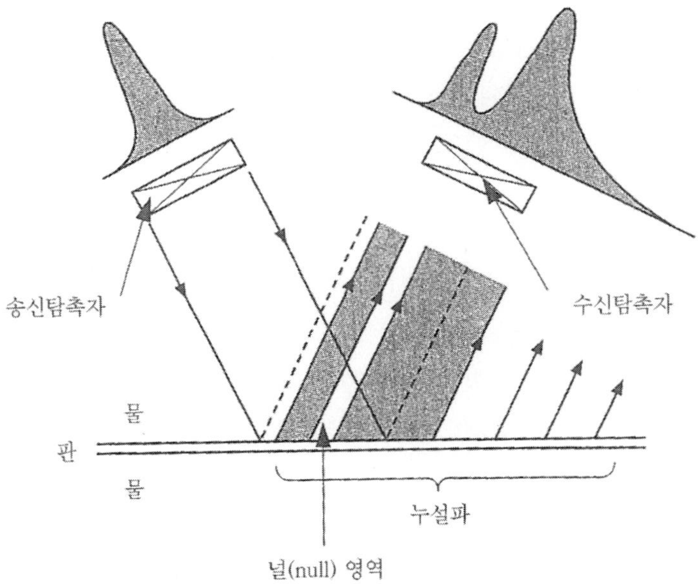


그림 8.21 누설 램파에서 송수신탐촉자의 배열과 널 영역

## 8.4 EMAT법

### 8.4.1 개요

일반적으로 초음파 진단에 사용되는 센서는 압전 재료의 변형을 접촉매질을 통하여 재료에 전달하지만, 경우에 따라서는 접촉매질의 사용이 제한되어 일반적인 접촉식 탐상법 보다는 비접촉식(*non-contact*) 초음파 탐상법이 필요한 경우가 많다. 비접촉식 초음파 진단 기법으로는 레이저 초음파(*laser based ultrasonic ;LBU*)법, ACT(*air coupled transducer*)법, EMAT(*electromagnetic acoustic transducer*)법이 대표적이다. LBU는 원거리에서의 초음파 송수신이 가능한 완전한 비접촉식 초음파 진단 기법으로 각광을 받고 있지만 고가의 탐상 장비가 필요하고, 아직까지는 초음파 모드의 선택적 발생에 한계가 있다.

EMAT은 초음파 송수신의 기구(*mechanism*)만이 접촉식 초음파 탐상법과 다를 뿐 유사한 장비를 이용할 수 있고, 탐촉자의 설계에 따라 초음파 모드를 선택적으로 결정할 수 있는 장점을 가지므로 아직까지는 비접촉식 초음파 탐상법으로 가장 많이 이용되고 있다. 그러나 탐촉자와 재료 사이의 거리가 수 mm 이내로 제한되므로 LBU에 비하여 원거리에서의 탐상에는 크게 제약을 받는다.

EMAT법은 그림 8.22과 같이 탐촉자와 시험체가 전자기적으로 결합하기 때문에 기계적으로 접촉할 필요가 없어 접촉매질이 필요 없는 것이 종래 초음파탐촉자와 가장 크게 다른 점이다. 압전진동자를 이용하는 탐상법에 비해 전기, 음향변환 능률이 떨어지고 탐상감도가 약간 저하되지만 비접촉이라는 장점이 있어 이러한 특징을 살려 열간 압연재나 표면이 거친 시험체의 탐상이나 두께 측정 등이 가능하다. 그리고 접촉매질의 두께의 영향을 받지 않기 때문에 정밀한 두께 측정이나 음속측정에 적합하다.

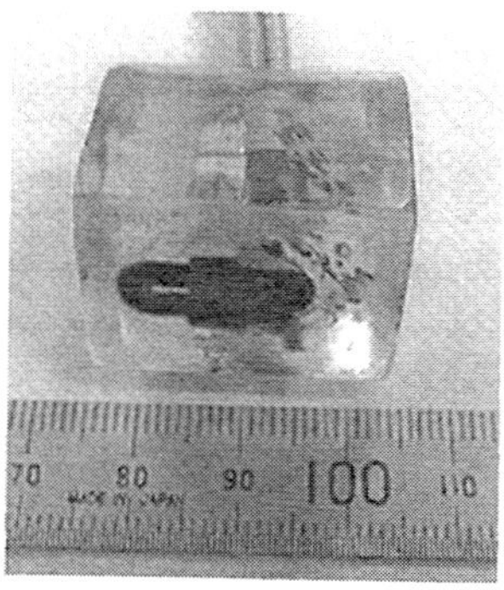


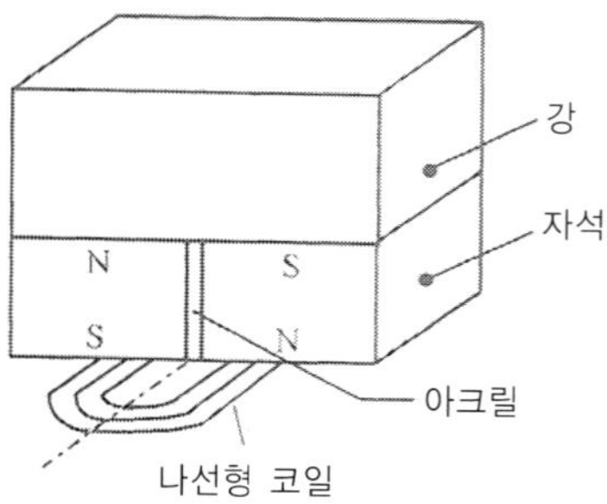


그림 8.22 벌크파 EMAT의 구성과 외형

비접촉 방식으로 음향결합을 위한 접촉매질의 사용이 필요하지 않지만 시험체의 표면과의 간격, 리프트 오프(*lift-off*)에 초음파 송수신 감도가 크게 영향을 받는 단점이 있다. 또한 기존 압전진동자를 이용하는 탐상법에 비해 전기, 음향변환능률이 떨어져 탐상감도가 약 40 dB ~ 60 dB 정도 낮아 상대적으로 S/N 비가 낮기 때문에 높은 송신 펄스 전압이 요구되며 고성능 수신증폭기를 사용하여 S/N 비를 높여주고 있다. 또 다른 장점으로는 송·수신 코일 형식 및 자석의 배열 등을 적절히 바꿈에 따라 여러 종류 모드의 초음파를 송·수신할 수 있다. 예를 들면 보통 탐촉자에서는 SH파를 발생시키기가 어려운데 그 이유는 초음파를 시험체로 전달시키기 위해 매우 큰 점성을 가지는 접촉매질을 사용해야 하기 때문이다. 이와 달리 EMAT는 자석과 코일의 기하형상을 적절히 구성하면 비접촉으로 손쉽게 SH파를 송·수신할 수 있다.

EMAT는 1960년대 말에 비접촉으로도 초음파를 송수신 할 수 있다는 연구결과가 발표 되면서부터 활발하게 연구되기 시작했다. 1970년대 초기의 EMAT에 대한 연구는 주로 움직이고 있는 물체나 고온상태인 재료 내부의 결함 검출에 관심이 집중되었다. 재료의 표면온도가 약 1200℃인 철강 재료의 내부 결함 탐상이 가능한 EMAT가 개발되기도 하였으며, 와전류 탐상법으로 주로 수행되어 오던 열교환기 튜브의 결함을 보다 빠른 시간에 검출할 수 있는 EMAT가 개발되기도 하였다. 또 하나의 적용분야로는 용접부의 탐상을 들 수 있다. 초음파의 여러 모드 중에서 수평횡파(*Horizontally Polarized Shear Wave*)는 용접부내에서 beam skewing이 적고, 경계 면에서의 반사시에 모드 전환이 없는 특성을 가지므로 용접부 탐상에 매우 유리한 모드로 알려져 있다. EMAT로는 수평횡파를 비교적 손쉽게 송수신 할 수 있기 때문에 용접부 내의 결함 탐상에의 적용을 위한 연구들이 많이 이루어져왔다. 또한 EMAT는 비접촉으로 초음파를 송수신 하기 때문에 접촉식 탐촉자에 비하여 초음파 속도를 보다 정밀하게 측정할 수 있다. 초음파 속도를 정밀하게 측정하면 재료의 조직이나 잔류응력의 측정이 용이해지고, 재료내부의 미세조직적 특성을 분석할 수 있기 때문에 EMAT를 이용한 재료물성평가 기술이 많은 연구자들로부터 관심을 모으고 있다.

국내에서는 발전설비 배관의 주재료인 알루미늄, 황동, 그리고 Inconel 튜브의 결함 탐상을 위한 EMAT를 제작하고, 초음파 진행 특성 및 결함검출능을 평가한 연구결과가 발표되고, 자왜형 센서를 이용한 석유화학설비 배관의 결함 탐상에 적용한 연구결과가 발표된바 있다. 또한 생산 중인 재료 또는 기차의 바퀴와 같이 움직이고 있는 재료의 표면 및 내부 결함 탐상, 고온상태에 있는 재료 내부 결함 탐상, 유도초음파를 이용한 배관 결함탐상 등에 이용되고 있으며, 초음파의 전달을 위한 접촉매질 없이 초음파를 송수신하므로 잔류응력이나 결정이방성, 그리고 재료의 미세구조의 평가 등과 같은 재질평가에도 폭넓게 이용되고 있다.

## 8.4.2 초음파의 송수신 메카니즘

EMAT의 초음파 송수신 원리는 로렌츠힘(*Lorentz Force*)과 자왜(*Magnetostrictive*) 현상으로 나누어 설명할 수 있다. 비자성 금속에서는 Lorentz force에 의해서 초음파의 발생과 수신의 비교적 간단하게 설명될 수 있으나, 자성 물질 특히 EMAT의 응용분야가 가장 많은 강의 경우에는 그 현상이 매우 복잡하다.

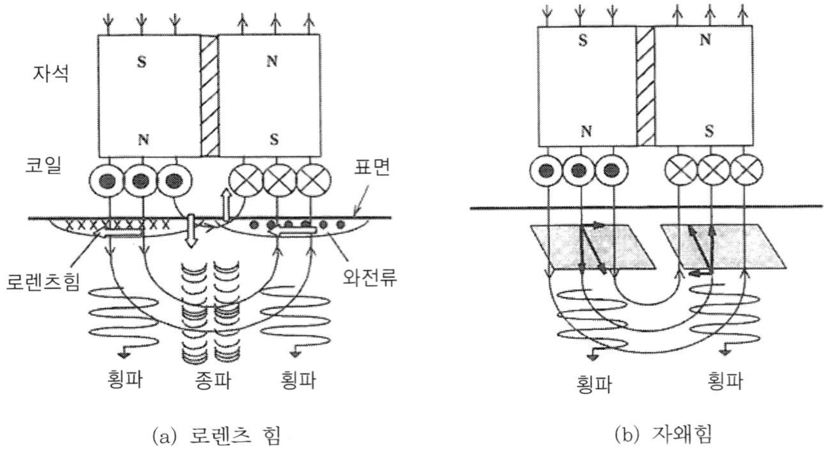


**그림 8.23** 로렌츠힘(a)과 자왜(b)에 의한 벌크파의 발생 메커니즘

그림 8.23는 로렌츠힘(a)과 자왜(b)에 의한 벌크파의 발생 메커니즘을 설명하고 있다. 그림 8.23(a)의 Lorentz 힘을 이용하는 EMAT는 금속 재료 표면에 와전류를 형성하기 위한 코일과 정자기장을 부가하기 위한 자석으로 구성되어 있다. 표면 근처에 놓인 코일에 교류전류를 흘려주면 재료 표면에는 와전류 J가 유도되며, 여기에 정자기장 B를 가하면 재료 표면의 입자들은 식($F=J\times B$)의 Lorentz 힘 F를 받는다. 코일에 흘려주는 전류가 교류이므로 표면에 유도되는 와전류는 시간에 따라 방향이 바뀌고 이에 따라 힘의 방향도 시간에 따라 바뀐다. 이와 같이 시간에 따라 바뀌는 힘에 의해서 표면 입자들은 진동하게 되며 이 힘의 초음파를 발생시킨다.

$F=J\times B$ 식의 와전류와 정가지장이 벡터양이기 때문에 힘의 방향은 항상 와전류와 정자기장에 수직되는 방향이다. 그러므로 그림에서와 같은 구조와 EMAT로는 횡파 모드의 초음파가 발생되면, 만약 와전류의 방향 또는 정자기장의 방향을 모두 재료 표면에 수평하게 형성하면 힘의 방향이 표면에 수직하게 되므로 종파 모드의 초음파가 발생된다.

그림 8.23(b)의 자왜(*Magnetostrictive*) 현상은 자성 재료에만 적용되는 초음파 발생 기구이다. 그림 8.24와 같이 물질 내에 아무런 전압이 인가되어 있지 않을 때 도메인(*domain*)들은 무질서한 배열을 하고 있게 된다. 그러나 전압이 인가되면 도메인들은 자기장 방향을 따라 일직선으로 정렬하려는 경향을 가진다. 도메인의 모양이 두께 방향 보다 전기 분극(*polarization*) 방향이 더 길면 물질은 결국 전체적으로 팽창 효과를 갖게 된다. 다시 전압을 역으로 인가하면 도메인들의 방향도 역으로 바뀌게 되어 물질은 다시 팽창한다. 이는 어느 한 방향으로 전압을 인가할 때는 수축하다가 반대 방향으로 전압을 인가하면 팽창하게 되는 자기변형이 주기적으로 일어나며 이 변형 힘에 의해서 초음파가 발생된다. Lorentz 힘에 의해서 발생된 초음파의 세기는 자기장의 세기에 비례하여 계속 증가하지만 자왜 현상에 의하여 발생된 초음파의 세기는 비례하지 않는다. 즉, 자성재료의 자왜는 재료의 종류에 따라 모두 다르며, 외부 자기장의 세기에 따라 비선형적으로 변하므로 자왜계수(*Magnetostrictive coefficient*)의 변화가 가장 큰 자기장의 영역에서 초음파의 송수신을 하여야 효율을 극대화시킬 수 있다. 자왜 현상과 함께 Lorentz 힘도 강자성 재료의 초음파 송수신에 기여하지만 낮은 정자기장 영역에서는 주로 자왜 현상에 의해서 초음파가 발생된다.

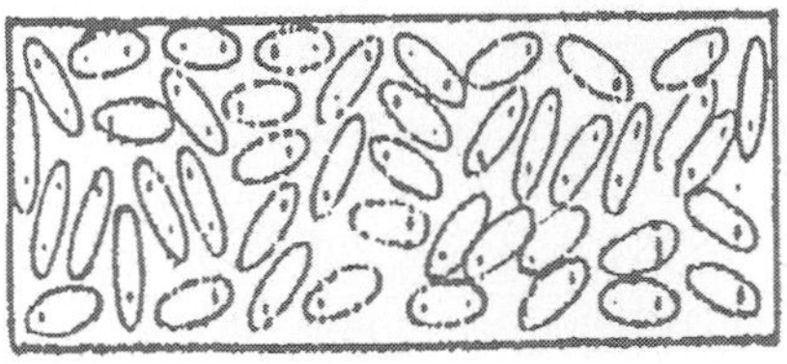

(a) 전위가 인가되지 않았을 때

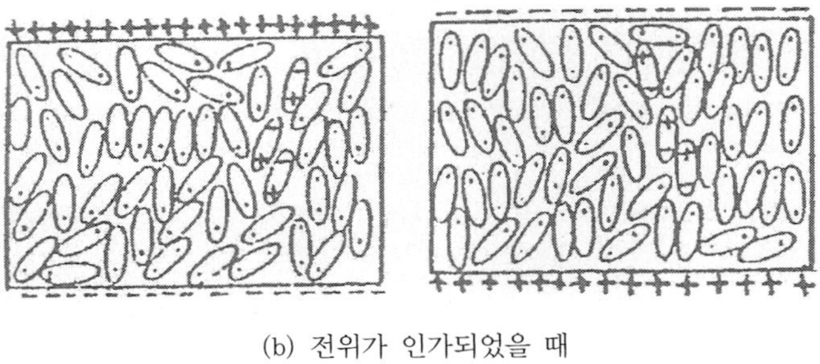

(b) 전위가 인가되었을 때

그림 8.24 물질 내의 도메인의 변화

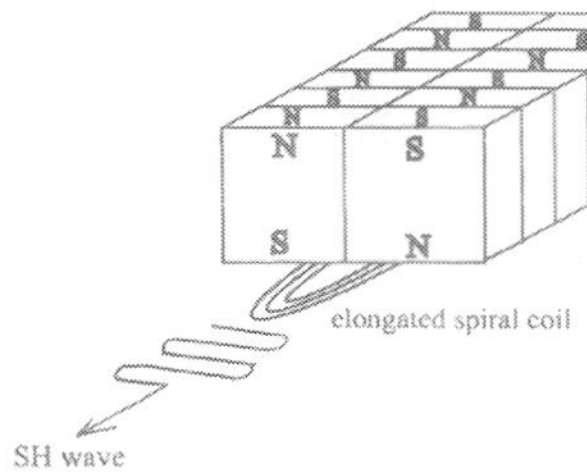


(a) Meander 코일

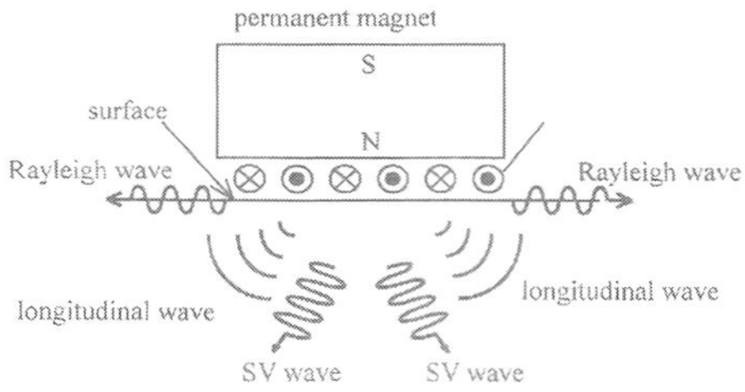


(b) PPM(periodic-permanent-magnet) 코일

그림 8.25 EMAT에 의한 SH파(a)와 표면파(b)의 발생 메커니즘

## 8.4.3 EMAT의 장비 구성과 적용 예

그림 8.26는 유도초음파를 이용하여 알루미늄 얇은 판의 두께변화를 평가하기 위해 구성된 EMAT 시스템이다. EMAT는 전자석과 송신부의 와전류를 발생시키는 발생코일 및 수신부의 검출코일로 구성되어 있다. 이 탐촉자를 금속 시험체에 접근시키면 시험체 내부는 전자석에 의해 정자기장에 영향을 받게 되고 탐촉자 내부의 발생코일에 흐르는 교류전류에 의해 시험체 표면에 와전류가 형성하게 된다. 이 와전류와 자력선 사이에 로렌츠힘(*Lorentz Force*)이 발생하여 시험체 표면에 기계적 변위가 발생, 즉 초음파가 발생하게 된다. 그리고 역과정에 의해 초음파를 수신하게 된다.

한 쌍의 EMAT으로 구성되어 유도초음파를 송·수신하기 위해 초음파 펄서/리시버를 사용하였다. 펄서/리시버에 의해 발생된 초음파 펄스는 임피던스 매칭박스를 통해 송신 EMAT에 보내져 초음파를 발생시킨다. 그리고 발생된 SH파는 동일한 형태의 EMAT으로 수신되어 프리앰프(Pre amp.)에서 증폭된 후 신호처리를 위해 디지털 오실로스코프와 연결되어 신호처리를 수행할 수 있도록 구성된다. 알루미늄 박판에서 두께변화를 평가하기 위해 EMAT을 이용하여 비접촉으로 초음파를 송·수신하였다.

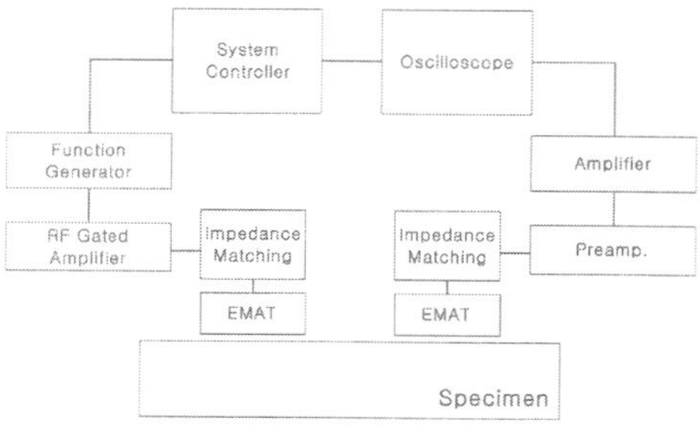


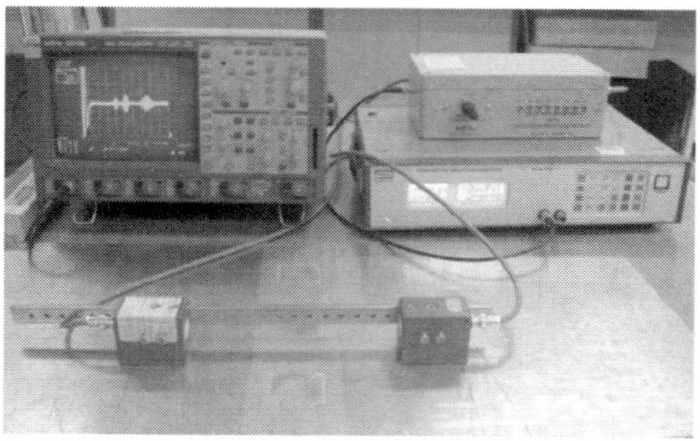

그림 8.26 EMAT장치의 구성도

이때 초음파 펄서/리시버의 주파수 범위는 0.1 ~ 5 MHz이고, 유도초음파의 가진 주파수는 이론적인 분산선도에서 파장과 위상속도의 관계로부터 그림 8.27에서 확인할 수 있다. 예를 들어 파장이 4.30 mm인 유도초음파 모드를 발생하기 위한 가진 주파수는 2.17 MHz이다.

그림 8.27은 유도초음파 모드가 두께감육 결함 부위를 지나 수신된 신호로 두께 변화에 따른 초음파 모드의 전파시간차 변화를 나타낸다. 이 결과로부터 두께감육이 증가할수록 전파시간차가 증가함을 확인할 수 있다. 이는 이론적인 군속도 분산선도에서 두께 d가 감소하면 모드의 군속도가 감소하는 결과와 일치한다. 또한 파장이 4.30 mm일 때 두께변화가 30%인 결함으로부터 수신된 모드에서 신호가 사라짐을 확인할 수 있는데, 이에 대한 이유는 두께가 변화하면 분산선도의 가로축인 f · d가 감소하게 되고 모드가 사라지게 되는 모드컷오프(*mode cutoff*) 현상이 발생하게 된다.

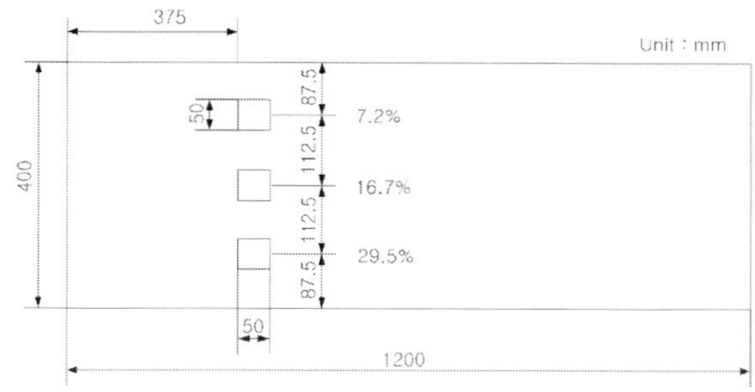


그림 8.3.5 알루미늄 시험편

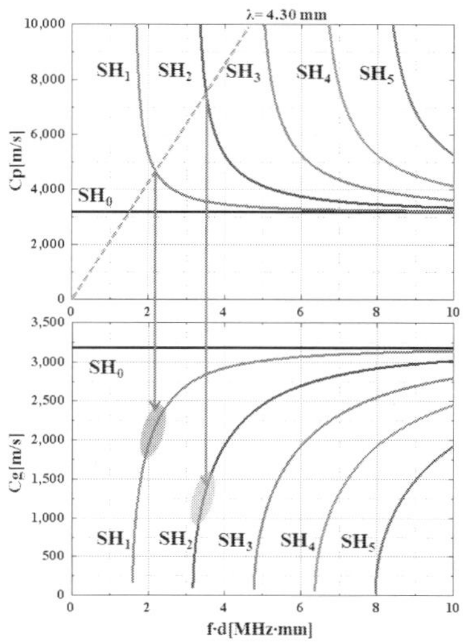


그림 8.27 알루미늄 얇은 판에서의 이론적인 분산선도

그림 8.28과 같이 두께변화가 발생하면 모드의 분산성으로 인해 전파시간차가 발생하게 된다. 전파시간차의 변화, 즉 군속도 변화는 두께변화를 나타내기 때문에 군속도를 정확하게 측정할 수 있다면 두께 변화의 정량적인 평가가 가능하다.

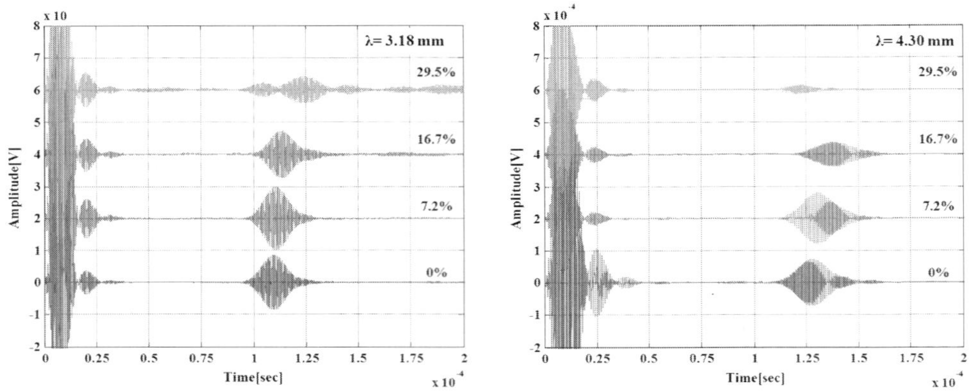


그림 8.28 유도초음파를 이용한 두께감육 평가 적용 예

## 8.5 레이저-초음파법

레이저-초음파법(*laser based ultrasonic; LBU*)는 레이저광을 이용하여 비접촉으로 초음파 진동을 발생시키고 검출하는 기술이다. 광을 이용하여 완전 비접촉으로 초음파를 송·수신하는 것이 가능하기 때문에 압전소자 등을 이용하는 종래의 초음파 송·수신법에서는 적용이 어려웠던 고온에서의 검사를 가능하게 한다. 이 기술은 다른 비파괴평가방법에 비해 ① 비접촉 측정, ② 1600℃ 이상의 초고온영역에서 측정이 가능, ③ 종파와 횡파 초음파의 동시 송·수신이 가능하기 때문에 재료의 탄성계수와 푸와송 비를 동시에 측정 가능하다는 등의 장점을 가진다. 레이저 초음파는 수십 나노초 이하의 짧은 시간폭을 갖는 펄스 레이저를 시료 표면에 조사함으로써 발생시킬 수 있다. 이때 초음파가 발생되는 원리는 조사하는 레이저의 세기에 따라 그림 8.29과 같이 열응력(*thermal stress*)과 융발(*ablation*) 2가지 모드로 나눠진다.

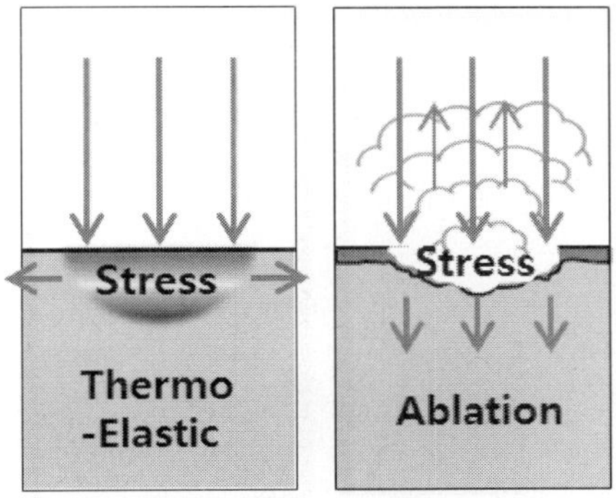


그림 8.29 열응력(thermo-elastic) 모드와 융발(ablation) 모드에서 초음파를 발생시키는 주된 응력성분의 방향

열응력 모드는 레이저의 세기가 상대적으로 낮은 경우로 조사되는 레이저 에너지는 시료 표면에서 흡수되어 열로 변환되는데 레이저가 짧은 시간동안만 조사되므로 시료 표면은 순간적으로 가열되었다가 냉각되고, 이 과정에서 열응력이 발생한다. 가열 부분은 표면에 한정되기 때문에 열응력에 의한 팽창은 표면에 대해 평행한 방향으로 국한되며, 이것이 초음파의 발생원이 된다. 따라서 열응력 모드에서는 종파보다 횡파와 표면파가 강하게 발생하는 경향이 있다.

반면, 레이저의 세기를 더욱 증대시키면 표면 물질의 용융 증발이 생기고 기화 팽창에 수반하는 압력이 표면에 대해 수직한 방향으로 생겨 이것이 주된 초음파 발생원이 된다. 이를 융발 모드(*ablation mode*)라고 하는데, 여기서는 열응력 모드에서와 다르게 표면에 수직한 방향으로의 응력이 주요하므로 종파가 강하게 발생하게 된다. 단, 그림 8.30에 보인 바와 같이 이들 두 가지 모드에서 종파, 횡파, 표면파 성분이 모두 발생하는 것은 마찬가지이며, 모드에 따라 강하게 발생하는 성분이 다를 뿐이다. 또한 융발 모드에서는 레이저가 조사된 부분에 약간의 변색 또는 흠이 남게 되므로 주의할 필요가 있다.

그림 8.31은 열탄성 모드에 대한 시뮬레이션 결과로 표면파가 강하게 발생함을 알 수 있으며, 또한 종파와 횡파의 주된 전파방향이 수직방향에 대해 경사져 있음을 알 수 있다. 그림 8.32은 융발 모드에 대한 시뮬레이션 결과로 종파가 강하게 발생하고 주된 전파방향이 수직방향임을 보여준다.

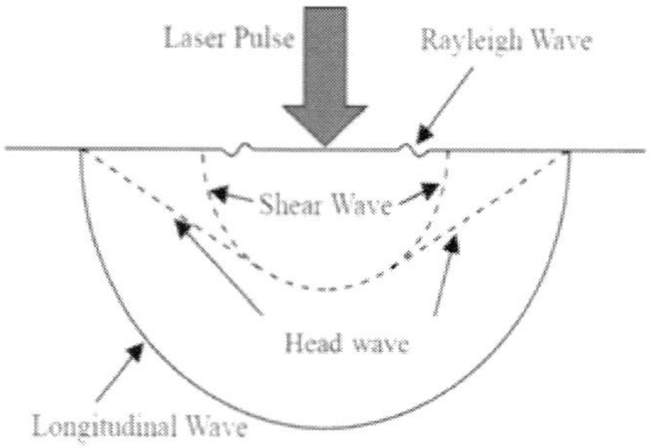


그림 8.30 레이저 펄스 조사에 의해 발생되는 초음파 성분들

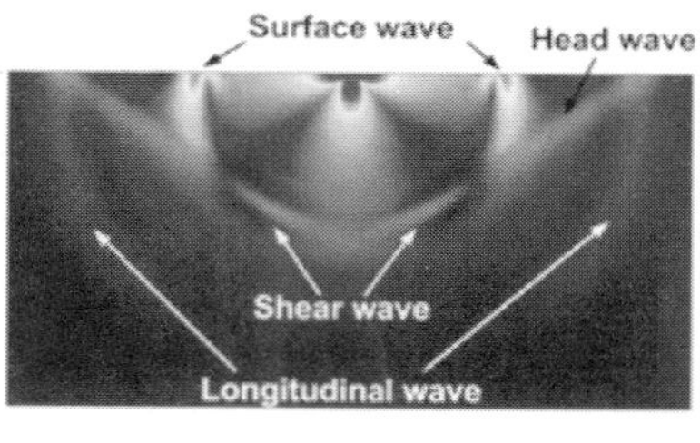


그림 8.31 열탄성 모드 시뮬레이션

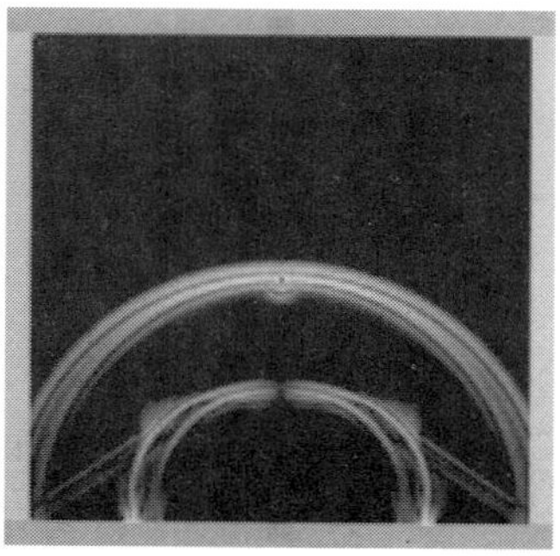

그림 8.32 융발모드 시뮬레이션(중앙에 작은 결함이 있으며, 이 결함에서 종파가 반사되는 것을 보여준다)

레이저 초음파를 수신하면 종파와 횡파 성분이 함께 검출되는데 전파속도의 차이 등을 이용하면 신호성분을 규명할 수 있다. 그림 8.33는 사각봉의 한쪽 면에서 레이저 초음파를 발생시키고 이와 정반대 위치에서 일반 압전소자 탐촉자를 이용하여 수신한 예이다. 두 모드에서 종파와 횡파가 모두 수신되는 것을 볼 수 있다. 반대면에서 수신하였기 때문에 표면파는 나타나지 않는다. 열탄성 모드와 비교하여 융발모드에서 종파가 횡파보다 강하게 발생함을 알 수 있다.

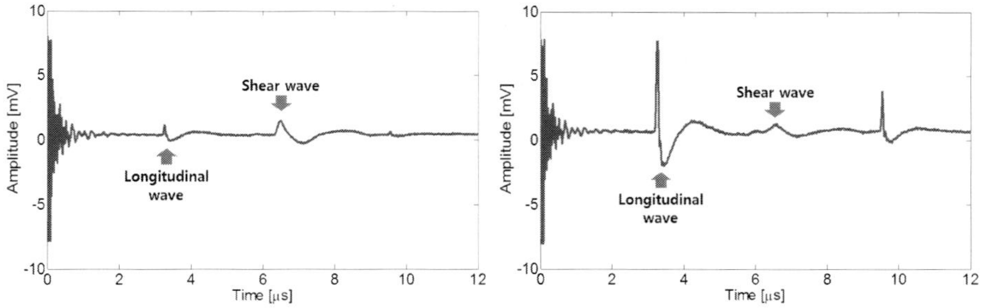


그림 8.33 사각봉 시료의 한쪽 면에서 레이저 초음파를 발생시키고 이와 정반대 위치에서 일반 압전소자 탐촉자를 이용하여 수신한 신호 예

이와 같이 종파와 횡파가 동시에 발생하는 특징은 한 번의 레이저 조사에 의해 종파와 횡파에 대한 정보를 동시에 얻을 수 있으므로 오히려 유리한 장점도 있다. 대표적인 예가 레이저 초음파를 이용한 탄성계수 측정이다. 초음파를 이용한 탄성계수 측정에는 일반적으로 종파 속도와 횡파 속도 정보가 필요하기 때문이다.

일반적으로 발생되는 초음파는 레이저 펄스의 시간 폭에 비례하는 시간 폭을 갖는 펄스 형태가 되고 진폭은 레이저 세기에 비례한다. 그리고 비파괴검사에 적합한 펄스 폭과 세기의 초음파를 발생시키기 위해 5-10ns 시간 폭을 갖는 Nd-YAG 펄스 레이저(*Q-Switch*)가 많이 사용되고 있으며, 발생되는 초음파는 금속재료에서 수십 MHz의 주파수 대역을 갖는다. 최근에는 피코($10^{-12}$)초의 매우 짧은 펄스 레이저를 이용하여 매우 높은 주파수 대역의 초음파를 발생시켜 이용하기도 한다.

한편, 레이저 초음파를 검출하는 방식은 다양하다. 엄밀하게 레이저 초음파란 레이저에 의해 발생된 초음파를 의미하며 반드시 레이저를 이용하여 검출하여야 하는 것은 아니다. 그러나 레이저 초음파가 비접촉의 특징이 강하므로 일반적으로 비접촉식 검출 기법과 함께 이용하게 되는데 대표적인 방법이 레이저 간섭을 이용하는 방법이다.

그림 8.34은 레이저를 이용한 초음파 검출 기술의 대표적인 기법을 나타내고 있다. 가장 기본적인 것은 호모다인(*homodyne*)간섭법이다. 시료 표면에서 반사한 프

로브 광을 참조광으로 중첩하여 간섭시키고 그 간섭광의 강도 변화로부터 초음파 진동 파형을 얻는 방법이다. 시간차 간섭법은 반사해 온 레이저 광을 둘로 나누어 한쪽의 광로길이를 크게 하여 중첩시키는 방법이다. 얻어진 신호는 속도 파형이고 호모다인법에 비해 저주파의 기계 진동에 영향이 적고 거울-위치제어가 용이한 장점이 있다. 그러나 광로차를 수 $m$로 크게 할 필요가 있기 때문에 광섬유(*fiber*)가 이용되고 있다.

광 헤테로다인(*heterodyne*) 간섭법은 광주파수가 다른 2개의 레이저 광을 이용하고 도플러(*Doppler*)효과에 의한 광의 주파수 변화를 광 검출기에 의해 검출하는 것으로 반사광량의 변화에 의한 감도 변동을 주파수 검출로부터 피하는 방법이다.

페브릿 페롯 간섭계(*Fabry-Perot interferometer*)는 투과율이 작은 2개의 반사 거울을 대향시킨 구조로 되어 있고, 협대역의 광 대역필터(*band pass filter*)의 역할을 하는 분광용의 광학계이다. 반사 거울의 간격 조절로 투과하는 광 주파수 대역을 조절하는 것이 가능하고 도플러 효과에 의한 레이저 광의 주파수 변조를 투과광량 변화로 얻을 수 있게 한다. 거울-간격의 제어가 필요하나 공초점용 페브릿 페롯 간섭계(*confocal Fabry-Perot interferometer*)는 레이저 광의 파면 산란에 관계없이 간섭성이 보존되고 시료로부터의 반사광량이 유효하게 이용될 수 있는 장점을 가지고 있다.

레이저에 의한 초음파 검출에서는 시료 표면의 거칠기 등의 상태에 의한 초음파 검출 감도나 S/N비 열화가 실용화 부분에 과제가 되고 있고 그 해결법으로 비선형광학소자를 이용하는 기술이 검토되고 있다.

레이저에 의한 초음파의 검출은 단순히 비접촉인 것 이 외에도 몇 가지의 장점을 생각할 수 있다. 우선 측정 대상에 영향을 주지 않는 것이다. 초음파 탐촉자를 접촉시키는 방식에서는 시료와의 접촉으로부터 초음파 진동의 진폭이나 음압의 변화를 발생하나 레이저에 의한 검출에는 검출하는 초음파에 영향을 주는 것이 거의 없고 세라믹 용사 피막이나 거친면의 시료 등에도 레이저의 간섭 신호가 얻어지기만 하면 초음파 진동을 정량적으로 검출할 수 있다. 집광에 의한 미소 점에서의 측정이 가능하고 작은 시료에서도 간단히 초음파 신호를 얻을 수 있다.

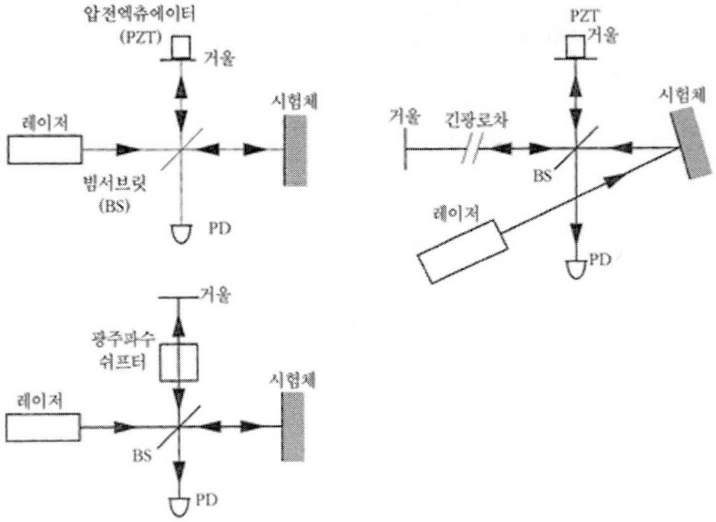


그림 8.34 레이저-초음파에서 대표적인 초음파 진동 검출법

레이저-초음파의 비파괴계측에의 응용에 대해서는 접착된 재료나 FRP의 박리 검출, 표층 결함 검출, 수신의 관점에서는 초음파 변위 파형 검출, AE검출 등의 예가 있다. 그러나 무엇보다 고온 재료에의 응용은 레이저-초음파의 중요한 응용 분야이다. 예를 들면, 가열로에 시료를 놓고 시료 온도를 올리면서 시료의 양면에서 초음파를 송・수신하여 종파와 횡파의 음속을 측정하면 탄성계수가 온도에 따라 어떻게 변화하는지를 알 수 있게 된다.

레이저 초음파법을 적용하는 방식은 그림 8.35와 같이 일반 접촉식 초음파법과 동일하다.

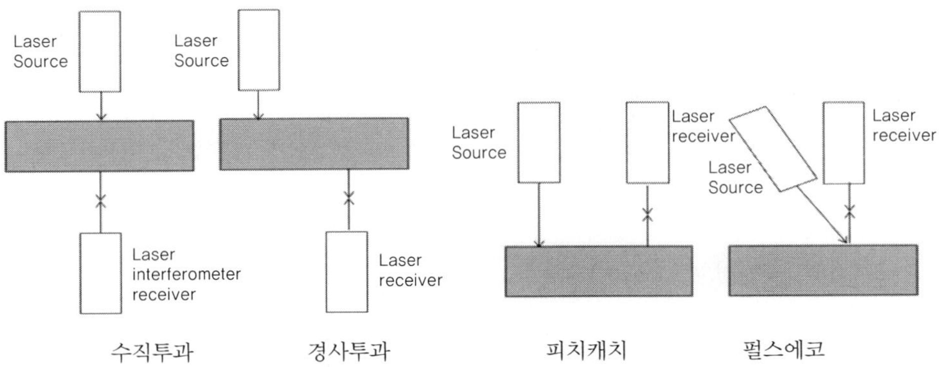


그림 8.35 레이저 초음파 적용 방식

그림 8.36는 융발모드를 이용하여 투과법으로 결함을 탐상하는 사례를 보여준다. TWM(*Two Wave Mixing*)은 일종의 레이저 간섭계로 시편 내부에서 반사되어 돌아오는 초음파를 검출한다. 시편 내부에는 그림에 나타낸 것처럼 동일한 크기의 여러 결함이 서로 다른 위치에 존재한다.

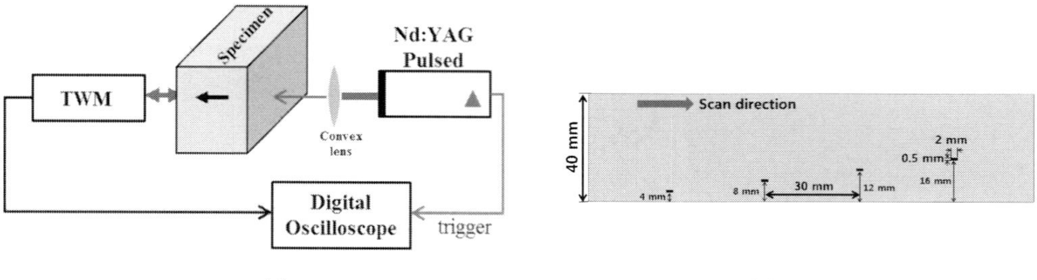


그림 8.36 레이저 초음파 시험 예

그림 8.37은 시험 결과를 나타낸 것으로 투과신호가 먼저 도달하고 그 후에 저면에서 반사되어 다시 결함에 의해 반사된 신호가 도달한다. 결함의 위치가 저면에서 멀수록 늦게 도달하는 것을 알 수 있다. 첫 투과신호는 결함의 유무에 관계없이 같은 시각에 도달한다. 이렇게 해서 결함의 위치를 찾을 수 있다. 물론 펄스-에코법을 적용해도 마찬가지이다.

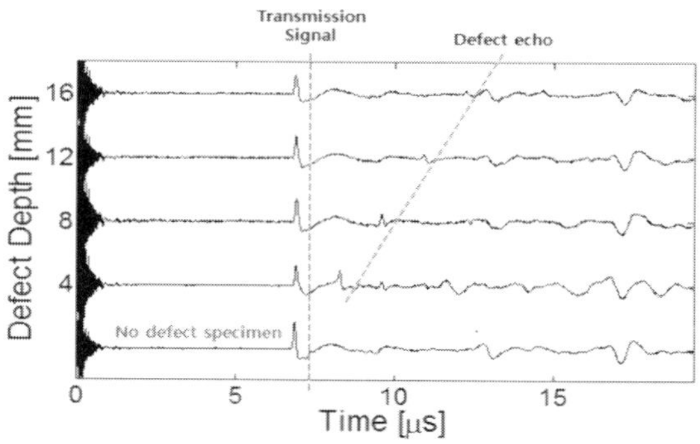


그림 8.37 그림 8.36의 시험에서 얻어진 파형

## 8.6 비선형 초음파법

비선형 초음파법(*nonlinear ultrasonic testing: NUT*)은 초음파의 비선형효과를 이용한 비파괴검사기술이다. 또한 초음파의 비선형효과(*nonlinear effect*)란 초음파가 매질에 따라 전파할 때 매질의 비선형적인 탄성에 의해 나타나는 현상인데 기본적으로 초음파의 전파속도가 진폭에 의존하는 현상으로 설명할 수 있다. 그림 8.38은 초음파가 전파하면서 진폭에 따라 전파속도가 달라서 결과적으로 파형이 점차 변화되어 가는 것을 나타낸다. 즉, 초음파의 진폭이 영인 위치를 기준으로 양의 진폭을 갖는 위상과 음의 진폭을 갖는 위상에서 전파속도가 달라서 결과적으로 파형이 순수 사인파형에서 톱니형태로 변화하게 되는 것이다.

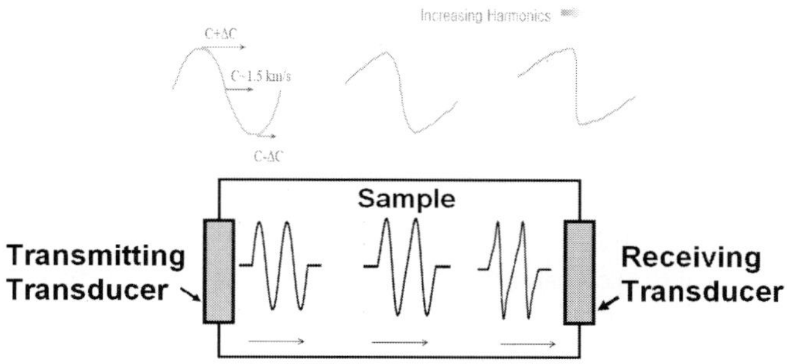


그림 8.38 초음파의 비선형효과에 따른 파형의 변화

이 같은 현상은 그림 8.39에 보인 바와 같이 키가 다른 사람들이 행진하는 경우에서도 볼 수 있다. 즉 키가 큰 사람이 가운데 서고 가장자리로 갈수록 키가 작은 사람이 일정한 간격으로 서있다고 했을 때 행진을 시작하면 키가 큰 사람의 보폭이 크므로 키가 작은 사람에 비해 이동속도가 빠르고 따라서 점차 앞쪽의 간격은 좁아지고 뒤쪽의 간격은 벌어지게 될 것이다.

그림 8.39 이동속도가 다른 사람들의 행진에서 나타나는 간격의 변화

반면, 선형 탄성에서는 초음파의 전파속도가 매질의 밀도와 탄성계수에 의해 결정되며 진폭과 무관하게 일정하다. 대부분의 초음파 비파괴검사 기법은 이런 선형 성질을 이용한다. 그러나 최근 구조물의 파괴를 미연에 예방하기 위해서 큰 결함으로 성장되기 이전의 미세결함(마이크로 크랙, 마이크로 보이드, 미세구조적 변화 등)을 진단할 필요성이 높아지고 있다. 그런데 대부분의 선형 초음파법에서는 이와 같은 미세결함을 판별하는 것이 어렵다. 이에 반해 비선형음향효과는 상대적으로 미세결함에 대해 높은 감도를 갖는 것으로 보고되고 있어 향후 구조물의 열화 및 미세손상에 대한 진단 기법으로 활용될 것이 예상된다. 현재 많이 활용되고 있는 비선형 음향효과는 크게 다음과 같이 분류된다.

### (1) 고조파의 발생(Harmonic generation)

단일 주파수의 초음파가 비선형 탄성매질에 입사되어 전파하면서 입사주파수의 2배, 3배와 같은 고조파가 발생하는 현상이다. 이와 같은 현상은 매질을 비선형성을 갖는 시스템으로 간주하면 쉽게 이해할 수 있다. 예를 들어, 2차의 비선형 시스템은 그림 8.40에 나타낸 바와 같이 입력의 제곱에 해당하는 출력이 얻어지게 되므로 단일 주파수 성분을 입사시켰을 때 입사주파수의 2배수에 해당하는 주파수 성분이 출력되게 된다. 이를 일반화하여 매질의 비선형성을 3차 이상으로 확장하면 3배수 또는 그 이상의 고조파 성분이 나타나게 된다. 따라서 비선형 탄성특성을 갖는 매질에 단일 주파수의 초음파를 입사시키고 매질을 전파한 후의 초음파신호를 수신하여 그 스펙트럼을 얻으면 그림에서와 같이 2차, 3차의 고조파 성분이 관찰된다. 그림 1에서 변화된 파형의 주파수성분을 분석하면 이와 동일한 결과를 얻게 된다. 비선형성이 클수록 고조파 성분의 진폭이 커진다.

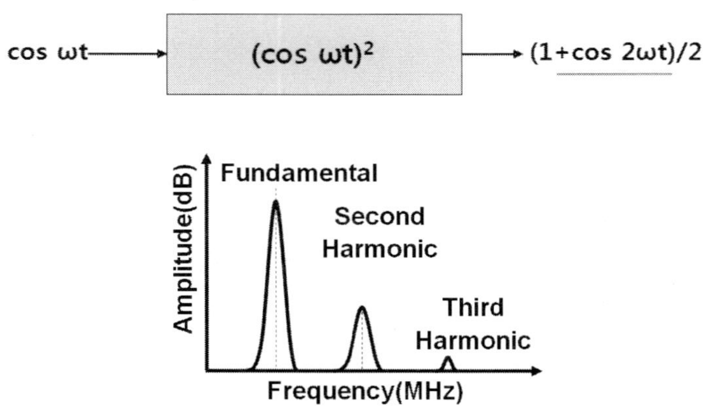


그림 8.40 2차 비선형 시스템의 입력과 출력 및 출력의 스펙트럼

### (2) 혼합주파수의 비선형 응답(Mixed frequency response)

이 현상은 2개의 서로 다른 주파수 성분을 갖는 초음파 신호를 입사시키는 경우에 나타나는 현상으로 발생 기구는 고조파의 경우와 동일하다. 예를 들어, 매질의 비선형 특성을 2차까지의 비선형성을 갖는 시스템을 생각할 때, 그림 8.41에 보인 바와 같이 입력의 제곱에 해당하는 출력이 얻어지게 되므로 입사 주파수 성분의 합과 차에 해당하는 주파수 성분이 발생한다. 비선형성이 클수록 이들 주파수 성분의 크기가 커진다.

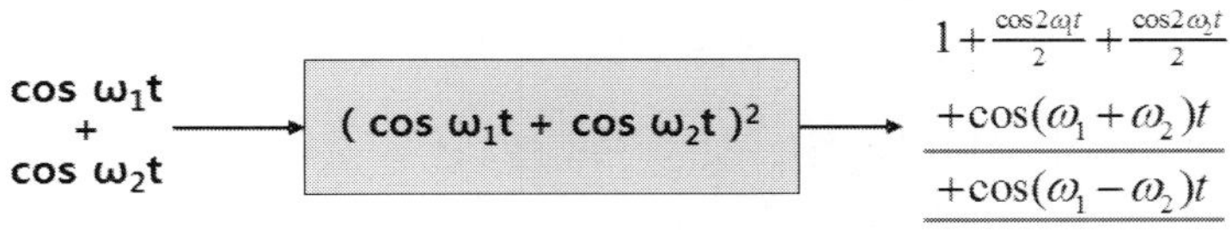


그림 8.41 2차 비선형시스템에 두 개의 혼합 주파수성분이 입력되었을때의 출력

### (3) 공진주파수의 천이(Shift of resonance frequency)

초음파의 공진주파수가 진폭에 따라 변화하는 현상이다. 선형 탄성에서는 초음파의 공진주파수가 전파속도와 마찬가지로 기계적 물성에 의해 결정되고 진폭과는 무관한데, 비선형 탄성에서는 공진주파수가 진폭에 의존하여 변화한다. 대개는 진폭이 커지면 공진주파수가 약간 감소하는데, 비선형성이 클수록 감소폭이 커진다.

### (4) 분조파의 발생(Sub-harmonic generation)

이 현상은 균열간극이 초음파의 변위진폭보다도 작은 닫힌 균열을 초음파가 투과하거나 반사될 때 입사주파수의 1/2, 1/3과 같은 분조파가 나타나는 현상이다. 재료의 비선형 탄성특성과는 무관하여 재료의 변질을 평가하기보다는 닫힌 균열의 검사를 목적으로 활용될 수 있다.

모든 재료는 정도의 차이가 있을 뿐 고유의 비선형적인 탄성특성을 가지므로 초음파가 전파할 때 위와 같은 비선형효과를 나타내게 된다. 따라서 비선형 초음파법은 비선형효과에 의해 나타나는 상기의 특징들이 재료의 변질이나 미세손상의 발생 이전과 이후에서 달라지는 정도를 측정하여 열화 또는 미세손상의 정도를 평가하는 기술이라고 할 수 있다.

여기서는 가장 고전적인 현상인 고조파 발생을 이용하는 기술의 원리에 대해 보다 상세히 소개한다.

그림 8.42는 재료의 비선형적인 탄성특성을 응력-변형률 곡선으로 나타낸다. 즉, 응력($\sigma$)과 변형률($\varepsilon$)의 관계는 선형 탄성에서는 직선 비례관계를 갖지만 일반적으로는 그림과 같은 곡선의 형태를 갖게 되며 이를 1차원 후크의 법칙으로 나타내면 식 8.1과 같다. 선형 탄성에서와 다르게 변형률의 제곱, 또는 그 이상의 고차항이 포함된다. 여기서는 쉬운 설명을 위해 2차의 비선형성까지만 고려한다.

$$\sigma = E\varepsilon(1+\beta\varepsilon+\cdots) \tag{8.1}$$

여기서 E는 선형 탄성계수, $\beta$는 2차의 비선형 파라미터이다.

이런 비선형적인 탄성특성을 갖는 매질에 단일 주파수의 종파 초음파가 입사되어 전파한다고 하자. 감쇠는 무시할 수 있다고 하면 운동방정식은 다음 식 8.2와 같이 표현된다.

$$\rho\frac{\partial^2 u}{\partial t^2} = \frac{\partial \sigma}{\partial x} \tag{8.2}$$

여기서 $\rho$는 매질의 밀도, u는 초음파의 변위, x는 전파방향, t는 시간이다.

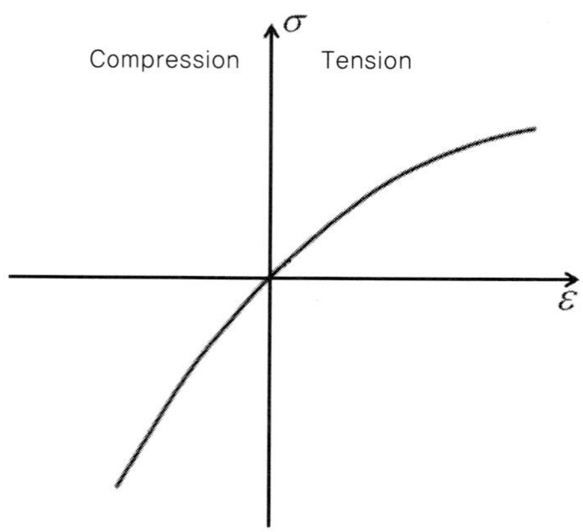


그림 8.42 응력 변형률 사이의 비선형적 관계

식 8.1과 8.2 그리고 변형률과 변위의 관계 $\varepsilon(x,t) = \frac{\partial u(x,t)}{\partial x}$를 이용하면 다음의 비선형 파동방정식을 얻을 수 있다.

$$\rho\frac{\partial^2 u}{\partial t^2}=E\frac{\partial^2 u}{\partial x^2}+2E\beta\frac{\partial u}{\partial x}\frac{\partial^2 u}{\partial x^2} \tag{8.3}$$

이 식은 선형 파동방정식에 우변 둘째항이 추가된 형태이며, 정리하면 다음과 같이 쓸 수 있다.

$$\frac{\partial^2 u}{\partial t^2}=C_0^2(1+2\beta\epsilon)\frac{\partial^2 u}{\partial x^2} \tag{8.4}$$

여기서 $C_0^2=\frac{E}{\rho}$이고, $C_0$는 전파속도이다. 즉, 선형 탄성에서는 전파속도가 $C_0$로 일정하지만 비선형 탄성에서는 전파속도가 $C_0\sqrt{(1+2\beta\epsilon)}$가 되어 변형률 ε에 의존하게 된다. 변형률은 변위와 관계되므로 결과적으로 전파속도는 변위에 의존하게 되는데, 여기서 변위는 초음파의 진폭이므로 전파속도가 진폭에 의존하는 것이다. 선형 초음파는 초음파의 진폭이 매우 작아 $2\beta\varepsilon \ll 1$이 되어 전파속도는 $C_0$로 진폭에 무관하게 일정하다고 가정하는 것이다.

한편 고조파의 발생을 설명하기 위해 식 8.3의 비선형 파동방정식의 해를 얻어 보자. 일반적으로 비선형 파동방정식의 해를 구할 때 섭동법을 이용한다. 먼저, 초음파의 변위를 다음과 같이 가정한다.

$$u=u_0+u' \tag{8.5}$$

여기서 $u_0$는 입사 초음파의 변위, $u'$은 1차 섭동해로 미소항이다.

그리고 $u_0$를 다음과 같이 진폭 $A_1$인 단일 주파수의 조화함수라고 하면,

$$u_0=A_1\cos(kx-wt) \tag{8.6}$$

u는 다음과 같이 구해진다.

$$u=u_0+u'=A_1\cos(kx-wt)-A_2\sin2(kx-wt) \tag{8.7}$$

여기서, $k$는 파수, $x$는 전파거리이고, $A_2$는 1차 섭동해의 진폭으로 입사주파수의 2배수에 해당하는 주파수를 가지며, $A_2$는 다음 식과 같이 주어진다.

$$A_2 = \frac{\beta}{8} A_1^2 k^2 x \tag{8.8}$$

이로부터, 2차 고조파가 발생하는 것을 알 수 있으며 그 크기가 비선형 파라미터 $\beta$에 의존하는 것을 알 수 있다. 즉, 발생되는 고조파의 크기는 매질의 비선형 특성이 얼마나 큰 가에 따라 다르다.

또한 식 8.8로부터 2차 비선형 파라미터 $\beta$가 다음과 같이 구해 질 수 있다는 것도 알 수 있다.

$$\beta = \frac{8}{k^2 x} \frac{A_2}{A_1^2} \tag{8.9}$$

한편 식 8.8에서 알 수 있듯이 2차 고조파의 진폭은 입사 초음파의 진폭(기본파 진폭)의 제곱에 비례하는데, 그림 8.43은 이 관계를 손상 전후에 대해 비교하고 있다. 즉, 비선형 파라미터가 클수록 $A_2$ - $A_1^2$ 선도의 기울기가 크고, 비선형 파라미터가 작을수록 $A_2$ - $A_1^2$ 선도의 기울기가 작다. 만일 어떤 재료가 손상 후에 상대적으로 비선형성이 커진다면 $A_2$ - $A_1^2$ 선도의 기울기가 커지게 된다. 그리고 그림 8.44는 피로의 증가에 따라 재료의 비선형성이 초기 상태를 기준으로 어떻게 변화하는지를 보여준다. 여기서 $\beta_0$는 피로가 시작되기 전 초기 상태에서의 비선형 파라미터이다. 즉, 초기 상태 대비 비선형 파라미터의 증가 정도를 알 수 있다면 피로의 정도를 알 수 있게 된다는 것이다.

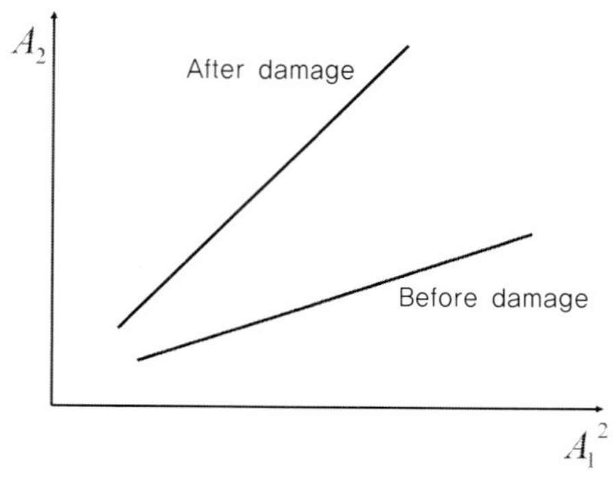


그림 8.43 고조파 성분의 크기와 기본파 성분의 크기 관계

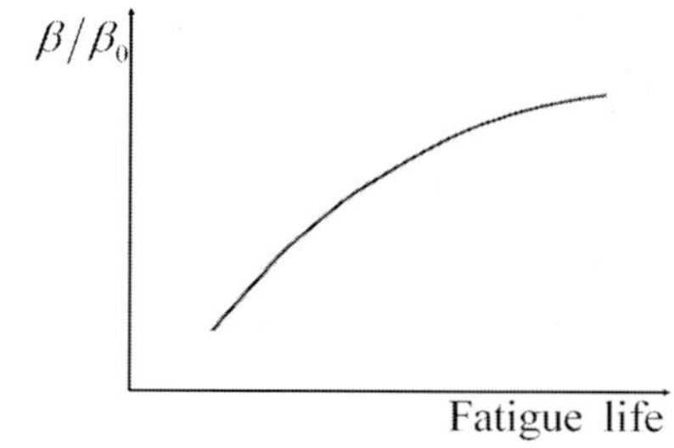


그림 8.44 비선형 파라미터를 이용한 비파괴평가 예(피로)

그림 8.45는 비선형 초음파법을 이용하여 피로열화를 평가한 사례를 보여준다. 시편은 그림에 나타낸 것과 같이 중심부를 좁게 하여 시편에 피로하중을 가했을 때 중심부의 피로도가 가장 크게 되도록 만들었다. 그리고 피로하중을 가하기 전후의 비선형 파라미터의 변화율을 시편의 여러 위치에서 측정하여 비교하여 나타내었다. 먼저 피로를 가하기 전의 경우 시편의 어느 위치에서도 비슷한 비선형 파라미터값을 나타내는 것을 알 수 있다. 그러나 피로를 가한 후에는 중심부에서가 상대적으로 비선형 파라미터 값이 크게 증가하는 것을 볼 수 있다. 오른쪽 사진은 시편의 그립부(가장자리)와 게이지부(중심부)에서의 미세조직을 TEM으로 관찰하여 비교한 것이다. 피로도가 적은 그립부에서보다 피로도가 큰 게이지부에서 전위가 크게 증가한 것을 알 수 있는데, 일반적으로 전위의 증가는 초음파 비선형파라미터를 증가시키는 것으로 알려져 있다. 결과적으로 피로에 의해 전위가 증가하면 초음파 비선형 파라미터가 증가하고, 따라서 비선형 파라미터의 변화를 측정하면 피로열화의 정도를 평가할 수 있는 것이다.

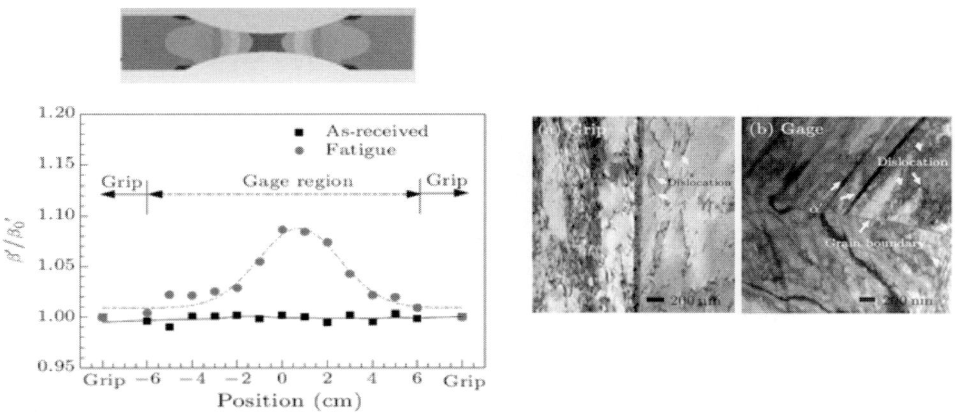


그림 8.45 피로시편에 대한 비선형 초음파법 적용 예

그림 8.46은 비선형 초음파법을 이용하여 강재의 고온경년열화를 평가한 사례를 보여주는 것으로, 왼쪽에 열화시간에 따른 인장강도의 변화를 나타내었고 오른쪽에 초음파 비선형 파라미터의 변화를 나타내었다. 인장강도와 비선형 파라미터는 높은 상관성을 나타내는데, 고온에 노출된 시간이 경과함에 따라 인장강도는 점차 감소하고 비선형 파라미터는 점차 증가한다. 이로부터 비선형 파라미터의 변화를 측정하면 기계적 강도의 저하를 평가할 수 있음을 알 수 있다.

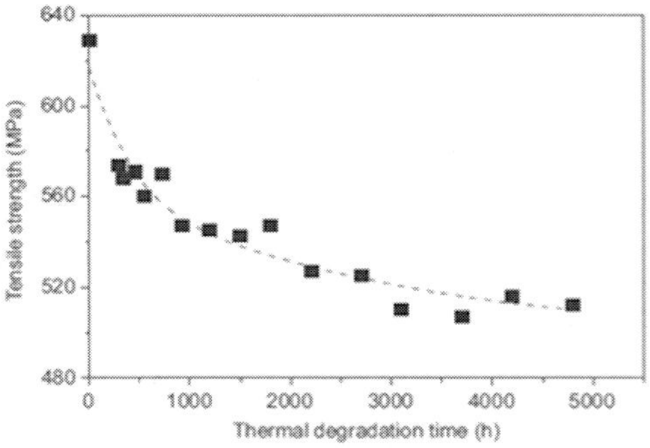


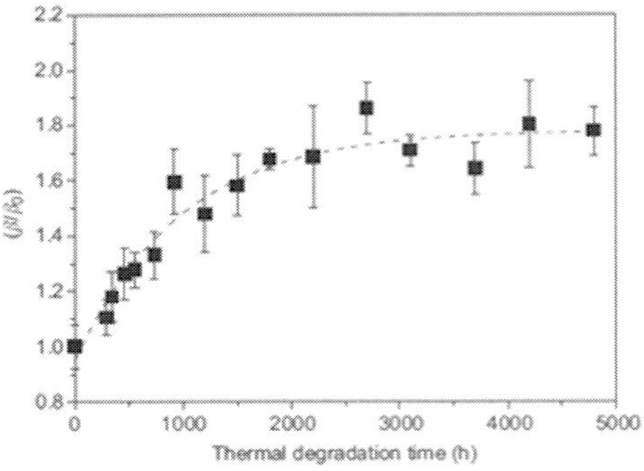


그림 8.46 고온열화시편에 대한 비선형 초음파법 적용 예

# 8.7 음향현미경법

## 8.7.1 개요

초음파현미경(*scanning acoustic microscope; SAM*)은 초음파를 이용하여 재료의 표층부(*surface/subsurface*), 내부(*internal*) 그리고 계면(*interface*)을 포함하는 영역에 대한 마이크로한 탄성적 성질의 변화를 초음파신호의 출력신호를 검출하여 화상으로 표시하거나 음향특성을 정량적으로 계측하여 고정밀도로 음속이나 감쇠계수 등을 측정함으로서 재료의 미세구조 및 탄성특성을 평가할 수 있는 기법이다. 또한 초음파는 물체의 표면뿐만 아니라 내부로도 입사되기 때문에 내부에 대한 정보를 이미지화 할 수 있다. 초음파 빔은($10^{-6}$크기 이하까지) 집속되고 또한 초고주파(100 MHz에서 1 GHz)를 사용하기 때문에 광학현미경 수준의 분해능을 가지게 된다. 이미지 이외에도 반사된 초음파의 진폭과 위상을 검출할 수 있고 이를 분석하면 재료의 탄성 특성을 정량적으로 측정할 수 있기 때문에 비파괴검사나 재료의 특성 평가에 많이 이용되고 있다.

## 8.7.2 구성

초음파 현미경은 고주파 발생기(*RF generator*)로부터 발생된 전기적인 신호를 압전소자로 인가되고 인가된 전기적인 신호가 압전소자에서 초음파로 변환되고 단결정 사파이어로 구성된 음향렌즈로 집속되어 시험편으로 조사된다. 시료로부터 반사된 초음파는 거의 동일한 역 경로로 음향렌즈를 통해 되돌아오고 이 초음파는 다시 압전소자에 의해 전기적인 신호로 변환된다. 이 때 수신된 신호의 전압은 인가전압에 비해 약 30dB에서 80dB정도 작아 증폭기에 의해 증폭 되고 A/D 변환기를 통해 CRT상에 휘도 변조 신호로 나타내어 지고 신호처리 등을 위해 저장된다. 초음파현미경은 1회의 초음파의 송·수신으로 화면상의 아주 작은 1개의 화소(*single spot*)가 메워지게 된다. 따라서 2차원의 음향 이미지를 생성하기 위하여 기계적으로 X-Y 축으로 시험편 스테이지가 이동되거나 또는 탐촉자가 이동하며 한 장의 영상을 만들어 낸다. 또한 Z 축 방향으로 렌즈를 이동하여 디포커싱 시킴으로서 내부 이미지 획득 및 시험체의 탄성특성과 밀접하게 관련된 누설탄성표면파(*leaky surface acoustic wave; LSAW*)의 속도를 정밀하게 측정할 수 있는 V(z) 곡선을 얻는다. 초음파현미경에 사용되는 초음파의 주파수는 수 MHz로부터 수 GHz까지이나 피검체의 검출 사이즈나 깊이에 따라서 최적의 주파수를 선택해야 한다.

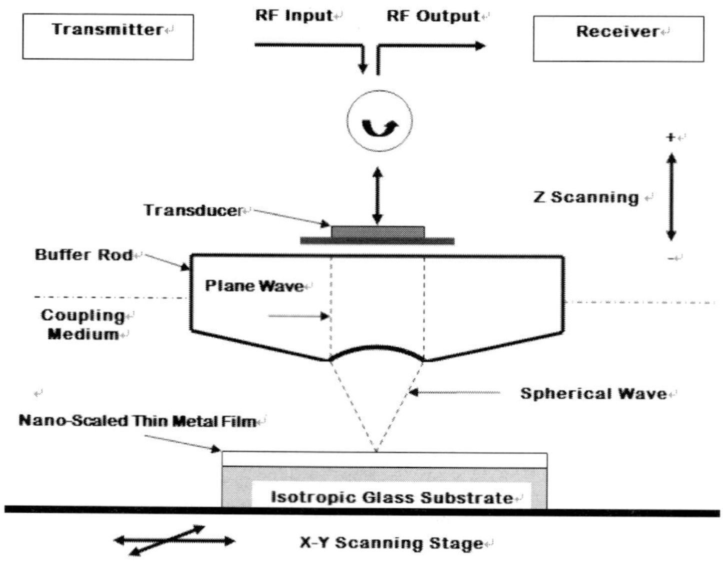


그림 8.47 초음파현미경의 구성

## 8.7.3 기본원리

### 가. 이미지 생성 원리

탐촉자의 음향렌즈를 구형으로 하여 초음파 빔을 집속시켜 시료에 입사시키면 내부를 전파하는 과정에서 음향임피던스 차가 있는 경계면에서는 초음파가 반사하거나 산란하여 반사파와 투과파가 발생한다. 이 변화를 검출하여 영상으로 표시하면 표면 및 내부 이미지를 관찰할 수 있다. 초음파현미경은 펄스파와 함께 톤버스트(*tone-burst*)파가 사용하며 기본적으로 이미지 생성을 위해서는 펄스파 모드가 사용되며 V(z) 곡선법에서는 톤버스트파가 사용된다. 초음파 렌즈는 표면 및 내부를 이미지화하기 위해 시편과 렌즈 사이의 거리를 변화시키기 위해 z축 방향으로 정밀 이동할 수 있다. 시험편의 표면을 이미지화할 때에는 초음파 렌즈가 시험편 표면에 집속되게 하는 포커스 모드(*focus mode*, $z=0\mu m$)가 사용되며, 시험편의 표면직하 및 내부를 이미지화 할 때에는 탐촉자를 시험편에 근접시켜 초점이 시험편의 내부에 형성되도록 하여 이미지를 검출하는 디포커스 모드(*de-focus mode*, $z=-x\mu m$)를 사용한다.

그림 8.48은 나노 구조의 은(silver) 박막에 나노인덴테이션으로 압입하중을 가하여 표면 및 표면직하에 결함을 형성시켜 초음파현미경을 이용하여 표면 및 표면 직하에서 발생하는 결함을 이미지화한 예이다.

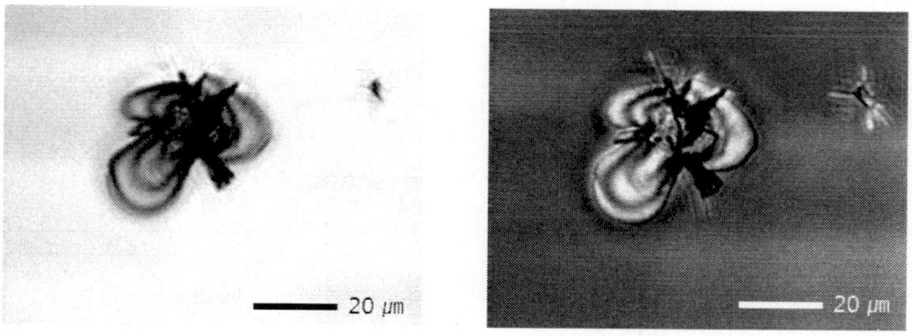


(a) Z = 0 $\mu m$ (b) Z = −1.5 $\mu m$

그림 8.48 음향 이미지(사용주파수; 1 GHz)

초음파 현미경에 사용되는 초음파의 파장은 표 8.2에서와 같이 사용 주파수 범위 내의 물에서의 경우 대략 15.0 $\mu m$에서 1.5 $\mu m$정도이다. 이 파장은 측정 가능한 깊이와 분해능과 관련된다. 일반적으로 측정 가능한 깊이는 초음파의 반사, 굴절, 산란, 감쇠 등이 관계하기 때문에 정확히는 산출 할 수 없다. 그림 8.49는 각종 재료의 측정 결과를 참고하여 추정한 주파수와 측정 가능한 깊이의 관계이다. 주파수를 높이면 분해능이 향상되어 미세 구조의 측정이 가능하게 되나 측정 가능한 영역은 표면 근방으로 이동하게 된다.

표 8.2 물속에의 주파에 따른 파장

| Freq.(GHz) | 0.1 | 0.2 | 0.4 | 0.6 | 0.8 | 1.0 |
|---|---|---|---|---|---|---|
| Wavelength($\mu m$) | 15.0 | 7.5 | 3.7 | 2.5 | 1.8 | 1.5 |

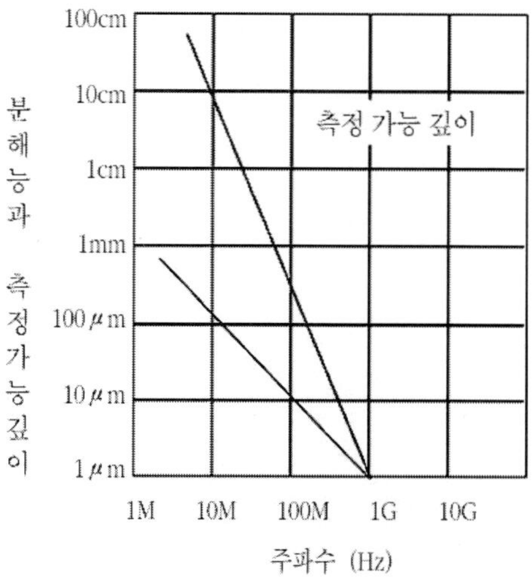


그림 8.49 초음파의 주파수와 측정 가능한 깊이·분해능과의 관계

## 나. V(z)곡선과 음속측정법

앞서 기술한 바와 같이 초음파현미경은 이미지 측정과 더불어 V(z)곡선법을 통해 시료의 탄성특성과 밀접한 관련이 있는 누설탄성표현파의 속도를 정밀하게 측정할 수 있다. 음향렌즈와 시료와의 상대적인 위치 관계를 그림 8.50에 나타낸다. 구경각이 넓은 음향렌즈로 방사된 초음파는 시료에 수직 입사하고 경계면에서 반사하여 음향렌즈로 되돌아오는 성분(경로 #1)과 임계각 근방으로부터 입사하여 탄성표면파로 모드로 변환된 파의 일부가 수중으로 누설되어 음향렌즈로 되돌아오는 성분(경로 #2)이 있다. 이 때 톤버스트파를 사용하게 되면 이 2개의 파가 서로 간섭을 일으켜서 보강 및 상쇠 간섭이 발생한다. 이 때 음향렌즈를 Z축으로 디포커싱(*defocusing*)시키게 되면 Z에 따라 출력 신호가 주기적으로 변화하는 곡선(V(z) 곡선)이 얻어진다. 그림 8.51과 같은 V(z) 곡선에서 피크와 피크사이의 간격 또는 골과 골 사이의 간격인 $\Delta z$를 정밀하게 측정한 후 식 8.11을 이용하여 누설탄성표면파의 속도를 계산할 수 있다. 이 탄성표면파의 속도를 정밀하게 계산하여 미소 영역의 대한 탄성 특성의 평가가 가능하다.

$$V_{saw} = \frac{\nu_{\omega}}{\sqrt{1-\left(1-\frac{\nu_{\omega}}{2\cdot f\cdot \Delta z}\right)^{2}}} \tag{8.11}$$

여기서 $V_{saw}$는 누설탄성파의 속도, $v_w$는 물에서의 음속, $f$는 사용주파수를 의미한다.

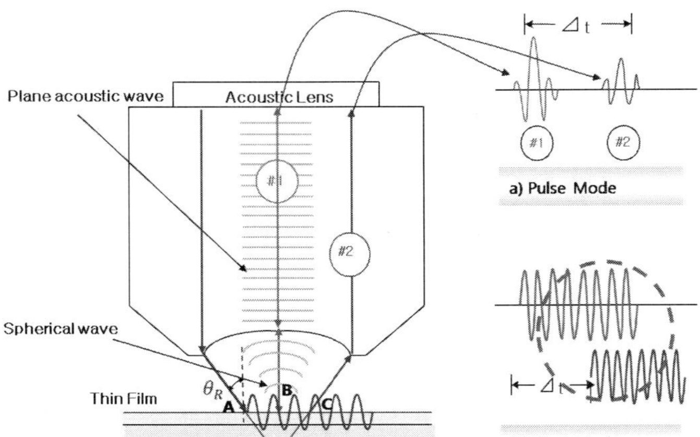


그림 8.50 V(z) 곡선의 생성 원리

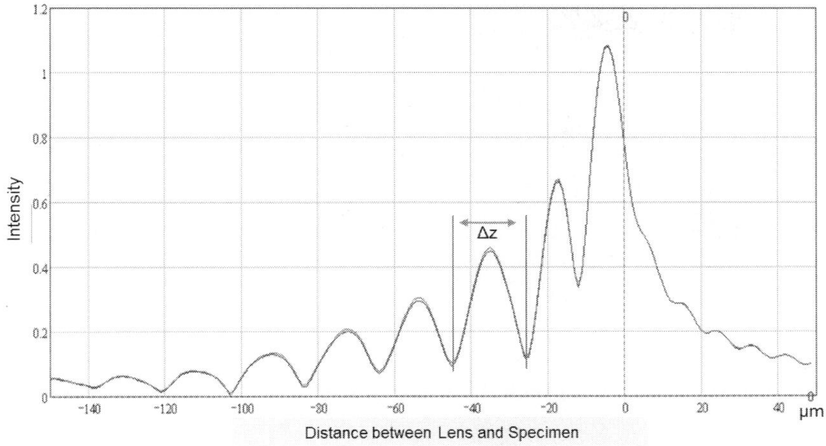


그림 8.51 V(z) 곡선의 예

## 8.8 초음파 CT법

CT(*computed tomography*)는 물체의 단면상을 그 표면 위에 관측할 수 있는 물리량으로부터 가시화하는 기술의 총칭이다. 통상의 X선 CT는 X선 강도 촬영상으로부터 얻어진 흡수계수의 분포를 역연산하여 영상화한 것이다. 한편 초음파 CT는 예를 들면 음속에 의한 CT상은 음속의 역수의 분포를 그 전파시간의 촬영상으로 구한다. 실제로 초음파에 의해 CT상을 구성하기 위해서는 가시화하려 하는 단면 주위의 다수의 점간의 측정이 필요하다.

그림 8.51는 기본적인 초음파 CT의 주사방식을 나타낸 것이다. 물속에 놓인 시험체를 가까이서 송·수신용의 탐촉자를 대향시켜 회전을 하면서 탐촉자의 대향을 평면상에 주사하는 것에 의해 여러 점에서 촬영 데이터를 채취한다. 촬영 데이터로는 일반적으로 음속(전파시간) 및 감쇠(진폭)가 이용되고 이들 정보를 기본으로 하여 영상화된다.

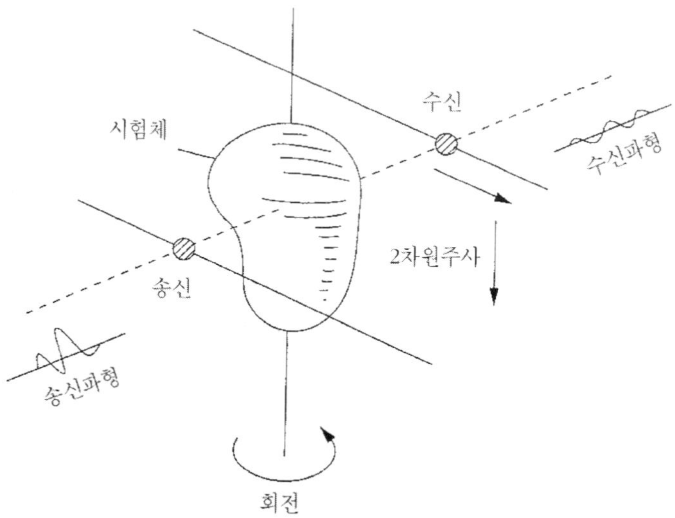


**그림 8.51** 기본적인 초음파 CT의 주사방법

그림 8.52은 음속 CT법에 의한 목재 불균질부를 검출한 한 예이다. 주파수 78 kHz를 이용하고 그림 8.52(a)와 같이 송수신 탐촉자를 배치시켜 전파시간을 측정한다. 불균질부는 공극으로 되어 있어 초음파는 직접 투과하지 못하나 파장이 길기 때문에(약 2 cm) 그림 8.52(b)와 같이 회절에 의한 우회한 신호가 얻어진다. 따라서 이 측정점에서의 전파시간은 길어진다. 이와 같이 하여 여러 점에서의 촬영 데이터를 모아 CT 재

구성상을 구한 예가 그림 8.52(d)이다. 그림 8.52(c)에 실제의 단면 사진을 나타내나 CT 영상은 실제 단면과 거의 근사한 상을 나타내고 있다.

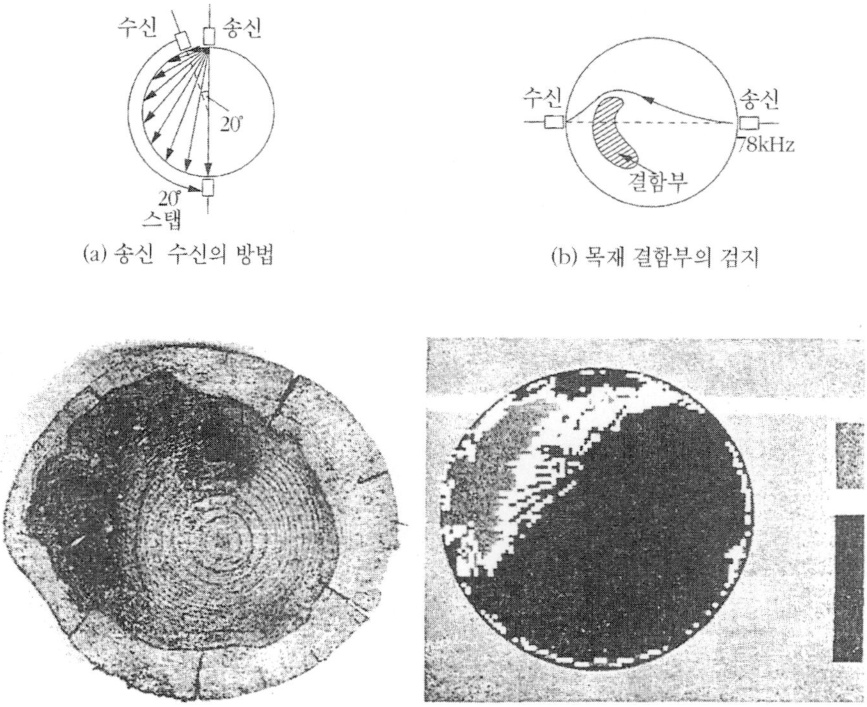


(a) 송신 수신의 방법

(b) 목재 결함부의 검지

(c) 단면사진

(d) CT 재구성상

그림 8.52 음속 CT법에 의한 목재 불균질부의 검출 예

## 8.9 초음파홀로그라피법

연못 가운데에 돌을 던져 떨어뜨리면 물결파가 동심원을 그리며 퍼져 나가게 된다. 연못가의 각 점에 도달하는 파를 관측하고 그 관측한 파와 동일한 파를 연못가의 각 점에서 발생시키면 각 지점에서 발생한 파가 간섭하게 된다. 돌이 떨어진 위치와 동일 지점에 파가 모이게 된다. 이것이 홀로그라피(*holography*)의 원리이다.

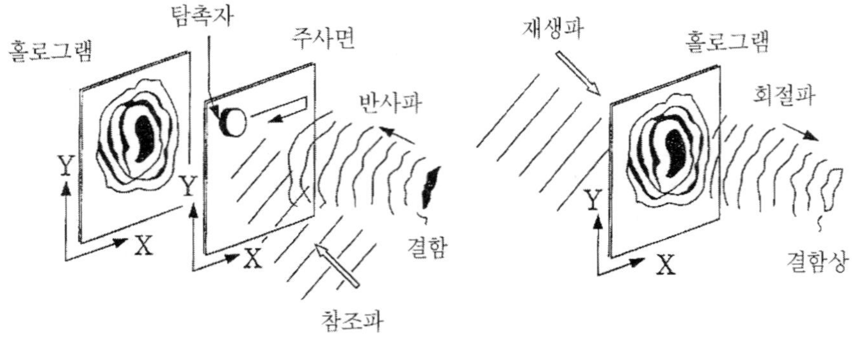


(a) 홀로그램의 기록

(b) 상재생

그림 8.53 초음파 홀로그래피의 원리

연못가에서 파를 관측하고 파의 위상이나 강도를 기록하는 것이 홀로그램(*hologram*) 기록, 연못가에서 기록한 파의 정보로부터 파의 발생원을 역산하는 것이 상재생의 과정이다. 실제의 탐상에서 홀로그램 기록과 상재생의 2개의 과정을 각각 그림 8.53에 모식적으로 나타낸다.

홀로그램의 기록에는 초음파 탐촉자를 시험체 표면을 따라 2차원 주사하면서 초음파를 발신하고 시험체 중의 결함으로부터 반사파를 수신한다. 이 수신 시각의 초음파 발신에 동기된 클록 펄스(*clock pulse*) 출력 레벨 "0", "1"을 각각 +부호로 한 반사파 강도를 홀로그램으로 디지털 기록한다. 이 홀로그램이 형성되는 홀로그램 면은 탐촉자 주사면이 아니고 초음파 빔 초점의 주사면이 된다. 재생성에서는 홀로그램 강도를 갖는 재생성을 홀로그램 각 점으로부터 발신한다. 각 재생파가 간섭하여 집속하는 것으로부터 실제로 반사체가 존재하는 위치에서 반사체 상을 완성시킨다. 이 완성된 상의 현상은 컴퓨터를 사용한 계산기 상재생(3차원 간섭 계산)으로 얻어진다.

이제까지 반사파 강도만을 사용한 C-Scope, B-Scope 등의 초음파탐상법에서는 결함의 상세한 형상을 관측하는 것이 곤란하였다. 초음파 홀로그라피는 영상재생을 위한 결함 상의 실시간 표시가 어려운 단점이 있으나 고해상도의 결함 상을 나타낼 수 있고 그 결함 형상을 3차원적으로 파악할 수 있는 장점이 있다. 또한 고주파 클록 펄스를 사용하면 여러 단계의 정밀한 홀로그램이 기록되고 그 만큼 고해상도의 결함 상을 얻을 수 있다.

## 익힘문제

1. 유도초음파(*ultrasonic guided wave*)의 발생 원리에 대해 기술하시오.

2. 유도초음파의 장단점과 적용 분야에 대해 기술하시오.

3. 유도초음파에는 어떠한 종류가 있는가?

4. 유도초음파의 모드에는 어떠한 종류가 있는가?

5. 분산선도(*dispersion curve*)란 무엇이며 어디에 사용하는가?

6. 군속도(*group velocity*)와 위상속도(*phase velocity*)를 정의하고 무엇이 다른가?

7. 유도초음파의 모드식별(*mode identification*)과 확인 방법에 대해 기술하시오.

8. 전자기음향탐상(*electromagnetic acoustic transducer; EMAT*)법에서 각종 초음파 모드의 발생 메카니즘과 로렌츠힘에 대해 기술하시오.

9. 전자기음향탐상(EMAT)법의 장단점과 적용 분야에 대해 기술하시오.

10. 전자기음향공명(*electromagnetic acoustic resonance*)법의 원리와 특징에 대해 기술하시오.

11. 레이저-초음파(*laser based ultrasonic; LBU*)법은 다른 비파괴검사법에 비해 어떤 장단점이 있는가?

12. 전자주사형 초음파탐상기에 사용되는 위상배열(*phased array*)탐촉자의 주된 특징은 무엇인가?

13. 리니어 주사(*linear scanning*)와 섹터주사(*sector scanning*)에 의한 음향의 집속 원리와 차이점을 기술하시오.

14. 초음파탐상검사 결과를 영상화하는 목적을 기술하시오.

15. 초음파탐상검사에서 영상을 표시하는 방법에는 어떠한 것이 있는가?

16. *Nyquist Sampling Theorem*이란 무엇인가?

17. 펄스 압축 기술이란 무엇이며 어떠한 장점이 있는가?

18. 초음파탐상에서 초음파 전파 거동의 컴퓨터 시뮬레이션과 가시화는 어디에 활용될 수 있는가?

19. 초음파 스펙트로스코피(*spectroscopy*)는 무엇이며, 초음파탐상검사에서 어디에 활용되는가?

20. 전문가시스템(*expert system*)이란 무엇이며 초음파탐상검사에서 어떠한 기능을 가져야하는가?

# 찾아보기

## 숫자



## 영문



## ㄱ



## ㄴ



## ㄷ

〈저자 약력〉
박익근
한양대학교 공학박사(정밀기계, 비파괴평가공학 전공)
현 서울과학기술대학교 기계자동차공학과 교수
(사) 한국비파괴검사학회 부회장 역임
E-mail : ikpark@seoultech.ac.kr

저자와의
협의하에
인지생략

비파괴검사자를 위한
**초음파진단공학**

2016년 3월 8일 1판 1쇄 인쇄
2016년 3월 15일 1판 1쇄 발행

저　자 • 박익근
발행자 • 이영애
발행처 • 공감북스
주　소 • 02011 서울시 중랑구 중랑천로 256
전　화 • 02-971-9683
팩　스 • 02-972-9683
등　록 • 제 25100-2015-18 호
등록일 • 2015년 7월 15일
e-mail • sympathybook@naver.com
ISBN • 979-11-86898-11-6 (93550)

정　가 • 25,000원



본 교재는 서울과학기술대학교 LINC사업단(교육부 산학협력선도대학육성사업비)으로부터 지원받아 출간되었으며 본 교재의 무단전재 또는 복제행위는 저작권법에 의거 처벌받을 수 있습니다.